Pythonではじめる

時系列分析入門

馬場真哉 著

講談社

はじめに

なぜ時系列分析を学ぶのか

本書は時系列分析の入門書です．時系列分析の門をくぐろうとされる方を後押しするべく本書を執筆しました．それでは，なぜ時系列分析を学ぶ必要があるのでしょうか．

まず時系列分析はいわゆる「統計学入門」で学ぶ内容とかなり大きな隔たりがあります．そのため，統計学の入門書を読み終えた方でも，時系列分析の門をくぐりなおす必要があります．具体的に何がどう違うのかという点については第1部で解説します．

そしてさらに重要なこととして，時系列分析は，実務的なデータ分析では必須ともいえる技術です．毎日あるいは毎分・毎秒データが取得されることも珍しくなくなってきました．毎日の商品売り上げデータも，毎日の Web サイトのアクセス数データも，すべて時系列データです．時系列データを一切扱わないデータ分析はほとんどありません．時間から逃れることは難しいものです．

時系列データに対して「統計学入門」で学んだ手法を適用すると，しばしば大きな問題が発生します．早めに時系列分析について学び，時系列データを効率よく分析できるようになりましょう．

本書はどのような本か

時系列分析の良書は多く出版されています．その中で本書の特徴をまとめると以下のようになるでしょう．

1. 理論と Python 実装をバランスよく学べる，初学者向け入門書である
2. 古典的な技術から，比較的新しい手法まで解説している
3. 実践的な実装技術や分析における Tips についても解説している

1. 理論と Python 実装をバランスよく学べる，初学者向け入門書である

時系列予測を行う技術について，書籍やブログ記事での優れた解説が豊富に読めるようになってきました．素晴らしいことだと思います．著者が時系列分析を学びはじめたころはやさしい文献が少なく，当時と比べて隔世の感があります．しかし，「とりあえず計算」はできるものの，時系列分析の「理論」に踏み込もうと思ったその瞬間に，急激に難易度が上がるという状況は，今でもあまり変わっていないのではないでしょうか．そのギャップを埋めることは，本書の重要な役割の1つです．

分析手法の性質を覚えることはもちろん大切だと思います．○○法は予測に特化しており，△△モ

デルは解釈しやすいモデルである，などを覚えるだけで，実務的にはそれなりに有用です．モデルの性質と Python による実装コードを載せるだけで十分だったかもしれません．

けれども，本書ではモデルの定義式や，予測値の計算方法も丁寧に記載しました．分析手法の性質がどのようにして導かれるのか，その理由を知ってほしいと思ったからです．例えば状態空間モデルを推定するための手法であるカルマンフィルタについては，簡単な場合に限りますがその導出まで解説しました．ただし，数学的な難易度を下げるために，パラメータの推定にかかわる最適化などの理論は省略しています．数学が苦手でも，Python 実装を通して最後まで読み切れる難易度を目指しました．

なお，言語として Python を用いている点もやや特殊かもしれません．2024 年現在は時系列分析の入門書として R 言語を使った書籍が多い印象です．著者自身『時系列分析と状態空間モデルの基礎　R と Stan で学ぶ理論と実装』（表紙が隼なので，私は隼時系列本と呼んでいます）など R 言語で学べる時系列分析の入門書を執筆してきました．

とはいえ Python は時系列分析に適した言語です．Python を用いた時系列分析の入門書は今後どんどん増えていくと予想されるため，あまり本書ならではの特徴といえなくなるかもしれませんね．

2. 古典的な技術から，比較的新しい手法まで解説している

本書では指数平滑化法といったいわゆる枯れた技術から，Box-Jenkins 法，状態空間モデル，そして勾配ブースティング木やニューラルネットワークといった比較的高度な手法までバランスよく解説しています．

本書を手にとられた方は深層学習（ディープラーニング）という言葉を知っていると思います．一方で，需要予測など時系列予測アプリとして最も広く普及している技術は指数平滑化法でしょう．マーケティングでは状態空間モデルなどの統計モデルもしばしば利用されます．

深層学習に明るい方でも指数平滑化法についてはよく知らないということもあるようです．新しい手法が常に最高のパフォーマンスを出せるとは限りません．古典的な手法は，古典的であるがゆえに計算負荷が小さく，実務的に利用しやすいという側面もあります．

技術の断絶は好ましくありません．古典的な手法をいわば前座として紹介するにとどめるのではなく，ページ数を割いてしっかりと解説しました．単純な手法でも使い道によっては十分な予測精度が出せる可能性があります．

3. 実践的な実装技術や分析における Tips についても解説している

モデルの説明とその Python 実装をワンセットとして粛々と解説するだけでなく，実務的に有用であろうと思われる Tips 的な技術も積極的に記載しました．具体的には pandas における日付処理についてかなり丁寧に解説しています．分析モデルを適用するだけでなく，探索的なデータ分析を実行するときのサポートにもなると思います．

また，モデルを保存し，パラメータの推定を何度も行わずに済ませるための技術なども紹介しています．単なる自習のための本ではなく，実務に役立つ本を目指しました．

本書の対象読者

実務で適用しにくい基礎理論ばかりを学びたくはない．実務的な内容を学びたいが，実装コードの羅列では面白くない．納得感を得たいけれども，発展的な書籍は数式が多すぎて読み切れない．このような悩みをお持ちの方にとって，本書はちょうどよいレベル感だと思います．本書では，実務的な内容を扱いつつ，できるだけやさしく理論についても解説しています．

時系列分析は統計学のやや応用編といえます．統計学の入門書を一通り読み終えたという読者を想定しています．統計的推定や仮説検定，回帰分析などの用語を知っているとよいでしょう．ただし，時系列分析についての知識は一切要求しません．時系列分析の基礎から丁寧に解説します．

本書ではプログラミング経験が完全にゼロという状況ではないことを想定しています．Python にそれほど秀でている必要はありませんが，変数や関数，`pandas` や `matplotlib` といった言葉くらいは知っているとよいでしょう．

本書サポートページにも Python に関する情報を記載しています．Python の入門者の方はこちらも参照してください．なお，プログラミングの入門者や，R 言語から Python へ移行するユーザーにとって有益であろうと思われる内容を第 2 部の第 1 章から第 4 章で解説しています．環境構築の方法や基本文法は第 2 部の第 1 章と第 2 章で，Python を用いたデータ分析の基本は第 2 部の第 3 章と第 4 章で解説します．

本書の構成

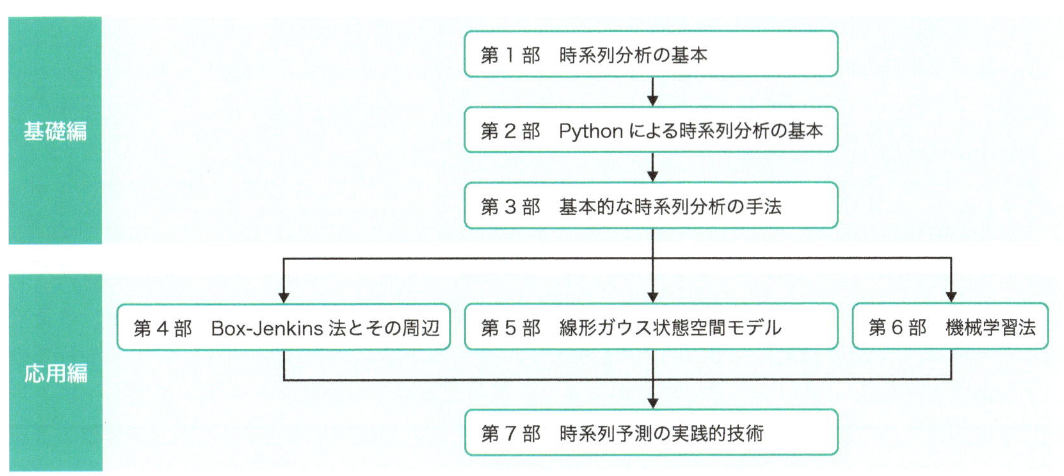

図 0.0.1　本書の構成

本書の第 1 部から第 3 部までは基礎編となっており，基礎的あるいは古典的な技術を解説します．第 3 部までを読むことで，古典的な手法が中心ではあるものの，時系列分析を行うためのさまざまな技術を一通り学べます．古典的な手法といっても，非常に多くの予測アプリで実装されている手法群ですので，実践的にも役立つ技術です．

第４部以降は応用編です．第４部から第６部までは個別の手法の紹介となっています．前から順番に読むのがおすすめですが，ある程度知識のある方は興味のあるところだけ拾い読みしてもよいでしょう．第７部は時系列分析における Tips や注意点の紹介となっています．

以下で各部について，もう少し詳しく紹介します．

第１部「時系列分析の基本」では，時系列分析の基礎理論を解説します．第１部では Python が一切登場しませんが，いわゆる「統計学入門」と時系列分析の違いについても解説している重要なパートです．時系列分析を学ぶべき理由を解説しつつ，時系列分析の土台となる理論を導入します．

第１部を読んで時系列分析に興味を持っていただければ，著者としてとてもうれしいです．

第２部「Python による時系列分析の基本」では Python 実装のさまざまな技術について解説します．ソフトウェアのインストールや設定の方法，Python の基本文法，そして（時系列分析ではない）統計分析の手法から解説します．Python についてあまり詳しくないという方は，第２部第１章から順に読まれるとよいでしょう．逆に Python についてすでにある程度詳しいという方は前半を飛ばしても大丈夫です．

第２部第４章からは時系列分析の色が濃くなります．まずは `pandas` における日付処理について解説したうえで，簡単な時系列分析を Python で実行する方法を解説します．最後の第２部第６章ではシミュレーションを通して，時系列データに対して回帰分析を適用するときの危険性とその対策について解説します．

第３部「基本的な時系列分析の手法」では，いわゆる枯れた手法を中心に解説します．ほとんど何の計算もせずに，せいぜい電卓があれば十分計算ができるような単純な予測手法から解説します．これらの手法は高度な手法と比較するベースラインとして有用です．

そして，古典的な季節調整とトレンド除去の方法も解説します．これらの手法は機械学習法を適用するときの前処理としてしばしば利用されます．具体的な計算方法を知っておくことは有益です．

その後 `sktime` というライブラリを用いて，効率的に実装を行う方法を解説します．単純な手法でも，分析パイプラインを構築して複数の手法を組み合わせることで，予測精度を改善できる可能性があります．交差検証法を用いて予測精度を評価する方法についても解説します．これらは `sktime` を使うことで短いコードで実装できます．最後に需要予測手法として広く普及している指数平滑化法とその発展形を導入します．単純指数平滑化法から Holt-Winters 法まで，予測値の計算式を１つ１つ確認しながら解説します．

第４部以降はやや応用的な内容です．

第４部「Box-Jenkins 法とその周辺」では Box-Jenkins 法と呼ばれる，非常に成功した予測モデル構築のためのフレームワークを中心に解説します．現在は古典的な Box-Jenkins 法そのものを用いるのではなく，自動予測アプローチと呼ばれる，半自動的にモデルの構築を行う方法が広く普及しています．本書では自動予測アプローチに焦点を当てて解説します．

まずはBox-Jenkins法と自動予測アプローチの概要を説明します．そしてこのアプローチで採用されるARIMAモデルおよびSARIMAXモデルについて解説します．最後にモデルの使い分けについて解説したうえで，自動予測アプローチをPythonで実装します．

第5部「線形ガウス状態空間モデル」では説明能力が非常に高く，需要予測だけでなくマーケティングなどにも活用できる状態空間モデルについて解説します．本書では計算が非常に速く実務的に利用頻度が高い線形ガウス状態空間モデルに絞って解説します．モデルの推定にはカルマンフィルタを利用します．第5部が本書で最も長いパートです．現代時系列分析の中核をなす分析モデルですので，かなり多くのページ数を割いています．

まずは状態空間モデルの概要について簡単に紹介します．ここはやや抽象的ですので，さらっと読み飛ばしていただいて大丈夫です．第5部第2章から第4章にかけてローカルレベルモデルと呼ばれる単純なモデルを対象として，状態空間モデルの特徴や実装方法を解説します．

さらにカルマンフィルタと呼ばれる状態空間モデルの推定法を導出します．導出はやや数式が多くなりますが，高校理系卒業レベルの数学の知識で読めるように配慮しました．多変量正規分布も行列表現も出てこないので，他の書籍の導出と比べるとかなりやさしいと思います．また，単に数式を追うだけではなく，出てきた結果を日本語で丁寧に解説することで，モデルについての理解が深まるような内容を目指しました．

第5部第5章からは状態空間モデルの実践的な技術を解説します．トレンドや季節性の扱いについて解説したうえで，実際に複雑な日単位データを対象として，外生変数や複数の周期性を含むモデルを推定します．

第6部「機械学習法」では勾配ブースティング木を実行するライブラリとして非常に高い人気を誇るLightGBMと，人工知能の分野を席巻するニューラルネットワークについて解説します．

LightGBMなどの機械学習法は人気がある手法ですが，トレンドを有する時系列データに対してそのまま適用しても高い精度が出ないことがあります．しかし，データの変換や特徴量エンジニアリングを行うことで予測精度が向上する可能性があります．前処理の方法やラグ特徴量を用意して再帰的に予測を行う方法など，実践的な話題も紹介します．

ニューラルネットワークは，単純な多層パーセプトロンに加えて，深層学習法の一種であるRNNとLSTMについても解説します．`sktime`および`darts`ライブラリを利用することで，非常に短いコードでニューラルネットワークを用いた時系列予測を実装できます．

第7部「時系列予測の実践的技術」では新しい分析モデルなどは導入せず，実務的なTipsを紹介します．パラメータの推定にはしばしば長い時間を要します．カルマンフィルタを用いたモデルの推定では，パラメータの推定と状態の推定を切り分けられます．時間がかかるパラメータの推定については推定結果をファイルやデータベースなどに保存しておき，必要に応じてそのパラメータを参照してモデルを推定しなおすという技術は実践的に有用です．また，時系列分析でしばしば問題になる欠測値の取り扱いや，本来利用できないはずの未来のデータを参照してしまうというデータのリークの問題などについて解説します．

統計学は便利な道具です．統計学を教える書籍も，便利な道具であるべきです．
本書が皆さんにとって，有用なツールとなることを願います．

本書は，実践 Data Science シリーズの前著『R と Stan ではじめるベイズ統計モデリングによるデータ分析入門』に引き続き，横山真吾氏に編集をご担当いただきました．深く感謝申し上げます．

本書のサポートページ

https://logics-of-blue.com/python-tsa-intro-book-support/

本書で用いる記号

本書で用いる記号を記します．ただし，一度きりしか出てこない記号は本文中に示しました．本書では古典的な手法から比較的新しい手法までを解説している関係で，記号が重複することがあります．同じ記号でも部によって意味が変わることがありますので注意してください．

本書全体を通した記号	
記号	**意味**
t	時点．断りがない限り 1 からはじまる
T	最終時点（最新の時点）
y_t	時点 t の時系列データ．確率変数と実現値の区別はしない
$y_{1:T}$	1 から T 時点までのすべてのデータ．$\{y_1, y_2, \ldots, y_T\}$ とも記す
$E(\ )$	期待値
$V(\ )$	分散
$Cov(\ )$	共分散
$Corr(\ )$	相関係数
Cov_k	定常過程における k 次の自己共分散
ρ_{tk}	時点 t における k 次の自己相関
ρ_k	定常過程における k 次の自己相関
ε_t	時点 t のノイズ
Δy_t	y_t の 1 階差分．$y_t - y_{t-1}$ と同義
$\Delta^d y_t$	y_t の d 階差分．$\Delta^1 y_t$ は Δy_t と同義．$\Delta^2 y_t$ は $\Delta y_t - \Delta y_{t-1}$ と同義
$\Delta_s y_t$	y_t の 1 階季節差分．周期が m である場合 $y_t - y_{t-m}$ と同義
$\Delta_s^d y_t$	y_t の d 階季節差分
B	ラグ演算子．$By_t = y_{t-1}$ となる
log	断りがない限り自然対数
第 3 部特有の記号	
記号	**意味**
T_t	時点 t のトレンド
C_t	時点 t の循環成分
S_t	時点 t の季節成分
I_t	時点 t の不規則成分

l_t	指数平滑化法における時点tの水準成分
δ_t	指数平滑化法における時点tのドリフト成分
s_t	指数平滑化法における時点tの季節成分
α, β, γ	指数平滑化法における平滑化定数
ϕ	指数平滑化法におけるトレンドの減衰率
第 4 部特有の記号	
記号	**意味**
ϕ_i	AR 過程の次数iの係数
θ_i	MA 過程の次数iの係数
Φ_I	季節性に対する AR 過程の次数Iの係数
Θ_J	季節性に対する MA 過程の次数Jの係数
c, μ	定数項
p	AR 過程の次数
q	MA 過程の次数
d	和分過程の次数
P	季節 AR 過程の次数
Q	季節 MA 過程の次数
D	季節和分過程の次数
第 5 部特有の記号	
記号	**意味**
α_t	状態空間モデルにおける時点tの状態
μ_t	状態空間モデルにおける時点tの水準成分
δ_t	状態空間モデルにおける時点tのドリフト成分 statsmodels ライブラリでは trend 成分βと表記される
γ_t	状態空間モデルにおける時点tの季節成分
ε_t	時点tの観測誤差
σ_ε^2	時点tの観測誤差の分散
η_t	時点tの水準成分の過程誤差
σ_η^2	時点tの水準成分の過程誤差の分散
ζ_t	時点tのドリフト成分の過程誤差
σ_ζ^2	時点tのドリフト成分の過程誤差の分散
ω_t	時点tの季節成分の過程誤差
σ_ω^2	時点tの季節成分の過程誤差の分散
第 5 部第 2 章から第 4 章までのローカルレベルモデル特有の記号 **※第 5 部第 2 章から第 4 章まで，アルファ（α）という記号はほとんど使わない**	
記号	**意味**
$a_{t\|t-1}$	時点tの状態の 1 時点先予測値$E\left(\mu_t \| y_{1:t-1}\right)$

$P_{t\|t-1}$	時点tの状態の1時点先予測値の分散$V(\mu_t\|y_{1:t-1})$
$a_{t\|t}$	時点tの状態のフィルタ化推定量$E(\mu_t\|y_{1:t})$
$P_{t\|t}$	時点tの状態のフィルタ化推定量の分散$V(\mu_t\|y_{1:t})$
$\widehat{y}_t$	時点tの観測値の1時点先予測値 ローカルレベルモデルの場合は$\widehat{y}_t = a_{t\|t-1}$
v_t	時点tの観測値の1時点先予測値の残差$y_t - \widehat{y}_t$
F_t	時点tの観測値の1時点先予測値の残差の分散$V(v_t)$
K_t	時点tのカルマンゲイン
a_0	状態の初期値
P_0	状態の分散の初期値
$\mathcal{L}(y_{1:T}\|\theta)$	尤度関数．$y_{1:T}$はデータ，θはパラメータ
第6部第1章特有の記号	
記号	**意味**
$\widehat{y}_i^{(b)}$	b個の回帰木によって得られたi番目のデータに対する予測値
$e_i^{(b)}$	b個の回帰木によって得られたi番目のデータに対する予測残差
$\widehat{e}_i^{(b)}$	b番目の回帰木によって得られたi番目のデータに対する予測残差の予測値
第6部第2章特有の記号（添え字は省略．詳細は本文参照）	
記号	**意味**
$\widehat{y}$	出力（データの添え字iは省略）
x	入力（データの添え字iは省略）
u	ユニット
z	ユニットに活性化関数を適用したもの (LSTMではさらに出力ゲートをかけあわせる)
w	重み
$\widehat{y}(t)$	RNNとLSTMにおける，時点tの出力 RNNとLSTMでは時間の添え字を(t)と表記する．以下同様
$s(t)$	LSTMにおける，時点tのメモリーセル
$g_j^I(t), g_j^O(t), g_j^F(t)$	順に，時点tの入力ゲート，出力ゲート，忘却ゲート
$h(\ )$	活性化関数

ギリシャ文字の読み方（本書で利用する文字のみ）

αアルファ．βベータ．γガンマ．δ, Δデルタ．ε, ϵエプシロン．ζゼータ．ηエータ．θ, Θシータ．λラムダ．μミュー．νニュー．πパイ．ρロー．σシグマ．ϕ, Φファイ．ωオメガ．

Contents 目次

第2部 Pythonによる時系列分析の基本 49

第1章 環境構築 50

第2章 Python の基本 57

第3章 Python による統計分析の基本 71

第4章 pandas による日付処理の基本 83

第4部　Box-Jenkins法とその周辺　207

時系列分析の基本

第１部では時系列分析の基本事項を解説します．時系列分析がいわゆる「統計学入門」で学ぶ内容と異なる点について解説し，時系列分析を学ぶ意義を確認します．そのうえで，時系列モデルを構築するうえで欠かせない知識である，時系列データの構造とデータ生成過程という概念について解説します．

プログラミングは第２部からスタートです．第１部で挫折しないようにしてください．ここで挫折するくらいならば，数式などをある程度流し読みした方がよいです．そのため，あえて第１章と第２章では数式をまったく使っていません．できる限り，読んでいて疲れないような，楽しく読めるような内容にしました．頭の片隅に大切な用語を入れておきつつ，第２部以降へと進んでください．

時系列分析の導入

第1章

時系列分析をはじめよう

テーマ

本章では時系列分析の導入的な解説をします．時系列データが持つ特徴や，いわゆる「統計学入門」で学ぶ内容との違いを理解してください．

概要

時系列データとは → 時系列データを集計するときの注意点
→ 時系列でないデータを用いた推測 → 単純ランダムサンプリングからの乖離
→ 時系列データの推測における問題 → データ生成過程と時系列モデル
→ 時系列データへの回帰分析の問題 → 時系列モデルの作成

1.1 時系列データとは

時系列データは，時点ごとに得られた測定値を，時間の順に並べたデータのことです．並び順に意味があるのが大きな特徴です．あるブランドの毎月の売り上げという時系列データを考えます．5000万円，6000万円，7000万円という3つの数値があったとします．5000万円→6000万円→7000万円の順番であれば，売り上げは順調に増えているといえます．7000万円→6000万円→5000万円の順番であれば売り上げが毎月減ってしまっており，何らかの対策が必要かもしれません．

並び順が違うだけですので，平均値も中央値も分散も標準偏差も一切変わりません．それでもこの2種類のデータを「同じ」だとはみなせないのが，時系列データの面白いところであり，難しいところでもあります．

ビッグデータという言葉が登場してから何年もたちました．全数調査を実施することで統計的な推測が不要になるという主張も過去には散見されました．しかし，ビッグデータの時代にも，決して手に入らないデータがあります．それは未来のデータです．0.1秒先の未来でさえ，私たちの手元にはデータとして与えられることがありません．

時系列分析は，時系列データを分析する技術です．さまざまなデータが蓄積されつつある昨今，時系列データの分析を避けることはできません．

時系列でないデータは**クロスセクションデータ**などと呼びます．例えば，2020年1月1日に100店舗を対象にお店ごとの売り上げデータを調べたならば，それはクロスセクションデータです．きれいに整理された「クロスセクションデータだけ」の分析から脱却し，より現実的で実用的な「現場のデータ分析」を進める第一歩として，ぜひ時系列分析を習得してください．

1.2　時系列データを集計するときの注意点

時系列データの分析は，単純なデータの集計とどのような違いがあるのでしょうか．具体例を挙げながら解説します．

1.2.1　時系列でないデータの集計

時系列ではない 1 変量のデータを分析するとき，読者の皆さんはどのような手順を踏むでしょうか．例えばデータの平均値を計算したり，データの分散を計算したり，あるいはヒストグラムを描いてデータの分布を確認したりするのがセオリーだと思います．

例えば湖で魚を 10 尾釣って，その体長を計測したとします．10 尾の魚の体長の平均値が 8cm だったとしましょう．3cm の魚は平均よりも小さな魚で，13cm の魚は大きめの魚だなと感じます．何の変哲もない素朴な分析ですね．

また，釣りに使う釣り針の大きさをさまざまに変化させたとします．使う釣り針が大きくなると，釣れる魚も大きくなるという関係性があるかもしれません．複数の変数同士の関係性は，例えば散布図を描いたり，相関係数を求めたり，回帰分析を実行したりすることで調べることができます．

1.2.2　時系列データの例

図 1.1.1 は月ごとの飛行機乗客数（単位 1000 人）の推移を折れ線グラフで表したものです．1958 年 1 月から 1960 年 12 月までの 3 年間分のデータとなっています．このグラフを見ると，いくつかの事実に気がつくはずです．まず，飛行機乗客数が右肩上がりで増えるという増加トレンドがあります．また乗客数は夏に多く冬に少ないという季節変化をすることもわかります．

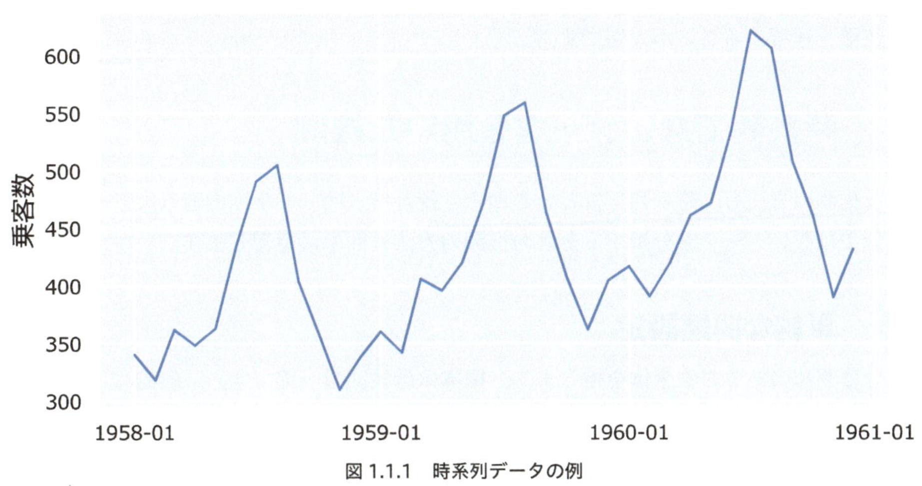

図 1.1.1　時系列データの例

図 1.1.1 の飛行機乗客数の月当たりの平均値はおよそ 428.5 となっていますが，この「428.5」という数値がデータを代表しているようにはまったく思えません．季節変化があるため夏には 428.5 を下回る乗客数になることはありえませんし，増加トレンドがあるため 1960 年は冬を除いたほぼ 1 年を通して 428.5 を上回っています．例えば飛行機乗客数が「1961 年の 8 月に 450」の値だったとしましょう．平均値を上回っているから乗客数が多いと判断するのは明らかに間違いです．夏はお客さんが増えるはずです．「夏にしては，お客さんが少ない」と解釈するのが自然です．

分散についても同様です．季節的に乗客数が大きく変化しているという事実を無視して，単にデータのばらつきを評価した場合，その解釈には注意が必要となるでしょう．トレンドや季節変化の影響を排除したうえで，それでも残るばらつきを評価したいこともあるはずです．

1.2.3　トレンドと季節性に注意

複数の変数同士の関係性を評価するときにも注意が必要です．例えば 1958 年 1 月に生まれた赤ん坊の体重と先ほどの飛行機乗客数データを比較すると，正の相関が見られるはずです．赤ん坊は成長して体重が増えますし，飛行機乗客数も右肩上がりで増えているからです．それでは，赤ん坊がダイエットしたら飛行機乗客数は減少するのでしょうか．もちろんそんなはずはありません．

また，日本の降水量は一般的に 6 月から 10 月の夏の前後に多くなり，12 月から 2 月までの冬には少なくなります．そのため，日本の月ごとの降水量と飛行機乗客数にもおそらく正の相関が見られるはずです．だからといって，雨が多く降ると飛行機乗客数が増えると即断するのは危険です．

トレンドや季節変化が同じであるデータというのは非常に多く存在します．トレンドが似ているから，季節変化が似ているからというだけの理由で両者に関係性があるとみなしてしまうのは避けた方がよいでしょう．

時系列データの特徴をしっかりと理解したうえでデータを分析する必要性が理解できると思います．本書後半では状態空間モデルや深層学習などの高度な分析モデルも登場しますが，数理的な複雑さはそれほど重要ではありません．単純な工夫で大きな改善ができることもあります．まずは時系列データの特徴を理解することが大切です．

1.3　時系列でないデータを用いた推測

統計的な推測の方法も，時系列分析といわゆる「統計学入門」で学ぶ内容は大きく異なります．まずは時系列ではないデータを分析するときの推測の方法を簡単に復習します．

1.3.1　単純な問題設定

母集団とは興味のある対象全体を指します．**標本**は母集団の一部です．一般的に母集団は非常に大きく，すべてをデータとして得ることは困難です．そこで一部の標本だけを使って母集団を推測します．

ここではある湖の中にいる魚の体長を推測することを考えます．母集団は観測される可能性のあるすべての体長であり，標本は実際に観測される一部の体長です．母集団の平均値，すなわち母平均を標本から推測することを試みます．

この場合，私たちがとるべきアプローチはシンプルです．すなわち標本から計算された標本平均を，母平均の推定量として利用します．標本平均が 8cm なら，母平均も素朴に 8cm かなと推測します．

ところで，この手法は広く利用されていますが，いったいどのような根拠があって正当化されているのでしょうか．標本平均を母平均の推定量として利用するのは素朴すぎるような気がします．標本平均に 5 を足したり 3 をかけたりした結果を母平均の推定量にしてはいけないのでしょうか．

どんな分析手法でも構わないというならば，わざわざ統計学を学ぶ必要はありませんね．標本平均は 5 を足したり 3 をかけたりせず，そのまま利用するのがおすすめです．もちろん根拠もあります．その根拠について理解するために，モデルを用いた分析の方法について解説します．

1.3.2　母集団からの単純ランダムサンプリング

いわゆる「統計学入門」では母集団からの**単純ランダムサンプリング**（**無作為抽出**とも呼ぶ）によって標本が得られると想定します．単純ランダムサンプリングによって得られた標本を**無作為標本**と呼びます．

単純ランダムサンプリングは母集団のすべての要素から，まったく等しい確率で標本を抽出します．母集団の要素を一切差別しないのが大事なポイントです．そのため，単純ランダムサンプリングによって標本を抽出するならば，例えば「母集団では 8cm 前後が多い」なら「標本としても 8cm 前後が抽出される可能性が高い」ことになります．

標本が母集団からの単純ランダムサンプリングによって得られているならば，標本平均に 5 を足したり 3 をかけたり余計なことをする必要はありません．あなたの手元にある標本平均は，おそらく母平均とよく似た値になっているはずだからです．

1.3.3　独立で同一な確率分布に従う確率変数

初等的な統計学の入門書では，標本を**独立で同一な確率分布**に従う確率変数とみなすことがほとんどです．手元のデータは確率変数の実現値といえるでしょう．独立で同一な確率分布のことは Independent and Identically Distributed を略して **iid** や **i.i.d** と表記することもあります．これは単一の母集団からの単純ランダムサンプリングをモデル化したものといえます．

モデルとは，現実世界の現象を単純化したもの，あるいは理想化したものです．統計学におけるモデルとは「観測したデータを生み出す確率的な過程を簡潔に記述したもの」とみなされます（Upton and Cook, 2010）．現実世界において標本を無作為標本とみなせるならば，モデルとして標本を「iid に従う確率変数」と扱うことができます．なお，無作為標本は母集団分布に従います．そのため正確には標本を「母集団分布に従う独立な確率変数」とみなすことになります．

例えば極めて単純化した例ですが，母集団分布が「4cm が全体の 20% を占め，8cm が 60% を，12cm が 20% を占める」という分布であったとします．このとき，標本もやはり「4cm が 20%，

8cm が 60%，12cm が 20%」という確率分布に従う独立な確率変数とみなされます．

ここで，母集団分布を期待値μ，分散σ^2の正規分布$\mathcal{N}\left(\mu,\sigma^2\right)$だと考えてみます．母集団からの単純ランダムサンプリングによって得られた標本は母集団分布に従うはずなので，やはり標本も$\mathcal{N}\left(\mu,\sigma^2\right)$に従います．

単純ランダムサンプリングによって標本を抽出しているという仮定を満たすならば，標本を母集団分布に従う独立な確率変数だとみなしたモデルが利用できます．

モデルに基づいて，さまざまな推論ができます．モデルを用いた推論によって，標本平均が持つさまざまな便利な性質を証明できます．例えば標本平均は一致性を持つ推定量ですので，サンプルサイズを無限に増やすことで，正しい母平均と等しい値を得ることができるということは，数学的に証明できます．

1.3.4　モデルと現実世界の対応関係

なんとなく「教科書に載っているから」ということで標本を「iid に従う確率変数」とモデル化することが多いのですが，モデルと現実世界の対応関係にも気を配る必要があります．モデルはあくまでも現実世界の模型にすぎません．現実世界を相手にしているつもりなのに，まったくの机上の空論となってしまうのはぜひ避けたいですね．

現実世界の現象とモデルがしっかりと対応していれば，モデルを用いてさまざまな議論ができます．特に標本同士の独立性は，初等的な統計分析の多くで想定されています．データの独立性を仮定することで，モデルを用いた議論は容易になります．

1.4　単純ランダムサンプリングからの乖離

統計学入門の話は忘れましょう．本書のテーマは時系列分析です．

さて，時系列データは「母集団からの単純ランダムサンプリング」によって取得されたデータだとみなすことができるでしょうか．

まずここで疑問が生じます．母集団とは何者でしょうか．

例えば 2020 年 1 月 1 日という日が 200 万個あって，そこから単純ランダムサンプリングによって売り上げデータが 1 つ抽出された，とみなすことには相当の違和感を覚えるはずです．かけがえのない 2020 年 1 月 1 日という日は，1 日しかないはずなのですから．繰り返し観測ができない 1 本の時系列のことを**サンプルパス**と呼びます．私たちはたった 1 つのサンプルパスを用いてデータを分析しなくてはなりません．

もう，この段階で統計学入門から離れます．現実世界として時系列データの取得プロセスを「母集団からの単純ランダムサンプリング」と想定するのには無理があります．もちろん時系列データを「母集団分布に従う独立な確率変数」とみなすことにも無理があります．

1.5 時系列データの推測における問題

先のような時系列データの特徴は，統計的な推測においてどのような問題をもたらすのでしょうか．

1.5.1 分布が時点ごとに変わることの問題

例えば飛行機乗客数データには，乗客数が右肩上がりで増えるトレンドがありました．これは飛行機乗客数の期待値が年々増加していることを意味します．例えていえば，湖の中にいる魚の体長が時々刻々と大きくなっているようなものです．

時系列データにおいて，サンプルサイズを増やしたところで（母平均と呼べるものが存在すると想定して）正しい母平均が推定できるとは思えません．例えば1958年時点の飛行機乗客数の母平均は，おそらく1959年の母平均よりも小さいはずです．サンプルサイズを増やして1959年，1960年，1961年とデータを追加すると，逆に1958年の推定がしにくくなるように思います．

1.5.2 独立性が失われることの問題

独立性が失われることも大きな問題です．独立性が失われるとは，例えていえば，湖で一度大きな魚が釣れたらまた大きな魚が釣れやすくなる，あるいは小さな魚が釣れればまた小さな魚が釣れやすくなるといった状況です．本来は標本同士が独立であるため，1尾目の魚の体長と2尾目の魚の体長に関連はないはずなのですが，時系列データでは標本の独立性が失われることが普通です．

もしも魚の体長が上記のような独立でない状況にあると，標本平均の分散は，独立である場合よりも大きくなります．大きな魚がずっと釣れ続けたり，小さな魚が釣れ続けたりするからですね．これは1.7節で紹介するように，見せかけの回帰の原因ともなります．

時系列分析は統計学の応用的な分野といえます．初等的な統計分析を学んだうえで，そこから大きく飛躍しなければならないのです．いわゆる「統計学入門」との違いをしっかりと理解してください．ただし，本書では数理的な議論はある程度抑えて，初学者が時系列分析を学ぶハードルをできる限り下げたいと考えています．

1.6 データ生成過程と時系列モデル

統計学入門での常套手段である「母集団からの単純ランダムサンプリング」を想定したモデルは，時系列データでは利用できません．なぜならば時系列データは，特定の時点に1回しか取得できないからです．時系列データを分析するときには**時系列モデル**と呼ばれる別のモデルを利用することが多いです．

時系列モデルについて理解するために，まずは標本を何らかの確率分布に従う確率変数だとみなすのが大切です．母集団からの単純ランダムサンプリングを想定すると，標本を母集団分布に従う確率変数だとモデル化できました．前段の「母集団からの単純ランダムサンプリング」を忘れ，後段の「標本は何らかの確率分布に従う確率変数」だというモデルに着目します．

ここで，時間に従って変化する確率分布を**データ生成過程**（Data Generation Process: **DGP**）と呼びます．データ生成過程のことを**確率過程**と呼ぶこともあります．

データ生成過程に従う確率変数の実現値としてデータが得られると考えます．毎時点サイコロを投げて出た目を観測すると考えるとイメージしやすいと思います．毎時点サイコロは 1 回しか投げることができません．1 回だけ投げた結果を確認してデータとします．この場合データ生成過程は「サイコロ投げの確率分布」となるはずです．

データ生成過程という概念を利用すれば「同じ時点から何度もデータを取得する」という状況を想定できます．現実世界においては，1 時点に 1 回しかサイコロを投げることができませんが，モデル上ではサイコロを何度も投げたときの挙動を想定できます．データ生成過程さえ明らかになれば，将来予測などもできるようになるはずです．

時系列分析を実践するときに悩むところは，データ生成過程が単純な「サイコロ投げの確率分布」などと比べると複雑になりやすいことです．例えば毎時点サイコロの重心が変わって分布が変わってしまうかもしれません．「昨日と今日の確率分布が，一切の法則性なしにコロコロと変わる」というのでは，データ生成過程の推定は極めて困難でしょう．しかし，例えばトレンドや季節性のように時系列データにはいくつかの変化のパターンがあることが知られています．この変化のパターンを活用してデータ生成過程のモデルを構築することが，時系列分析の大きな目的の 1 つです．

1.7　時系列データへの回帰分析の問題

時系列データで独立性が失われると，統計的仮説検定の有意性の判断が甘くなってしまうことがしばしばあります．有名な事例が Granger and Newbold (1974) などで指摘された**見せかけの回帰**と呼ばれる問題です．

回帰分析では誤差項に独立性を仮定しています．先の論文ではランダムウォーク系列と呼ばれる独立ではないデータ系列同士に回帰分析を適用するシミュレーション実験を行いました．サンプルサイズは 50 であり，5% 有意水準を設定しています．すると，互いにまったく関係のない系列同士であっても，全体の 4 分の 3 において有意な回帰係数が誤って得られたと報告されています．これはとても興味深い問題ですので，第 2 部第 6 章を中心に，後でもう少し詳細に検討します．

統計学入門では，F 分布や t 分布といった標本分布について学びますが，これらは正規母集団からの単純ランダムサンプリングを仮定した場合に成り立つ理論です．単純ランダムサンプリングを想定できず，独立性が失われると，F 分布や t 分布を直接利用して仮説検定を行うのが難しくなります．現実世界と乖離したモデルから導かれた結果に基づいて判断を下すのが危険であることは，直感的にもわかるでしょう．

1.8 時系列モデルの作成

時系列分析では，単純な「iid に従う確率変数」というモデルは利用できません．そこで時系列モデルというやや特別なモデルを利用する必要があります．本書では SARIMAX モデル・状態空間モデルなどさまざまな時系列モデルを紹介します．

ここでしばしば散見される間違いは「状態空間モデルなど高度なモデルを使えば，見せかけの回帰は起こらない」というものです．残念ながら，状態空間モデルといえども万能ではありません．時系列モデルを使うだけで問題がすべて解決する，とはいかないのです．大事なことは「データにあわせてモデルを改善する」という手続きです．本書ではさまざまなモデルを紹介するので，読者の皆様には，データにあわせて柔軟に手法を切り替えていただきたいと思います．

そのためには，さまざまな時系列モデルの特徴を理解し，データへの当てはまりのよさなどを評価する必要があります．そういった作業を 1 つ 1 つ本書で学んでいただきます．

第2章

時系列データの構造

テーマ

本章では時系列データの構造を紹介します．時系列データの構造を理解することは，現実世界に近い時系列モデルを作るうえでとても大切です．

なお本書を通しての注意事項ですが，具体例において登場する時間の単位についてはそれほど気にしないでください．例えば本書の具体例として「日」単位のデータが登場したとします．けれども時間の単位が「時」「月」「年」などであっても，ほとんどの場合はここで紹介した内容が成り立ちます．

本章では数式を使わずざっくりとした概念をお伝えします．数式を使った議論は第3章から行います．手を動かしながら学びたいという方は第2部とあわせて読むことをおすすめします．

概 要

時系列データの構造 → 自己相関 → トレンド → 季節性 → 外因性 → ノイズ

2.1 時系列データの構造

時系列モデルを構築するときは，以下の構成要素を組み込むことが多いです．

- 自己相関
- トレンド
- 季節性
- 外因性
- ノイズ

なお，一部を利用しないこともあれば，別の要素を組み込むこともあります．どんなものにも例外はありますが，一番の基本を理解しておくと応用が利くはずです．

以下では，日単位で売り上げデータが得られていると想定して，この売り上げデータの構造について議論します．

2.2 自己相関

自己相関の基本を紹介します．

2.2.1 自己相関

統計学の入門書ではピアソンの積率相関係数（以下では単に相関係数と呼びます）という指標が登場します．相関係数は 2 つ以上の変数同士の関係性を探る指標です．

自己相関は名前の通り自分自身に対する相関を調べたものです．具体的には「過去の自分」と「現在の自分」の関係性を探ります．自己相関を定量的に表す指標を**自己相関係数**と呼びます．

日単位の売り上げデータの場合だと「昨日よく売れたら，今日もよく売れる」といった「前日の売り上げとの関係性」を自己相関として評価します．なお昨日と今日がよく似ている場合は正の自己相関があると呼びます．一方で「昨日よく売れたら，今日の売り上げは減る」と昨日と今日が逆に動く場合は負の自己相関があると呼びます．

昨日と今日といったように 1 時点だけ離れた関係性を 1 次の自己相関と呼びます．一昨日と今日といったように 2 時点だけ離れた関係性は 2 次の自己相関と呼びます．k 時点離れた関係性を一般的に k 次の自己相関と呼びます．

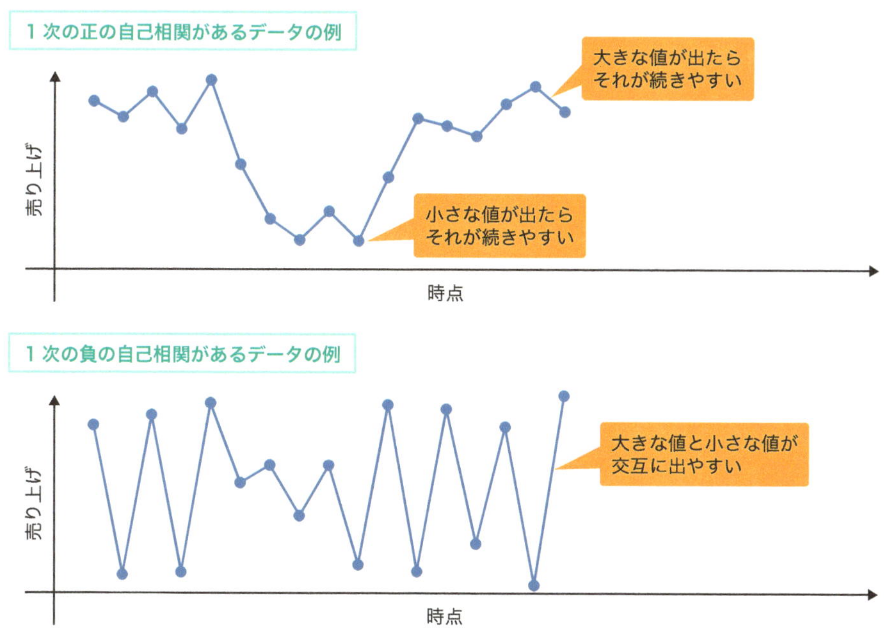

図 1.2.1　正の自己相関と負の自己相関のイメージ

1 次の正の自己相関と 1 次の負の自己相関を持つデータの例を**図 1.2.1** に示しました．一般的に 1 次の正の自己相関を持つデータはなめらかに値が変化し，1 次の負の自己相関を持つデータは小刻みに値が変動します．なお, 図 1.2.1 は第 4 部第 2 章で導入する 1 次の AR 過程の模式図となっており，厳密にいうと 2 次以降の自己相関も有したデータとなっています．1 次の自己相関を持つほかのデータ生成過程もあり，そういった過程の例も第 4 部第 2 章では解説します．

2.2.2　偏自己相関

自己相関は時間の連なりによって変化します．例えば「昨日よく売れたら，今日もよく売れる」という 1 次の自己相関があったとします．1 日ずらして「一昨日よく売れたら，昨日もよく売れる」という関係性もありそうです．

すると「一昨日と昨日が似ている」と「昨日と今日が似ている」が組み合わさって「一昨日と今日が似ている」という状況になることが予想されます．1 次の自己相関がある場合は，それが連なって 2 次の自己相関が得られる可能性があります．

けれども純粋に 2 日前との関係性を調べたいことがあるかもしれません．1 次の自己相関の影響を無視して，2 次の自己相関を検討したいという場合は**偏自己相関**と呼ばれる指標を使います．k 次の偏自己相関は $k-1$ 次までの自己相関の影響を排除したうえで，純粋な k 時点前との関連性を評価します．偏自己相関の定義上，1 次の自己相関と 1 次の偏自己相関は同じ値となります．

2.2.3　コレログラム

k 次の自己相関を，次数を変えて何度も計算し，横軸に次数を，縦軸に自己相関係数の値をとったグラフを**コレログラム**と呼びます．コレログラムを見ることで, 自己相関のパターンが確認できます．時系列データの特徴を探るときに頻繁に使われるグラフです．偏自己相関のコレログラムも頻繁に利用します．グラフの読み方が少し難しいので，詳細は第 2 部第 5 章で，実装コードを交えて解説します．

2.3　トレンド

時系列データの傾向のことを**トレンド**と呼びます．本書ではトレンドの変化量のことを**ドリフト**と呼び分けることにします．なお，文献によってはトレンドとドリフトを分けず，両方ともトレンドと呼ぶこともあるようです．ほぼ一定の正のドリフトが続く場合，時系列データは増加トレンドを持つといえます．

ほぼ一定のドリフトを持つというのがポイントです．売り上げが毎日，すごく増えたりすごく減ったりするのを繰り返す場合はトレンドが見えづらくなります．若干のブレはあっても「毎日，少しずつお客さんが増えて，売り上げも増え続けている」というシチュエーションであれば，増加トレンドがあるといえるでしょう．

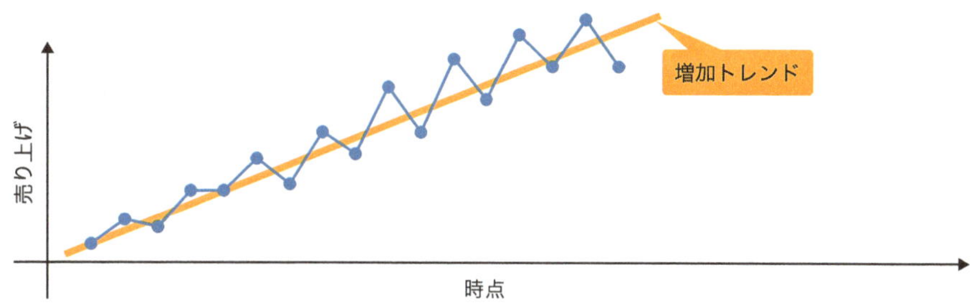

図 1.2.2　増加トレンドのイメージ

図 1.2.2 に増加トレンドのイメージを示しました．青い丸印が実際の売り上げで，オレンジ色の線がトレンドです．時系列データからトレンドを抽出することは，時系列分析の重要な役割の 1 つです．トレンドがわかると，時系列データの中長期的な予測ができるからです．

増加トレンドがあるとみなせるならば，売り上げは今後も増えていくと予測できるでしょう．一方で増加トレンドが減少トレンドに転じてしまったことがわかったならば，長期的な予測を修正すべきです．トレンドの推定は，時系列予測において避けて通れない課題です．

2.4　季節性

季節性について解説します．

2.4.1　季節性

名前の通り季節的に変化する性質を**季節性**と呼びます．ただし季節という表現にはやや語弊があります．例えば日単位のデータにおいて毎週土日に売り上げが増えるとします．こういった周期的な変化のことも季節性と呼びます．15 分間隔で取得された電力需要データの場合，昼間に需要が増えて，夜中には（みんな眠っているので）需要が減ると考えられます．この場合は昼と夜の周期を季節性と呼びます．**周期性**という表現も，季節性と同じ意味でしばしば利用されます．

よく似た言葉で**循環変動**という呼び方もあります．季節性を 1 年単位での周期性に限定し，それ以外の周期性を循環変動と呼び分けることがあるようです（例えば本多 (2000) など）．しかし 1 年単位以外の周期性を季節性と呼ぶ教科書も多数あります（例えば野村 (2016) など）．また，周期が明確な周期性を季節性と呼び，周期があいまいであるならば周期変動や循環変動と呼び分けることもあるようです．

ただし，これらの表現は非常に誤解を招きやすいと思うので本書では使い分けをしません．本書では季節性や周期性と単に述べる場合は常に周期が一定であるとします．季節性という言葉は，日単位や年単位など時間の単位にこだわらずに利用します．そして周期が変化するが循環的に変動しているように見える状況を**周期があいまいな循環変動**と明確に呼び分けます．

2.4.2 周期があいまいな循環変動

例えば景気の変動は，好況が長く続いた後に不況が長く続く，といったように循環することがあるようです．しかし景気の変動は明確に「2 年周期」など周期が定まっているわけではありません．周期があいまいな循環変動は，現実のデータでもしばしば目にします．

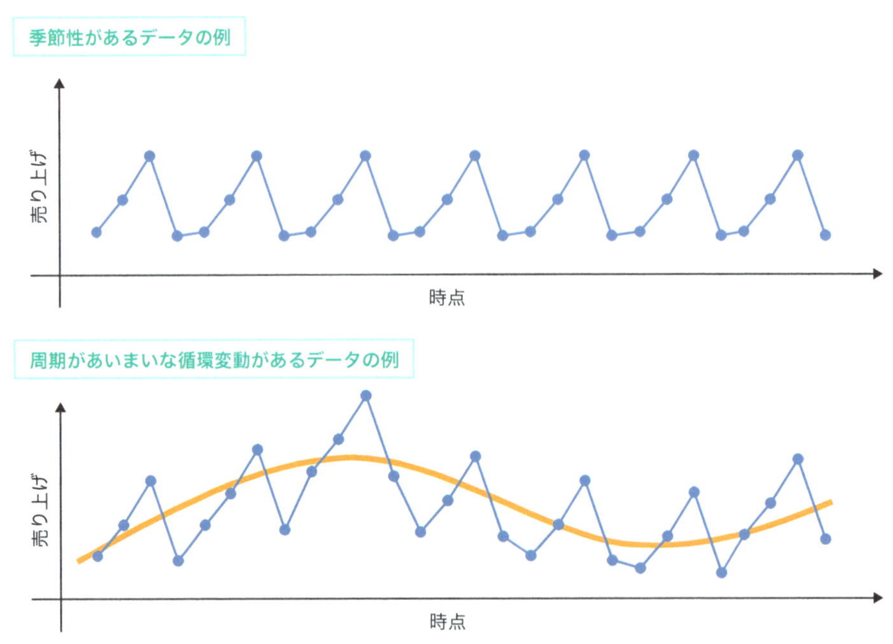

図 1.2.3　季節性と周期があいまいな循環変動のイメージ

図 1.2.3 に季節性と周期があいまいな循環変動のイメージを示しました．両者が組み合わさることで複雑な変動を示すこともあります．

2.4.3 季節性と自己相関

周期が一定である季節性であっても，長期の自己相関で表現できることがあります．例えば毎週土曜日に売り上げが増えるならば，7 次の自己相関をモデルに組み込むことで，季節性を表現できそうです．例えば第 4 部第 2 章で登場する AR モデルの次数を 7 にすれば，7 時点前との自己相関を持つ構造を表現できます．

しかし，一般論として季節性は個別にモデルに導入することをおすすめします．周期的に変動することを明確にモデルに組み込むことで，モデルの解釈が容易になるからです．また季節性を個別に組み込むことで，モデルの構造がシンプルになって，推定すべきパラメータが減るなど扱いが容易になることもあります．例えば第 4 部第 3 章で登場する SARIMA モデルを利用すれば，7 次の AR モデルよりも少ない数のパラメータで季節性を表現できる可能性があります．

2.5 外因性

自己相関は過去の自分の影響であり，季節性はカレンダーを見れば定まる影響でした．一方で，外部の要因からの影響を受けることもあります．これを**外因性**と呼びます．

例えば安売りのセールを実施することで売り上げが増えるといった変動は，外因性として説明します．外因性を表現するときに**外生変数**を使います．先ほどの例だとセールを実施したか否かを判別するフラグなどが外生変数です．外生変数とほぼ同じ意味で説明変数という表現もしばしば使われます．

なお，周期性を表現するために，カレンダー情報を外生変数として用いることもあります．カレンダー情報を外因性と呼ぶことには若干の違和感がありますが，本書では区別せず，過去の自分の値以外の変数を用いるときは外生変数と呼びます．

2.6 ノイズ

時系列データの変動を，自己相関・トレンド・季節性・外因性などの要因から説明したとします．それでもなおどうしても残ってしまう変動，すなわちモデルに組み込んだ要素からは説明がつかなかった残りの変動のことを**ノイズ**や**誤差項**と呼びます．

一見するとノイズのように見えても，例えば自己相関を表現する成分を追加するなど，モデルを改善することでノイズを減らせる可能性があります．一方でどうしても減らすことができない，純粋なノイズもあります．モデルの誤差項をしっかりと精査して，ノイズを減らす余地がないかどうかチェックすることが大切です．

第3章 データ生成過程の基本

テーマ

本章では時系列モデルにおけるやや理論的な説明をします．最初に数式を用いた表記について説明し，そして今後の議論においてしばしば参照される用語を紹介します．

難しいと感じた場合は，数式をある程度飛ばしながら読み進めても大丈夫です．必要になったときに読み返してください．ただし，定常過程やランダムウォーク過程などいくつかのデータ生成過程の用語を知っておくだけで，時系列分析の納得感が増すはずです．

概要

表記法 → 分析が楽なデータ生成過程 → 自己共分散と自己相関 → 定常過程
→ ホワイトノイズと正規ホワイトノイズ → ランダムウォーク
→ 確定的トレンドと確率的トレンド

3.1 表記法

時系列分析で用いられる多くの手法では，データ生成過程からデータが生成されて，私たちがそれを観測すると考えます．データ生成過程は，時間的に変化する確率分布のことです．そのため，時系列分析を学ぶときに，確率分布や期待値，分散などは頻繁に登場します．ここでは，本書を通して利用する表記法を紹介します．

3.1.1 データの表記

ある時点tにおけるデータをy_tと表記することにします．添え字のtはtimeの頭文字を意味しています．時点tのデータはx_t, z_tなどさまざまなアルファベットで表記します．

大文字のTは，本書において最終時点（最新の時点）を表します．そして断りがない限り，本書において時点は1からはじまると約束します．また，本書では離散時間のみを扱います．そのため，時点tは1からTまで1ずつ変化します．すべての時点のデータy_tをまとめて以下のように$y_{1:T}$と表記します．

$$y_{1:T} = \{y_1, y_2, \ldots, y_T\} \tag{1.1}$$

$y_{1:T}$はTの個のデータが含まれます．この場合のTをサンプルサイズと呼ぶこともあります．

本書では，データの欠け（欠測と呼びます）がない場合，時系列データに含まれるデータの個数を**長さ**と呼ぶことがあります．例えば$y_{1:T}$の長さはTです．

本書では時間のずれをkで表現することが多いです（第６部では異なる意味で添え字kを使います）．例えば時点tにおけるデータy_tのk時点前のデータはy_{t-k}と表記します．

3.1.2　確率変数の扱い

データは確率変数の実現値とみなすことが多いです．確率変数を大文字のY_tと，実現値を小文字のy_tと書き分けることもありますが，本書では区別せず，基本的に小文字で示します．

ある時点tにおいてy_tが期待値μ_t，分散σ^2の正規分布$\mathcal{N}\left(\mu_t, \sigma^2\right)$に従うことを以下のように表記します．

$$y_t \sim \mathcal{N}\left(\mu_t, \sigma^2\right) \tag{1.2}$$

ここでは期待値μが時間によって変化することを想定してμ_tと表記しました．もちろん分散が時間によって変化することもあるので一例にすぎません．

時点tにおける確率変数y_tの期待値μ_tを以下のように表記します．$E(\ )$は期待値を得る関数です．

$$\mu_t = E\left(y_t\right) \tag{1.3}$$

ここで１つ注意してください．上記で表現されている$E\left(y_t\right)$は，あくまでも「時点tにおける期待値」です．例えば「2000年１月１日から12月31日までの平均値」といったように，期間の平均値をとったものとは意味が異なります．もしもデータ生成過程より「同じ時点tから何度もデータy_tが取得できる」ならば，その平均値が$E\left(y_t\right)$になると期待できる，くらいの意味です．「同じ時点tから何度もデータy_tが取得できる」というのは現実にはありえないため少しイメージしにくいです．気をつけてください．

分散も同様に定義します．$V(\ )$は分散を得る関数です．こちらも「同じ時点tから何度もデータy_tが取得できる」ならば，そのばらつきが$V\left(y_t\right)$になる，くらいの意味です．

$$V\left(y_t\right) = E\left[\left(y_t - \mu_t\right)^2\right] \tag{1.4}$$

3.2　分析が楽なデータ生成過程

データ生成過程において重要な性質である定常性を導入します．

3.2.1　時系列分析の困難さ

第１部第１章において，時系列データを分析するときのさまざまな注意点について解説しました．時系列データにおいては，期待値の推定すら困難です．１日がSFのように何度もループして１万回くらいデータが取得できれば話は簡単なのですが，現実世界において1日というのはかけがえのないものです．

標本がiidに従うならば，標本平均を期待値の推定量として利用できます．しかし時系列データではうまくいきません．例えば今の時点tを2000年5月13日と考えてみます．この日の売り上げデータy_tの期待値μ_tはどのようにして推定すればよいでしょうか．

ここで「10日間の売り上げの平均値を計算する」ということを行っても期待値μ_tの推定は困難です．要するに2000年5月4日から2000年5月13日までの売り上げデータを取得して平均値を計算しても，それがμ_tのよい推定量だとはみなしにくいです．例えば毎日売り上げがどんどん増えていくトレンドがあったら，あるいは曜日ごとに売り上げが変化する季節性があったら，10日間の売り上げの平均値を「ある特定の日付における売り上げy_tの期待値μ_tの推定量」とみなすことには相当の違和感があります．

時系列分析が難しいということはよく理解していただいたと思います．難しいのはわかったけれども，期待値μ_tの推定くらいは簡単にできるようにしてくれとお願いしたくなりませんか．

そこで「期待値や自己相関の推定くらいは簡単にできるデータ生成過程」についてこれから議論します．「分析が楽なデータ生成過程」を定常過程と呼び，その性質を定常性と呼びます．

残念ながら現実世界において，このような「分析が楽なデータ生成過程」ばかりを想定できるわけではありません．しかし「分析が楽なデータ生成過程」がどのようなものかを理解することで，時系列データを分析が容易になるように変換する方法についての示唆を得ることができます．また分析が困難なデータ生成過程に立ち向かうときの最初のステップともいえるので，しっかりと理解しておきましょう．

3.2.2　定常性のイメージ

定常過程の定義は3.4節で行います．まずは定常性のイメージを紹介します．

常に定まるで「定常」と書きます．**定常性**のおおざっぱなイメージは性質が一定で，時間的に変化しないことだといえます．データが定常性を持つならば，期待値や分散，自己相関などは時点によらず変化しません．

逆に時間によって性質が変化することを**非定常性**と呼びます．非定常時系列を分析するのには若干の困難が伴います．この場合は非定常系列を定常系列に変換したり，あるいは状態空間モデルのようなやや高度な手法を用いたりします．

3.2.3　定常性を仮定したときの推定

私たちが分析するデータが，「分析が楽なデータ生成過程」である定常過程に従うならば，基本統計量を簡単に推定できます．すなわちデータ生成過程の期待値μ・自己共分散Cov_k・自己相関ρ_kに対しては，以下のように標本から計算された標本平均・標本自己共分散・標本自己相関係数を推定量として利用できます．推定量にはハット記号（$\hat{}$）をつけています．

なお，自己共分散は3.3節で定義しますが，自己相関を計算するための部品くらいに思っていただければここでは十分です．なお，定義上$k=0$とした自己共分散は分散と一致するため，分散の計算式は省略しています．

$$
\begin{aligned}
\widehat{\mu} &= \frac{1}{T}\sum_{t=1}^{T} y_t \\
\widehat{Cov}_k &= \frac{1}{T}\sum_{t=1+k}^{T} (y_t - \widehat{\mu})(y_{t-k} - \widehat{\mu}) \\
\widehat{\rho}_k &= \frac{\widehat{Cov}_k}{\widehat{Cov}_0}
\end{aligned}
\tag{1.5}
$$

期待値が時点によってコロコロと変わるとき，データの平均値を期待値の推定量とみなすことには相当の違和感がありました．しかし，定常性を仮定すれば，時点によって期待値が変わりません．そのため**図 1.3.1** のように，素直にデータの平均値が期待値の推定量となります．

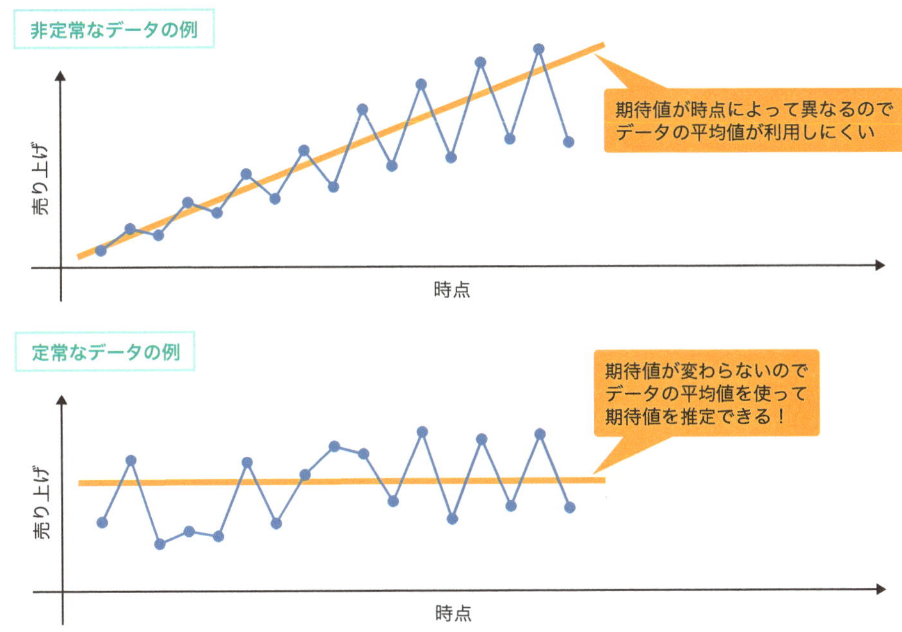

図 1.3.1　定常過程における期待値の推定のイメージ

定常性を仮定すると，自己相関なども推定しやすくなります．**図 1.3.2** に１次の標本自己相関係数の計算のイメージを示しました．なお，**原系列**とは一切変換がなされていないデータのことです．

通常の相関係数などでは，例えば２つの変数x_iとy_iの関係性などを調べます．標本自己相関係数を計算するときには，原系列y_tの時点をずらしてラグy_{t-k}をとります．そして原系列とラグをとった系列の２つで相関係数を求めるイメージです．

元のデータ

時点	原系列
1949 年 1 月	112
1949 年 2 月	118
1949 年 3 月	132
1949 年 4 月	129
1949 年 5 月	121

データを 1 時点ずらしてラグをとる

時点	原系列	ラグ
1949 年 1 月	112	NA
1949 年 2 月	118	112
1949 年 3 月	132	118
1949 年 4 月	129	132
1949 年 5 月	121	129

相関係数を求める対象となるデータ

時点	原系列	ラグ
1949 年 2 月	118	112
1949 年 3 月	132	118
1949 年 4 月	129	132
1949 年 5 月	121	129

図 1.3.2　1 次の標本自己相関係数の計算のイメージ

3.3　自己共分散と自己相関

確率変数における自己共分散と自己相関を導入します．本節は確率変数に関する議論なので，どうしても抽象的になります．難しいと感じたら，遠慮はいりませんので本節を読み飛ばしてください．

3.3.1　自己共分散

以下で計算される値を，時点tにおけるk次の**自己共分散**と呼びます．

$$Cov\left(y_t, y_{t-k}\right) = E\left[\left(y_t - \mu_t\right)\left(y_{t-k} - \mu_{t-k}\right)\right] \tag{1.6}$$

ところで 2 つの変数x_iとy_iの関係性は$E\left[\left(x_i - \mu_x\right)\left(y_i - \mu_y\right)\right]$という共分散で表現するのがセオリーです．なお$\mu_x$は$x$の期待値で，$\mu_y$は$y$の期待値です．通常の共分散は 2 つの変数$x_i$と$y_i$の関係性を調べます．

一方の自己共分散は同じ時系列の中で「過去の自分との関係性」を調べます．時点tにおいて,「k時点前の自分」との関係性を調べたものが時点tにおけるk次の自己共分散$Cov\left(y_t, y_{t-k}\right)$です．

2 つの添え字tとkが存在することに注意してください．例えば時点tを「2000 年 1 月 1 日」と考えてみます．そしてその 2 日前の関係性を評価したいなら$k=2$ですね．

定義から$k=0$としたときの自己共分散は，時点tの分散になることに注意してください．すなわち以下が成り立ちます．

$$Cov\left(y_t, y_t\right) = E\left[\left(y_t - \mu_t\right)\left(y_t - \mu_t\right)\right] = E\left[\left(y_t - \mu_t\right)^2\right] = V\left(y_t\right) \tag{1.7}$$

3.3.2　自己相関

共分散を-1以上1以下に標準化したものを相関係数と呼びます．2 変数間の相関係数と同様に，時点tにおけるk次の**自己相関**ρ_{tk}を以下のように定義します．

$$\rho_{tk} = Corr\left(y_t, y_{t-k}\right) = \frac{Cov\left(y_t, y_{t-k}\right)}{\sqrt{V\left(y_t\right)V\left(y_{t-k}\right)}} = \frac{E\left[\left(y_t - \mu_t\right)\left(y_{t-k} - \mu_{t-k}\right)\right]}{\sqrt{V\left(y_t\right)V\left(y_{t-k}\right)}} \tag{1.8}$$

自己相関は-1以上1以下の値しかとらないため解釈が容易です．

昨日と今日といったように１時点だけ離れた関係性を１次の自己相関と呼びます．一昨日と今日といったように２時点だけ離れた関係性は２次の自己相関と呼びます．一般的に時点tにおけるk次の自己相関をρ_{tk}と表記します．

3.3.3　自己共分散と自己相関の注意点

時点tが変わると，自己共分散や自己相関が変わる可能性があることに注意してください．

ここで，同じ$k=2$の自己相関ですが，時点tが「2000年１月１日」と「2020年１月１日」のように変化することを考えます．

このとき「2000年１月１日における$k=2$の自己相関」と「2020年１月１日における$k=2$の自己相関」が等しいという保証はありません．「昔はご近所づきあいがあったから，ある商品が売れるとそれが周囲に広がって長く売れたのだけど（2000年では売り上げに正の自己相関があったのだけど），最近はそんな影響はなくなったね（2020年には正の自己相関が見られなくなった）」ということは十分に起こりえます．自己共分散も同様です．

3.4　定常過程

「分析が楽なデータ生成過程」として定常過程を導入します．定常過程には強定常過程と弱定常過程があります．順に解説します．

3.4.1　強定常過程

ある期間の時系列$y_t, y_{t+1}, \ldots, y_{t+k}$と，その期間を$h$だけシフトした$y_{t+h}, y_{t+1+h}, \ldots, y_{t+k+h}$を考えます．両者の同時分布が常に等しくなるようなデータ生成過程のことを**強定常過程**と呼びます．

同時分布が等しいということは，もちろん期待値も分散も等しくなります．期間がシフトしても同時分布が変わらないというのはかなり強い仮定です．強い仮定をおくと分析がしばしば楽になります．しかし，強すぎる仮定は，しばしば非現実的な仮定となります．また手持ちの時系列データが強定常性を持つかどうかは判断しにくいです．

3.4.2　弱定常過程

強定常過程は実践的な時系列データ分析を行うときにやや扱いが難しいため，ここで紹介する**弱定常過程**を想定することが多いです．本書において単に定常と書いた場合は弱定常を指します．

弱定常過程は期待値と自己共分散が時間的に変化しないという性質を持ちます．すなわち以下のように時点tによらない期待値μと自己共分散Cov_kを持ちます．

$$
\begin{aligned}
E\left(y_t\right) &= \mu \\
Cov\left(y_t, y_{t-k}\right) &= E\left[\left(y_t - \mu\right)\left(y_{t-k} - \mu\right)\right] = Cov_k
\end{aligned}
\tag{1.9}
$$

ここで$k = 0$とおいたときの自己共分散が分散になることを思い出すと，分散も自己相関も時点tによらず一定になることがわかります．この性質があるので図 1.3.2 のように，複数の時点にわたるデータを利用して自己相関を計算できるようになります．

$$
\begin{aligned}
V\left(y_t\right) &= \sigma^2 \\
Corr\left(y_t, y_{t-k}\right) &= \frac{Cov\left(y_t, y_{t-k}\right)}{\sqrt{V\left(y_t\right)V\left(y_{t-k}\right)}} = \frac{Cov_k}{\sqrt{\sigma^2\sigma^2}} = \rho_k
\end{aligned}
\tag{1.10}
$$

3.5　ホワイトノイズと正規ホワイトノイズ

単純な定常過程の例としてホワイトノイズ系列を紹介します．

3.5.1　ホワイトノイズ

ホワイトノイズ系列ε_tは以下の性質を持ちます．すなわち期待値が 0 であり，分散が一定で，同時点以外の自己共分散（自己相関も）が 0 となります．ホワイトノイズ系列は期待値も自己共分散も時点によらず一定であるため弱定常過程です．

$$
\begin{aligned}
E\left(\varepsilon_t\right) &= 0 \\
Cov_k &= \begin{cases} \sigma^2 & k = 0 \\ 0 & k \neq 0 \end{cases}
\end{aligned}
\tag{1.11}
$$

ホワイトノイズは文字通りノイズ（誤差項）として扱われることが多いです．同時点以外の自己相関が 0 ですので「過去から未来を予測する」のが困難です．例えば「前回のホワイトノイズが大きな値だったから，次も大きくなるだろう」と予測することはできません．ある意味「純粋な誤差」として扱うことができます．

3.5.2　正規ホワイトノイズ

ホワイトノイズが従う確率分布として正規分布を仮定したものを**正規ホワイトノイズ**と呼びます．本来は，無相関であることと独立であることは異なります．しかし，正規分布に従う確率変数が互いに無相関ならば，その確率変数は互いに独立になることが知られています．そのため正規ホワイトノイズ系列は iid 系列になり，とても扱いやすいです．

y_tが正規ホワイトノイズ系列であることを以下のように表記します．

$$
y_t \sim \mathcal{N}\left(0, \sigma^2\right)
\tag{1.12}
$$

なお，正規ホワイトノイズに限らずy_tが期待値0，分散σ^2のiid系列であることを$y_t \sim \mathrm{iid}\left(0, \sigma^2\right)$と表記します．また，ノイズであることを強調する場合には正規ホワイトノイズ系列をε_tと表記することもあります．

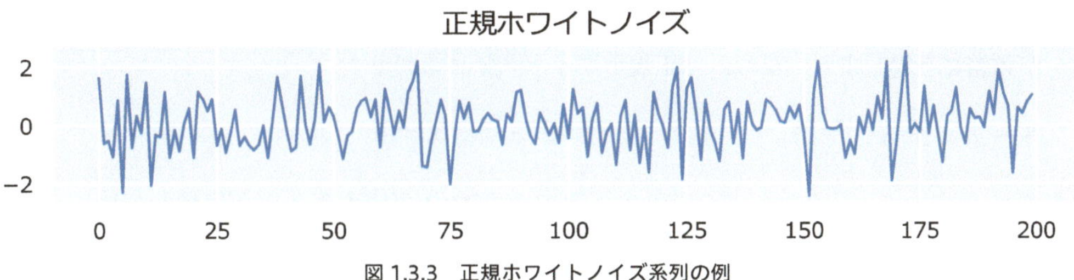

図 1.3.3　正規ホワイトノイズ系列の例

図 1.3.3 に正規ホワイトノイズ系列の例を示しました．正規ホワイトノイズ系列は定常過程なので期待値や分散が変化せず，安定しています．

図 1.3.4 に正規ホワイトノイズ系列が生成されるイメージを示しました．青い丸印は実際のデータ系列の値で，灰色の四角形は「およそこの範囲の値が次に出るだろうと予測される」という区間を示しています．正規ホワイトノイズ系列は常に平均値が0ですので,灰色の区間の中心は常に0であり，将来を予測する場合は常に「0前後の値が出るだろう」と予測できます．

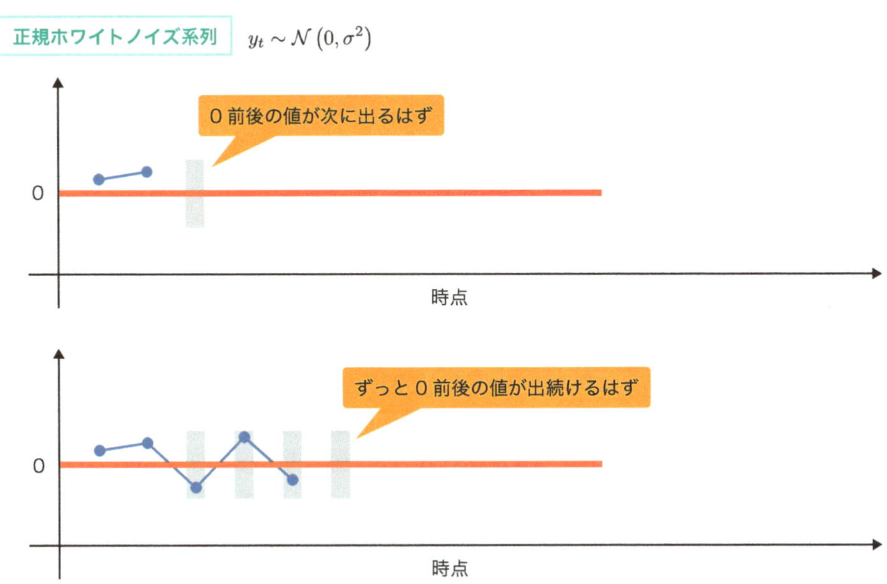

図 1.3.4　正規ホワイトノイズ系列が生成されるイメージ

3.6 ランダムウォーク

代表的な非定常過程の例としてランダムウォーク系列を紹介します．iid 系列の累積和を**ランダムウォーク**系列と呼びます．正規ホワイトノイズは iid 系列ですので，正規ホワイトノイズの累積和もランダムウォーク系列です．本書では以下のように表記される正規分布を仮定したランダムウォーク系列 y_t が頻繁に登場します．なお ε_t は正規ホワイトノイズ系列です．

$$y_t = y_{t-1} + \varepsilon_t \qquad \varepsilon_t \sim \mathcal{N}\left(0, \sigma^2\right) \tag{1.13}$$

例えば $y_{t+1} = y_t + \varepsilon_{t+1} = y_{t-1} + \varepsilon_t + \varepsilon_{t+1}$ となるため，t が増えると ε_t が累積していくことがわかります．

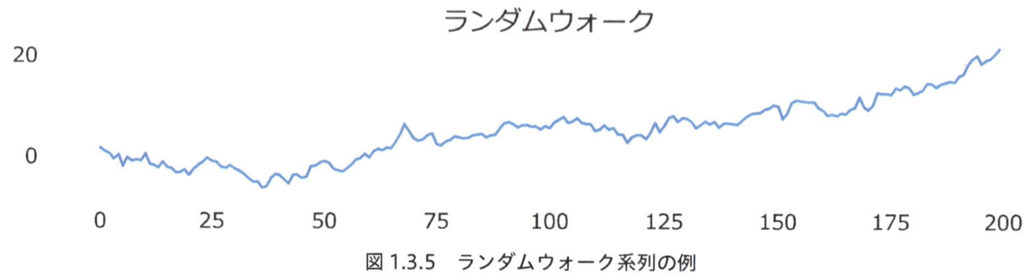

図 1.3.5　ランダムウォーク系列の例

図 1.3.5 にランダムウォーク系列の例を示しました．なお，このランダムウォーク系列は $y_0 = 0$ として図 1.3.3 で用いた正規ホワイトノイズ系列の累積和をとったものです．累積和をとっただけですが，正規ホワイトノイズ系列とは形状が大きく変わることがわかります．

正規分布を仮定したランダムウォーク系列は以下のように y_{t-1} を平均値とする正規分布として表記することもできます．

$$y_t \sim \mathcal{N}\left(y_{t-1}, \sigma^2\right) \tag{1.14}$$

図 1.3.6 のイメージ図を見るとランダムウォーク系列の特徴がつかみやすいかと思います．図 1.3.6 の点線は y_{t-1} の値を示しています．1 時点先の予測区間である灰色の区間の中心は y_{t-1} となります．

1 時点前の値 y_{t-1} を平均値とする正規分布に従うため，1 時点前の値に引きずられて次の値が変化します．そのため将来を予測する場合は「1 時点前の値 y_{t-1} 前後の値が出るだろう」と予測します．1 時点先のランダムウォーク系列を予測するための最も適切な方法は，その前の時点の値をそのまま用いることです．このような予測手法を持続予測と呼びます（詳細は第 3 部第 1 章）．長期的には 0 から離れた値も出やすくなることに注意してください．

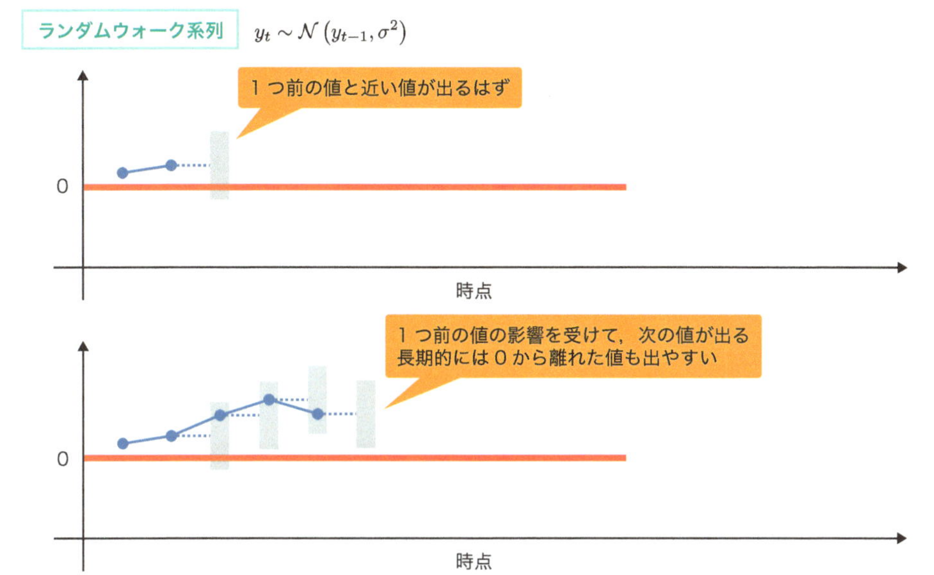

図 1.3.6　ランダムウォーク系列が生成されるイメージ

ランダムウォーク系列y_tの性質を Walter(2019) から紹介します．なお，以下ではy_tの初期値を$y_0 = 0$と想定しています．また，下記の結果は正規ホワイトノイズに限らず$\varepsilon_t \sim \mathrm{iid}\left(0, \sigma^2\right)$において成り立ちます．

ε_tの期待値は 0 であるため，その累積和であるランダムウォーク系列も期待値は 0 となります．しかし，ばらつきを持つε_tが累積するため，ばらつきが累積していき，時点が進むにつれて分散が増えていきます．そのため，長期的な予測を行うのがとても難しくなります（**図 1.3.7**）．

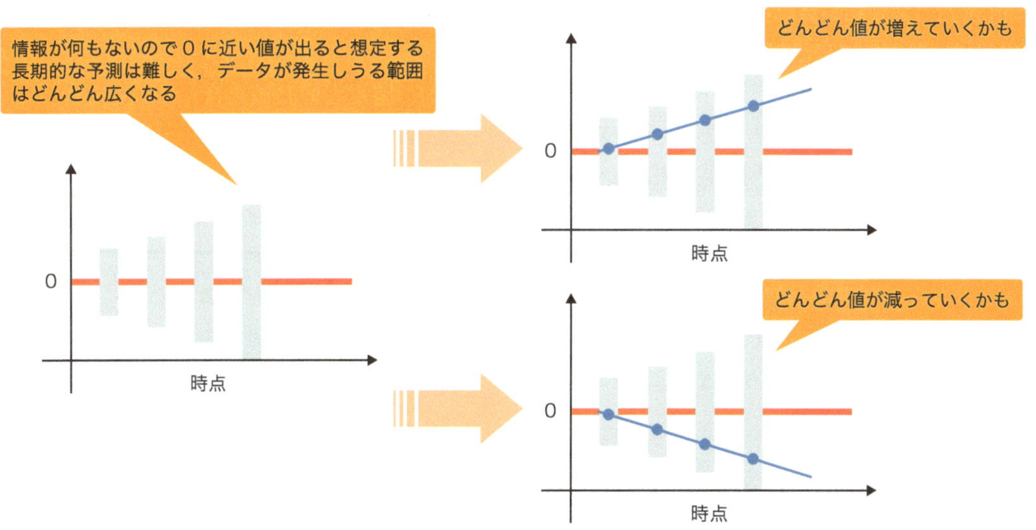

図 1.3.7　ランダムウォーク系列の長期予測のイメージ

$$
\begin{aligned}
E(y_t) &= 0 \\
V(y_t) &= t\sigma^2
\end{aligned}
\tag{1.15}
$$

ここで$0 < t' < t$である時点t'において$y_{t'}$の値がわかったとします．すると，期待値 0 のε_tが$y_{t'}$の後に累積していくため「$y_{t'}$がわかったという条件つきのy_tの期待値」は$y_{t'}$となります（**図 1.3.8**）．

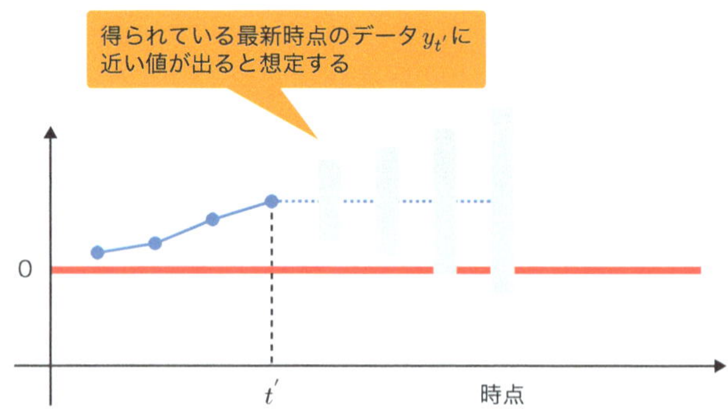

図 1.3.8　データが得られたときの予測のイメージ

自己共分散と自己相関は以下のようになります．ランダムウォーク系列は非定常系列であるため，時点と次数の 2 つを考慮する必要があることに注意してください．

$$
\begin{aligned}
Cov(y_t, y_{t-k}) &= (t-k)\sigma^2 \\
\rho_{tk} &= \frac{(t-k)\sigma^2}{\sqrt{t\sigma^2 \cdot (t-k)\sigma^2}} = \sqrt{\frac{t-k}{t}}
\end{aligned}
\tag{1.16}
$$

σ^2は正であり，$k < t$と想定できるため，ランダムウォーク系列は正の自己相関を持ちます．単なる iid 系列の累積和が自己相関を持つのは少し不思議に思えるかもしれません．

累積和は得てして自己相関を持ちやすいものです．累積和は「同じ値を含む」のが特徴です．すなわちy_{t+1}はy_tを含みますし，y_tはy_{t-1}を含んでいます．前の時点と同じ値を含んでいるということは，よく似ているということであり，正の自己相関をもたらします．

またランダムウォーク系列に自己相関があることは「1 時点先のランダムウォーク系列を予測するための最も適切な方法は，その前の時点の値をそのまま用いること」という結果からも類推できます．1 時点前と正の自己相関があるから，1 時点前の値を使って予測するのが適切となります．

また「今と 1 時点前が似ている」と「1 時点前と 2 時点前が似ている」が組み合わさって「今と 2 時点前が似ている」という状況になることが予想されます．1 次の自己相関がある場合は，それが連なって 2 次の自己相関が得られます．けれども 2 つの時点が離れる（kが大きくなる）ほど自己相関は小さくなります．

3.7 確定的トレンドと確率的トレンド

ここで以下のようなトレンドがある時系列x_tを考えます．δは定数です．

$$x_t = \delta + x_{t-1} \tag{1.17}$$

x_tは時点が増えるたびにδだけ値が増減します．例えば$\delta = 2$なら毎時点２ずつ値が増えるという増加トレンドがあるとみなせます．ここで増減量をΔx_tとおくと$\Delta x_t = x_t - x_{t-1} = \delta$です．このような定数で値が変化することを**確定的トレンド**と呼びます．

ここでランダムウォーク系列y_tに戻ります．y_tの増減量は$\Delta y_t = y_t - y_{t-1} = \varepsilon_t$です．$\varepsilon_t$は確率的に変化するためランダムウォーク系列は**確率的トレンド**を有しているとみなせます．

なお定数δを加えたランダムウォーク系列をドリフト率δのランダムウォーク系列と呼びます．

$$y_t = \delta + y_{t-1} + \varepsilon_t \qquad \varepsilon_t \sim \mathrm{iid}\left(0, \sigma^2\right) \tag{1.18}$$

本書においてはドリフト率０のランダムウォーク系列を，単にランダムウォーク系列と記載します．

第2部

Pythonによる時系列分析の基本

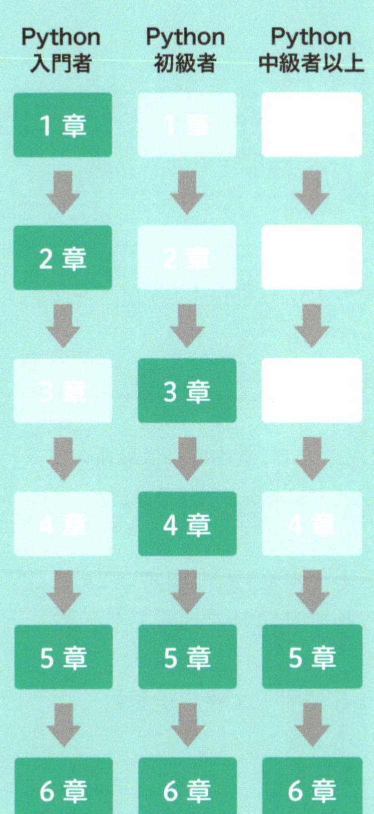

第2部ではPythonを用いた時系列分析を行うための基本的な事項を解説します．Pythonの初心者やR言語からの乗り換えを考えているユーザーでも本書を読み進められるように，Pythonの基本文法の解説なども行います．そのため第2部は難易度のばらつきが大きいです．

以下に，Pythonの使用経験に応じた第2部の読み進め方の例を載せました．入門者は第1章の環境構築と第2章のPythonの基本を中心に読み進めてください．第3章と第4章はある程度読み飛ばして大丈夫です．Pythonに触れた経験がある方は，逆に第3章と第4章を中心に読み進めてください．Pythonらしいデータ分析の方法が学べるはずです．中級者以上の方は第3章までは飛ばして大丈夫です．必要に応じて第4章をざっと確認する程度で十分でしょう．

なお，第5章と第6章は時系列分析のパートであり，本書を通して登場する考え方などが解説されているので，確実に目を通してください．

Pythonの導入

- 第1章：環境構築
- 第2章：Pythonの基本
- 第3章：Pythonによる統計分析の基本

Pythonによる時系列分析

- 第4章：pandasによる日付処理の基本
- 第5章：Pythonによる時系列分析の基本
- 第6章：時系列データのシミュレーションと見せかけの回帰

第1章 環境構築

テーマ

本章ではPythonをPCにインストールして簡単な計算を実行する方法を解説します．本書ではWindowsの利用を前提とします．本書執筆時の環境は以下の通りです．

- Windows11 64bit
- Python3.12.4

概要

Pythonのインストール → コマンドプロンプト上での簡単な計算
→ venvを用いた仮想環境の構築 → ライブラリのインストール
→ Jupyter NotebookとJupyterLabの利用 → 仮想環境の終了

1.1 Pythonのインストール

以下のURLからPythonをダウンロードします．ご自身がお使いのPCにあわせてファイルをダウンロードしてください．

URL https://www.python.org/

本書執筆時には「python-3.12.4-amd64.exe」をダウンロードしました．なお，基本的には最新のバージョンをインストールしてください（**図 2.1.1**）．インストールするバージョンが変わればファイル名が変わりますので適宜読み替えてください．

続いて「python-3.12.4-amd64.exe」をダブルクリックしてインストールを実行します．このとき以下の画面のように「Add python.exe to PATH」にチェックを入れてPATHを通してください．そして「Install Now」をクリックすると，インストールされます．

インストールが終わって「Setup was successful」と出たら「Close」を押して終わります．

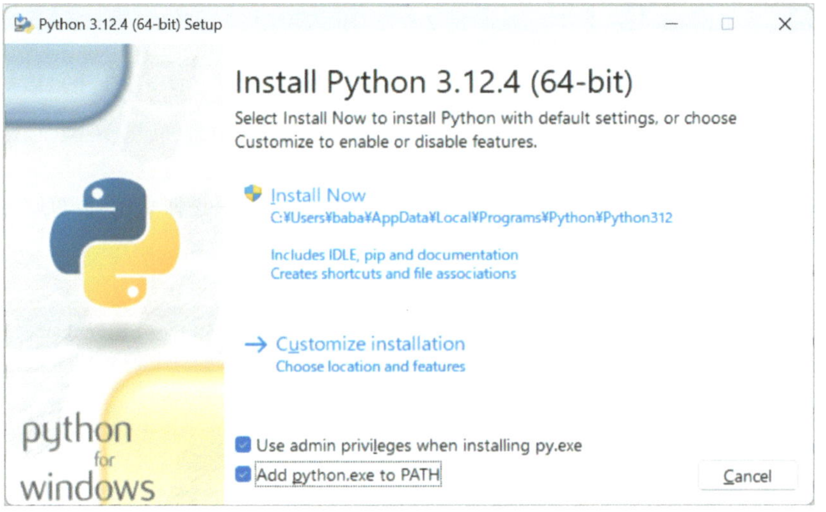

図 2.1.1　インストール画面

1.2　コマンドプロンプト上での簡単な計算

Python がインストールできたので，簡単な動作確認を行います．

1.2.1　コマンドプロンプト

まずはコマンドプロンプトと呼ばれる黒い画面を表示させます．スタートメニューから「コマンドプロンプト」と検索すれば立ち上がります．以下のような白い文字が黒い画面上に表示されているはずです（バージョンはお使いの環境によって変わることがあります）．

```
Microsoft Windows [Version 10.0.22000.856]
(c) Microsoft Corporation. All rights reserved.
C:¥Users¥user_name>
```

ここで user_name は PC の利用者名ですので，お使いの PC によって名前が変わります．C:¥Users¥user_name> と書かれた右側にコマンドを入力して Enter キーを押すと，結果が返ってきます．

1.2.2　Python インタプリタ

コマンドプロンプト上で python と入力して Enter キーを押すと，Python インタプリタが起動します．起動するといっても黒い画面上で簡単な説明書きと「>>>」というマークが登場するだけですが，これで Python コードを実行できるようになっています．

```
C:¥Users¥user_name>python
```

念のため述べておくと「C:¥Users¥user_name>」はコマンドプロンプト上に最初から表示されています．私たちは python の 6 文字だけを入力します．

例えば「>>>」というマークの横に 1 + 1 と入力して Enter キーを押すと，計算結果の 2 が返ってきます．これを**対話環境**と呼ぶこともあります．

```
>>> 1 + 1
2
```

本書では黒い画面上でコードを書くことは基本的にしませんが，利用法は知っておくと便利です．

Python インタプリタを終了させる場合は以下のように quit() と入力して実行します．

```
>>> quit()
```

1.3 venv を用いた仮想環境の構築

Python をインストールできたので，すぐに分析に移りたいところですが，まだ準備が必要です．具体的にいうとライブラリのインストールが必要です．そのために仮想環境を構築します．

ここでは venv を用いた**仮想環境**の構築方法を解説します．

1.3.1 モジュール・パッケージ・ライブラリ

Python コードを記述したファイルを**モジュール**と呼びます．複数のモジュールをまとめたものを**パッケージ**と呼び，そのパッケージをさらにひとまとめにしたものが**ライブラリ**です．例えば時系列モデルを構築するときに，ゼロからプログラミングするのはとても大変です．自分で一所懸命コードを書くのはもちろん勉強になりますが，他の方が作られたモジュールやライブラリを活用させてもらう方が簡単です．ここではライブラリをインストールする方法を解説します．

1.3.2 なぜ仮想環境が必要か

venv は Python 公式の仮想環境です．さまざまな仮想環境の構築ツールが存在しますが，初学者にとっては，公式が提供している venv の利用が無難でしょう．もちろんほかにも優れた仮想環境の構築ツールがあります．pipenv などが有名です．

ライブラリをインストールするときに，ライブラリのバージョンに気を遣う必要があります．例えばグラフを描くライブラリと，予測値を計算するライブラリなど，複数のライブラリを組み合わせて分析を実行するのが普通です．ここでライブラリのバージョンの組み合わせによってはエラーになることがあります．ライブラリのバージョンを上げることにはやや不安なところがあるのですね．自由気ままにライブラリをインストールしたりアップデートしたりしていると，思いもよらぬタイミングで致命的なエラーが出ることがあります．

そこで仮想環境を使います．仮想環境は1つのPCの中に複数作ることができます．そのため「ある特定の仮想環境①のライブラリのバージョンを上げても，別の仮想環境②のライブラリのバージョンには影響を及ぼさない」というような使い方ができます．ライブラリを利用するときには，仮想環境もセットで構築するのがおすすめです．

1.3.3　venvを用いた仮想環境の構築

例えばCドライブ直下にC:¥py_tsaというフォルダを作ったとします．ここで分析を実行します．このフォルダの中にpy_tsa_venvという名前の仮想環境を作ります．

まずはコマンドプロンプト上で以下のコマンドを実行してC:¥py_tsaフォルダに移動します．cdはChange Directoryの略です．

```
C:¥Users¥user_name>cd C:¥py_tsa
```

コマンドを実行すると今までC:¥Users¥user_name>と表示されていたのがC:¥py_tsa>に変わります．これでフォルダの移動ができました．

続いて以下のコマンドを実行してpy_tsa_venvという名前の仮想環境を作ります．Pythonを実行するpythonコマンドの後に-m venvをつなげてvenvによる仮想環境を構築します．py_tsa_venvは仮想環境の名前です．好きな名前に変更できます．

```
C:¥py_tsa>python -m venv py_tsa_venv
```

上記のコマンドを実行するとC:¥py_tsa¥py_tsa_venvというフォルダが新たに作成されているはずです．仮想環境が作れました．

1.3.4　仮想環境の起動

仮想環境を起動するときには以下のコマンドを実行します．

```
C:¥py_tsa>C:¥py_tsa¥py_tsa_venv¥Scripts¥activate.bat
```

上記は，仮想環境py_tsa_venvの中に新たに作成されたScriptsフォルダの中のactivate.batというファイルを実行するというコマンドです．C:¥py_tsa¥py_tsa_venvの部分は，仮想環境を作った場所によって変わるので注意してください．正しく仮想環境が起動できれば，「(py_tsa_venv) C:¥py_tsa>」という仮想環境名がコマンドプロンプト上に表示されるはずです．

1.4 ライブラリのインストール

仮想環境内にライブラリをインストールします．

1.4.1 pipの利用

ライブラリのインストールは**pip**というモジュールを使います．モジュールというのは「Pythonコードを記述したファイル」くらいの意味です．ライブラリのインストールを簡単にしてくれるプログラムが最初から用意されているので，これを使います．以下のコマンドはすべて仮想環境が起動している状況で実行してください．

例えばpip listというコマンドを実行することで，インストール済みのライブラリ一覧が表示されます．

```
(py_tsa_venv) C:¥py_tsa>pip list
Package Version
---------- -------
pip 22.2.1
setuptools 63.2.0

[notice] A new release of pip available: 22.2.1 -> 22.2.2
[notice] To update, run: python.exe -m pip install --upgrade pip
```

pipとsetuptoolsは最初から利用できるようになっています．ところでnoticeという注意事項が出力されています．多くの場合pipはアップデートが必要です．以下のコマンドを実行してpipをアップデートします．

```
(py_tsa_venv) C:¥py_tsa> python -m pip install --upgrade pip
```

これでpip listを実行しても注意事項が表示されなくなりました．

```
(py_tsa_venv) C:¥py_tsa>pip list
Package Version
---------- -------
pip        22.2.2
setuptools 63.2.0
```

なお，pipなどのバージョンは，上記のコードを実行した時期によって変わることがあります．

1.4.2 ライブラリの一括インストール

pip を使うことでライブラリをインストールできます．時系列分析を実行するための便利なライブラリをインストールしましょう．

ライブラリの名称を指定してインストールできます．例えば pandas という有名なライブラリをインストールする場合は pip install pandas というコマンドを実行します．

しかし，ライブラリを複数インストールするときに，1 回 1 回コマンドを実行するのは面倒です．本書ではインストールすべきライブラリの一覧を「requirements.txt」というファイルで，サポートページから提供しています．「requirements.txt」にはインストールするべきライブラリの一覧とそのバージョンが記載されています．「requirements.txt」ファイルを用いて一括でライブラリをインストールするときには以下のコマンドを実行します．なお，下記のコマンドを実行する前に，忘れずに C:¥py_tsa フォルダの直下に「requirements.txt」ファイルを配置してください．

```
(py_tsa_venv) C:¥py_tsa>pip install -r requirements.txt
実行結果は省略
```

少し時間がかかりますが，ライブラリがインストールできるはずです．もしも個別のライブラリのインストールだけが失敗した場合は「pip install ライブラリ名」コマンドを実行してインストールしなおしてください．pip list コマンドを実行すると，インストールされたライブラリの一覧が得られます．

1.5 Jupyter Notebook と JupyterLab の利用

Python インタプリタ上で計算することもできますが，プログラムを書いたり実行したりするときに便利なツールがあるので紹介します．これらのツールは「requirements.txt」を用いてライブラリの一括インストールを済ませた後で利用できます．

1.5.1 Jupyter Notebook

Jupyter Notebook という便利なツールを使うと，計算結果を見やすく表示できます．ライブラリのインストールが終わった後の仮想環境において以下のコマンドを実行すると，Jupyter Notebook が起動します．Google Chrome や Edge などのブラウザが立ち上がり，Web アプリを操作するような感覚でプログラミングができます．

```
(py_tsa_venv) C:¥py_tsa>jupyter notebook
```

1.5.2　JupyterLab

JupyterLab は Jupyter Notebook の後継です．以下のコマンドを実行することで，Google Chrome や Edge などのブラウザが立ち上がり，JupyterLab が利用できます．

```
(py_tsa_venv) C:¥py_tsa> jupyter lab
```

Jupyter Notebook と JupyterLab の使い勝手はよく似ていますし，保存されるファイル形式も同じです．本書執筆時には JupyterLab を用いましたが，ほかの書籍や Web 上のサンプルコードでは Jupyter Notebook が利用されていることもあります．お好きなものを利用してください．

1.6　仮想環境の終了

起動した仮想環境を終了する場合は以下のコマンドを実行します．なお，次章以降も同じ仮想環境で作業するので，ここでは終了しなくて大丈夫です．終了した場合はまた仮想環境を起動してください．

```
(py_tsa_venv) C:¥py_tsa> deactivate
```

第2章

Pythonの基本

テーマ

本章ではJupyterLabの簡単な使い方を紹介した後,Pythonの基本構文を解説します.最後にデータを分析するときにとても重要となるnumpyとpandasという2つのライブラリの使い方を簡単に紹介します.R言語をすでに利用している方も想定し,R言語との違いについても一部補足します.Pythonに明るい読者は本章を飛ばしてください.

なお,本書ではプログラミング経験が「完全にゼロ」という状況ではないことを想定しています.不安な点があればAlthoff(2018)などの入門書も参照してください.Python中級者を目指す方は陶山(2020)やLubanovic(2017)がよい教科書になると思います.本書執筆時にも参照させていただきました.Pythonに詳しくない方のために,本書サポートページにも補足情報を紹介しています.

概要

JupyterLabの起動と終了 → 基本的な演算 → 文字列 → 変数 → 関数
→ type関数とdir関数の利用 → list → dict → for構文 → if構文
→ numpyの利用 → pandasの利用

2.1 JupyterLabの起動と終了

JupyterLabを起動させ,簡単な計算を実行する方法を解説します.JupyterLabについては,Web上で閲覧できる以下のドキュメントも参考にしてください(英語です).

URL https://jupyterlab.readthedocs.io/en/stable/

2.1.1 JupyterLabの起動

仮想環境を起動させたうえで以下のコマンドを実行すると,Google ChromeやEdgeなどのブラウザが立ち上がり,JupyterLabが利用できます.

```
(py_tsa_venv) C:¥py_tsa> jupyter lab
```

2.1.2　新規ファイルの作成

JupyterLab を起動すると**図 2.2.1** のような起動画面が現れます．ここで「Notebook」と書かれた表題のすぐ下にある「Python 3(ipykernel)」というボタンをクリックすると，新しいファイルが作成されます（**図 2.2.2**）．

最初は「Untitled.ipynb」というファイル名になっているはずです．ファイルの内容が伝わりやすいファイル名に変更しましょう．画面上部の「Untitled.ipynb」と書かれた箇所を右クリックして「Rename Notebook」を選択するとファイル名を変更できます．今回は「2-2-Python の基本 .ipynb」というファイル名にしました．

なお，本書の実行コードはすべて GitHub からダウンロードできます．ダウンロードの仕方についてはサポートページを参照してください．

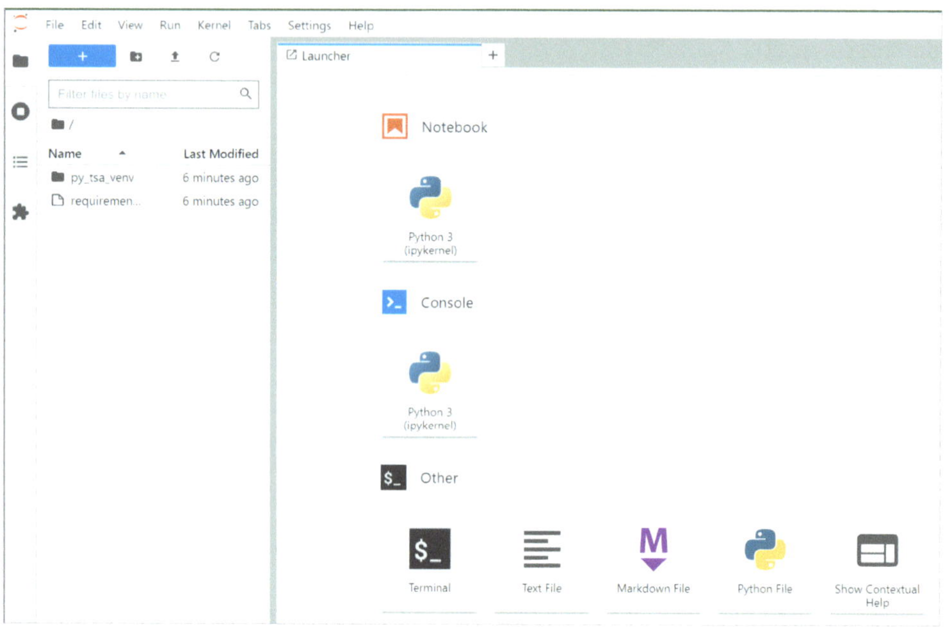

図 2.2.1　JupyterLab の起動画面

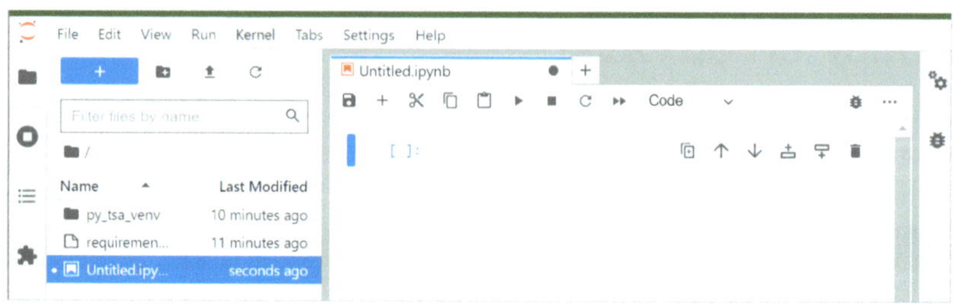

図 2.2.2　プログラムを書く画面

2.1.3　コードの実行

コードの実行は「Shift」+「Enter」キーで行います．例えば 1 + 1 と入力してから「Shift」+「Enter」キーを押すと，計算結果の 2 が出力されます（**図 2.2.3**）．

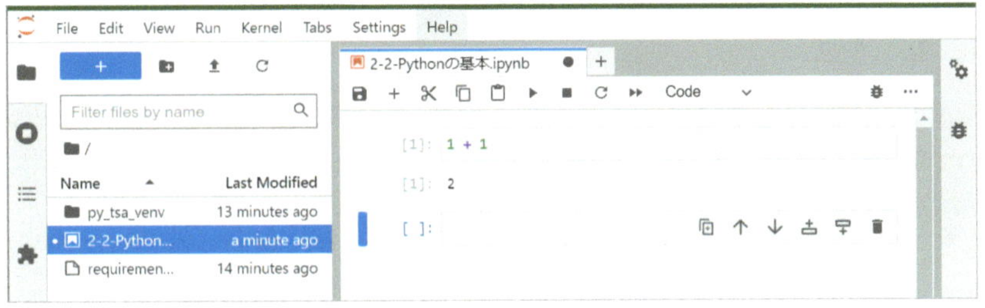

図 2.2.3　コードの実行結果

2.1.4　JupyterLab の終了

「Ctrl」＋「S」キーを押すことでファイルが保存できます．プログラミングが終わったら，画面上部のメニューから「File」→「Shut Down」とすれば JupyterLab を終了できます．

2.2　基本的な演算

四則演算は + - * / で実行できます．例えば 1 + 1 を計算する場合は以下のように実装します．# 記号はコメントを表します．

本書では，実装するコードを以下のように紫色の線で囲むことにします．

```
# 足し算
1 + 1
```

実行結果は以下の通りです．本書では，実行結果には以下のように水色の下地を引くことにします．

```
2
```

四則演算は Excel や R 言語と同じですが，累乗の方法は異なります．** を使います．

```
# 累乗
2 ** 4
```

```
16
```

2 の「2 分の 1 乗」は以下の通りです．

```
# やや複雑な計算
2 ** (1 / 2)
```

```
1.4142135623730951
```

2.3 文字列

数字ではなく文字列を扱う場合はシングルクォーテーションで囲みます．単に A と入力するとエラーになるので気をつけましょう．

```
'A'
```

```
'A'
```

例えば "A" のようにダブルクォーテーションで囲うこともできます．本書では主にシングルクォーテーションを使います．

2.4 変数

変数を作成します．

2.4.1 変数の基本

代入演算子 = を使うことで，変数を作ります．以下のコードでは x に 5 を代入しました．

```
x = 5
x
```

```
5
```

以降は x を数値の 5 の代わりに使うことができます．例えば x に 3 を足すと 8 となります．

```
x + 3
```

```
8
```

2.4.2 複数の変数の定義

Python では複数の変数を同時に定義できます．頻繁に使うテクニックなので覚えておきましょう．以下では a，b という 2 つの変数を同時に定義しました．

```
a, b = 1, 2
```

a の中身は 1 です．

```
a
```

```
1
```

b の中身は 2 です．

```
b
```

```
2
```

2.5 関数

関数の初歩を解説します．

2.5.1 関数の作成

関数を使ってさまざまな演算を行います．Python では時系列分析のためのさまざまな関数が提供されています．ここでは関数を自作することで，関数の使い方を学んでいただきます．

関数は以下のように作成します．関数 my_func は引数 hikisu を受けとって，引数を 2 倍した結果を返します．なお，引数とは関数に渡す値のことで「ひきすう」と読みます．

```
def my_func(hikisu):
    return hikisu * 2
```

インデントが必須であることに注意してください．Python はインデントにとても気を遣うプログラミング言語です．インデントがなかった場合や，逆に不要な箇所にインデントが入ってしまった場合にはエラーになることがあります．

引数に x，すなわち 5 を指定すると，2 倍された結果である 10 が返ってきます．

```
my_func(x)
```

```
10
```

2.5.2 頻繁に使う関数

本書で頻繁に使う関数を紹介します．まずは print 関数です．文字列を結合した結果や演算の結果を表示するのに便利です．

```
print('足し算 1 + 2 = ', 1 + 2)
print('引き算 1 - 2 = ', 1 - 2)
```

```
足し算 1 + 2 = 3
引き算 1 - 2 = -1
```

小数点を丸める round 関数も頻繁に使います．以下では 2.345 を小数点以下第 2 位に丸めました．

```
round(2.345, 2)
```

```
2.35
```

関数などの使い方を調べるために用いる help も有用です．例えば round 関数の使い方を調べる場合は以下のように実行します．

```
help(round)
```

```
Help on built-in function round in module builtins:

round(number, ndigits=None)
    Round a number to a given precision in decimal digits.

    The return value is an integer if ndigits is omitted or None.  Otherwise
    the return value has the same type as the number.  ndigits may be negative.
```

2.6 type 関数と dir 関数の利用

オブジェクトとは，何かを入れておく入れ物のようなものです．さまざまなものを入れることができます．例えば数字の 1 も，文字列 'ABC' もオブジェクトです．オブジェクトの挙動は**データの型**によって変わります．1 は整数を意味する int 型であり，'ABC' は文字列を意味する str 型です．なお，Python におけるデータ型はクラスと同じ意味です．**クラス**は，オブジェクトの定義，あるいは設計図というイメージです．なお，クラスをもとに実際に作成されたオブジェクトを**インスタンス**と呼びます．

この辺りの議論を続けると哲学的な文章になってしまいますね．ここではデータを分析することを目標として，さまざまなデータの型（クラス）を便利に使うコツを紹介します．

type関数を使うと，オブジェクトのデータの型（クラス）を確認できます．例えば'ABC'という文字列はstr型であることが以下のようにして確認できます．

```
type('ABC')
```

```
str
```

続いてdir関数を導入します．dir関数は引数として渡されたオブジェクトが持つさまざまな変数やメソッドを表示してくれます．なお，**メソッド**とはクラスが持つ関数のようなイメージです．

```
dir('ABC')
```

上記では'ABC'という文字列を対象にdir関数を実行しました．結果は長いので省略しますが'ABC'というstr型のオブジェクトが持つ変数とメソッドの一覧が出力されます．
Pythonでは，オブジェクトが持つメソッドを利用することが頻繁にあります．オブジェクトがどのようなメソッドを持っているかは，オブジェクトの型（クラス）によって変わります．dir関数を使うと，オブジェクトが持つメソッドを調べることができるので便利です．

例えばdir('ABC')の結果を見るとlowerというメソッドがあるのを見つけられます．そこで'ABC'に対してlowerメソッドを実行します．

```
'ABC'.lower()
```

```
'abc'
```

アルファベットが小文字に変換されました．

興味のあるメソッドは，Web上で公開されているリファレンスマニュアルなどを参照して使い方を調べるのがおすすめです．なお，オブジェクトが持つメソッドについてもhelpを参照できます．

```
help('ABC'.lower)
```

```
Help on built-in function lower:

lower() method of builtins.str instance
    Return a copy of the string converted to lowercase.
```

2.7 list

Python で頻繁に使うデータ型として list を紹介します．

2.7.1 list の基本

list を使うと，複数の要素を 1 つにまとめることができます．以下では 1,2,3,4 という 4 つの数字を my_list にまとめました．

```
my_list = [1, 2, 3, 4]
my_list
```

```
[1, 2, 3, 4]
```

個別の要素を取得する場合は角かっこを使います．R 言語と違い，インデックスが 0 はじまりであることに注意してください．

```
my_list[0]
```

```
1
```

2.7.2 list に対する関数の適用

list の長さを取得する場合は len 関数を使います．

```
len(my_list)
```

```
4
```

list の合計値を計算する場合は sum 関数を使います．

```
sum(my_list)
```

```
10
```

2.8 dict

別のデータ型として**辞書型**を意味する dict を紹介します．dict は個別の要素に名前をつけられるのが特徴です．値につく名前のことをキーと呼びます．dict は中かっこを使って作成します．

```
my_dict = {
    'A':3,
    'B':7
}
my_dict
```

```
{'A': 3, 'B': 7}
```

3 という数字には A というキーが対応します．

キーを指定して値を取り出すことができます．

```
my_dict['A']
```

```
3
```

2.9 for 構文

似たような処理を繰り返す場合は for 構文を使います．インデントに気をつけてください．以下のコードでは添え字 i を 0 から 3 まで（3 は含まず）変化させて，その結果を画面に表示させています．

```
for i in range(0, 3):
    print(i)
```

```
0
1
2
```

range(0, 3) という表記を見て i が 0, 1, 2, 3 と変化すると勘違いする方がいるので気をつけてください．最後の 3 は含まれません．

range(0, 3) を使わない方法もあります．ここでは list を使いました．

```
for i in [1, 3, 5, 7]:
    print(i)
```

```
1
3
5
7
```

2.10 if 構文

条件に応じて結果を変える場合は if 構文を使います．以下の check_num 関数は，引数として data を受けとります．そして data < 0 という条件を満たした場合は「0 未満です」と出力し，そうでなければ「0 以上です」と出力します．

```
def check_num(data):
    if(data < 0):
        return '0 未満です'
    else:
        return '0 以上です'
```

check_num 関数の動作を確認します．

```
for i in range(-2, 2):
    print('i =', i, 'の判別結果', check_num(i))
```

```
i = -2 の判別結果 0 未満です
i = -1 の判別結果 0 未満です
i = 0 の判別結果 0 以上です
i = 1 の判別結果 0 以上です
```

2.11 numpy の利用

Python でデータを分析するときに欠かせない numpy というライブラリを紹介します．numpy は以下のように import することで利用できます．

```
import numpy as np
```

as np とつけることで np という略称を用いて numpy の機能を利用できます．例えば numpy の持つ関数を利用する場合は「np.関数名」とします．

numpy は，ndarray と呼ばれるデータ型を利用するために頻繁に登場します．また，対数をとるといった数値計算を行う関数も豊富に用意されており，これらも頻繁に利用します．なお，numpy は 2.0.0 にメジャーアップデートされました．しかし本書執筆時点では最新バージョンの numpy に未対応であるライブラリが複数あるため，本書ではバージョン 1.26.4 を利用しています．

2.11.1 ndarray

numpy が提供する便利なデータ型である ndarray を紹介します．list を引数に指定して作成するのが簡単です．

```
my_array = np.array([1,2,3,4])
my_array
```

```
array([1, 2, 3, 4])
```

ndarray は list よりも計算がしやすいデータ型だといえます．本書ではあまり登場しませんが，行列演算などを効率的に実行できます．

2.11.2 ndarray を作るさまざまな関数の利用

ndarray を作るための便利な関数を紹介します．0 を要素として持つ ndarray を作る場合は np.zeros 関数を使います．

```
np.zeros(4)
```

```
array([0., 0., 0., 0.])
```

任意の要素を繰り返す場合は np.tile 関数を使います．以下では 0 を 4 回繰り返しました．

```
np.tile(0, 4)
```

```
array([0, 0, 0, 0])
```

等差数列を作る場合は np.arange 関数を使います．以下では 0 はじまりで 0.8 まで，0.1 ずつ増やした等差数列を作成しています．最後の 0.8 は含まれないことに注意してください．

```
np.arange(0, 0.8, 0.1)
```

```
array([0. , 0.1, 0.2, 0.3, 0.4, 0.5, 0.6, 0.7])
```

2.11.3 numpy が提供するその他の関数の利用

numpy が提供する関数をいくつか紹介します．

合計値は np.sum 関数を使って計算します．

```
np.sum(my_array)
```

```
10
```

OnePoint

本書では numpy1.26.4 を利用していますが，numpy2.0.0 以降をお使いの場合は sum 関数の結果がやや変わる可能性があります．著者の実行環境では np.int64(10) と出力されました．この場合は print(np.sum(my_array)) とすることで，本書と同じ出力を得ることができます．

累積和をとるときは np.cumsum 関数を使います．本書において頻繁に登場します．

```
np.cumsum(my_array)
```

```
array([ 1,  3,  6, 10])
```

対数変換はデータ分析で頻繁に登場するテクニックです．np.log2 関数を使って底が 2 である対数をとります．

```
np.log2(my_array)
```

```
array([0.        , 1.        , 1.5849625, 2.        ])
```

自然対数をとる場合は np.log 関数を使います．

```
np.log(my_array)
```

```
array([0.        , 0.69314718, 1.09861229, 1.38629436])
```

2.12 pandas の利用

pandas ライブラリを紹介します．pd という略称を用いて pandas の機能を利用します．

```
import pandas as pd
```

pandas も numpy 同様に，便利なデータ型や関数を提供してくれるライブラリです．pandas が提供する DataFrame というデータ型は，時間のインデックスを付与できるため時系列分析に有用です．そのため，本書では時系列データを基本的に DataFrame で管理します．

2.12.1 DataFrame

pandas が提供する便利なデータ型である DataFrame を紹介します．dict を利用して作成するのが簡単です．

```
my_df = pd.DataFrame({
    'A': np.zeros(4),
    'B': np.log(my_array)
})
print(my_df)
```

```
     A         B
0  0.0  0.000000
1  0.0  0.693147
2  0.0  1.098612
3  0.0  1.386294
```

特定の列のみを取得する場合は以下のように角かっこを使って列名を指定します．

```
my_df['B']
```

```
0    0.000000
1    0.693147
2    1.098612
3    1.386294
Name: B, dtype: float64
```

以下のようにピリオドでつなげて列名を指定することもできます．

```
my_df.B
```

```
0    0.000000
1    0.693147
2    1.098612
3    1.386294
Name: B, dtype: float64
```

2.12.2 Series

pandas は Series と呼ぶデータ型も提供します．Series は１列しかない DataFrame というイメージです．

```
my_series = pd.Series(np.zeros(4))
my_series
```

```
0    0.0
1    0.0
2    0.0
3    0.0
dtype: float64
```

2.12.3 index の設定

DataFrame や Series には index を付与できます．例えば my_series の列名に [5, 9, 2, 8] という番号を振りなおします．

```
my_series.index = np.array([5, 9, 2, 8])
my_series
```

```
5    0.0
9    0.0
2    0.0
8    0.0
dtype: float64
```

index の付与は，pandas ライブラリを用いた時系列分析において決定的に重要な技術です．日時の index を付与する方法は第 2 部第 4 章で詳細に解説します．

2.12.4 apply メソッドの利用

DataFrame や Series に何らかの演算を実行する場合は apply メソッドを使います．例えば my_df の結果のネイピア数 e の指数関数をとります．np.exp は numpy が提供する関数です．関数を引数として渡すことで，その関数をデータに適用してくれます．

```
print(my_df.apply(np.exp))
```

```
     A    B
0  1.0  1.0
1  1.0  2.0
2  1.0  3.0
3  1.0  4.0
```

指数関数をとった後にさらに結果を 2 倍する場合は以下のように apply を連結します．2.5 節で作成した my_func は，引数を 2 倍した結果を返す関数だったことを思い出してください．

```
print(my_df.apply(np.exp).apply(my_func))
```

```
     A    B
0  2.0  2.0
1  2.0  4.0
2  2.0  6.0
3  2.0  8.0
```

apply を用いたデータの変換は，時系列分析でも頻繁に登場します．

第3章 Pythonによる統計分析の基本

テーマ

本章では，Pythonを用いた基本的な統計分析の方法を解説します．時系列データではなくクロスセクションデータを対象とします．統計分析といえばR言語が有名ですが，PythonでもR言語と同じかそれ以上に効率よく分析できます．Pythonに明るい読者は本章を飛ばしてください．

本書を通してstatsmodelsライブラリを頻繁に使います．データ入力→分析実施→分析結果の表示という，いわゆる「3行プログラミング」でさまざまな統計分析を簡単に実行できます．本章では実行方法のみ解説します．初等的な統計学の理論については例えば有名な教科書である松原ほか(1991)や，Pythonを用いたテキストである馬場(2022)などを参照してください．

概 要

分析に用いるライブラリ → 分析の準備 → 1変量データの分析
→ 2変量データの分析（数量×カテゴリ）→ 2変量データの分析（数量×数量）
→ サンプルデータの利用

3.1 分析に用いるライブラリ

今回は第2部第2章で紹介したnumpyとpandasだけでなく，追加で複数のライブラリを利用します．

scipyはさまざまな科学計算を行うライブラリです．Pythonで統計分析を行うとき頻繁に登場します．本書では確率分布などの操作に利用します．本章では名前だけの紹介になりますが，第2部第6章などで主に利用します．

statsmodelsは名前の通り統計モデリングを行うためのライブラリです．統計的仮説検定を実行したり，回帰分析を実行したりするときに利用します．時系列モデルを推定するための関数も豊富に用意されているため，第3部以降でも頻繁に登場します．scipyよりも利用できる統計モデリング関連の関数が多く，本書で中心的に利用するライブラリとなっています．

pmdarimaは主に第4部で登場します．本章ではデータの読み込みに利用します．

統計分析に欠かせない作業がデータの可視化です．本書では基本的にmatplotlibとseaborn

を使います．matplotlibが基本的なグラフ描画ライブラリで，seabornはそれを使いやすくしたライブラリというイメージです．

3.2　分析の準備

ライブラリの読み込みなどを行います．分析に有用なライブラリをまとめて読み込むので，使っていないライブラリを読み込むこともあります．

```
# 数値計算に使うライブラリ
import numpy as np
import pandas as pd
from scipy import stats

# 統計モデルを推定するライブラリ
import statsmodels.api as sm
import statsmodels.formula.api as smf
import pmdarima as pm

# グラフを描画するライブラリ
from matplotlib import pyplot as plt
import seaborn as sns
sns.set()
```

from scipy import statsでscipyというライブラリからstatsというモジュールを読み込みました．statsmodelsの機能を2つ読み込みました．statsmodels.formula.apiを読み込むことでR言語のようにformula構文を使って簡単にモデルを推定できるようになります．

matplotlibはpltというモジュールを読み込みました．sns.set()を実行すると，matplotlibで作成されるグラフの見た目がよくなります．

3.3　1変量データの分析

1変量データの分析手順を紹介します．

3.3.1　データの読み込み

データを読み込みます．CSVファイルを読み込むときはpd.read_csv関数を使うのが簡単です．DataFrameとして読み込まれます．

なお，データは本書のサポートページからダウンロードできます．CSVファイルは，実行ファイルと同じフォルダに配置してから実行してください．head(3)はデータフレームの最初の3行を取り出すメソッドです．

```
df1 = pd.read_csv('2-3-1-sample-data-1.csv')
print(df1.head(3))
```

```
        x
0  14.873
1   8.165
2   8.415
```

3.3.2　統計量の計算

統計量をまとめて計算します．サンプルサイズ（count），標本平均（mean），不偏分散の平方根として計算される標準偏差（std），最小値（min），四分位点（25%，75%），中央値（50%），最大値（max）が得られます．

```
print(df1.describe())
```

```
               x
count  30.000000
mean    9.820100
std     3.079053
min     3.095000
25%     7.774250
50%     9.367500
75%    12.384000
max    15.234000
```

3.3.3　可視化

データの分布を確認するため，ヒストグラムを描きます（**図 2.3.1**）．seaborn の histplot 関数を使います．

```
sns.histplot(df1['x'])
```

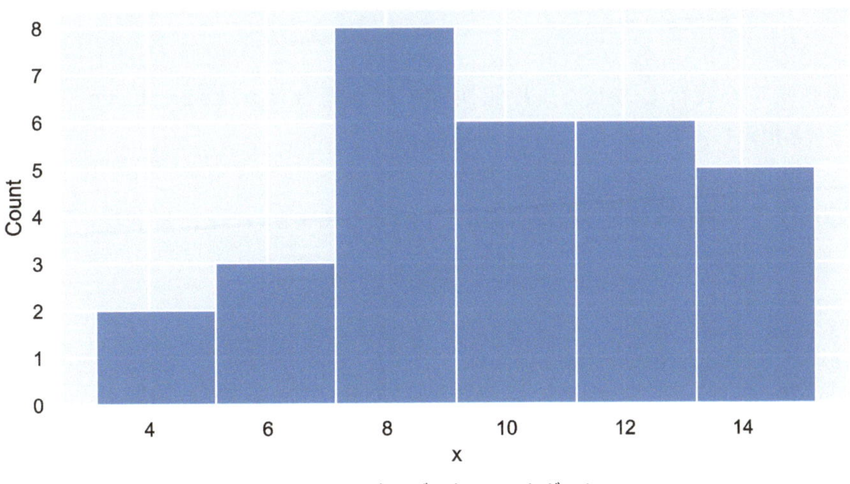

図 2.3.1　1変量データのヒストグラム

3.3.4 平均値の区間推定

さまざまな統計量を計算したうえで，平均値の区間推定を行います．なおこの方法では母集団分布を正規分布とみなし，そこからの単純ランダムサンプリングによって標本が得られたと想定しています．

```
dsw1 = sm.stats.DescrStatsW(df1['x'])
print('標本平均', round(dsw1.mean, 3))
print('標準偏差', round(dsw1.std, 3))
print('標準誤差', round(dsw1.std_mean, 3))
print('95%区間', np.round(dsw1.tconfint_mean(alpha=0.05), 3))
```

```
標本平均 9.82
標準偏差 3.027
標準誤差 0.562
95%区間 [ 8.67 10.97]
```

sm.stats.DescrStatsWにデータを渡すと，さまざまな統計分析を実行できます．ここでは標本平均・標準偏差・標準誤差，そして平均値の95%信頼区間を計算しました．なお，複数の要素をまとめて丸める場合はnp.round関数を使います．

3.3.5 平均値に対する t 検定

母平均が10と異なるといえるかどうかを検定するために，母平均に対する1標本の t 検定を実行します．ttest_meanメソッドを適用します．結果は t 値，p 値，そして自由度の順で出力されます．今回は p 値が0.75ほどであり，0.05を上回ったので，有意水準5%では帰無仮説を棄却できませんでした．

```
# t値，p値，dfが出力される
np.round(dsw1.ttest_mean(value=10, alternative='two-sided'), 3)
```

```
array([-0.32 ,  0.751, 29.   ])
```

今回は両側検定を実行しました．片側検定を行う場合はalternativeを'larger'や'smaller'と指定します．

データ入力から分析実行までを3行プログラミングとしてまとめると，以下のようになります．

```
# 3行プログラミング
df1 = pd.read_csv('2-3-1-sample-data-1.csv')
dsw1 = sm.stats.DescrStatsW(df1['x'])
np.round(dsw1.ttest_mean(value=10, alternative='two-sided'), 3)
```

Python の優れたライブラリを利用すると，基本的な統計分析を簡単に実行できるのがわかると思います．

3.4 2 変量データの分析（数量×カテゴリ）

数量データとカテゴリデータの組み合わせからなる 2 変量データの分析手順を紹介します．

3.4.1 データの読み込み

データを読み込みます．

```
df2 = pd.read_csv('2-3-2-sample-data-2.csv')
print(df2.head(3))
```

```
       x category
0  9.624        A
1  7.388        A
2  7.472        A
```

3.4.2 統計量の計算

category 列ごとに x の統計量を計算します．DataFrame に groupby メソッドを適用すると，カテゴリごとにグループ分けできます．groupby の引数にはグループ分けしたい列名を引数として指定します．グループ分けした結果に対してさらに describe メソッドを適用すると，グループごとの統計量が得られます．

```
print(df2.groupby('category').describe())
```

```
             x
         count      mean       std    min     25%    50%      75%     max
category
A         15.0  7.923867  1.256656  5.698  7.3135  7.678   8.9995   9.745
B         15.0  9.868733  2.328365  6.698  7.6575  9.631  11.6695  13.434
```

3.4.3 可視化

category ごとに色分けされたヒストグラムを描きます．hue='category' と指定することで，色分けされます（**図 2.3.2**）．

```
sns.histplot(x='x', hue='category', data=df2)
```

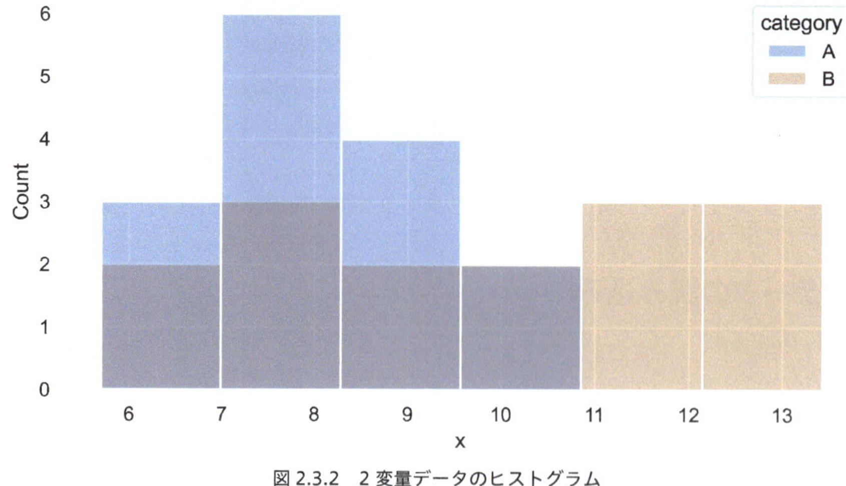

図 2.3.2　2 変量データのヒストグラム

バイオリンプロットを描きます．sns.violinplot 関数を使います（**図 2.3.3**）．

```
sns.violinplot(x='category', y='x', data=df2)
```

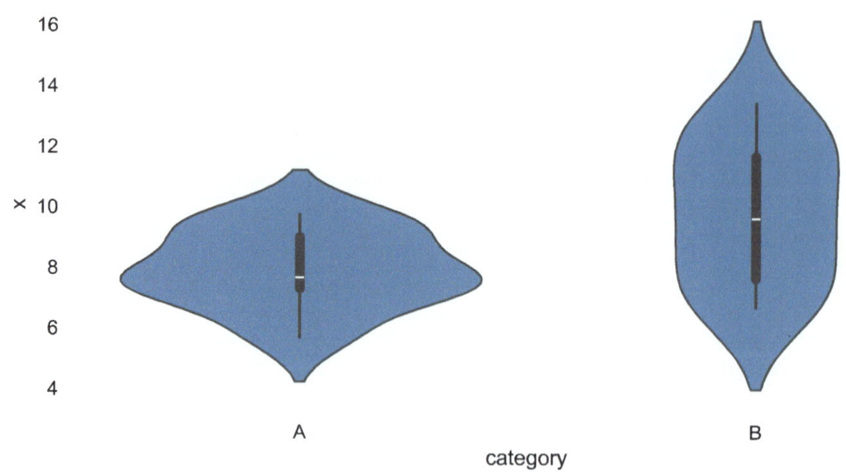

図 2.3.3　2 変量データのバイオリンプロット

3.4.4　平均値の差の区間推定

カテゴリ A と B において母平均の差の区間推定を行います．まずはデータの抽出の方法を紹介します．query メソッドを使うことでデータを簡単に抽出できます．'category == "A"' と指定することで category が A に等しいデータだけを抽出します．

```
print(df2.query('category == "A"').head(3))
```

```
       x category
0  9.624        A
1  7.388        A
2  7.472        A
```

queryを使ってデータを分割します．

```
category_a = df2.query('category == "A"')['x']
category_b = df2.query('category == "B"')['x']
```

続いてt分布を利用し，平均値の差の信頼区間を計算します．この方法も，正規母集団からの単純ランダムサンプリングによって得られた標本であることを想定した手法です．

まずは1変量のときと同じくsm.stats.DescrStatsWにデータを格納します．その後でsm.stats.CompareMeans関数を実行し，最後にtconfint_diffを実行することで母平均の差の信頼区間が得られます．usevar='unequal'はカテゴリごとに等分散を仮定しないというやり方です．基本的に常にusevar='unequal'を指定して大丈夫です．

```
dsw2_a = sm.stats.DescrStatsW(category_a)
dsw2_b = sm.stats.DescrStatsW(category_b)

cm = sm.stats.CompareMeans(dsw2_a, dsw2_b)
np.round(cm.tconfint_diff(alpha=0.05, usevar='unequal'), 3)
```

```
array([-3.363, -0.526])
```

3.4.5　平均値の差に対するt検定

続いてWelchの方法を用いて平均値の差の検定を行います．cmに対してttest_indを適用するだけです．結果はt値，p値，そして自由度の順で出力されます．

```
np.round(cm.ttest_ind(usevar='unequal', alternative='two-sided'), 3)
```

```
array([-2.8470e+00,  1.0000e-02,  2.1518e+01])
```

今回は勉強のためにやや冗長な方法を利用しましたが，以下のようにsm.stats.ttest_ind関数を実行するだけでも同じ結果が得られます．

```
np.round(sm.stats.ttest_ind(
    category_a, category_b,
    usevar='unequal', alternative='two-sided'), 3)
```

```
array([-2.8470e+00,  1.0000e-02,  2.1518e+01])
```

3.5　2 変量データの分析（数量×数量）

数量データと数量データの組み合わせからなる 2 変量データの分析手順を紹介します．

3.5.1　データの読み込み

データを読み込みます．

```
df3 = pd.read_csv('2-3-3-sample-data-3.csv')
print(df3.head(3))
```

```
        x       y
0  46.243  36.461
1  23.882  20.932
2  24.718  19.277
```

3.5.2　統計量の計算

統計量を計算します．

```
print(df3.describe())
```

```
               x          y
count  30.000000  30.000000
mean   29.400567  29.133033
std    10.263615   9.645102
min     6.985000   5.418000
25%    22.581750  23.143500
50%    27.891000  30.262000
75%    37.947500  36.180750
max    47.448000  44.831000
```

3.5.3　可視化

散布図を描きます．sns.scatterplot 関数を使います（**図 2.3.4**）．

```
sns.scatterplot(x='x', y='y', data=df3)
```

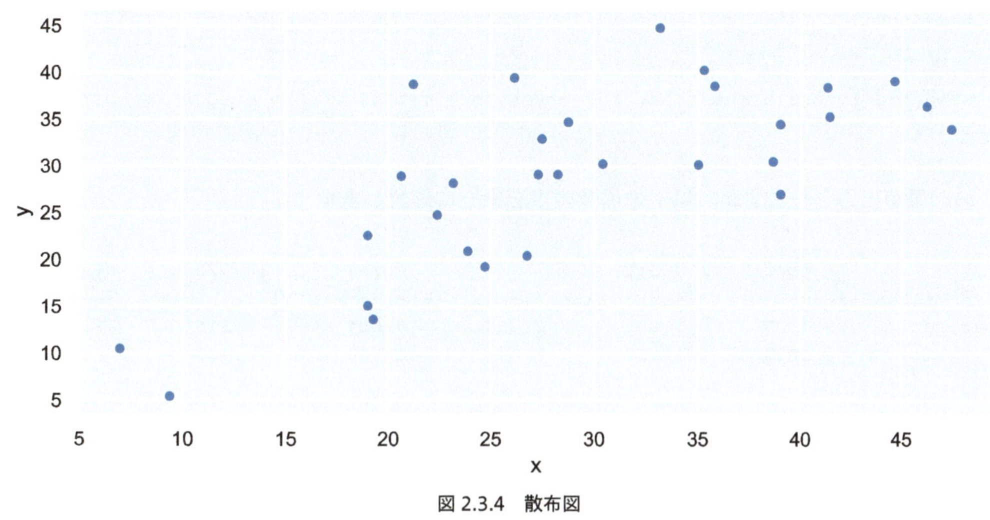

図 2.3.4　散布図

3.5.4　回帰分析

y を応答変数に，x を説明変数においた回帰分析を実行します．smf という略称で読み込んだ statsmodels.formula.api の機能を用いることで，R 言語と同じような formula 構文を利用できます．すなわち formula='y ~ x' と指定するだけで y が応答変数に，x が説明変数になります．

```
# モデルの構築
lm_model = smf.ols(formula='y ~ x', data=df3).fit()

# 結果の確認
print(lm_model.summary())
```

```
                            OLS Regression Results
==============================================================================
Dep. Variable:                      y   R-squared:                       0.526
Model:                            OLS   Adj. R-squared:                  0.509
Method:                 Least Squares   F-statistic:                     31.02
Date:                Fri, 29 Mar 2024   Prob (F-statistic):           5.86e-06
Time:                        11:02:33   Log-Likelihood:                -98.868
No. Observations:                  30   AIC:                             201.7
Df Residuals:                      28   BIC:                             204.5
Df Model:                           1
Covariance Type:            nonrobust
==============================================================================
                 coef    std err          t      P>|t|      [0.025      0.975]
------------------------------------------------------------------------------
Intercept      9.1027      3.802      2.394      0.024       1.314      16.891
x              0.6813      0.122      5.570      0.000       0.431       0.932
==============================================================================
Omnibus:                        2.118   Durbin-Watson:                   1.351
Prob(Omnibus):                  0.347   Jarque-Bera (JB):                1.795
Skew:                           0.579   Prob(JB):                        0.408
Kurtosis:                       2.690   Cond. No.                         95.8
```

```
==============================================================================

Notes:
[1] Standard Errors assume that the covariance matrix of the errors is correctly
specified.
```

多くの結果が出力されますが，以下の係数の表を中心に確認します．

```
                 coef    std err          t      P>|t|      [0.025      0.975]
------------------------------------------------------------------------------
Intercept      9.1027      3.802      2.394      0.024       1.314      16.891
x              0.6813      0.122      5.570      0.000       0.431       0.932
```

Intercept が切片であり，x が回帰係数です．coef が推定値，std err が標準誤差，t が t 値，P>|t| が「回帰係数が 0 である」を帰無仮説としたときの仮説検定の p 値，そして [0.025 0.975] が推定結果の 95%信頼区間です．

3.5.5 分散分析

回帰分析の結果に対して分散分析を実行します．sm.stats.anova_lm 関数を適用します．

```
print(sm.stats.anova_lm(lm_model))
```

```
            df       sum_sq      mean_sq          F    PR(>F)
x          1.0  1417.965482  1417.965482  31.021716  0.000006
Residual  28.0  1279.846475    45.708803        NaN       NaN
```

分散分析表が出力されます．df が自由度，sum_sq が偏差平方和，mean_sq が平均平方，F が F 比で，PR(>F) が p 値です．

R 言語ではおよそ以下のような手順で回帰分析と分散分析を実行します（R 言語のコードなので，Python では動きません）．

```
df3 <- read.csv("2-3-3-sample-data-3.csv")
lm_model <- lm(formula = y ~ x, data = df3)
summary(lm_model)
anova(lm_model)
```

Python では以下の通りです．ほぼ同じ流れで分析が実行できるのがわかります．

```
df3 = pd.read_csv('2-3-3-sample-data-3.csv')
lm_model = smf.ols(formula='y ~ x', data=df3).fit()
print(lm_model.summary())
print(sm.stats.anova_lm(lm_model))
```

3.6 サンプルデータの利用

サンプルデータの利用方法を解説します．

3.6.1 load_pandas メソッドの利用

statsmodels はさまざまなサンプルデータを提供しています．例えば時系列データとして有名なナイル川の流量データは以下のようにして取得できます．

```
nile = sm.datasets.nile.load_pandas().data
print(nile.head(3))
```

```
     year  volume
0  1871.0  1120.0
1  1872.0  1160.0
2  1873.0   963.0
```

sm.datasets.nile に対して load_pandas メソッドを適用します．なお，今回はナイル川流量データを用いるため sm.datasets.nile としましたが，例えばマウナロア山の CO_2 濃度の時系列データは sm.datasets.co2.load_pandas().data として読み込みます．利用できるデータについては以下の URL を参照してください．

URL https://www.statsmodels.org/dev/datasets/index.html

ナイル川流量データの説明は以下のようにして確認できます．ナイル川流量データは public domain で利用できること，1871 年から 1970 年の 100 年間のデータであることなどがわかります．

```
print(sm.datasets.nile.COPYRIGHT)
print('---------------')
print(sm.datasets.nile.DESCRLONG)
print('---------------')
print(sm.datasets.nile.NOTE)
```

```
This is public domain.
---------------
This dataset contains measurements on the annual flow of
the Nile as measured at Ashwan for 100 years from 1871-1970. There is an apparent
changepoint near 1898.
---------------
::
    Number of observations: 100
    Number of variables: 2
    Variable name definitions:
        year - the year of the observations
        volumne - the discharge at Aswan in 10^8, m^3
```

3.6.2 get_rdataset 関数の利用

sm.datasets.get_rdataset 関数を利用することで，R 言語で提供されているさまざまなデータを読み込んで利用できます．例えばナイル川流量データは以下のようにして取得することもできます．結果はほとんど変わらないため省略します．

```
sm.datasets.get_rdataset("Nile").data.head(3)
```

本書では以下の飛行機乗客数データを頻繁に使います．

```
AirPassengers = sm.datasets.get_rdataset("AirPassengers")
print(AirPassengers.data.head(3))
```

```
          time  value
0  1949.000000    112
1  1949.083333    118
2  1949.166667    132
```

なお print(AirPassengers.__doc__) と実行すればわかるように飛行機乗客数データは 1949 年から 1960 年までの 1 か月単位のデータです．しかし time 列を見ると小数点以下の値が存在します．小数点以下は 12 分の 1 ずつ増えていきます．この日付はとても扱いにくいので，次章で Python らしい日付処理の方法を解説します．

3.6.3 pmdarima ライブラリのデータ

最後に pmdarima という別のライブラリのデータも紹介します．例えば 2000 年 6 月 5 日から 8 月 27 日までの 30 分単位の電力需要データ taylor は以下のようにして取得できます．as_series=True とすることで，Series として読み込みます．

```
taylor = pm.datasets.load_taylor(as_series=True)
taylor.head(3)
```

```
0    22262.0
1    21756.0
2    22247.0
dtype: float64
```

このほかのデータについては pmdarima のリファレンスを参照してください．

URL https://alkaline-ml.com/pmdarima/modules/datasets.html

第4章

pandasによる日付処理の基本

テーマ

本章ではpandasを用いた日付処理について解説します．pandasのDataFrame（あるいはSeries）における日付インデックスの付与は，pandasを用いた時系列データ分析において決定的に重要な技術です．日付インデックスを使わない時系列データ分析は，自家用車を格納する駐車場が自宅から1km離れているのと同じくらいの不便さを伴います．使いやすい場所に頻繁に使う情報を格納し，効率よくストレスなく時系列データ分析を実行しましょう．

本章で解説する内容は，中級者以上を目指す場合に必須といえます．逆にいえば入門者の方にとっては難しすぎるかもしれません．Python入門者の方は4.7.1節の「時系列データの読み込みの基本」と4.8.1節の「データの抽出の基本」だけざっと目を通す程度で大丈夫です．

概要

日付インデックスの利用 → 分析の準備 → pandasを用いたTimestampの作成
→ Timestampからの日付情報の取得 → pandasを用いたDatetimeIndexの作成
→ SeriesやDataFrameへのindexの付与 → 時系列データの読み込み
→ 日時を指定したデータの抽出 → 日時を用いたデータの集計 → PeriodIndexの作成と利用

4.1 日付インデックスの利用

時系列分析の理論を学ぶとき，第1部第3章で解説したように，時点はどうしても「時点tにおけるデータy_t」のような無味乾燥な記号で表現することが多いです．時系列分析の教科書でも，時間を単なる1からTまでの連番で扱うことがしばしばあるようです．

例えば2000年1月1日を時点1とし，1日ごとに時点のインデックスが1ずつ増えるとしましょう．この場合2011年3月11日はインデックス4088番です．けれども，日本人にとって，2011年3月11日は単なるインデックス4088番ではありません．2011年3月11日という1日を無視して時系列モデルを構築することにいったい何の意味があるのでしょうか．時間ラベルは単なる連番ではなく，現実世界と対応した日付をぜひ利用していただきたいと思います．

第1部第3章で解説したように，データが定常性を持つならば，時点によって時系列データの特性は変わりません．しかし，世の中のほとんどのデータは非定常だといえます．東日本大震災の前と後，あるいは新型コロナウイルスが社会問題になる前と後などで，時系列データの性質が一切変わらないと考えることには相当の違和感があります．もちろんこれらのイベントの影響は定量的に評価されるべきでしょうが，少なくとも最初からその存在を無視することはおすすめできません．

1からTまでの連番ではなく，何年・何月・何日・何曜日の何時・何分・何秒といった生きた時間の扱い方を，本章では解説します．

4.2　分析の準備

ライブラリの読み込みなどを行います．本章ではほぼpandasのみを使います．

```
# 数値計算に使うライブラリ
import numpy as np
import pandas as pd
```

4.3　pandasを用いたTimestampの作成

Pythonで日時を扱う方法は複数ありますが，本書ではpandasの利用で統一します．またpandasは高機能であり日時を扱う複数の方法が用意されていますが，本書ではTimestampとそのArray ClassであるDatetimeIndex，そしてPeriodとそのArray ClassであるPeriodIndexを中心に使います．本節ではTimestampの基本を解説します．

4.3.1　Timestampの作成

例えば2020年1月1日を2020-01-01と表現することを考えます．シングルクォーテーションで囲っただけの場合は，単なる文字列として扱われます．

```
type('2020-01-01')
```

```
str
```

ここでpd.Timestamp関数を適用すると，2020-05-11は2020年5月11日という日付として扱われます．pandasではこのデータの型をTimestampと呼びます．

```
my_time = pd.Timestamp('2020-05-11')
my_time
```

```
Timestamp('2020-05-11 00:00:00')
```

type関数を適用すると，データの型が変わったことがわかります．

```
type(my_time)
```

```
pandas._libs.tslibs.timestamps.Timestamp
```

4.3.2 pd.to_datetime 関数の利用

実際に Timestamp を作る場合は以下のように pd.to_datetime 関数を使う方が便利です．

```
my_time2 = pd.to_datetime('2020-05-11')
my_time2
```

```
Timestamp('2020-05-11 00:00:00')
```

pd.to_datetime 関数は以下のように format を指定することで，さまざまな「日時を表す文字列」を Timestamp に変換できます．format において %Y は年，%m は月，%d は日，%H は時，%M は分，%S は秒を表します．月（Month）と分（Minute）は紛らわしいので注意しましょう．

以下の例のように，日本語の日付でも問題なく変換できます．

```
pd.to_datetime('2020年6月8日', format='%Y年%m月%d日')
```

```
Timestamp('2020-06-08 00:00:00')
```

月が数字ではなく Feb といった英語で書かれている場合は以下のように %b を用いて読み込みます．

```
pd.to_datetime('2020 Feb 7', format='%Y %b %d')
```

```
Timestamp('2020-02-07 00:00:00')
```

年・月・日・時・分・秒は以下のように読み込みます．多少複雑な文字列でも読み込むことができます．とはいえ，実際にはできるだけ簡素でわかりやすく，扱いが容易な「日時を表す文字列」でデータを格納するよう依頼すべきでしょう．

```
pd.to_datetime('時間は14時28分14秒だよ．ちなみに2020年の6月8日です．',
               format='時間は%H時%M分%S秒だよ．ちなみに%Y年の%m月%d日です．')
```

```
Timestamp('2020-06-08 14:28:14')
```

format については以下の公式資料に情報がまとまっています．

URL https://docs.python.org/3/library/datetime.html#strftime-and-strptime-behavior

4.3.3 現在時刻の取得

現在時刻を取得する場合は pd.Timestamp.now 関数を使います．

```
pd.Timestamp.now()
```

4.4 Timestamp からの日付情報の取得

一度 Timestamp として扱えるように変換すると，日付情報を簡単に取得できます．まずは Timestamp を作成します．

```
my_time3 = pd.to_datetime('2020-09-08 14:11:04')
my_time3
```

```
Timestamp('2020-09-08 14:11:04')
```

以下のようにして Timestamp から日付情報を取得できます．

```
print('年', my_time3.year)
print('月', my_time3.month)
print('日', my_time3.day)
print('時', my_time3.hour)
print('分', my_time3.minute)
print('秒', my_time3.second)
print('1年の何日目か', my_time3.dayofyear)
print('1年の何週目か', my_time3.weekofyear)
print('曜日(月曜が0)', my_time3.dayofweek)
print('四半期       ', my_time3.quarter)
```

```
年 2020
月 9
日 8
時 14
分 11
秒 4
1年の何日目か 252
1年の何週目か 37
曜日(月曜が0) 1
四半期        3
```

特定の月が何日あるかを調べる場合は以下のようにします．

```
print('2020年2月', pd.to_datetime('2020-02').daysinmonth)
print('2021年2月', pd.to_datetime('2021-02').daysinmonth)
```

```
2020年2月 29
2021年2月 28
```

2020 年はうるう年なので 2 月 29 日までありますね．これは月単位のデータを扱うときに重要な情報となります．例えば 2 月と 3 月を比較して 3 月の方が多く商品が売れたとしても，それは「2 月には 28 日しかなく，3 月は 31 日あるから」というだけの理由かもしれません．

4.5 pandas を用いた DatetimeIndex の作成

日時の集まりである DatetimeIndex の取り扱いを解説します．

4.5.1 pd.date_range 関数の利用

日時を表す文字列が用意されている場合は pd.to_datetime 関数が便利です．一方で日時を 0 から作る場合は pd.date_range を使うのが簡単です．以下では 2020 年 1 月 1 日から 3 月 1 日まで，月単位の日付を作成しました．

```
time_range = pd.date_range(start='2020-01-01', end='2020-03-01', freq='MS')
time_range
```

```
DatetimeIndex(['2020-01-01', '2020-02-01', '2020-03-01'],
 dtype='datetime64[ns]', freq='MS')
```

time_range のデータの型は DatetimeIndex となっています．

```
type(time_range)
```

```
pandas.core.indexes.datetimes.DatetimeIndex
```

pd.date_range 関数は start から end までの日付の連番を作成します．freq='MS' とすると，月単位となります．

なお，標準では start と end を含んだ日付を作成しますが，inclusive='left' という引数を追加すると end が排除され，inclusive='right' なら start が排除され，inclusive='neither' ならその両方が排除されます．

日付の終了時点 end ではなく，日付の長さ periods を指定することもできます．

```
pd.date_range(start='2020-01-01', periods=3, freq='MS')
```

```
DatetimeIndex(['2020-01-01', '2020-02-01', '2020-03-01'],
 dtype='datetime64[ns]', freq='MS')
```

4.5.2　freq の指定

1 か月単位の時系列データを作る場合は，データの取得頻度として freq='MS' を指定します．MS は Month の Start，すなわち「月はじめ」という意味です．freq='ME' とすると，月の終わりを基準にします．

```
pd.date_range(start='2020-01-01', periods=3, freq='ME')
```

```
DatetimeIndex(['2020-01-31', '2020-02-29', '2020-03-31'],
 dtype='datetime64[ns]', freq='ME')
```

そのほか，1 日単位のデータを作る場合は freq='D' とします．

```
pd.date_range(start='2020-01-01', periods=3, freq='D')
```

```
DatetimeIndex(['2020-01-01', '2020-01-02', '2020-01-03'],
 dtype='datetime64[ns]', freq='D')
```

freq の設定と生成される DatetimeIndex の対応を**表 2.4.1** にまとめます．ただし freq 以外の設定はすべて start='2020-01-01', periods=3 とします．

表 2.4.1　freq による結果の違い

freq='D'	'2020-01-01', '2020-01-02', '2020-01-03'
freq='W'	'2020-01-05', '2020-01-12', '2020-01-19'
freq='SME'	'2020-01-15', '2020-01-31', '2020-02-15'
freq='SMS'	'2020-01-01', '2020-01-15', '2020-02-01'
freq='ME'	'2020-01-31', '2020-02-29', '2020-03-31'
freq='MS'	'2020-01-01', '2020-02-01', '2020-03-01'
freq='QE'	'2020-03-31', '2020-06-30', '2020-09-30'
freq='QS'	'2020-01-01', '2020-04-01', '2020-07-01'
freq='YE'	'2020-12-31', '2021-12-31', '2022-12-31'
freq='YS'	'2020-01-01', '2021-01-01', '2022-01-01'
freq='h'	'2020-01-01 00:00:00', '2020-01-01 01:00:00', '2020-01-01 02:00:00'
freq='min'	'2020-01-01 00:00:00', '2020-01-01 00:01:00', '2020-01-01 00:02:00'
freq='s'	'2020-01-01 00:00:00', '2020-01-01 00:00:01', '2020-01-01 00:00:02'

W は Week で，標準では日曜日が基準となります．SME は Semi-Month-End すなわち 2 分の 1 か月の最終日であり，SMS は Semi-Month-Start の意味です．QE は Quarter-End（四半期）の意味であり，QS は Quarter-Start です．h は hour です．

Minute はやはり Month と見分けがつきにくいため freq='min' と指定することに気をつけてください．freq='s' と指定した場合は second を意味します．

そのほかにもミリ秒単位などさまざまな DatetimeIndex を作ることができます．詳細は下記のドキュメントを参照してください．

URL https://pandas.pydata.org/docs/user_guide/timeseries.html#timeseries-offset-aliases

4.5.3 freq の詳細な指定

週単位のデータは，例えば月曜日を基準にするのか日曜日を基準にするのかなど，さまざまなデータがありえます．例えば freq='W-SUN' と指定すると日曜日を基準に，freq='W-MON' を指定すると月曜日を基準にして DatetimeIndex を作ることができます．

また数字と単位を組み合わせることができます．例えば freq='15min' と指定すれば 15 分単位の DatetimeIndex を作ることができます．

4.6 Series や DataFrame への index の付与

ここからが時系列分析の本番です．データに時点のインデックスを付与します．

4.6.1 Timestamp の index を持つ Series

Series を作成します．

```
my_ts = pd.Series([1,2,3,4,5])
my_ts
```

```
0    1
1    2
2    3
3    4
4    5
dtype: int64
```

以下のように DatetimeIndex を index として付与することで，この Series は時系列データとして扱えるようになります．

```
my_ts.index = pd.date_range(start='2020-01-01', periods=5, freq='D')
my_ts
```

```
2020-01-01    1
2020-01-02    2
2020-01-03    3
2020-01-04    4
2020-01-05    5
Freq: D, dtype: int64
```

4.6.2　Timestamp の index を持つ DataFrame

同様に DataFrame にも index を付与できます.

```
my_mts = pd.DataFrame({
    'product_a':[1,4,7,4,8],
    'product_b':[4,9,3,1,0]
})
my_mts.index = pd.date_range(start='2020-01-01', periods=5, freq='MS')
print(my_mts)
```

```
            product_a  product_b
2020-01-01          1          4
2020-02-01          4          9
2020-03-01          7          3
2020-04-01          4          1
2020-05-01          8          0
```

4.6.3　index の修正

index は以下のようにして簡単に修正できます. 月単位から週単位に変更しました.

```
my_mts.index = pd.date_range(start='2020-01-01', periods=5, freq='W')
print(my_mts)
```

```
            product_a  product_b
2020-01-05          1          4
2020-01-12          4          9
2020-01-19          7          3
2020-01-26          4          1
2020-02-02          8          0
```

4.7　時系列データの読み込み

CSV ファイルなどで保存されている時系列データに時間ラベルがついているならば, 簡単に日付の index を付与できます.

4.7.1　時系列データの読み込みの基本

以下のような CSV ファイル「2-4-1-time-series-month.csv」が用意されているとします．

```
time,sales
2000-01-01,10
2000-02-01,5
2000-03-01,8
2000-04-01,14
2000-05-01,9
```

time 列を日付の index として読み込む場合は以下のように実装します．

```
# データの読み込み
ts_month = pd.read_csv(
    '2-4-1-time-series-month.csv',  # ファイル名
    index_col='time',               # インデックスとして扱う列名
    parse_dates=True,               # インデックスを「時間軸」として扱う
    dtype='float'                   # データの型（浮動小数点）
)
ts_month.index.freq = 'MS'

# 結果の確認
print(ts_month)
```

```
            sales
time
2000-01-01   10.0
2000-02-01    5.0
2000-03-01    8.0
2000-04-01   14.0
2000-05-01    9.0
```

なお ts_month.index.freq = 'MS' のように，明確に freq を設定することを，本書では推奨します．月単位のデータなので freq = 'MS' としました．もちろん日単位のデータならば 'D' を設定します．次は 1990 年 1 月 1 日から 1999 年 12 月 31 日までの日単位のデータを読み込みます．

```
# 日単位データの読み込み
ts_day = pd.read_csv(
    '2-4-2-time-series-day.csv',
    index_col='time',
    parse_dates=True,
    dtype='float'
)
ts_day.index.freq = 'D'
```

```
# 結果の確認
print(ts_day.head(3))
print(ts_day.tail(3))
```

```
            value
time
1990-01-01    1.0
1990-01-02    2.0
1990-01-03    3.0
             value
time
1999-12-29  3650.0
1999-12-30  3651.0
1999-12-31  3652.0
```

tail はデータの末尾を取得するメソッドです．

以下のようにして index だけを取得することもできます．index は pd.date_range の結果と同じく DatetimeIndex となっています．

```
ts_month.index
```

```
DatetimeIndex(['2000-01-01', '2000-02-01', '2000-03-01',
               '2000-04-01', '2000-05-01'],
              dtype='datetime64[ns]', name='time', freq='MS')
```

4.7.2　時間情報が分かれたデータの読み込み（日単位）

時間の情報が複数の列に分かれていることがしばしばあります．例えば以下のデータは年・月・日が異なる列に格納されています．

```
# 時間情報が分かれたデータの読み込み
separate_day = pd.read_csv('2-4-3-separate-time-day.csv')

# 結果の確認
print(separate_day.head(3))
```

```
   year  month  day  value
0  1990      1    1      1
1  1990      1    2      2
2  1990      1    3      3
```

この場合は pd.to_datetime 関数を使って DatetimeIndex を作成するのが簡単です．pd.to_datetime は年・月・日のデータを個別に指定することで，それを１つにまとめた日付を作ることができます．separate_day[['year', 'month', 'day']] の 'year', 'month', 'day' は時間の情報が格納されている列名であることに注意してください．

```
# インデックスの作成
separate_day.index = pd.to_datetime(separate_day[['year', 'month', 'day']])
separate_day.index.freq = 'D'

# 結果の確認
print(separate_day.head(3))
```

```
            year  month  day  value
1990-01-01  1990      1    1      1
1990-01-02  1990      1    2      2
1990-01-03  1990      1    3      3
```

時間の index が付与できましたので，不要な列は drop メソッドを使って削除します．

```
# 不要な列の削除
separate_day = separate_day.drop(['year', 'month', 'day'], axis=1)

# 結果の確認
print(separate_day.head(3))
```

```
            value
1990-01-01      1
1990-01-02      2
1990-01-03      3
```

なお，年・月・日を時系列モデルの外生変数として利用したい場合，無理に drop する必要はありません．

4.7.3　時間情報が分かれたデータの読み込み（月単位）

続いて月単位のデータにおいて，年・月の情報が列ごとに分かれているというシチュエーションを考えます．

```
# 時間情報が分かれたデータの読み込み
separate_month = pd.read_csv('2-4-4-separate-time-month.csv')

# 結果の確認
print(separate_month.head(3))
```

```
   year  month  value
0  1990      1      1
1  1990      2      2
2  1990      3      3
```

この場合は pd.to_datetime 関数に対して，辞書型で時間の情報を与えるのが簡単です．日の情報はないため np.tile で作りました．日の情報を省略するとエラーになるので気をつけてください．なお，辞書型の key の名称は 'year', 'month', 'day' で固定です．

```
# 日付情報の結合
# インデックスの作成
separate_month.index = pd.to_datetime(
    {'year':separate_month['year'],
     'month':separate_month['month'],
     'day':np.tile(1, len(separate_month))}
)
separate_month.index.freq = 'MS'

# 不要な列の削除
separate_month = separate_month.drop(['year', 'month'], axis=1)

# 結果の確認
print(separate_month.head(3))
```

```
            value
1990-01-01      1
1990-02-01      2
1990-03-01      3
```

4.8 日時を指定したデータの抽出

時間の index が付与できれば，データの抽出は簡単になります．データ抽出の方法を解説します．

4.8.1 データの抽出の基本

以下の ts_day を対象に，時間を指定したデータの抽出を行います．

```
print(ts_day.head(3))
print(ts_day.tail(3))
```

```
            value
time
1990-01-01    1.0
1990-01-02    2.0
1990-01-03    3.0
             value
time
1999-12-29  3650.0
1999-12-30  3651.0
1999-12-31  3652.0
```

以下のように特定の日付を指定することで，その日付に対応する行のみを取得できます．

```
print(ts_day.loc['1990-01-02'])
```

```
value 2.0
Name: 1990-01-02 00:00:00, dtype: float64
```

範囲を指定する場合は以下のようにします．

```
print(ts_day.loc['1990-01-02':'1990-01-04'])
```

```
            value
time
1990-01-02    2.0
1990-01-03    3.0
1990-01-04    4.0
```

例えば以下のように月までを指定したら，その月のデータをすべて抽出します．

```
print(ts_day.loc['1990-01'])
```

```
            value
time
1990-01-01    1.0
1990-01-02    2.0
・・・中略・・・
1990-01-30   30.0
1990-01-31   31.0
```

4.8.2　日時の詳細な指定

次は，以下のような 15 分間隔で取得された 1 年間分の時系列データを対象とします．inclusive ='left' として，end で指定された最終日（翌年の 1 月 1 日）を排除していることに注意してください．

```
time_idx = pd.date_range(start='2020-01-01', end='2021-01-01',
                         freq='15min', inclusive='left')
long_ts = pd.Series(np.arange(0, len(time_idx), 1), index=time_idx)

print(long_ts.head(3))
print(long_ts.tail(3))
```

```
2020-01-01 00:00:00     0
2020-01-01 00:15:00     1
2020-01-01 00:30:00     2
Freq: 15min, dtype: int32
2020-12-31 23:15:00    35133
2020-12-31 23:30:00    35134
2020-12-31 23:45:00    35135
Freq: 15min, dtype: int32
```

366 日 × 24 時間 × 1 時間に 4 回の頻度で取得されたデータですので，35136 行となっています．時・分（あるいは秒など）が設定されているデータでも，抽出の方法は変わりません．素直に日時を指定します．

```
long_ts.loc['2020-12-31 23:30:00']
```

```
35134
```

日付の format を指定するのが面倒な場合は，以下のように Timestamp を作成し，その結果を利用できます．

```
pd.Timestamp(2020, 12, 31, 23, 30, 0)
```

```
Timestamp('2020-12-31 23:30:00')
```

上記の Timestamp を利用してデータを抽出します．

```
long_ts.loc[pd.Timestamp(2020, 12, 31, 23, 30, 0)]
```

```
35134
```

12 月 30 日の最初のデータから，12 月 31 日の 10 時までのデータを取得する場合は以下のようにします．とても柔軟にデータの抽出ができるのがわかるかと思います．

```
long_ts.loc[pd.Timestamp(2020, 12, 30):pd.Timestamp(2020, 12, 31, 10)]
```

```
2020-12-30 00:00:00    34944
2020-12-30 00:15:00    34945
・・・中略・・・
2020-12-31 09:45:00    35079
2020-12-31 10:00:00    35080
Freq: 15min, Length: 137, dtype: int32
```

4.8.3 時間の指定

日付を横断して，特定の時間帯だけを取得することもできます．例えば 10 時のデータだけを抽出する場合は at_time メソッドを利用します．

```
long_ts.at_time('10:00:00')
```

```
2020-01-01 10:00:00       40
2020-01-02 10:00:00      136
・・・中略・・・
2020-12-30 10:00:00    34984
2020-12-31 10:00:00    35080
Freq: 1440min, Length: 366, dtype: int32
```

時間の範囲を設定する場合は between_time メソッドを利用します．inclusive='left' としているため end_time は抽出結果に含まれません．

```
long_ts.between_time(start_time='10:00:00', end_time='11:00:00',
                     inclusive='left')
```

```
2020-01-01 10:00:00        40
2020-01-01 10:15:00        41
・・・中略・・・
2020-12-31 10:30:00     35082
2020-12-31 10:45:00     35083
Length: 1464, dtype: int32
```

4.9　日時を用いたデータの集計

ts_day を対象に，月ごとや日ごとに分けて集計を行う方法を解説します．

最も素朴な方法は，日付情報を持つ列を作る方法です．以下のようにして月を表す month 列を作ります．

```
ts_day['month'] = ts_day.index.month
print(ts_day.head(3))
```

```
            value  month
time
1990-01-01    1.0      1
1990-01-02    2.0      1
1990-01-03    3.0      1
```

groupby メソッドを使って月ごとに分けたうえで，sum メソッドを使って合計します．これで月ごとの合計値が計算できます．mean メソッドを使うと月ごとの平均値が計算できます．第 2 部第 2 章 2.12 節で紹介した apply メソッドを適用することもできます．

```
print(ts_day.groupby('month').sum())
```

```
          value
month
1      514445.0
2      475961.0
・・・中略・・・
11     588960.0
12     618047.0
```

なお，わざわざ month 列を作らなくても ts_day.groupby(ts_day.index.month).sum() のように groupby メソッドの引数にインデックスから得られる日時情報を指定することもできます．

年ごと，月ごとに集計する場合は list を用いて ts_day.groupby([ts_day.index.year, ts_day.index.month]).sum() とします．

4.10 PeriodIndex の作成と利用

PeriodIndex を導入します．

4.10.1 DatetimeIndex と PeriodIndex

Timestamp はある特定の時点を表します．DatetimeIndex は複数の時点の集まりですね．時系列データを扱うときのインデックスとして頻繁に利用されます．

PeriodIndex はタイムスパン，すなわち時間の範囲を意味します．PeriodIndex では，時間の範囲と観測の頻度を指定します．PeriodIndex を時系列データのインデックスとして利用すると，例えば「2010 年 1 月から 2020 年 12 月まで（期間）の 1 か月ごとにとられた（頻度）データ」であることを明確に示すことができます．

多くの時系列分析では，観測の頻度が一定であると想定しています．そのため，PeriodIndex も時系列データのインデックスとしてしばしば利用します．

多くの場合 DatetimeIndex でも PeriodIndex でも似たような処理ができます．しかし，時系列分析のライブラリによっては，時系列データのインデックスとして片方だけしか利用できないこともあります．PeriodIndex の作り方と DatetimeIndex との変換方法を覚えておくと便利です．

4.10.2 period_range 関数の利用

まずは PeriodIndex を作成しましょう．日付の文字列を変換することもできますが，0 から作る場合は pd.period_range を使うのが簡単です．以下では 2020 年 1 月から 2 月まで，月単位のタイムスパンを作成しました．

```
period_range = pd.period_range(start='2020-01-01', end='2020-02-01', freq='M')
period_range
```

```
PeriodIndex(['2020-01', '2020-02'], dtype='period[M]')
```

PeriodIndex では，データの観測頻度を月 (M) にした場合，日時の情報が表示されなくなります．純粋な時点の集まりである DatetimeIndex とは異なりますね．観測の頻度 freq についても「月はじめ」等の区別はなく単に M と指定するだけです．逆に freq='MS' と指定するとエラーになるので気をつけてください．

period_range のデータの型は PeriodIndex となっています．

```
type(period_range)
```

```
pandas.core.indexes.period.PeriodIndex
```

4.10.3 DatetimeIndex と PeriodIndex の変換

PeriodIndex と DatetimeIndex は簡単に変換できます．まずは DatetimeIndex 型の time_range を作ります．

```
time_range = pd.date_range(start='2020-01-01', end='2020-02-01', freq='MS')
time_range
```

```
DatetimeIndex(['2020-01-01', '2020-02-01'], dtype='datetime64[ns]', freq='MS')
```

DatetimeIndex に対して to_period 関数を実行すると PeriodIndex になります．

```
time_range.to_period()
```

```
PeriodIndex(['2020-01', '2020-02'], dtype='period[M]')
```

逆に PeriodIndex に対して to_timestamp 関数を実行すると DatetimeIndex になります．

```
period_range.to_timestamp()
```

```
DatetimeIndex(['2020-01-01', '2020-02-01'], dtype='datetime64[ns]', freq=None)
```

4.10.4 DataFrame の index の変換

4.7 節で解説したように，CSV ファイルを読み込むと同時に DatetimeIndex の index を付与できます．DataFrame として読み込まれたデータの index を PeriodIndex にする方法を解説します．

以下の ts_month を対象とします．

```
print(ts_month)
```

```
            sales
time
2000-01-01   10.0
2000-02-01    5.0
2000-03-01    8.0
2000-04-01   14.0
2000-05-01    9.0
```

ここで例えば ts_month.index.to_period() として index のみを対象に変換することもできます．しかし，以下のように DataFrame に対して直接 to_period メソッドを適用する方が簡単です．1 行目で copy メソッドを用いて ts_month をコピーしました．コピーされた ts_month_period に対して index の変換を行いました．

```
ts_month_period = ts_month.copy()
ts_month_period = ts_month_period.to_period()
print(ts_month_period)
```

```
         sales
time
2000-01   10.0
2000-02    5.0
2000-03    8.0
2000-04   14.0
2000-05    9.0
```

4.10.5 PeriodIndex の操作

PeriodIndex は，基本的に DatetimeIndex と同じように扱うことができます．4.10.2 節で作成した period_range を対象として，年や月といった情報を取得します．

```
print('年', period_range.year)
print('月', period_range.month)
```

```
年 Index([2020, 2020], dtype='int64')
月 Index([1, 2], dtype='int64')
```

日付を利用したデータの抽出も DatetimeIndex とほぼ同じです．以下のコードでは ts_month_period を対象として 2000 年 4 月のデータを抽出しています．

```
ts_month_period.loc['2000-04']
```

```
sales    14.0
Name: 2000-04, dtype: float64
```

2000 年 3 月から 5 月までのデータを抽出する場合も同様です．

```
print(ts_month_period.loc['2000-03':'2000-05'])
```

```
         sales
time
2000-03    8.0
2000-04   14.0
2000-05    9.0
```

第5章

Pythonによる時系列分析の基本

テーマ

本章では，時系列データに対する基本的な分析方法を解説します．本章を読めば，Pythonを使って効率的に，時系列データから基本的な統計量を計算できるようになるはずです．

時系列データの可視化からはじまり，対数変換や標本自己相関係数の計算，移動平均値の計算，さまざまな集計処理の実装方法を解説します．

概要

分析の準備 → 飛行機乗客数データの読み込み → 時系列折れ線グラフの作成
→ データのシフト（ラグ）→ 増減量と差分系列 → 前年差と季節差分系列
→ 対数系列 → 増減率と対数差分系列 → 自己相関係数とコレログラム
→ 移動平均 → 偶数個の移動平均の注意点 → 月単位の気温データの分析例
→ データの取得頻度の変更

5.1 分析の準備

ライブラリの読み込みなどを行います．今回は時系列分析を行うため statsmodels.tsa.api を tsa という略称で読み込みました．

```
# 数値計算に使うライブラリ
import numpy as np
import pandas as pd

# グラフを描画するライブラリ
from matplotlib import pyplot as plt
import matplotlib.dates as mdates
import seaborn as sns
sns.set()

# 統計モデルを推定するライブラリ
import statsmodels.api as sm
import statsmodels.formula.api as smf
import statsmodels.tsa.api as tsa
```

```
# グラフの日本語表記
from matplotlib import rcParams
rcParams['font.family'] = 'sans-serif'
rcParams['font.sans-serif'] = 'Meiryo'

# DataFrame の全角文字の出力をきれいにする
pd.set_option('display.unicode.east_asian_width', True)
```

5.2　飛行機乗客数データの読み込み

飛行機乗客数データを読み込みます．日付インデックスも設定します．

```
# 飛行機乗客数データの読み込み
air_passengers = sm.datasets.get_rdataset("AirPassengers").data

# 日付インデックスの作成
date_index = pd.date_range(
    start='1949-01-01', periods=len(air_passengers), freq='MS')
air_passengers.index = date_index

# 不要な時間ラベルの削除
air_passengers = air_passengers.drop(air_passengers.columns[0], axis=1)

# 結果の確認
print(air_passengers.head(3))
```

```
            value
1949-01-01    112
1949-02-01    118
1949-03-01    132
```

5.3　時系列折れ線グラフの作成

データ分析は可視化からはじまります．折れ線グラフの作り方を解説します．

5.3.1　pandas の plot メソッドの利用

日付インデックスを設定していれば，plot メソッドを使い，1 行のコードで簡単に時系列折れ線グラフが完成します（**図 2.5.1**）．横軸が自動的に日付になるのが便利です．なお，凡例としては列名が使われます．

```
air_passengers.plot()
```

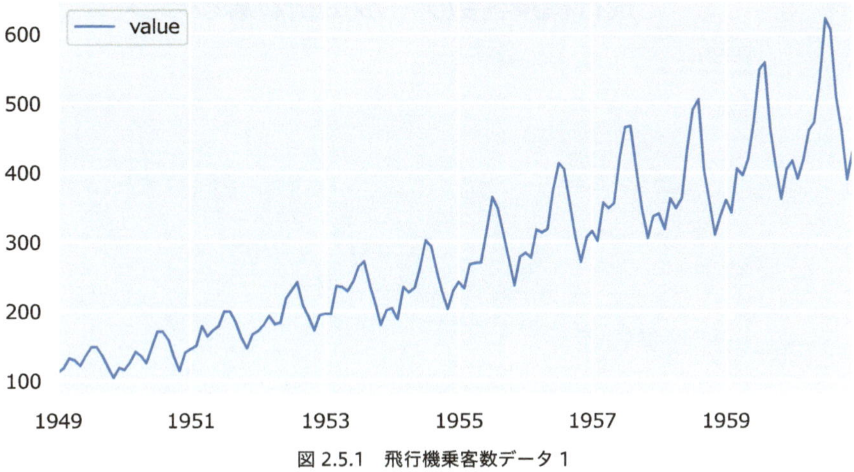

図 2.5.1　飛行機乗客数データ 1

5.3.2　matplotlib の利用

軸ラベルやグラフタイトル，凡例などを追加した複雑なグラフを描く場合，本書では以下のように matplotlib の関数を使うこともあります（**図 2.5.2**）．

```
# グラフサイズの指定
fig, ax = plt.subplots(figsize=(8, 4))

# 折れ線グラフを描く
ax.plot(air_passengers['value'], label='原系列')

# 軸ラベルとタイトル・凡例
ax.set_xlabel('年月', size=14)
ax.set_ylabel('乗客数', size=14)
ax.set_title('飛行機乗客数データの折れ線グラフ', size=18)
ax.legend()

# 軸の指定
# 3 年ごとに軸を載せる
# DayLocator / MonthLocator / YearLocator
ax.xaxis.set_major_locator(mdates.YearLocator(3))

# 軸ラベルのフォーマット
ax.xaxis.set_major_formatter(mdates.DateFormatter('%Y-%m'))
```

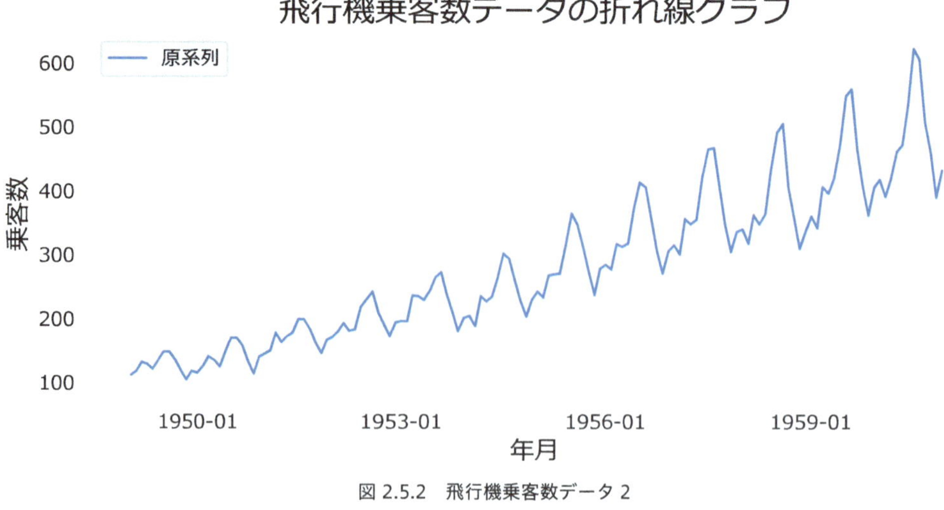

図 2.5.2　飛行機乗客数データ 2

plt.subplots 関数を使ってグラフの原型を作ります．そこに ax.plot 関数などを使ってグラフを上書きします．ax.set_xxxx 関数を使うことで，X 軸ラベル，Y 軸ラベル，グラフタイトルを追加できます．ax.legend 関数を実行することで凡例を追加できます．1 変量データの場合，凡例は不要ですが，今後さまざまな系列を追加するため，やり方を知っておくと便利です．凡例には ax.plot 関数の label で指定した名称が表示されます．原系列とは変換を施す前のデータ系列のことです．

グラフの軸ラベルには，時系列分析特有の設定があります．ax.xaxis.set_major_locator 関数を使うことで，X 軸の設定を行います．mdates.YearLocator(3) と指定すると，3 年ごとに X 軸のラベルに日付が書き込まれます．mdates.YearLocator(2) なら 2 年間隔です．YearLocator 以外にも，日単位であれば DayLocator が，月単位であれば MonthLocator が利用できます．そのほかの設定については以下のドキュメントも参考にしてください．

URL https://matplotlib.org/stable/api/dates_api.html#date-tickers

5.4　データのシフト（ラグ）

地味ながら時系列分析において極めて重要となる時間の**シフト演算**について解説します．時間をシフトさせることを「**ラグ**をとる」と呼ぶこともあります．飛行機乗客数データをコピーしてから，shift メソッドを適用し，1 時点シフトさせた列 lag1 を DataFrame に追加しました．

```
# データをコピー
air_passengers_lag = air_passengers.copy()

# シフトした結果を lag1 列として追加
air_passengers_lag['lag1'] = air_passengers_lag['value'].shift(1)

# 結果の確認
print(air_passengers_lag.head(3))
print(air_passengers_lag.tail(3))
```

```
            value   lag1
1949-01-01    112    NaN
1949-02-01    118  112.0
1949-03-01    132  118.0
            value   lag1
1960-10-01    461  508.0
1960-11-01    390  461.0
1960-12-01    432  390.0
```

lag1 列はもともとの value 列の値を 1 時点後ろにずらした形になります．そのため 1 時点目である 1949 年 1 月では lag1 の値が欠測すなわち NaN となっていることに注意してください．

さまざまな次数でラグをとることができます．マイナスのラグをとることで，未来のデータを列に追加することもできます．1 時点未来のデータである lead1 列は，最終時点である 1960 年 12 月において欠測となります．

```
# さまざまな次数でラグをとる
air_passengers_lag['lag2'] = air_passengers_lag['value'].shift(2)
air_passengers_lag['lead1'] = air_passengers_lag['value'].shift(-1)

# 結果の確認
print(air_passengers_lag.head(3))
print(air_passengers_lag.tail(3))
```

```
            value   lag1   lag2  lead1
1949-01-01    112    NaN    NaN  118.0
1949-02-01    118  112.0    NaN  132.0
1949-03-01    132  118.0  112.0  129.0
            value   lag1   lag2  lead1
1960-10-01    461  508.0  606.0  390.0
1960-11-01    390  461.0  508.0  432.0
1960-12-01    432  390.0  461.0    NaN
```

5.5 増減量と差分系列

続いて時系列データの差分系列について解説します．

5.5.1　差分系列

時系列の変化を見る場合に，増減量に着目することは頻繁にあります．データの増減量は以下の**差分系列**を使って評価します．

$$\Delta y_t = y_t - y_{t-1} \tag{2.1}$$

なお，単純な差分を 1 階差分系列と呼び，差分系列に対してさらに差分をとった系列を 2 階差分系列と呼びます．d 階の差分系列は $\Delta^d y_t$ と表記します．「階」という漢字を書き間違えないように気をつけてください（「回」ではありません）．

5.5.2　差分系列の取得

飛行機乗客数データの差分系列を取得します．原系列から 1 時点のラグを差し引くことで得られます．1 時点目におけるラグが存在しないため，1 時点目の差分系列も NaN となります．

```
diff_value = air_passengers_lag['value'] - air_passengers_lag['value'].shift(1)
diff_value.head(3)
```

```
1949-01-01     NaN
1949-02-01     6.0
1949-03-01    14.0
Freq: MS, Name: value, dtype: float64
```

pandas には diff という便利なメソッドがあります．こちらを使う方が簡単です．以下では飛行機乗客数データをコピーしてから，diff メソッドを適用し，1 階の差分系列 'diff1' を取得します．

```
# データをコピー
air_passengers_diff = air_passengers.copy()

# 差分系列
air_passengers_diff['diff1'] = air_passengers_diff['value'].diff(1)

# 結果の確認
print(air_passengers_diff.head(3))
print(air_passengers_diff.tail(3))
```

```
            value  diff1
1949-01-01    112    NaN
1949-02-01    118    6.0
1949-03-01    132   14.0
            value  diff1
1960-10-01    461  -47.0
1960-11-01    390  -71.0
1960-12-01    432   42.0
```

5.6 前年差と季節差分系列

季節差分系列を導入します．

5.6.1 季節差分系列

データの変化を見るときには，前年差もしばしば参照されます．前年との増減量の系列を**季節差分系列**と呼びます．なお，季節性は本書において 1 年周期とは限りません．そのため，例えば日単位データにおいて 7 日前との差分をとる場合でも本書では季節差分系列と呼びます．周期が m である場合の季節差分系列を以下のように $\Delta_s y_t$ と表記します．

$$\Delta_s y_t = y_t - y_{t-m} \tag{2.2}$$

季節差分系列に対してさらに季節差分をとったものを 2 階の季節差分系列と呼び，d 階の季節差分系列を $\Delta_s^d y_t$ と表記します．

5.6.2 季節差分系列の取得

今回は月単位のデータですので，12 時点前との差分値が季節差分です．1 階の季節差分系列を取得します．

```
# 季節差分
air_passengers_diff['diff12'] = air_passengers_diff['value'].diff(12)
```

季節差分系列に対してさらに差分をとることもできます．

```
# 季節差分系列に対して，さらに差分をとる
air_passengers_diff['diff12-1'] = air_passengers_diff['diff12'].diff(1)

# 時系列折れ線グラフの作成
air_passengers_diff[['diff1', 'diff12', 'diff12-1']].plot()
```

図 2.5.3 を見ると，差分系列 `diff1` には季節性が残っていますが，季節差分系列 `diff12` では季節性がかなり弱まったのがわかります．季節差分系列の差分系列すなわち $\Delta\Delta_s y_t$ である `diff12-1` は，季節性がほとんど排除されているのがわかります．なお，差分をとる順番は関係なく，差分系列に対して季節差分をとっても同じ結果となります．

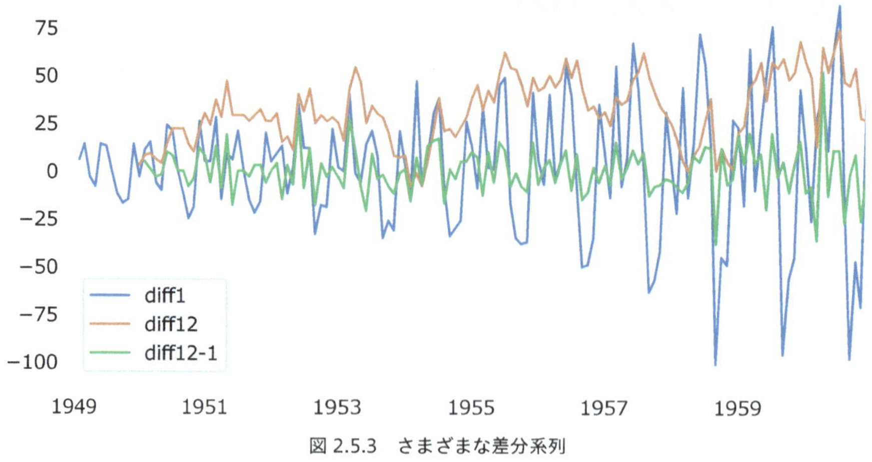

図 2.5.3　さまざまな差分系列

5.7 対数系列

時系列データを対数変換することがしばしばあります．対数変換を行う意義と変換後の系列の解釈について解説します．

5.7.1 対数系列とその解釈

原系列 y_t の対数をとった $\log y_t$ を**対数系列**と呼びます．対数系列は以下の目的でしばしば利用されます．

- データのばらつきを正規分布に近づける
- 加法的なモデルを乗法的なモデルとして扱えるようにする

2つ目の意図が少しわかりにくいと思うので補足します．ここで時系列データが以下のように，トレンドと季節性とホワイトノイズの積で表現できるとします．これを乗法的なモデルと呼びます．

$$\text{時系列データ} = \text{トレンド} \times \text{季節性} \times \text{ホワイトノイズ} \tag{2.3}$$

真のデータ生成過程が乗法的だったとします．それならば，私たちは乗法的な時系列モデルを使って分析すべきです．しかし，対数変換を利用すれば，加法的なモデルを使う余地が生まれます．

乗法的なモデルによって生成された時系列データに対数変換を施します．すると，以下のようにトレンド・季節性・ホワイトノイズが加法的に分解されます．

$$\begin{aligned}\log(\text{時系列データ}) &= \log(\text{トレンド} \times \text{季節性} \times \text{ホワイトノイズ}) \\ &= \log(\text{トレンド}) + \log(\text{季節性}) + \log(\text{ホワイトノイズ})\end{aligned} \tag{2.4}$$

この性質があるため，加法的な分析モデルであっても，対数変換を施すことで乗法的な構造を持つデータに適用できることがあります．

逆にいえば対数変換を施した後で分析モデルを適用する場合は，その解釈が変わることに注意してください．データのばらつきを整えるために対数変換を利用する場合は特に注意が必要です．むやみな変換は，逆にデータ分析の品質を損なうことにつながります．

5.7.2　対数系列の取得

飛行機乗客数データの対数系列を取得して折れ線グラフを描きます（**図 2.5.4**）．apply メソッドを利用し，引数に自然対数をとる関数である np.log を指定することで，簡単に対数変換をすることができます．

```
# データをコピー
air_passengers_log = air_passengers.copy()

# 対数変換
air_passengers_log['log'] = air_passengers_log['value'].apply(np.log)

# 時系列折れ線グラフの作成
air_passengers_log['log'].plot()
```

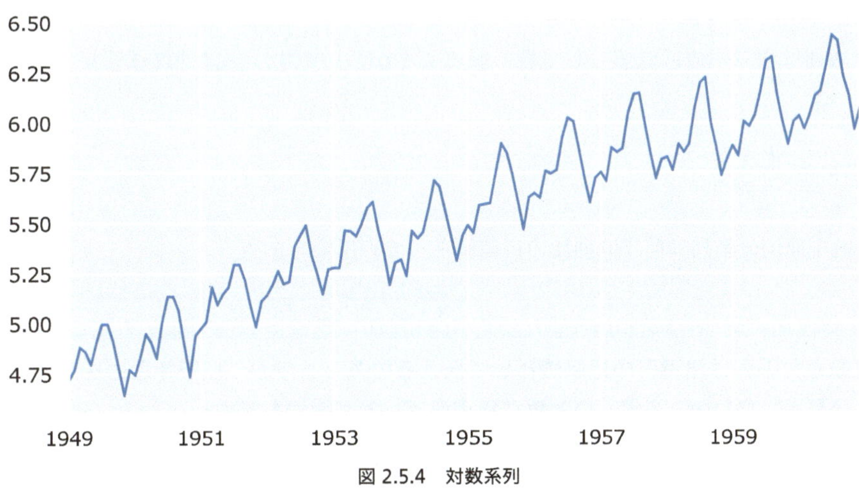

図 2.5.4　対数系列

対数をとることで，季節性などがもたらすデータのばらつきの範囲を一定に近づけることができます．原系列では 1949 年ごろの季節性は小さくて見えづらかったのですが，対数系列でははっきりと見えますね．

なお，対数系列を原系列に戻す場合は np.exp を適用します．

```
air_passengers_log['log'].apply(np.exp).head(3)
```

```
1949-01-01    112.0
1949-02-01    118.0
1949-03-01    132.0
Freq: MS, Name: log, dtype: float64
```

5.8　増減率と対数差分系列

ここでは増減量ではなく，増減率に着目します．時系列分析では増減率をそのまま扱うのではなく対数差分系列で近似することが多いです．

5.8.1　対数差分系列

対数系列の差分系列を**対数差分系列**と呼びます．なお，本書においては断りがない限り自然対数を使います．

$$\Delta \log y_t = \log y_t - \log y_{t-1} \tag{2.5}$$

なお対数系列に対して季節差分をとったものを**対数季節差分系列**と呼びます．

5.8.2　対数差分系列と増減率の関係

対数差分系列は増減率の近似値として扱われることが多いです．≈は「ほぼ等しい」という記号です．

$$\Delta \log y_t \approx \frac{y_t - y_{t-1}}{y_{t-1}} \tag{2.6}$$

同様に対数季節差分系列は前年同期比の近似値として利用できます．

OnePoint

なぜ対数差分系列は増減率の近似値として扱えるのでしょうか．以下で理由を簡単に説明します．今後登場しないので，難しいと感じたら飛ばしても大丈夫です．

マクローリン展開を使います．マクローリン展開では関数 $f(x)$ を以下のように近似します．$f^{(k)}$ は関数 $f(x)$ の k 階微分です．

$$f(x) = \sum_{k=0}^{\infty} f^{(k)}(0) \frac{x^k}{k!} \tag{2.7}$$

シグマ記号を外した結果を載せます．

$$f(x) = f(0) + f^{(1)}(0)\frac{x^1}{1} + f^{(2)}(0)\frac{x^2}{2!} + f^{(3)}(0)\frac{x^3}{3!} + \dots \tag{2.8}$$

ここでxの絶対値がとても小さいならばx^2やx^3はほぼ 0 だとみなせます．するとx^2以降を無視しても近似的に以下が成り立ちます．

$$f(x) \approx f(0) + f^{(1)}(0)\frac{x^1}{1} \tag{2.9}$$

マクローリン展開による近似は，もともとの値$f(0)$に，1 階微分することによって考慮された変化量を加えたものだとみなせます．$f(x) = ax + b$のような単純な関数ならば，これで完全に元の関数を復元できます．

ここで$f(x) = \log(1+x)$を考えます．$f(0) = \log(1+0) = 0$であり，$f^{(1)} = \dfrac{(1+x)}{(1+x)} = 1$となります．そのため$x$の値がとても小さいならば以下のように近似できます．

$$\log(1+x) \approx 0 + 1\frac{x^1}{1} = x \tag{2.10}$$

$\log(1+x) \approx x$という非常にシンプルな近似式が登場しました．ここで$\log y_t - \log y_{t-1}$を変形します．

$$\log y_t - \log y_{t-1} = \log\left(\frac{y_t}{y_{t-1}}\right) = \log\left(1 + \frac{y_t - y_{t-1}}{y_{t-1}}\right) \tag{2.11}$$

データの変化が小さく，$\dfrac{y_t - y_{t-1}}{y_{t-1}}$が 0 に近いならば，$\log(1+x) \approx x$において$x = \dfrac{y_t - y_{t-1}}{y_{t-1}}$を代入することで「対数差分が，増減率の近似値になる」ことがわかります．

5.8.3 対数差分系列と対数季節差分系列の取得

対数差分系列と対数季節差分系列を取得します．

```
# 対数差分系列
air_passengers_log['log_diff1'] = air_passengers_log['log'].diff(1)

# 対数季節差分系列
air_passengers_log['log_diff12'] = air_passengers_log['log'].diff(12)
```

続いて，対数季節差分系列の差分系列を取得して折れ線グラフを描きます（**図 2.5.5**）．

```
# 対数季節差分系列に対して，さらに差分をとる
air_passengers_log['log_diff12-1'] = air_passengers_log['log_diff12'].diff(1)

# 時系列折れ線グラフの作成
air_passengers_log[['log_diff1', 'log_diff12', 'log_diff12-1']].plot()
```

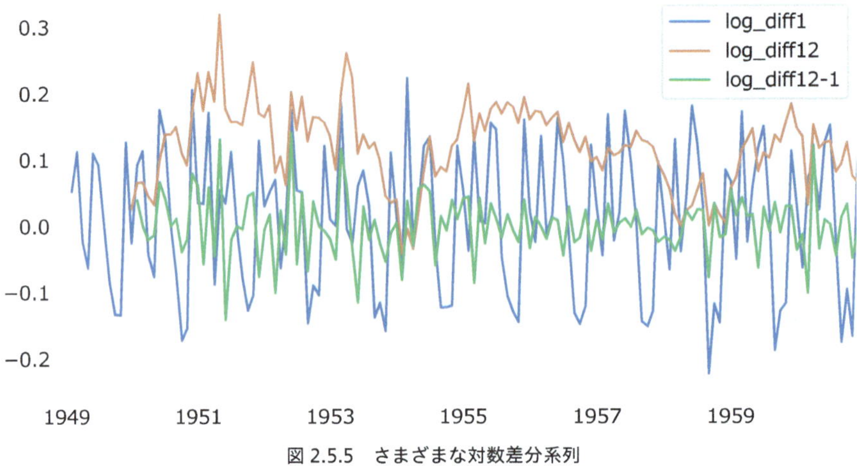

図 2.5.5　さまざまな対数差分系列

5.9　自己相関係数とコレログラム

自己相関係数を可視化したコレログラムを作成します．

5.9.1　自己相関係数とコレログラム

第 1 部第 2 章で解説したように，k 次の自己相関を，次数を変えて何度も計算し，横軸に次数を，縦軸に自己相関係数の値をとったグラフをコレログラムと呼びます．実際の計算の際には第 1 部第 3 章 3.2 節で導入した標本自己相関係数を利用します．

まずは原系列の標本自己相関係数を求めます．`tsa.acf` 関数を使います．`nlags=12` とすると 12 次までの標本自己相関係数を出力できます．

```
tsa.acf(air_passengers['value'], nlags=12)
```

```
array([1.        , 0.94804734, 0.87557484, 0.80668116, 0.75262542, 0.71376997,
       0.6817336 , 0.66290439, 0.65561048, 0.67094833, 0.70271992, 0.74324019,
       0.76039504])
```

上記で得られた標本自己相関係数を可視化します（**図 2.5.6**）．`sm.graphics.tsa.plot_acf` 関数を使います．12 時点ごとに自己相関が高くなっているので，周期的な変動があることがわ

かります．あくまで目安ですが，網かけされた範囲よりも絶対値が大きな自己相関が得られた場合は，特に無視できない強い自己相関があるとみなします．

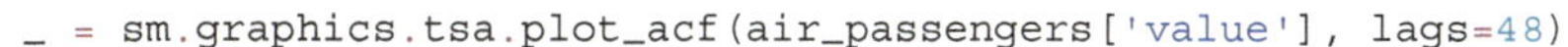

```
_ = sm.graphics.tsa.plot_acf(air_passengers['value'], lags=48)
```

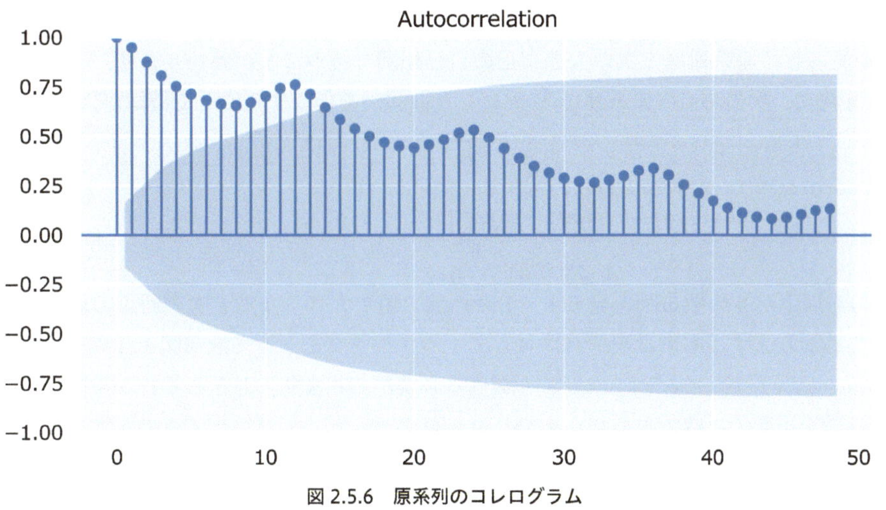

図 2.5.6　原系列のコレログラム

続いて対数季節差分系列のコレログラムを描きます（**図 2.5.7**）．差分系列は欠測が生じるため dropna メソッドを使って欠測を排除しました．原系列のコレログラムとは大きく形が異なります．

```
_ = sm.graphics.tsa.plot_acf(
    air_passengers_log['log_diff12'].dropna(), lags=48)
```

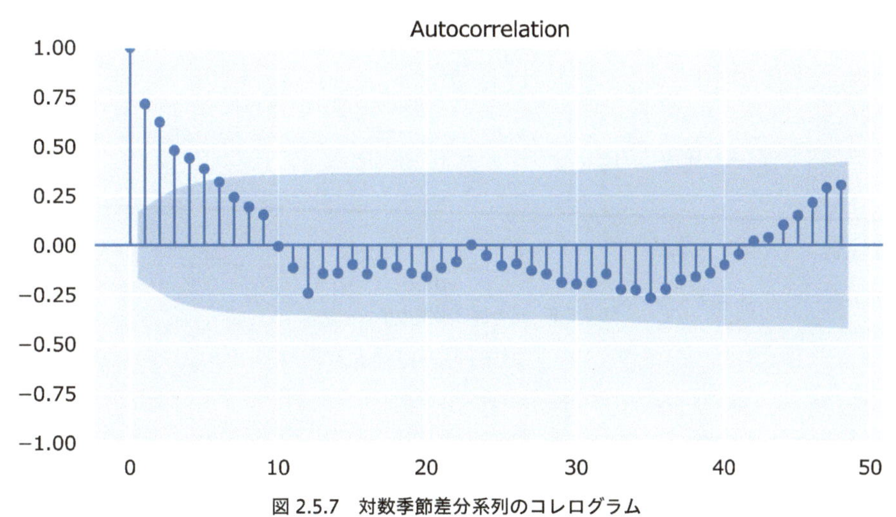

図 2.5.7　対数季節差分系列のコレログラム

5.9.2 自己相関のイメージ

コレログラムを描いてみたのはよいものの，コレログラムの意味がよくわからないという質問をしばしば受けます．ここではコレログラムの直感的なイメージを得るための解説をします．

コレログラムの縦軸は標本自己相関係数です．そのためコレログラムの縦線が高い位置にあるならば，正の自己相関を持つことがわかります．逆にコレログラムの縦線がマイナスの位置にあるならば，負の自己相関を持ちます．

図 2.5.6 を見ると，原系列は 1 次の大きな正の自己相関を持つことがわかります．これは 1 時点前の原系列を X 軸に，次の時点の原系列を Y 軸にした散布図を作成することで特徴がよくわかります．

```
sns.scatterplot(x=air_passengers['value'].shift(1),
                y=air_passengers['value'])
```

図 2.5.8 の右肩上がりの散布図を見ると，1 時点前の値が大きくなると次の時点の値も大きくなることが一目でわかります．本来はデータに対して 1 つずつラグをとって散布図を作成し，右肩上がりになっているか右肩下がりになっているかを調べる必要があります．しかしそれが手間ですので，標本自己相関係数を複数の次数で求めたうえで，コレログラムとして可視化するのが定石です．

コレログラムは図 2.5.8 のような散布図をイメージすると理解しやすいはずです．ところで図 2.5.7 を見ると，対数季節差分系列では 12 次の自己相関が負になっていますね．結果は省略しますが対数季節差分系列において 12 次のラグをとった値を X 軸にすると，右肩下がりの散布図が得られます．

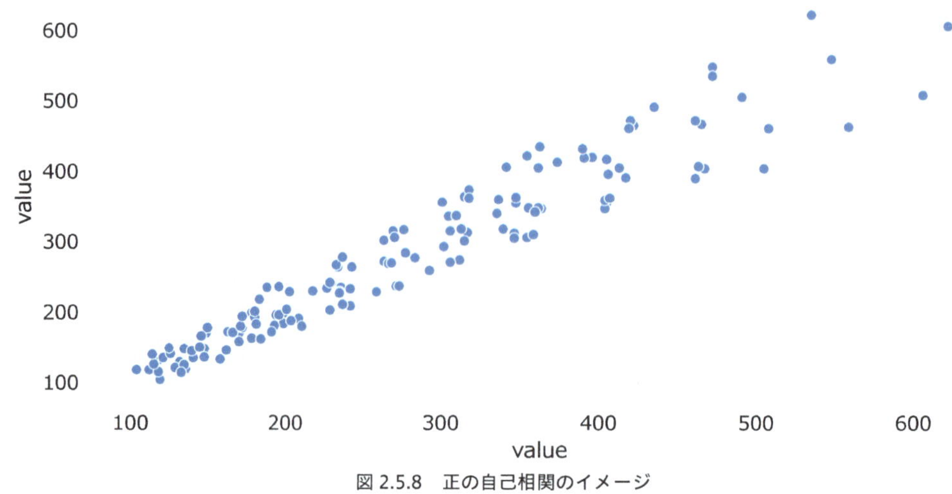

図 2.5.8　正の自己相関のイメージ

5.9.3　偏自己相関係数

偏自己相関係数のコレログラムは sm.graphics.tsa.plot_pacf 関数を使って作成します（**図 2.5.9**）．method='ywm' として補正なしの Yule-Walker 法を利用しました．

```
_ = sm.graphics.tsa.plot_pacf(air_passengers['value'], lags=60, method='ywm')
```

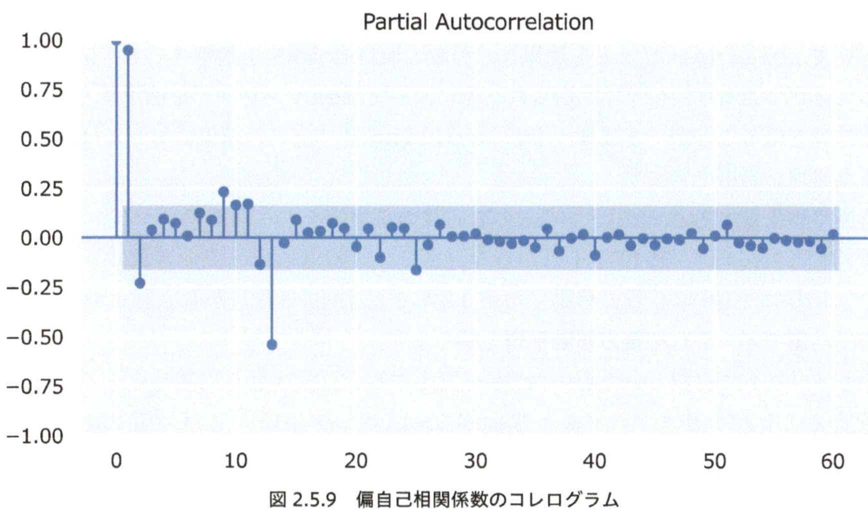

図 2.5.9　偏自己相関係数のコレログラム

5.10　移動平均

データを移動させながら平均値をとることで**移動平均**の系列を得ます．これは実行結果を見た方がわかりやすいと思うのでまずは Python で実装します．今回は 5 次の移動平均を求めました．

```
# データをコピー
air_passengers_ma = air_passengers.copy()

# 5 時点の移動平均
air_passengers_ma['ma5'] = air_passengers_ma['value'].rolling(
    window=5).mean()

# 5 時点の移動平均において，当該時点を中心にする
air_passengers_ma['ma5_center'] = air_passengers_ma['value'].rolling(
    window=5, center=True).mean()

# 結果の確認
print(air_passengers_ma.head(6))
```

```
            value    ma5  ma5_center
1949-01-01    112    NaN         NaN
```

```
1949-02-01    118    NaN        NaN
1949-03-01    132    NaN      122.4
1949-04-01    129    NaN      127.0
1949-05-01    121  122.4      133.0
1949-06-01    135  127.0      136.2
```

まずデータを air_passengers_ma という名前でコピーします．次に単純な移動平均系列である ma5 という列を作ります．次に当該時点を中心にした ma5_center という列を作りました．

時系列データの特定の範囲を切り出したものをしばしば**窓**（window）と呼びます．飛行機乗客数データにおいて rolling メソッドを適用し，引数に window=5 を指定すると，5 つの長さでデータを区切ることができます．5 つに区切られた窓に対して mean メソッドを適用することで，5 時点の移動平均系列を得ることができます．なお，rolling メソッドの結果に対しては最大値の取得などさまざまな処理を適用できます．

単純な移動平均系列である ma5 は，過去の 5 時点の平均値をとった系列です．すなわち 1949 年 5 月の移動平均値 122.4 は，1949 年 1 月から 5 月までの 5 時点の飛行機乗客数の平均をとることで得られます．同様に 1949 年 6 月の移動平均値 127.0 は 1949 年 2 月から 6 月までの 5 時点の飛行機乗客数の平均値です．これを**後方移動平均**と呼びます．

rolling メソッドに引数 center=True を設定すると，文字通り当該時点を「中心」とした移動平均値を得ることができます．すなわち ma5_center の 1949 年 3 月の値 122.4 は 1949 年 3 月を中心として 1949 年の「1 月，2 月，3 月，4 月，5 月」の 5 か月間の飛行機乗客数の平均値です．同様に 1949 年 4 月の値 127.0 は，1949 年の「2 月，3 月，4 月，5 月，6 月」の飛行機乗客数の平均値です（**図 2.5.10**）．移動平均を行うことで，データのノイズを減らしてトレンドを見やすくできます．

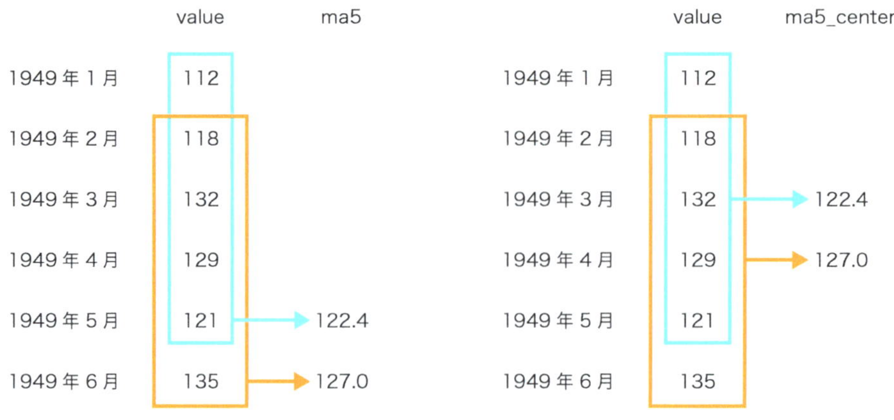

図 2.5.10　5 時点移動平均の計算

5.11 偶数個の移動平均の注意点

偶数個の移動平均を実行するときの注意点と中心化移動平均について解説します．

5.11.1 通常の 4 時点移動平均の問題

奇数時点の移動平均を求める場合は問題ないのですが，偶数時点の移動平均を求める場合には注意が必要です．以下では center=True を指定したうえで，4 時点の移動平均を求めています．

```
air_passengers_ma['ma4_center'] = air_passengers_ma['value'].rolling(
    window=4, center=True).mean()

print(air_passengers_ma[['value', 'ma4_center']].head(4))
print(air_passengers_ma[['value', 'ma4_center']].tail(4))
```

```
            value  ma4_center
1949-01-01    112         NaN
1949-02-01    118         NaN
1949-03-01    132      122.75
1949-04-01    129      125.00
            value  ma4_center
1960-09-01    508      549.25
1960-10-01    461      491.25
1960-11-01    390      447.75
1960-12-01    432         NaN
```

center=True と設定したものの「4 時点」は偶数期間ですのでちょうど中心に当たる時点が存在しません．あえていうならば 2.5 時点が中心となるでしょうか．今回の結果では最初の 4 時点移動平均値の結果が 1949 年 3 月に格納されていますが，1949 年 3 月を「中心」位置とはいいがたいです．データの先頭には 2 時点の欠測があり，データの末尾には 1 時点のみ欠測がある点も，違和感がありますね．

5.11.2 正しい重みづけ

1949 年 3 月を本当に「中心」として移動平均をとるならば，1949 年 3 月以前の時点も以降の時点も同じ数だけ計算に使うべきです．そこで**図 2.5.11** のように重みをつけた移動平均を**中心化移動平均**と呼びます．

図 2.5.11 の右側の方法を使うと，1949 年 3 月を中心にしつつ，端にあるデータ（1949 年 1 月と 5 月）には 0.5 をかけているのでその影響を減らすことができています．

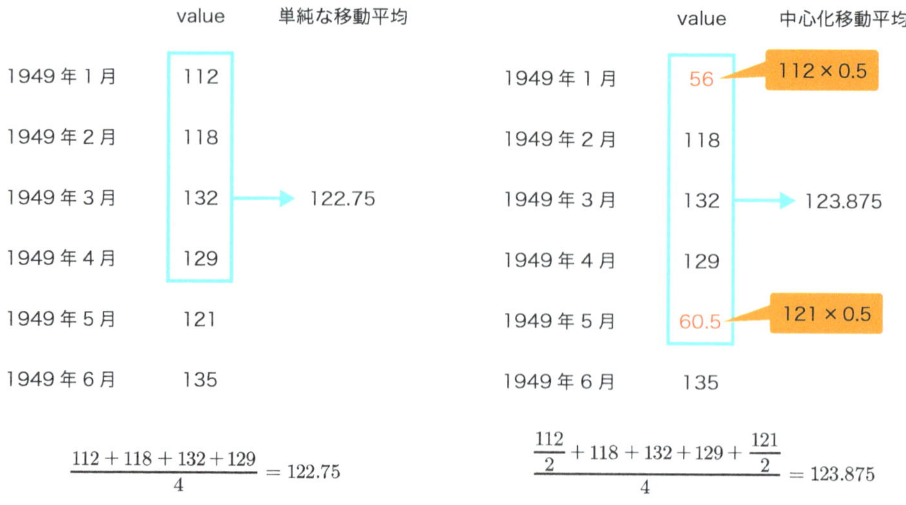

図 2.5.11　4 時点中心化移動平均の計算

中心化移動平均を Python で実行します．まずは重みを作成します．np.concatenate は複数の array を結合する関数です．本来は 4 時点平均なのですべて 0.25 の重みとなるはずですが，両端のデータはさらに 0.5 をかけるので 0.125 の重みとなります．

```
weight = np.concatenate([np.array([1/8]), np.tile(1/4, 3), np.array([1/8])])
weight
```

```
array([0.125, 0.25 , 0.25 , 0.25 , 0.125])
```

np.average 関数を使って加重平均を計算します．

```
np.average(air_passengers_ma['value'].loc['1949-01':'1949-05'],
           weights=weight)
```

```
123.875
```

加重平均をまとめて計算します．これが正しい 4 時点の中心化移動平均です．

```
true_ma4 = air_passengers_ma['value'].rolling(
    window=5, center=True).apply(np.average, kwargs={'weights': weight})
true_ma4.head(5)
```

```
1949-01-01        NaN
1949-02-01        NaN
1949-03-01    123.875
1949-04-01    127.125
1949-05-01    131.250
Freq: MS, Name: value, dtype: float64
```

5.11.3 中心化移動平均の効率的な実装

上記のように重みを作ってもよいのですが，移動平均を繰り返すことで簡単に中心化移動平均を求めることができます．すなわち，単純な 4 時点移動平均の結果 ma4_center に対してさらに 2 時点の移動平均を求めます．こうすることで簡単に中心化移動平均を実行できます．

年ごとの日最高気温 35℃以上日数の折れ線グラフを描きます．15 時点移動平均値もあわせて示しました．なお ¥ は改行のマークです．お使いの環境によってはバックスラッシュ（\）に見えることもあります．

```
air_passengers_ma['true_ma4'] = ¥
    air_passengers_ma['ma4_center'].rolling(window=2).mean().shift(-1)

print(air_passengers_ma.head(4))
print(air_passengers_ma.tail(4))
```

```
            value  ma5  ma5_center  ma4_center  true_ma4
1949-01-01    112  NaN         NaN         NaN       NaN
1949-02-01    118  NaN         NaN         NaN       NaN
1949-03-01    132  NaN       122.4      122.75   123.875
1949-04-01    129  NaN       127.0      125.00   127.125
            value    ma5  ma5_center  ma4_center  true_ma4
1960-09-01    508  548.6       517.4      549.25    520.25
1960-10-01    461  546.4       479.4      491.25    469.50
1960-11-01    390  517.4         NaN      447.75       NaN
1960-12-01    432  479.4         NaN         NaN       NaN
```

OnePoint

移動平均を繰り返すことで中心化移動平均を得ることができる理由を解説します．3 時点目と 4 時点目（本文中では 1949 年 3 月と 4 月）の単純な 4 時点移動平均値は，各々以下のように計算されます．

$$
\begin{aligned}
ma_3 &= \frac{y_1 + y_2 + y_3 + y_4}{4} \\
ma_4 &= \frac{y_2 + y_3 + y_4 + y_5}{4}
\end{aligned}
\tag{2.12}
$$

ma_3 と ma_4 の平均値をとると，中心化移動平均と等しくなります．

$$
\frac{ma_3 + ma_4}{2} = \frac{\frac{y_1+y_2+y_3+y_4}{4} + \frac{y_2+y_3+y_4+y_5}{4}}{2} = \frac{y_1}{8} + \frac{y_2 + y_3 + y_4}{4} + \frac{y_5}{8} \tag{2.13}
$$

5.11.4 12 時点中心化移動平均

移動平均を使う目的の 1 つはノイズを減らすことです．もう 1 つの重要な目的は季節性の影響を和らげることです．例えば 1 年間の平均値をとることで，季節性をある程度排除できるはずです．そこで飛行機乗客数の 12 時点中心化移動平均をとり，季節性やノイズを排除したトレンドを抽出することを試みます．

```
# 12 時点中心化移動平均
air_passengers_ma['ma12_center'] = air_passengers_ma['value'].rolling(
    window=12, center=True).mean()

# 単純な 12 時点移動平均に対して，さらに移動平均をとる
# これが中心化移動平均となる
air_passengers_ma['true_ma12'] = ¥
    air_passengers_ma['ma12_center'].rolling(window=2).mean().shift(-1)

# 原系列と 12 時点中心化移動平均の比較
air_passengers_ma[['value', 'true_ma12']].plot()
```

結果を**図 2.5.12** に示しました．12 時点中心化移動平均値を見ると，季節性の影響がならされており，飛行機乗客数が右肩上がりで増えていることが一目でわかります．

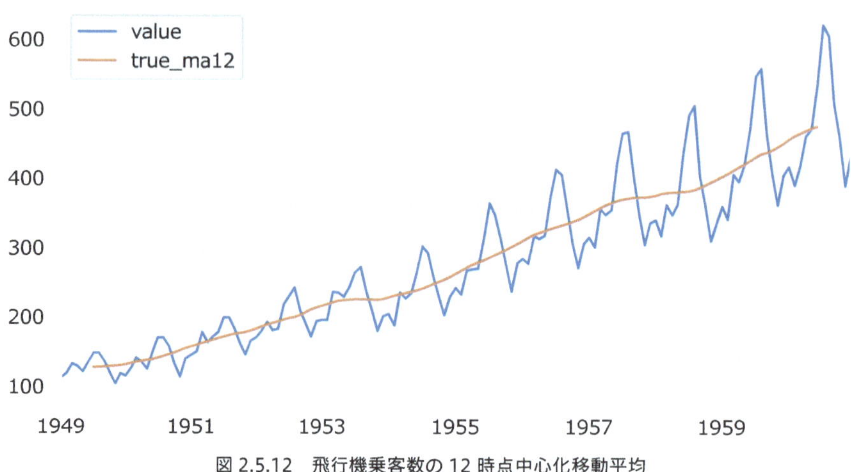

図 2.5.12　飛行機乗客数の 12 時点中心化移動平均

5.12 月単位の気温データの分析例

続いて気象庁の Web サイトから取得した，東京都における月ごとの平均気温（℃）と，日最高気温 35℃以上日数（日）の時系列データを用います．このデータは以下の URL から取得できます．

URL https://www.data.jma.go.jp/risk/obsdl/index.php

```
# CSV ファイルの読み込み
weather_month = pd.read_csv(
    '2-5-1-weather-month.csv',
    index_col='年月',
    parse_dates=True,
    dtype='float'
)

# 頻度の指定
weather_month.index.freq = 'MS'

# 最初と最後の 3 行の表示
print(weather_month.head(3))
print(weather_month.tail(3))
```

```
            平均気温（℃）  日最高気温35℃以上日数（日）
年月
1900-01-01        1.6                 0.0
1900-02-01        3.1                 0.0
1900-03-01        5.7                 0.0
            平均気温（℃）  日最高気温35℃以上日数（日）
年月
2021-10-01       18.2                 0.0
2021-11-01       13.7                 0.0
2021-12-01        7.9                 0.0
```

月ごとの平均気温の折れ線グラフを描きます．

```
weather_month['平均気温（℃）'].plot()
```

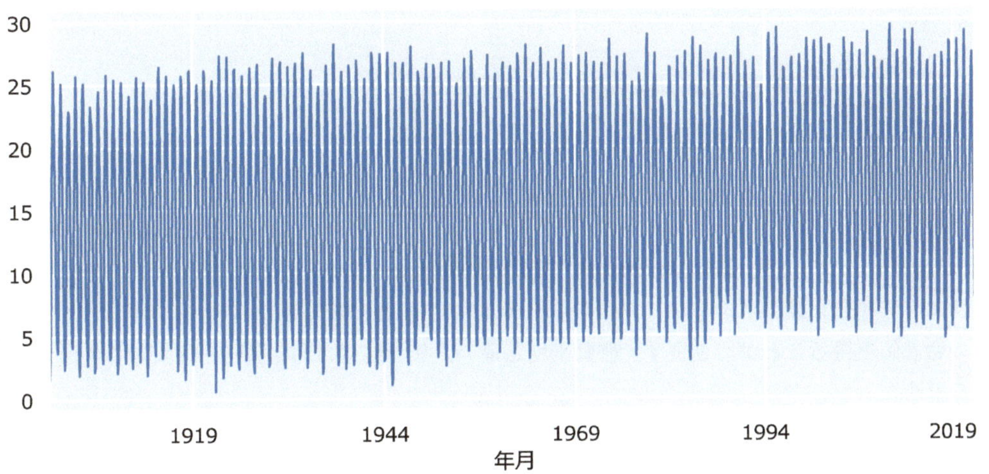

図 2.5.13　東京都の月ごとの平均気温

図 2.5.13 を見た正直な印象は「よくわからない」ではないでしょうか．このデータは 1900 年 1 月から 121 年間の月単位データとなっています．気温ですので季節性があり，非常に細かくギザギザとした折れ線グラフになっています．地球温暖化により気温が増加トレンドにあることが予想されますが，100 年間の月単位データを見ていても，地球温暖化という長いスパンの影響はよくわかりません．

5.13 データの取得頻度の変更

データの取得頻度を変えて，より直感的に見やすいグラフを描きます．

5.13.1 1年間における35℃以上の日数

月単位のデータを，年ごとに集計して地球温暖化の影響を見やすくすることを試みます．まずは月ごとに取得された日最高気温 35℃以上日数を，年単位で合計をとります．

```
# 1年における35℃以上日数の取得
weather_year = weather_month.resample('YS').sum()

# 不要な列の削除
weather_year = weather_year.drop('平均気温（℃）', axis=1)

# 結果の確認
print(weather_year.head(3))
print(weather_year.tail(3))
```

```
            日最高気温35℃以上日数（日）
年月
1900-01-01                     1.0
1901-01-01                     1.0
1902-01-01                     0.0
            日最高気温35℃以上日数（日）
年月
2019-01-01                    12.0
2020-01-01                    12.0
2021-01-01                     2.0
```

resample メソッドを使うことで，データの取得頻度を変えることができます．引数に 'YS' を設定すると年単位に変更されます．その結果に対してさらに sum メソッドを適用することで，年単位での合計値を得ることができます．移動平均と違い，集計結果は月単位データではなく年単位データとなります．

```
weather_year['15時点移動平均値'] = ¥
    weather_year['日最高気温35℃以上日数（日）'].rolling(
        window=15, center=True).mean()

# 時系列折れ線グラフの作成
weather_year[['日最高気温35℃以上日数（日）', '15時点移動平均値']].plot(
    title='日最高気温35℃以上日数', xlabel='年', ylabel='日数')
```

図2.5.14を見ると，近年は日最高気温が35℃以上となる日が多くなっていることが一目でわかります．最近暑いと感じる日が増えたようにも感じますし，直感にもよく合う結果だと思います．

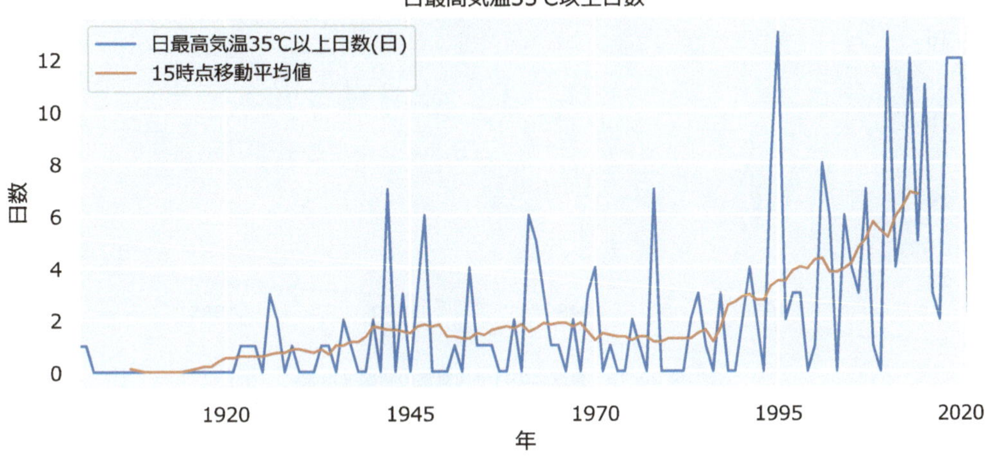

図2.5.14　東京都の日最高気温35℃以上日数

5.13.2 月平均気温の年間平均値

月平均気温に対しては，年間合計値ではなく年間平均値を求めた方が自然です．resample('YS')の結果に対してsumの代わりにmeanメソッドを適用するだけで，簡単に年間平均値が得られます．15時点移動平均値とあわせてグラフを描きます．

```
# 月平均気温の年間平均値の取得
weather_year['月平均気温の年間平均値'] = ¥
    weather_month['平均気温（℃）'].resample('YS').mean()

# 15時点移動平均値の取得
weather_year['15時点移動平均値'] = ¥
    weather_year['月平均気温の年間平均値'].rolling(
        window=15, center=True).mean()

# 時系列折れ線グラフの作成
weather_year[['月平均気温の年間平均値', '15時点移動平均値']] .plot(
    title='月平均気温の年間平均値', xlabel='年', ylabel='気温（℃）')
```

図 2.5.15 を見ても，気温の平均値が年々増加しているのが一目でわかります．ただし，ここ数年は増加傾向が穏やかになっているように見えます．

なお，厳密には月ごとに日数が違うため，月平均気温の年間平均値を計算するのは好ましくありません．例えば2月には小さな重みをつけるべきでしょう．また，平均値のみを参照すると，情報が大きく減ってしまいます．最高気温や最低気温なども本来は参照すべきでしょう．ここではデータの集計の方法を示す目的でグラフを作成しました．

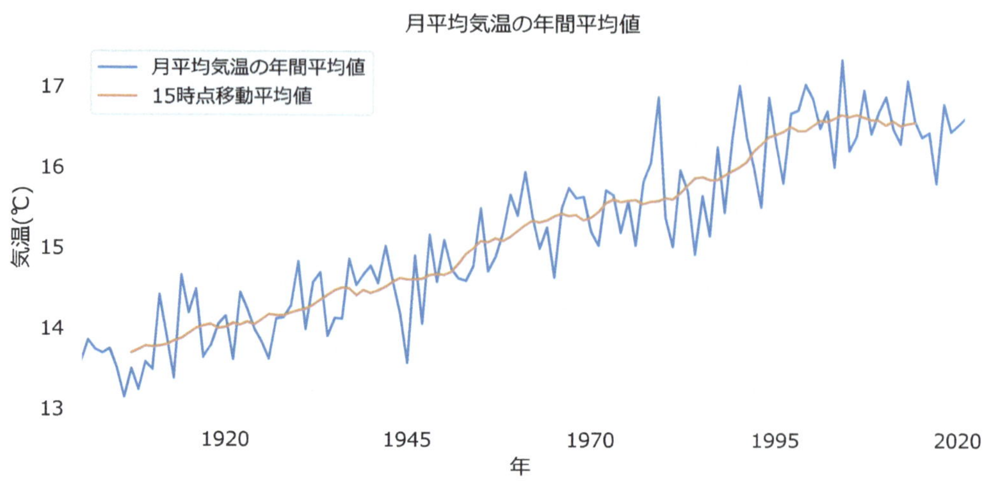

図 2.5.15　東京都の月平均気温の年間平均値

5.13.3 その他の集計方法

resampleの結果に対してmax関数を適用すれば最大値が，min関数を適用すれば最小値が得られます．今回は月単位のデータを年単位にしましたが，例えば日単位データを対象にしてresampleメソッドにMSを指定することで，月ごとの集計値を得ることができます．

年単位のデータを月単位に変更しようとしてもエラーにはなりませんが，この場合は「年に1回しか得られないデータを12か月に引き延ばす」ため残りの11か月間は欠測という扱いになります．

第6章

時系列データのシミュレーションと見せかけの回帰

テーマ

時系列データに対して，統計学の入門書に載っているような初歩的な分析手法を適用することを推奨しません．多くの場合，データの独立性が失われるからです．初歩的な分析手法を適用することの問題点を，見せかけの回帰問題と呼ばれる事例を用いて解説します．そして回帰分析の結果を評価し，見せかけの回帰問題を見破る方法を紹介します．統計的仮説検定や回帰分析の基本的な理論は山本 (1995) を，Python 実装は馬場 (2022) を参考にしました．

概要

分析の準備 → 正規ホワイトノイズ系列のシミュレーション
→ ランダムウォーク系列のシミュレーション → 正規ホワイトノイズ系列への回帰分析
→ ランダムウォーク系列への回帰分析 → 回帰係数のばらつき
→ Durbin-Watson 統計量 → Durbin-Watson 統計量の実装

6.1 分析の準備

ライブラリの読み込みなどを行います．

```
# 数値計算に使うライブラリ
import numpy as np
import pandas as pd
from scipy import stats

# グラフを描画するライブラリ
from matplotlib import pyplot as plt
import seaborn as sns
sns.set()

# 統計モデルを推定するライブラリ
import statsmodels.api as sm
import statsmodels.formula.api as smf

# グラフの日本語表記
from matplotlib import rcParams
```

```
rcParams['font.family'] = 'sans-serif'
rcParams['font.sans-serif'] = 'Meiryo'
```

6.2　正規ホワイトノイズ系列のシミュレーション

本章では，定常な時系列過程として正規ホワイトノイズ系列を対象とします．正規ホワイトノイズ系列は iid 系列であるため，統計学の入門書で学ぶ初歩的な分析手法を適用できます．

正規分布に従う乱数を生成することで，長さ 4 の正規ホワイトノイズ系列を作成します．乱数とは確率変数のことです．確率変数は文字通り確率的に変化しますが，**乱数の種**と呼ばれる設定を行うことで実行結果を固定できます．正規分布に従う乱数を stats.norm.rvs 関数を用いて作成します．引数 loc で乱数の期待値，scale で標準偏差，size で生成する乱数の数を指定します．

```
# 乱数の種
np.random.seed(1)

# 正規分布に従う乱数の生成
stats.norm.rvs(loc=0, scale=1, size=4)
```

```
array([ 1.62434536, -0.61175641, -0.52817175, -1.07296862])
```

長さ 50 の正規ホワイトノイズ系列を 50 系列作成し，その結果を折れ線グラフで確認します．今回は sns.lineplot 関数を使って折れ線グラフを作成しました（**図 2.6.1**）．

```
# 生成する系列の数
n_sim = 50

# 乱数の種
np.random.seed(1)

# 正規ホワイトノイズ系列の作成と可視化
for i in range(1, n_sim):
    hn = stats.norm.rvs(loc=0, scale=1, size=50)
    sns.lineplot(x = range(0, 50), y=hn)
```

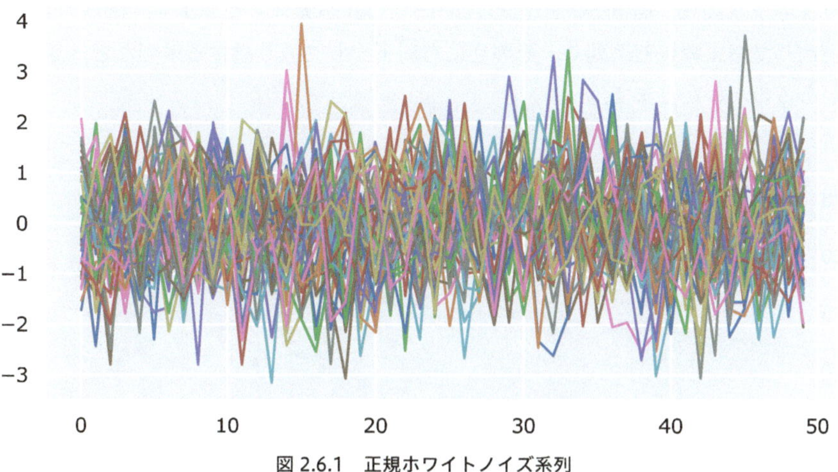

図 2.6.1　正規ホワイトノイズ系列

正規ホワイトノイズ系列は，ばらつきはあるもののおよそ一定の範囲内にデータが収まっていることがわかります．

6.3 ランダムウォーク系列のシミュレーション

続いて長さ 4 のランダムウォーク系列を作ります．ランダムウォーク系列として，正規ホワイトノイズ系列の累積和を対象とします．

```
# 乱数の種
np.random.seed(1)

# 正規分布に従う乱数の累積和を作成し，ランダムウォーク系列を作る
np.cumsum(stats.norm.rvs(loc=0, scale=1, size=4))
```

```
array([ 1.62434536,  1.01258895,  0.4844172 , -0.58855142])
```

長さ 50 のランダムウォーク系列を 50 系列作成し，その結果を折れ線グラフで確認します（**図 2.6.2**）．

```
# 生成する系列の数
n_sim = 50

# 乱数の種
np.random.seed(1)

# ランダムウォーク系列の作成と可視化
for i in range(1, n_sim):
    rw = np.cumsum(stats.norm.rvs(loc=0, scale=1, size=50))
    sns.lineplot(x = range(0, 50), y=rw)
```

ランダムウォーク系列は，時間がたつにつれてばらつきが大きくなります．個別の系列を見ると，ずっと右肩上がりで増え続ける系列や，その逆に右肩下がりで減り続ける系列など，さまざまな動きをする系列があるのがわかります．

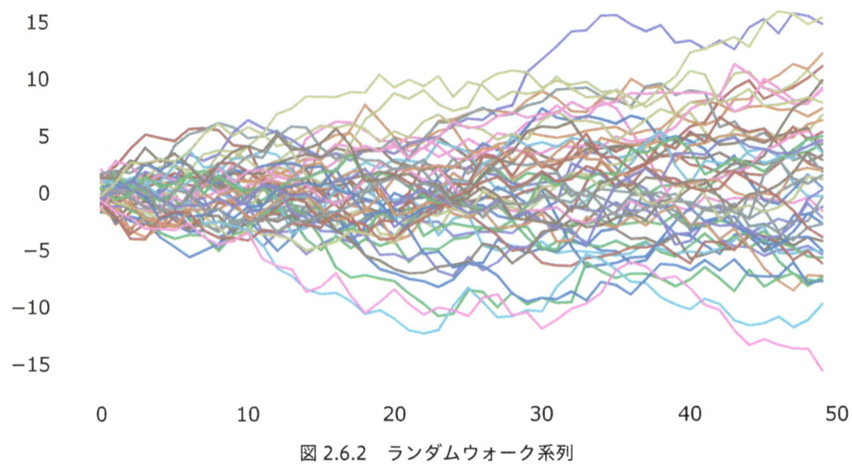

図 2.6.2　ランダムウォーク系列

OnePoint

次節以降の内容を理解するのに役立つ，確率分布の基本的な用語を簡単に復習します．すでに知っている方は飛ばしてください．

確率変数を X と，その実現値を x としたとき，$P(X \leq x)$ を**下側確率**と呼びます．下側確率を求める関数を**累積分布関数**と呼びます．ここでは累積分布関数を $F(x)$ と表記します．$F(x)$ は確率変数が x 以下になる確率を出力します．

ここで $F(x_{0.95}) = 0.95$ となる $x_{0.95}$ を 95% 点と呼びます．同様に $F(x_{0.975}) = 0.975$ となる $x_{0.975}$ を 97.5% 点と呼びます．このように，ある確率になる基準値を **% 点**や**分位点**と呼びます．教科書によっては**上側確率**である $P(X \geq x)$ を用いて % 点を定義することもあるようですが，本書では常に下側確率から % 点を導きます．

頻繁に利用される確率分布は，% 点の値が理論的に求まっています．有名なものが標準正規分布，すなわち期待値 0，分散 1 の正規分布の % 点です．標準正規分布の 95% 点は約 1.65 で，97.5% 点は約 1.96 です．確率変数 X が標準正規分布に従っているならば，X が 1.65 以下となる確率は約 95% であり，逆にいえば X が 1.65 を上回る確率は約 5% です．

6.4 正規ホワイトノイズ系列への回帰分析

正規ホワイトノイズ系列はiid系列です．まずは分析が容易なiid系列に対して回帰分析を実行します．そしてF比を用いて分散分析を行い，応答変数と説明変数の間に有意な関係があるかどうか調べます．

6.4.1 回帰直線

長さ50の正規ホワイトノイズ系列を2ペア作成し，各々のペアに対して回帰直線を描きます（**図2.6.3**）．

```
# 乱数の種
np.random.seed(1)

# 2列のグラフを作る
fig, ax = plt.subplots(figsize=(8, 4), ncols=2, tight_layout=True)

# 正規ホワイトノイズ系列を2つ作って，回帰直線を図示する
for i in range(0, 2):
    # シミュレーションデータの作成
    x = stats.norm.rvs(loc=0, scale=1, size=50)
    y = stats.norm.rvs(loc=0, scale=1, size=50)
    data_sim = pd.DataFrame({"x":x,"y":y})

    # 回帰直線
    sns.regplot(x='x', y='y', data=data_sim, ax=ax[i])
```

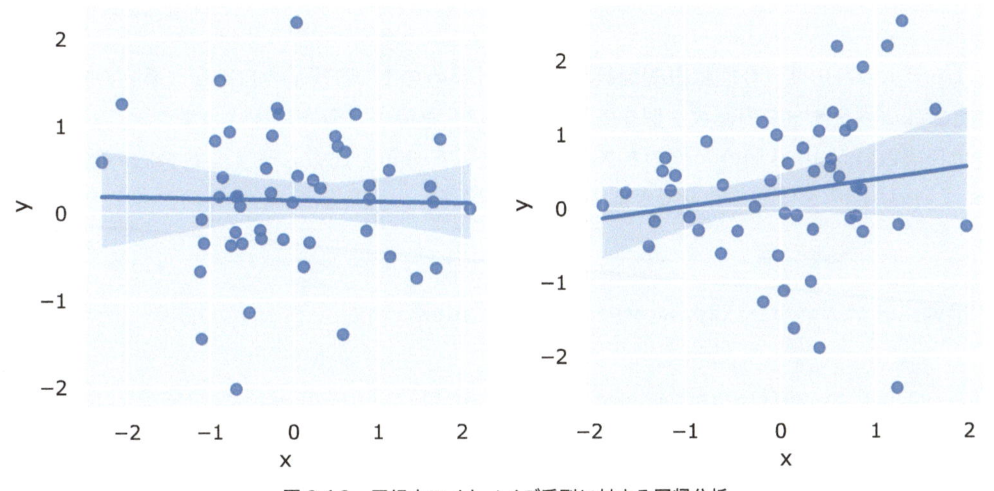

図2.6.3　正規ホワイトノイズ系列に対する回帰分析

正規ホワイトノイズ系列同士には何の関係性もありません．そのため，2 つの正規ホワイトノイズ系列に対して回帰分析を実行したなら，多くの場合は絶対値が小さな回帰係数が得られます．回帰直線を見ると，ほぼ横ばいになっていることがわかります．

6.4.2 *F* 比の分布

回帰分析に対して仮説検定を行う方法はいくつかありますが，今回は Granger and Newbold (1974) の数値実験を参考にして分散分析を行うことにします．

正規ホワイトノイズ系列のペアを 1000 ペア作成して回帰分析を実行し，*F* 比を取得します．

```
# シミュレーションの回数
n_sim = 1000

# F 比を保存する入れ物
f_ratio_array = np.zeros(n_sim)

# シミュレーションの実施
np.random.seed(1)
for i in range(1, n_sim):
    # シミュレーションデータの作成
    x = stats.norm.rvs(loc=0, scale=1, size=50)
    y = stats.norm.rvs(loc=0, scale=1, size=50)
    data_sim = pd.DataFrame({"x":x,"y":y})

    # 回帰分析の実行
    lm_model_sim = smf.ols(formula='y ~ x', data=data_sim).fit()

    # F 比の取得
    f_ratio_array[i] = lm_model_sim.fvalue
```

F 比はモデルの自由度（今回は説明変数が 1 つだけなので 1）と残差の自由度（系列の長さ 50 から，推定されたパラメータの個数 2 個を差し引いた 48）を持つ *F* 分布に従うはずです．シミュレーションで作成された 1000 個の *F* 比のヒストグラムと，*F* 分布を比較します．*F* 分布の確率密度は `stats.f.pdf` 関数を使って計算できます．

```
# F 比のヒストグラム
sns.histplot(f_ratio_array, stat="density", bins=100)

# F 分布の折れ線グラフ
f_df = pd.DataFrame({'x':np.arange(0, 12, 0.01)})
f_df['density'] = stats.f.pdf(f_df.x, dfn=1, dfd=48)
sns.lineplot(x='x', y='density', data=f_df, color='red')
```

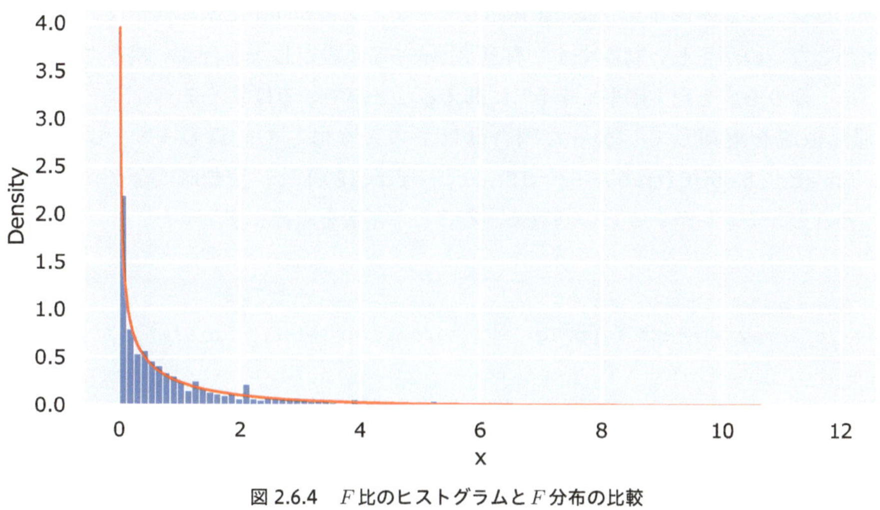

図 2.6.4　F 比のヒストグラムと F 分布の比較

図 2.6.4 を見ると，ヒストグラムと F 分布の確率密度（赤線）がきれいに対応しているのがわかります．

6.4.3　*F* 検定

F 比が F 分布に従うということを利用して，以下の帰無仮説・対立仮説を対象に，統計的仮説検定を実行します．この手法は ***F* 検定**と呼ばれ，第 2 部第 3 章 3.5 節で紹介した分散分析と実質同じ検定となっています．有意水準は 5% とします．

- 帰無仮説：説明変数と応答変数には関係性がない
- 対立仮説：説明変数と応答変数には関係性がある

この場合の棄却域は，F 分布の 95%点を超える範囲です．`ppf` は Percent Point Function の略で % 点を求める関数です．`scipy` の `stats` が持つ `f.ppf` 関数を使うことで，F 分布の % 点を計算できます．

```
# F 分布の 95%点
stats.f.ppf(q=0.95, dfn=1, dfd=48)
```

```
4.042652128566653
```

およそ `4.04` を上回る F 比が得られたならば，帰無仮説を棄却して，応答変数と説明変数の間に有意な関係性があると判断します．

今回実行したシミュレーションでは，正規ホワイトノイズ系列同士に関係性がないはずなので，帰無仮説を棄却しないのが正しい判断です．有意水準を5%に設定した場合は，誤って帰無仮説を棄却する確率（第一種の過誤を犯す確率）を5%に抑えることができるはずです．

誤って帰無仮説を棄却してしまった割合は以下のようにして計算します．sum(f_ratio_array > stats.f.ppf(q=0.95, dfn=1, dfd=48))で，棄却域に含まれるF比の個数を求めます．それをシミュレーションの回数で割ることで割合を求めます．

```
# 間違って帰無仮説を棄却してしまう確率
sum(f_ratio_array > stats.f.ppf(q=0.95, dfn=1, dfd=48)) / n_sim
```

```
0.046
```

1000回の回帰分析の結果に対して，誤って帰無仮説を棄却してしまう割合は4.6%となりました．有意水準5%とほぼ等しいですね．今回は帰無仮説を誤って棄却してしまう確率をしっかりと有意水準に収めることができました．

6.5　ランダムウォーク系列への回帰分析

ランダムウォーク系列には強い正の自己相関があります．正の自己相関があるデータ系列同士に回帰分析を実行するとどのような結果になるのでしょうか．

6.5.1　回帰直線

長さ50のランダムウォーク系列を2ペア作成し，各々のペアに対して回帰直線を描きます（**図2.6.5**）．

```
# 乱数の種
np.random.seed(1)

# 2列のグラフを作る
fig, ax = plt.subplots(figsize=(8, 4), ncols=2, tight_layout=True)

# ランダムウォーク系列を2つ作って，回帰直線を図示する
for i in range(0, 2):
    # シミュレーションデータの作成
    x_rw = np.cumsum(stats.norm.rvs(loc=0, scale=1, size=50))
    y_rw = np.cumsum(stats.norm.rvs(loc=0, scale=1, size=50))
    data_sim = pd.DataFrame({"x":x_rw, "y":y_rw})

    # 散布図
    sns.regplot(x='x', y='y', data=data_sim, ax=ax[i])
```

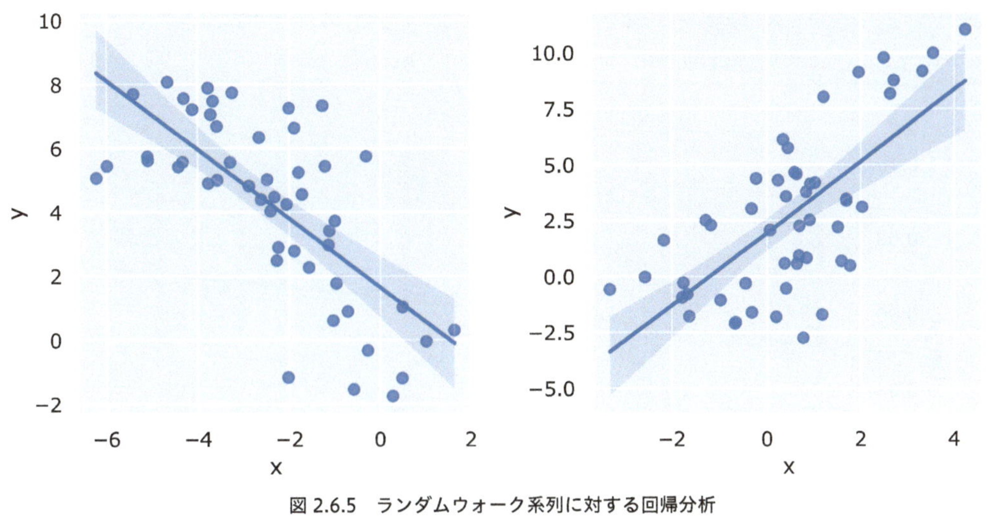

図 2.6.5　ランダムウォーク系列に対する回帰分析

ランダムウォーク系列のペアに対して回帰分析を実行すると，正の回帰係数が得られることもあれば負の回帰係数が得られることもあります．

6.5.2　*F* 比の分布

ランダムウォーク系列のペアを 1000 ペア作成して回帰分析を実行し，*F* 比を取得します．

```
# シミュレーションの回数
n_sim = 1000

# F 比を保存する入れ物
f_ratio_array_rw = np.zeros(n_sim)

# シミュレーションの実施
np.random.seed(1)
for i in range(1, n_sim):
    # シミュレーションデータの作成
    x_rw = np.cumsum(stats.norm.rvs(loc=0, scale=1, size=50))
    y_rw = np.cumsum(stats.norm.rvs(loc=0, scale=1, size=50))
    data_sim = pd.DataFrame({"x":x_rw, "y":y_rw})

    # 回帰分析の実行
    lm_model_sim = smf.ols(formula='y ~ x', data=data_sim).fit()

    # F 比の取得
    f_ratio_array_rw[i] = lm_model_sim.fvalue
```

シミュレーションで作成された 1000 個の *F* 比のヒストグラムを描きます．

```
# F比のヒストグラム
sns.histplot(f_ratio_array_rw, stat="density", bins=100)
```

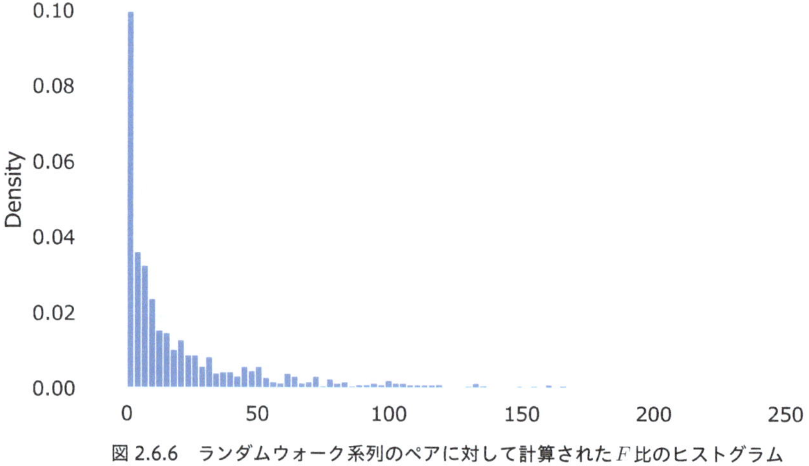

図 2.6.6　ランダムウォーク系列のペアに対して計算されたF比のヒストグラム

正規ホワイトノイズ系列の結果（図 2.6.4）と比べると，**図 2.6.6** は縦軸・横軸の桁が違うのがわかります．10 や 20 を超えるF比は頻繁に得られますし，100 を超えるF比が得られることもあるようです．F比は明らかにF分布に従っていません．

6.5.3　ゆがんだ標本分布と見せかけの回帰

F分布とは大きく異なるF比のヒストグラムが得られました．このとき「無理やり」F分布を使って仮説検定を行うと，当然のことながら誤って帰無仮説を棄却する確率（第一種の過誤を犯す確率）は 5% と異なる値になります．実際にF分布の 95% 点を超えたF比は全体の 66.8% にもなりました．

```
# 間違って帰無仮説を棄却してしまう確率
sum(f_ratio_array_rw > stats.f.ppf(q=0.95, dfn=1, dfd=48)) / n_sim
```

```
0.668
```

F分布はデータが互いに独立であることを想定して導かれた確率分布です．データが独立ではない場合，F比はF分布に従いません．そのためF分布を用いて統計的仮説検定を行うことには大きな問題があります．回帰係数に対するt検定を行うことにも同様の問題があります．

6.6 回帰係数のばらつき

ここでは推定された回帰係数のばらつきの大きさを検討します．

6.6.1 シミュレーションの実施

正規ホワイトノイズ系列・ランダムウォーク系列のペアを各々 1000 ペアずつ作成して回帰分析を実行します．そして回帰係数と，次節で扱う Durbin-Watson 統計量を取得します．

```
# シミュレーションの回数
n_sim = 1000

# 回帰係数を保存する入れ物
coef_array    = np.zeros(n_sim)
coef_array_rw = np.zeros(n_sim)

# Durbin-Watson 統計量を保存する入れ物
dw_array    = np.zeros(n_sim)
dw_array_rw = np.zeros(n_sim)

# シミュレーションの実施
np.random.seed(1)
for i in range(1, n_sim):
    # シミュレーションデータの生成
    x = stats.norm.rvs(loc=0, scale=1, size=50)
    y = stats.norm.rvs(loc=0, scale=1, size=50)
    data_sim    = pd.DataFrame({"x":x,           "y":y})
    data_sim_rw = pd.DataFrame({"x":np.cumsum(x),"y":np.cumsum(y)})

    # モデル化
    lm_model_sim    = smf.ols(formula='y ~ x', data=data_sim   ).fit()
    lm_model_sim_rw = smf.ols(formula='y ~ x', data=data_sim_rw).fit()

    # 回帰係数の格納
    coef_array[i]    = lm_model_sim.params['x']
    coef_array_rw[i] = lm_model_sim_rw.params['x']

    # Durbin-Watson 統計量の格納
    dw_array[i]    = sm.stats.stattools.durbin_watson(lm_model_sim.resid)
    dw_array_rw[i] = sm.stats.stattools.durbin_watson(lm_model_sim_rw.resid)
```

回帰係数のヒストグラムを描きます（**図 2.6.7**）．

```
# 回帰係数のヒストグラム
sns.histplot(coef_array_rw, stat="density", label='RW', bins=50, color='red')
sns.histplot(coef_array, stat="density", label='WN', bins=50, color='blue')

# 凡例
plt.legend()
```

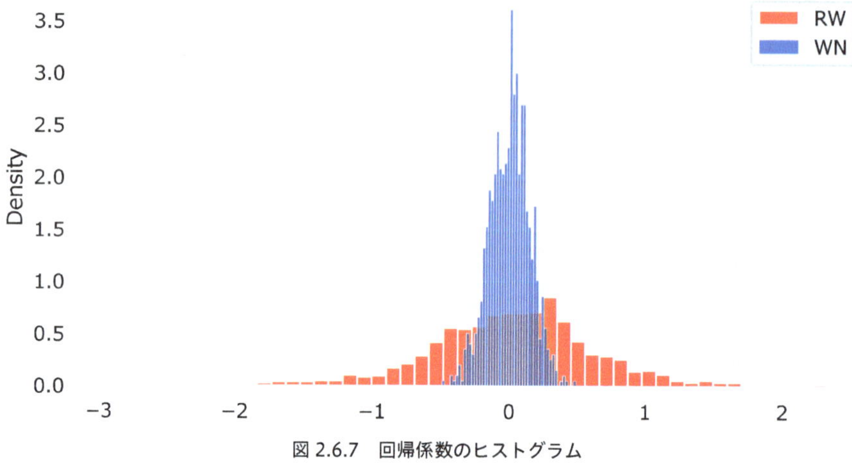

図 2.6.7　回帰係数のヒストグラム

回帰係数のヒストグラムを見ると，正規ホワイトノイズ系列のペアに対して実行された結果はほとんどが 0 に近い回帰係数となっているのがわかります．一方でランダムウォーク系列のペアに対する結果はばらつきが大きく，0 から大きく離れた回帰係数が得られやすくなっています．

なお，回帰係数の平均値は，両者ともにほぼ 0 です．

```
print('正規ホワイトノイズ系列の回帰係数', np.mean(coef_array))
print('ランダムウォーク系列の回帰係数  ', np.mean(coef_array_rw))
```

```
正規ホワイトノイズ系列の回帰係数 0.0040539533426812305
ランダムウォーク系列の回帰係数   0.04061012928383667
```

今までの結果をまとめます．関係のない 2 系列に対して回帰分析を実行した場合，回帰係数の平均値はおよそ 0 となります．これは正規ホワイトノイズ系列のペアでもランダムウォーク系列のペアでもだいたい同じです．しかし，ランダムウォーク系列のペアの結果は，回帰係数のばらつきが非常に大きくなります．

6.6.2 ばらつきが増えることの直感的な説明

ランダムウォーク系列は正の自己相関を有します．正の自己相関を持つデータのばらつきが大きくなることは，パチンコなどの賭け事をイメージすると理解しやすいと思います．

例えばパチンコはいわゆる確変という仕組みがあります．確変とは当たりの確率が変わることを指します．確変とよく似た仕組みとして「当たりが１回出たら，そのまま当たりが出続けやすい」そして「外れが出たら，そのままずっと外れが出続けやすい」という状況を考えます．これは典型的な正の自己相関ですね．この場合運がよい人はずっと当たりを引き続けるのですが，運が悪い人はずっと外れを引き続けます．運がよい人と悪い人の差はとても大きくなり，ばらつきも大きくなります．

自己相関があるデータに対して，工夫せずに回帰分析を実行するのは避けましょう．もちろん時系列データであっても，それが正規ホワイトノイズ系列であれば，回帰分析を実行することに何の問題もありません．

ルールとして「時系列データに対しては回帰分析を実行しない」などと覚えてしまうことはおすすめしません．回帰分析が適用できる条件の１つとして，データの独立性があります．データ同士が正の自己相関を持つなどして，その独立性が失われた場合に，回帰分析の結果に問題が発生するという仕組みを理解するのが大切です．

6.7 Durbin-Watson 統計量

回帰分析の評価のためにしばしば利用される，**Durbin-Watson 統計量**を紹介します．

Durbin-Watson 統計量は，残差に１次の自己相関があるかどうかを判断するときに用いられる指標です．以下のように計算されます．ただし T はサンプルサイズです．実測値を y_t，当てはめ値を $\widehat{y}_t$ としたとき，e_t は $y_t - \widehat{y}_t$ で計算される残差です．

$$DW = \frac{\sum_{t=2}^{T}(e_t - e_{t-1})^2}{\sum_{t=1}^{T} e_t^2} \tag{2.14}$$

Durbin-Watson 統計量は，残差に自己相関がない場合，およそ２となります．強い正の自己相関を持つならば０に近づき，強い負の自己相関を持つならば４に近づきます．

OnePoint

上記の性質が成り立つ理由を説明します．まずは Durbin-Watson 統計量を展開します．2 行目は第 2 項において添え字をそろえています．

$$
\begin{aligned}
DW &= \frac{\sum_{t=2}^{T} e_t^2}{\sum_{t=1}^{T} e_t^2} + \frac{\sum_{t=2}^{T} e_{t-1}^2}{\sum_{t=1}^{T} e_t^2} - 2\frac{\sum_{t=2}^{T} e_t \cdot e_{t-1}}{\sum_{t=1}^{T} e_t^2} \\
&= \frac{\sum_{t=2}^{T} e_t^2}{\sum_{t=1}^{T} e_t^2} + \frac{\sum_{t=1}^{T-1} e_t^2}{\sum_{t=1}^{T} e_t^2} - 2\frac{\sum_{t=2}^{T} e_t \cdot e_{t-1}}{\sum_{t=1}^{T} e_t^2}
\end{aligned}
\tag{2.15}
$$

ここでサンプルサイズ T が十分に大きいならば，第 1 項と第 2 項はともに 1 に近似できます．

ところで第 1 部第 3 章 3.2 節でも紹介したように，1 次の標本自己相関係数の定義は以下の通りです．

$$
\begin{aligned}
\widehat{\rho}_1 &= \frac{\widehat{Cov_1}}{\widehat{Cov_0}} \\
&= \frac{\frac{1}{T}\sum_{t=2}^{T} (y_t - \widehat{\mu})(y_{t-1} - \widehat{\mu})}{\frac{1}{T}\sum_{t=1}^{T} (y_t - \widehat{\mu})^2}
\end{aligned}
\tag{2.16}
$$

上記の定義を e_t に適用します．このとき e_t の平均値が 0 であることに注意します．

$$
\begin{aligned}
\widehat{\rho}_1 &= \frac{\frac{1}{T}\sum_{t=2}^{T} (e_t - 0)(e_{t-1} - 0)}{\frac{1}{T}\sum_{t=1}^{T} (e_t - 0)^2} \\
&= \frac{\sum_{t=2}^{T} e_t \cdot e_{t-1}}{\sum_{t=1}^{T} e_t^2}
\end{aligned}
\tag{2.17}
$$

すなわち Durbin-Watson 統計量の第 3 項は残差の標本自己相関係数を 2 倍したものです．

残差の自己相関が 0 ならば第 3 項が 0 なので Durbin-Watson 統計量は $1+1+0=2$ です．残差の自己相関が 1 であれば $1+1-2\times 1=0$ であり，残差の自己相関が -1 であれば $1+1-2\times(-1)=4$ です．

6.8 Durbin-Watson 統計量の実装

statsmodels を利用して回帰分析を実行したなら，Durbin-Watson 統計量は自動的に出力されます．以下ではランダムウォーク系列のペアに対して回帰分析を実行した場合の Durbin-Watson 統計量を求めています．

```
# シミュレーションデータの生成
np.random.seed(1)
x_rw = np.cumsum(stats.norm.rvs(loc=0, scale=1, size=50))
y_rw = np.cumsum(stats.norm.rvs(loc=0, scale=1, size=50))
data_rw_sim = pd.DataFrame({"x":x_rw, "y":y_rw})

# モデルの構築
lm_model = smf.ols(formula='y ~ x', data=data_rw_sim).fit()

# 結果の確認
print(lm_model.summary())
```

```
                            OLS Regression Results
==============================================================================
Dep. Variable:                      y   R-squared:                       0.498
Model:                            OLS   Adj. R-squared:                  0.488
Method:                 Least Squares   F-statistic:                     47.70
Date:                Fri, 10 Feb 2023   Prob (F-statistic):           1.02e-08
Time:                        16:41:42   Log-Likelihood:                -104.41
No. Observations:                  50   AIC:                             212.8
Df Residuals:                      48   BIC:                             216.6
Df Model:                           1
Covariance Type:            nonrobust
==============================================================================
                 coef    std err          t      P>|t|      [0.025      0.975]
------------------------------------------------------------------------------
Intercept      1.6401      0.466      3.518      0.001       0.703       2.577
x             -1.0779      0.156     -6.906      0.000      -1.392      -0.764
==============================================================================
Omnibus:                        0.212   Durbin-Watson:                   0.419
Prob(Omnibus):                  0.899   Jarque-Bera (JB):                0.134
Skew:                          -0.118   Prob(JB):                        0.935
Kurtosis:                       2.907   Cond. No.                         5.31
==============================================================================

Notes:
[1] Standard Errors assume that the covariance matrix of the errors is correctly
specified.
```

表の下段において Durbin-Watson と書かれた箇所が Durbin-Watson 統計量です．0.419 となっています．以下のようにして Durbin-Watson 統計量だけを取得することもできます．

```
sm.stats.stattools.durbin_watson(lm_model.resid)
```

```
0.4189076267042925
```

0に近い値であるため残差には強い正の自己相関があることがうかがえます．回帰係数のp値が0に近く，95%信頼区間に0を含んでいませんが，この結果は見せかけだといえるでしょう．

最後に正規ホワイトノイズ系列とランダムウォーク系列に対して回帰分析を実行した結果得られたDurbin-Watson統計量のヒストグラムを作成します（**図 2.6.8**）．

```
# Durbin-Watson 統計量のヒストグラム
sns.histplot(dw_array_rw, stat="density", label='RW', bins=50, color='red')
sns.histplot(dw_array, stat="density", label='WN', bins=50, color='blue')

# 凡例
plt.legend()
```

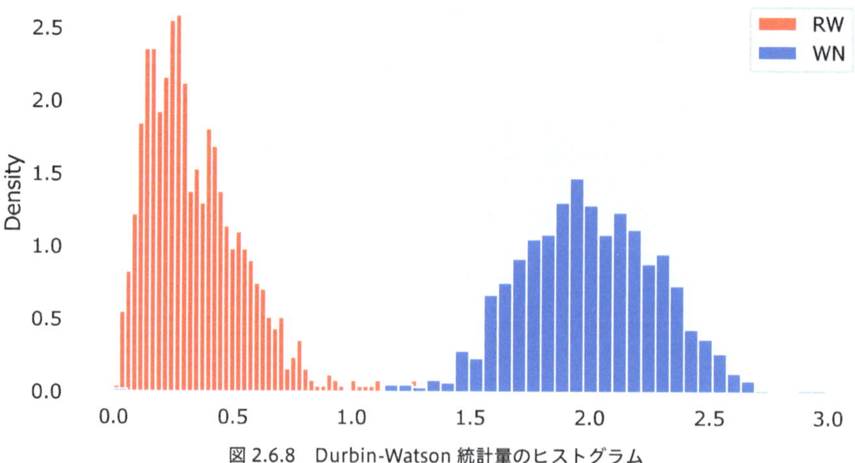

図 2.6.8　Durbin-Watson 統計量のヒストグラム

ランダムウォーク系列に対して回帰分析を実行したなら，Durbin-Watson統計量はほとんどが1未満となるようです．

Durbin-Watson統計量は決して万能の指標ではありませんが，簡便に計算できるため，時系列分析の第一歩として覚えておくとよいでしょう．残差に自己相関がある場合は，例えば推定方法を工夫して，一般化最小2乗法などを利用することがあります．本書では第4部，第5部で紹介する時系列モデルを利用することを推奨します．時系列モデルでも外生変数が利用できるため，回帰分析とよく似た目的で実行できます．

第3部 基本的な時系列分析の手法

第３部では，古典的かつ単純な手法，あえていえば枯れた手法を中心に解説します．これらは計算負荷が小さいため，実務的には有用な手法です．また，いわゆるベースライン予測として，高度なモデルとの比較対象として利用することもあります．

季節調整やトレンド除去は，機械学習法など高度な手法を適用する前処理として頻繁に利用されます．頻繁に利用する割には，ブラックボックス的に利用される方も多いため，計算方法を確認しておくことは有益でしょう．`sktime` ライブラリを用いることで，非常に簡単に実装できます．

最後に，やや高度な手法として指数平滑化法を紹介します．指数平滑化法は需要予測において，もはやデファクトスタンダードといえるほど頻繁に利用される手法です．電卓で計算できるレベルの単純な指数平滑化法から，トレンドや季節性を考慮したやや発展的な手法まで解説します．

第1章 単純な時系列予測の手法

Hyndman and Athanasopoulos(2021) を参考にして，古典的かつ単純な予測手法を本章では紹介します．これらの手法は，近年日本語で出版された教科書では省略されてしまうこともあります．学問的には枯れた技術ですので面白みがないかもしれません．しかし，実務的には極めて重要な技術群です．ガラス細工のような最新鋭の予測手法を使う前に，ぜひ本章で紹介する，不格好ながら役に立つ予測手法を試してください．

本章の後半では予測精度を評価する方法も解説します．最新鋭の手法を使っても，予測精度がそれほど向上しないことは頻繁にあります．単純な手法を利用すべきではないか，常に自問自答し，分析者のエゴで，複雑かつ利用価値の低い手法を適用しないように注意しましょう．

概要

単純な予測手法を学ぶ意義 → 分析の準備 → データの分割 → 持続予測（ナイーブ予測）
→ 季節ナイーブ予測 → 平均値予測 → 移動平均予測 → ドリフト予測 → 予測手法の比較
→ MAE → MSE → RMSE → MAPE → MASE → まとめ

1.1 単純な予測手法を学ぶ意義

本章では電卓でも計算できるくらいの単純な予測手法を解説します．状態空間モデルや深層学習といった手法と比べると圧倒的に地味で質素な技術群です．

しかし，もし強力なサーバが利用できないのにかかわらず，予測対象が膨大な種類数であるならば，我々データ分析者は自発的に「計算コストが少ない分析手法」を選ばなくてはならないはずです．

データを分析するのは，そうすることによって社会が改善されるからです．データを分析すること自体は目的ではありません．単なる手段です．状態空間モデルを使いたいから，深層学習を使いたいからデータを分析するわけではありません．これらの計算コストが高い分析手法を使うことで，コストがメリットを上回る，すなわち分析を実行することで損をするという可能性があります．予測精度が向上することで，いったい何万円の利益を追加で得ることができますか？　その利益は分析にかかるコストを上回りますか？　その答えがNoであるならば，我々は高度で美しい洗練された最新鋭の分析手法を捨てなければなりません．

本章で解説する分析手法を使って，データ分析コンペティションで 1 位をとることはできません．けれども単純な予測手法を使って，小売業やものづくりを支援することはできます．社会に役立つデータ分析をすることはできます．

単純な手法は単純であるがゆえに使い道があります．単純な手法は消えることがないのです．

1.2 分析の準備

ライブラリの読み込みなどを行います．

```
# 数値計算に使うライブラリ
import numpy as np
import pandas as pd

# グラフを描画するライブラリ
from matplotlib import pyplot as plt
import matplotlib.dates as mdates
import seaborn as sns
sns.set()

# 統計モデルを推定するライブラリ
import statsmodels.api as sm
import statsmodels.formula.api as smf

# 予測の評価指標
from sktime.performance_metrics.forecasting import (
    mean_absolute_scaled_error, mean_squared_error,
    mean_absolute_percentage_error, mean_absolute_error
)

# グラフの日本語表記
from matplotlib import rcParams
rcParams['font.family'] = 'sans-serif'
rcParams['font.sans-serif'] = 'Meiryo'
```

新しく sktime が提供する関数を読み込みました．sktime は，時系列予測の実装を簡単にしてくれる便利なライブラリです．詳細は第 3 部第 3 章で解説します．本章では予測の評価指標を計算するための関数を読み込みました．

飛行機乗客数データを読み込みます．日付インデックスも設定します．

```
# 飛行機乗客数データの読み込み
air_passengers = sm.datasets.get_rdataset("AirPassengers").data

# 日付インデックスの作成
air_passengers.index = pd.date_range(
    start='1949-01-01', periods=len(air_passengers), freq='MS')

# 不要な時間ラベルの削除
air_passengers = air_passengers.drop(air_passengers.columns[0], axis=1)
```

1.3　データの分割

本章では複数の予測モデルを実装し，予測精度を比較します．予測精度を比較する場合は，データを，学習に使う**訓練データ**と評価に使う**テストデータ**に分けるのがセオリーです．評価に使うデータを検証データとテストデータと，さらに2種類に分けることもありますが，本章では最も単純な訓練・テストデータに分ける方法を採用します．

1957年12月までを訓練データとし，1958年1月以降の3年間をテストデータとします．

```
train = air_passengers.loc['1949-01':'1957-12']
test = air_passengers.loc['1958-01':'1960-12']
```

1.4　持続予測（ナイーブ予測）

最初に**持続予測**を導入します．持続予測は**ナイーブ予測**とも呼びます．ナイーブ予測とは「複雑な手続きを必要としない単純な予測」のことです．そのため後ほど紹介する平均値予測などもナイーブ予測といえます．ナイーブ予測の代表的な手法がこの持続予測であるため，持続予測をナイーブ予測と呼ぶこともあるようです．紛らわしいので本書では明確に持続予測と呼び分けることにします．そして，「単純な予測の総称」をナイーブ予測と呼ぶことにします．

持続予測は以下のように求めます．ただしt時点の実測値をy_tと，予測値を$\widehat{y}_t$と，訓練データの最終時点をTと，1時点先の予測対象時点を$T+1$とします．持続予測の名前の通り，訓練データの最後の値が今後も持続すると想定して予測値を求めます．

$$\widehat{y}_{T+1} = y_T \tag{3.1}$$

単純なように見えますが，第1部第3章3.6節で解説したように，持続予測はランダムウォーク系列に対する最良の予測手法です．高度な手法を実行に移す前に，持続予測を実施してその予測精度をあらかじめ確認しておくことを極めて強くおすすめします．持続予測の重要性はどれほど強く強調してもしすぎることはありません．複雑な手法を使ったとしても，持続予測と比べてそれほど予測精度が改善しないというのは頻繁に起こることです．**本書で紹介する予測手法の中で最も重要な手法を1つだけ挙げよといわれたら，著者は一切の迷いなく持続予測を挙げます．**

持続予測こそが，すべての時系列予測手法のスタート地点であり，完成された 1 つのゴールです．

持続予測は以下のように実装します．予測値にインデックスを設定するのを忘れないようにしましょう．こうすることでグラフ描画などが容易になります．

```
# 最後の観測値をテストデータの件数だけ繰り返す
naive_pred = pd.DataFrame({'value':np.tile(train.loc['1957-12-01'],
                                           len(test))},
                          index=test.index)
print(naive_pred.head(3))
```

```
            value
1958-01-01    336
1958-02-01    336
1958-03-01    336
```

1.5 季節ナイーブ予測

季節ナイーブ予測は季節性を持つ時系列データに対してしばしば適用される手法です．1 周期前の値を予測値として利用します．以下では 12 時点を 1 周期とする月次のデータを想定しています．

$$\widehat{y}_{T+1} = y_{T-11} \tag{3.2}$$

3 年先までを予測する場合は，訓練データの最終年の実測値を 3 回繰り返します．

```
# 1957 年の 12 か月間のデータを繰り返す
s_naive_pred = pd.concat([train.loc['1957']] * 3)
s_naive_pred.index=test.index
print(s_naive_pred.head(3))
```

```
            value
1958-01-01    315
1958-02-01    301
1958-03-01    356
```

1.6 平均値予測

続いて**平均値予測**を紹介します．この方法では，以下で計算される通り，過去の実測値の平均値を予測値とします．

$$\widehat{y}_{T+1} = \frac{1}{T}\sum_{t=1}^{T} y_t \tag{3.3}$$

以下のように実装します．

```
# 平均値をテストデータの件数だけ繰り返す
mean_pred = pd.DataFrame({'value':np.tile(train.mean(), len(test))},
                         index=test.index)
print(mean_pred.head(3))
```

```
                value
1958-01-01  230.898148
1958-02-01  230.898148
1958-03-01  230.898148
```

1.7 移動平均予測

続いて**移動平均予測**を行います．この方法は持続予測と平均値予測の中間に位置する手法だといえます．持続予測は最後の 1 時点しか使わず，平均値予測は過去のすべてのデータを使いますが，移動平均予測は近年の複数のデータを使います．例えば 12 時点の後方移動平均を予測値とする場合は以下のように計算します．

$$\widehat{y}_{T+1} = \frac{1}{12}\sum_{t=0}^{11} y_{T-t} \tag{3.4}$$

なお，2 時点先以降を予測する場合，1 時点先予測と同じ予測値とすることが多いです．12 時点の後方移動平均予測は以下のように実装します．

```
# 過去 1 年間の平均値を予測値とする
ma_pred = pd.DataFrame({'value':np.tile(train.loc['1957-1':'1957-12'].mean(),
                                        len(test))},
                       index=test.index)
print(ma_pred.head(3))
```

```
                value
1958-01-01  368.416667
1958-02-01  368.416667
1958-03-01  368.416667
```

1.8 ドリフト予測

ドリフト予測は簡易的な方法で時系列データの平均的なドリフト（増減量）を取得し，将来にわたって同じドリフトの値だけ増減し続けると想定して予測します．

ドリフト予測で用いる平均的なドリフトを drift と表記することにします．drift は以下のように差分値 $y_t - y_{t-1}$ の平均とします．

$$\text{drift} = \frac{1}{T-1}\sum_{t=2}^{T}(y_t - y_{t-1}) \tag{3.5}$$

ところで式 (3.5) の計算は，途中の差分値がすべて 0 になるので，最終的に $y_T - y_1$ の 1 回の差分を行うだけで済みます．すなわち時系列データの最初と最後の値の差を，$T-1$ で割ったものをドリフトとみなします．

$$\text{drift} = \frac{y_T - y_1}{T-1} \tag{3.6}$$

ドリフト予測では，毎時点ドリフトの値だけ増減すると想定して将来を予測します．

$$\widehat{y}_{T+1} = y_T + \text{drift} \tag{3.7}$$

h 時点先を予測する場合は，ドリフトの値を h 倍した値を加えます．

$$\widehat{y}_{T+h} = y_T + h \cdot \text{drift} \tag{3.8}$$

Python で実装します．まずは平均的なドリフトを計算します．

```
# 平均的なドリフト
drift = (train.loc['1957-12-01'] - train.loc['1949-01-01']) / (len(train) - 1)
drift
```

```
value    2.093458
dtype: float64
```

ドリフトを使って予測値を求めます．

```
# ドリフトの累積和を最終時点のデータに加えることで予測値を求める
drift_pred = pd.DataFrame({
    'value':np.cumsum(np.tile(drift, len(test))) +
            train.loc['1957-12-01'].values},
    index=test.index)
print(drift_pred.head(3))
```

```
                 value
1958-01-01  338.093458
1958-02-01  340.186916
1958-03-01  342.280374
```

1.9 予測手法の比較

5 種類の予測結果を比較します．ここでは予測結果をグラフに描き，視覚的に比較します（**図 3.1.1**）．

```
# グラフサイズの指定
fig, ax = plt.subplots(figsize=(8, 4))

# 飛行機乗客数の折れ線グラフ
ax.plot(train['value'], label='訓練データ')
ax.plot(test['value'], label='テストデータ')

# 予測値の折れ線グラフ
ax.plot(naive_pred['value'], label='持続予測')
ax.plot(s_naive_pred['value'], label='季節ナイーブ予測')
ax.plot(mean_pred['value'], label='平均値予測')
ax.plot(ma_pred['value'], label='移動平均予測')
ax.plot(drift_pred['value'], label='ドリフト予測')

# 凡例
ax.legend()
```

紫色の平均値予測はテストデータと大きく異なる値となっています．定常過程においては平均値予測が最良となる可能性もありますが，季節性やトレンドがあるデータの場合は，予測精度が下がることが多いです．

持続予測・平均値予測・移動平均予測は予測結果が 3 年間同じ値となっています．一方で季節ナイーブ予測は季節性を，ドリフト予測はトレンドをとらえた予測になっています．

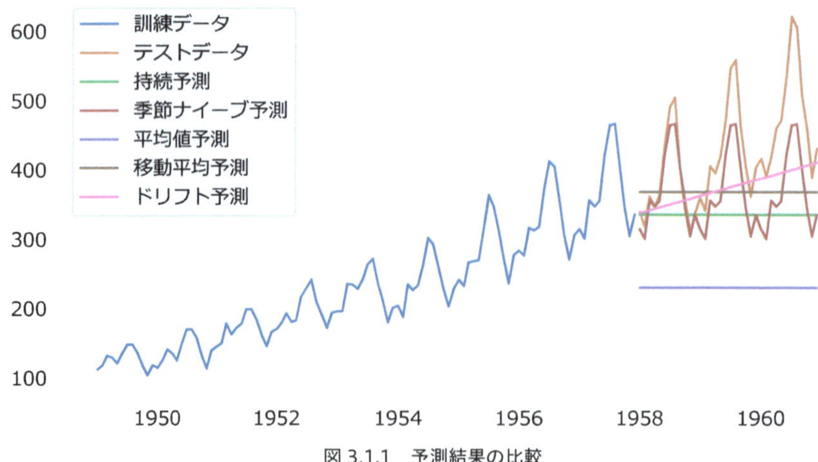

図 3.1.1　予測結果の比較

1.10　MAE

続いて精度指標を用いて予測を比較します．精度指標には多くの種類があります．最初は **MAE** (Mean Absolute Error) を導入します．MAE は以下のように計算します．ただし N はテストデータの長さです．$y_t - \widehat{y}_t$が予測誤差 (Error) ですね．予測誤差の絶対値の平均値が MAE です．MAE が小さいなら，精度が高い予測といえます．

$$\mathrm{MAE} = \frac{1}{N} \sum_{t=T+1}^{T+N} |y_t - \widehat{y}_t| \tag{3.9}$$

持続予測の MAE は以下のように実装します．

```
np.abs(test - naive_pred).mean()
```

```
value    94.944444
dtype: float64
```

sktime の mean_absolute_error 関数を使うと簡単に計算できます．テストデータに対して最も予測精度が高いのは季節ナイーブ予測であるようです．

```
print('持続予測    :', mean_absolute_error(test, naive_pred))
print('季節ナイーブ:', mean_absolute_error(test, s_naive_pred))
print('平均値予測  :', mean_absolute_error(test, mean_pred))
print('移動平均予測:', mean_absolute_error(test, ma_pred))
print('ドリフト予測:', mean_absolute_error(test, drift_pred))
```

```
持続予測    : 94.94444444444444
季節ナイーブ: 60.083333333333336
平均値予測  : 197.60185185185188
移動平均予測: 74.06018518518519
ドリフト予測: 62.84215991692627
```

1.11 MSE

MSE (Mean Squared Error) は予測誤差の 2 乗の平均値をとる指標です．

$$\mathrm{MSE} = \frac{1}{N} \sum_{t=T+1}^{T+N} (y_t - \widehat{y}_t)^2 \tag{3.10}$$

持続予測の MSE は以下のように実装します．2 乗しているため，MAE と比べると非常に大きな値になることに注意してください．

```
((test - naive_pred) ** 2).mean()
```

```
value    14674.555556
dtype: float64
```

sktime の mean_squared_error 関数を使うと簡単に計算できます．MAE と同様に，MSE でも季節ナイーブ予測の精度が最も高くなりました．

```
print('持続予測　　:', mean_squared_error(test, naive_pred))
print('季節ナイーブ:', mean_squared_error(test, s_naive_pred))
print('平均値予測　:', mean_squared_error(test, mean_pred))
print('移動平均予測:', mean_squared_error(test, ma_pred))
print('ドリフト予測:', mean_squared_error(test, drift_pred))
```

```
持続予測　　: 14674.555555555555
季節ナイーブ: 5418.75
平均値予測　: 45164.797410836756
移動平均予測: 9728.312499999996
ドリフト予測: 7695.698285148635
```

1.12 RMSE

MSE は 2 乗和であるため，値が非常に大きくなりますね．そこで MSE の平方根をとります．これを **RMSE**（Root Mean Squared Error）と呼びます．

$$\mathrm{RMSE} = \sqrt{\mathrm{MSE}} = \sqrt{\frac{1}{N}\sum_{t=T+1}^{T+N}(y_t - \widehat{y}_t)^2} \tag{3.11}$$

MAE と RMSE はよく似た指標ですが，指標を変えることで精度の順位が入れ替わることもあります．例えば予測誤差が「1」と「100」だったとします．MAE は予測誤差の平均をとるだけなので $(1+100) \div 2 = 50.5$ です．一方の RMSE は $\sqrt{(1+10000) \div 2} \approx 70.7$ と大きな値をとります．一般的に絶対値が大きな誤差がある場合，RMSE だと精度が悪いとみなされやすいです．

mean_squared_error 関数の結果の平方根をとることで RMSE を求めます．季節ナイーブ予測の精度が最もよいという結果になりました．

```
print('持続予測　　:', np.sqrt(mean_squared_error(test, naive_pred)))
print('季節ナイーブ:', np.sqrt(mean_squared_error(test, s_naive_pred)))
print('平均値予測　:', np.sqrt(mean_squared_error(test, mean_pred)))
print('移動平均予測:', np.sqrt(mean_squared_error(test, ma_pred)))
print('ドリフト予測:', np.sqrt(mean_squared_error(test, drift_pred)))
```

```
持続予測　　: 121.13857996342682
季節ナイーブ: 73.61215932167728
平均値予測　: 212.52011060329505
移動平均予測: 98.63220822834697
ドリフト予測: 87.7251291543571
```

1.13 MAPE

MAE や RMSE はデータの単位が変わると指標も変わってしまうという欠点があります．例えばキログラム単位で予測した結果，MAE が 10 だったとしましょう．データの数値は一切変えずこれをグラム単位に変更する（1 キログラム＝ 1000 グラムと機械的に変換する）と，MAE が 10000 に増えることが予想されます．逆に単位をトンに変更すると MAE は小さくなります．

例えばビールの売り上げ本数と化粧品の販売個数など複数の系列を予測し，その予測精度を比較したい場合は工夫が必要です．

MAPE（Mean Absolute Percentage Error）は「実測値に占める予測誤差の比率」を評価することでデータの単位をなくしています．複数の系列の予測誤差を比較する場合に適しています．MAPE は以下のように計算します．

$$\mathrm{MAPE} = \frac{1}{N}\sum_{t=T+1}^{T+N}\left|\frac{y_t - \widehat{y}_t}{y_t}\right| \tag{3.12}$$

持続予測の MAPE は以下のように実装します．予測誤差はデータの 19%ほどの大きさを占めるようです．

```
(np.abs(test - naive_pred) / test).mean()
```

```
value    0.198867
dtype: float64
```

sktime の mean_absolute_percentage_error 関数を使うと簡単に計算できます．今回はドリフト予測が最も精度が高いとみなされました．

```
print('持続予測    :', mean_absolute_percentage_error(test, naive_pred))
print('季節ナイーブ:', mean_absolute_percentage_error(test, s_naive_pred))
print('平均値予測  :', mean_absolute_percentage_error(test, mean_pred))
print('移動平均予測:', mean_absolute_percentage_error(test, ma_pred))
print('ドリフト予測:', mean_absolute_percentage_error(test, drift_pred))
```

```
持続予測    : 0.19886711926999853
季節ナイーブ: 0.13189432350948402
平均値予測  : 0.4441010032912314
移動平均予測: 0.15522265083435094
ドリフト予測: 0.12990464190138912
```

MAPE は評価用のデータが 0 に近い値をとる場合に，極端に大きな予測誤差とみなされてしまいます．例えば実測値が $y_t = 0.01$ のときに予測誤差が 1 であれば「実測値に占める予測誤差の比率」は 10000%にもなります．とはいえ，わかりやすい指標ですのでしばしば利用されます．

MAPE を修正した sMAPE と呼ばれる指標もありますが，本書では推奨しません．次節で紹介する MASE が非常に優れた指標であるため，こちらの利用をおすすめします．

1.14 MASE

MASE（Mean Absolute Scaled Error）は「訓練データにおける，持続予測の 1 時点先予測結果の MAE」でスケーリングされた MAE だといえます．なお，季節性のあるデータに対しては，季節ナイーブ予測の MAE で除すこともあります．MAE を MAE で除しているので，単位の影響を無視できます．

持続予測の 1 時点先予測結果の MAE は以下のように計算されます．これは訓練データに対する予測誤差です．持続予測を対象としているため $\widehat{y}_t = y_{t-1}$ であることに注意してください．

$$\mathrm{MAE}_{\mathrm{naive}} = \frac{1}{T-1}\sum_{t=2}^{T}|y_t - y_{t-1}| \tag{3.13}$$

MASE は以下のように計算します．

$$\mathrm{MASE} = \frac{1}{N}\sum_{t=T+1}^{T+N}\left|\frac{y_t - \widehat{y}_t}{\mathrm{MAE}_{\mathrm{naive}}}\right| \tag{3.14}$$

まずは「訓練データにおける，持続予測の 1 時点先予測結果の MAE」を求めます．

```
naive_error = np.abs(train['1949-02':'1957-12'].values -
                     train['1949-01':'1957-11'].values).mean()
naive_error
```

```
20.317757009345794
```

持続予測の MASE は以下のように実装します．MASE が 1 を上回っているため，「訓練データにおける，持続予測の 1 時点先予測結果の MAE」よりも「テストデータの MAE」が大きい（精度が悪い）と解釈できます．

```
(np.abs(test - naive_pred) / naive_error).mean()
```

```
value    4.672979
dtype: float64
```

sktime の mean_absolute_scaled_error 関数を使っても計算できます．MASE の定義上，訓練データを指定する必要があることに注意してください．今度は季節ナイーブ予測の精度が最良となりました．

```
print('持続予測　　：', mean_absolute_scaled_error(test, naive_pred,
                                            y_train=train))
print('季節ナイーブ：', mean_absolute_scaled_error(test, s_naive_pred,
                                            y_train=train))
print('平均値予測　：', mean_absolute_scaled_error(test, mean_pred,
                                            y_train=train))
print('移動平均予測：', mean_absolute_scaled_error(test, ma_pred,
                                            y_train=train))
print('ドリフト予測：', mean_absolute_scaled_error(test, drift_pred,
                                            y_train=train))
```

```
持続予測　　： 4.672978636410099
季節ナイーブ： 2.9571833793314934
平均値予測　： 9.725574125183142
移動平均予測： 3.645096510954377
ドリフト予測： 3.0929673924154146
```

精度指標によって予測の優劣が変わることがあるという点には注意が必要です．MAPE ではドリフト予測が最良でしたが，ほかの指標では季節ナイーブ予測が最良となっています．指標の使い分けは難しい問題ですが，本書では主に MAE と MASE を採用します．MAE は多くの評価指標の原型ともいえる素朴な評価指標であり，解釈も容易です．単位の影響をなくす場合には，MAPE と MASE の 2 つの指標が利用できますが，よく知られた問題が残っている MAPE の利用は控えることにしました．

1.15 まとめ

複数の予測手法・精度指標が登場したので整理しておきます（**表 3.1.1**，**表 3.1.2**）．

なお，T は訓練データの最終時点であり，訓練データの長さと一致します．N はテストデータの長さです．y は実測値であり，$\widehat{y}$ は予測値です．

表 3.1.1　予測手法のまとめ

手法の名称	計算式	備考
持続予測	$\widehat{y}_{T+1} = y_T$	ナイーブ予測とも呼ぶ ランダムウォーク系列に対して最善
季節ナイーブ予測 （周期を 12 とする）	$\widehat{y}_{T+1} = y_{T-11}$	一般的に周期を m とするときの計算式は $\widehat{y}_{T+1} = y_{T-(m-1)}$ となる
平均値予測	$\widehat{y}_{T+1} = \frac{1}{T}\sum_{t=1}^{T} y_t$	季節性やトレンドを持たないデータに適用するのがおすすめ
移動平均予測 （12 時点中心化移動平均とする）	$\widehat{y}_{T+1} = \frac{1}{12}\sum_{t=0}^{11} y_{T-t}$	持続予測と平均値予測の中間にあるといえる予測手法
ドリフト予測	$\widehat{y}_{T+1} = y_T + \mathrm{drift}$ $\mathrm{drift} = \frac{y_T - y_1}{T-1}$	h 時点先までの長期を予測するときの計算式は $\widehat{y}_{T+h} = y_T + h \cdot \mathrm{drift}$ となる

表 3.1.2　精度指標のまとめ

指標の名称	計算式	備考
MAE	$\frac{1}{N}\sum_{t=T+1}^{T+N}\lvert y_t - \widehat{y}_t \rvert$	極端に絶対値が大きな残差が得られても，精度はそこまで悪化しない
MSE	$\frac{1}{N}\sum_{t=T+1}^{T+N}(y_t - \widehat{y}_t)^2$	RMSE の平方根をとる前の値
RMSE	$\sqrt{\frac{1}{N}\sum_{t=T+1}^{T+N}(y_t - \widehat{y}_t)^2}$	極端に絶対値が大きな残差が得られた場合，精度は大きく悪化する
MAPE	$\frac{1}{N}\sum_{t=T+1}^{T+N}\left\lvert \frac{y_t - \widehat{y}_t}{y_t} \right\rvert$	割り算することで単位をなくしているため，異なる系列で比較できる 分母の y_t が小さな値になると，極端に精度が悪化することもある
MASE	$\text{MASE} = \frac{1}{N}\sum_{t=T+1}^{T+N}\left\lvert \frac{y_t - \widehat{y}_t}{\text{MAE}_{\text{naive}}} \right\rvert$ $\text{MAE}_{\text{naive}} = \frac{1}{T-1}\sum_{t=2}^{T}\lvert y_t - y_{t-1} \rvert$	持続予測の MAE で割ることで，MAPE と同様に単位をなくしているため，異なる系列で比較できる

第2章 季節調整とトレンド除去

テーマ

第3部第1章で紹介した単純な予測手法は，時系列データが持つ特徴のうち，季節性のみ，あるいはトレンドのみといった一部の成分だけを利用して予測を行いました．これらの手法は簡単に実行できるのが利点ですが，飛行機乗客数データのように，増加トレンドと季節性の両方を持つデータに対する当てはまりは悪くなります．

本章では季節性やトレンドの影響を弱める方法を紹介します．事前にこれらの前処理を行うことで，予測精度が向上するかもしれません．これらの前処理は，実務において頻繁に利用される一方で，多くの問題を抱えた手法でもあります．前処理の手続きだけではなく，これらの手法を利用するときの注意点についても解説します．

概要

分析の準備 → 季節調整とトレンド除去の考え方
→ 移動平均法による加法型の季節調整 → 加法型の季節調整の効率的な実装
→ 移動平均法による乗法型の季節調整 → 乗法型の季節調整の効率的な実装
→ 回帰分析によるトレンド除去 → 差分による季節調整とトレンド除去

2.1 分析の準備

ライブラリの読み込みなどを行います．

```
# 数値計算に使うライブラリ
import numpy as np
import pandas as pd

# グラフを描画するライブラリ
from matplotlib import pyplot as plt
import matplotlib.dates as mdates
import seaborn as sns
sns.set()

# 統計モデルを推定するライブラリ
import statsmodels.api as sm
```

```
import statsmodels.formula.api as smf
import statsmodels.tsa.api as tsa

# 季節調整とトレンド除去を行う関数
from sktime.transformations.series.detrend import (
    Deseasonalizer, Detrender
)
from sktime.forecasting.trend import PolynomialTrendForecaster
from sktime.transformations.series.difference import Differencer
from statsmodels.tsa.deterministic import TimeTrend

# グラフの日本語表記
from matplotlib import rcParams
rcParams['font.family'] = 'sans-serif'
rcParams['font.sans-serif'] = 'Meiryo'
```

飛行機乗客数データを読み込みます．日付インデックスも設定します．

```
# 飛行機乗客数データの読み込み
air_passengers = sm.datasets.get_rdataset("AirPassengers").data

# 日付インデックスの作成
air_passengers.index = pd.date_range(
    start='1949-01-01', periods=len(air_passengers), freq='MS')

# 不要な時間ラベルの削除
air_passengers = air_passengers.drop(air_passengers.columns[0], axis=1)
```

2.2　季節調整とトレンド除去の考え方

ここでは**季節調整**の基本的な考え方を本多 (2000)，有田 (2012) を参考にして紹介します．古典的な季節調整では，時系列データを以下の 4 つの要素に分けて考えます．

- **トレンド成分**（Trend）
- 周期があいまいな**循環成分**（Circulars）
- **季節成分**（Seasonality）
- **不規則成分**（Irregular）

上記をまとめて TCSI と呼びます．時間の t とトレンドの T が紛らわしいので気をつけてください．トレンドを T で表すのは本章のみです．

TCSI 要素の組み合わせには，大きく 2 つ考えられます．

- **加法型**：$y_t = T_t + C_t + S_t + I_t$
- **乗法型**：$y_t = T_t \cdot C_t \cdot S_t \cdot I_t$

加法型の季節調整では，季節性の影響をとり除いた $T_t + C_t + I_t$ を得ることを目指します．すなわち，季節成分 S_t を推定したのち $y_t - S_t$ を求めることで季節調整済み系列を得ます．乗法型の場合には y_t / S_t を季節調整済み系列とします．

加法型のトレンド除去では $C_t + S_t + I_t$ を得ることを目指します．すなわち $y_t - T_t$ を求めることでトレンド除去済みの系列を得ます．乗法型の場合には y_t / T_t を求めます．

2.3 移動平均法による加法型の季節調整

まずはデータを加法型，すなわち $y_t = T_t + C_t + S_t + I_t$ とモデル化して季節調整を行う方法を解説します．

第 2 部第 5 章 5.11 節で紹介した 12 時点中心化移動平均の結果を，時系列データにおける $T_t + C_t$ の成分と考え，季節成分を抽出することを試みます．本手法は簡単に実行できるため実務的には広く利用されますが，利用には若干の注意が必要です．

2.3.1 トレンド成分（T）と循環成分（C）

12 時点中心化移動平均を実施しトレンド成分と循環成分を抽出します．これが $T_t + C_t$ 成分です．TC 成分と略記することもあります．

```
# 12 時点中心化移動平均
ma_12 = air_passengers['value'].rolling(window=12, center=True).mean()

# 単純な 12 時点移動平均に対して，さらに移動平均をとる
# これが中心化移動平均となる
trend = ma_12.rolling(window=2).mean().shift(-1)
trend['1949']
```

```
1949-01-01           NaN
1949-02-01           NaN
1949-03-01           NaN
1949-04-01           NaN
1949-05-01           NaN
1949-06-01           NaN
1949-07-01    126.791667
1949-08-01    127.250000
1949-09-01    127.958333
1949-10-01    128.583333
1949-11-01    129.000000
1949-12-01    129.750000
Freq: MS, Name: value, dtype: float64
```

このTC成分は，移動平均法を用いているため，最初と最後のデータが6時点ずつ欠測となります．そのため，この結果は季節調整済みのトレンド成分として利用しづらいです．また，不規則成分I_tも排除されてしまいます．

2.3.2　TC成分の除去

季節成分を抽出する準備としてTC成分の除去を行います．方法は単純で，以下のように原系列から12時点中心化移動平均系列を差し引くだけです．**図3.2.1**を見ると，増加トレンドがなくなったことがわかります．この結果を$y_t - (T_t + C_t) = S_t + I_t$とみなします．この結果も最初と最後のデータが6時点ずつ欠測となっていることに注意が必要です．

```
detrend = air_passengers['value'] - trend
detrend.plot()
```

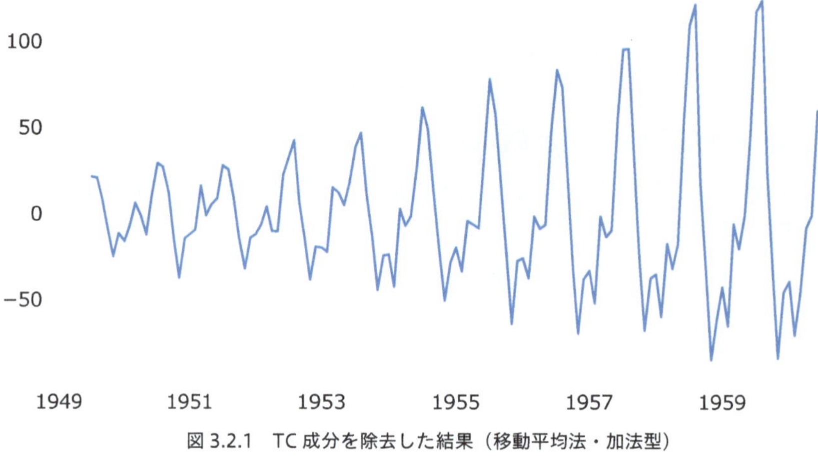

図3.2.1　TC成分を除去した結果（移動平均法・加法型）

2.3.3　季節成分（S）

不規則成分は，長期的な平均値をとることによって無視できると考えます．すなわち$S_t + I_t$の平均値を季節成分S_tとみなします．

以下では，TC成分を除去した結果を，月ごとに平均しました．また，季節成分は平均値が0になるように標準化しました．

```
# トレンド除去後の結果を月ごとに平均する
seasonal_year = detrend.groupby(detrend.index.month).mean()
```

```
# 季節成分の平均値が0になるようにする
seasonal_year = seasonal_year - np.mean(seasonal_year)

seasonal_year
```

```
1    -24.748737
2    -36.188131
3     -2.241162
4     -8.036616
5     -4.506313
6     35.402778
7     63.830808
8     62.823232
9     16.520202
10   -20.642677
11   -53.593434
12   -28.619949
Name: value, dtype: float64
```

このようにして推定された季節成分が，データのすべての期間で変化しないと想定します．よって**図3.2.2**で示される結果が，飛行機乗客数データの全期間における季節成分S_tとなります．

```
# 季節成分を引き延ばす
seasonal = pd.concat([seasonal_year] * (len(trend)//12))
seasonal.index = air_passengers.index
seasonal.plot()
```

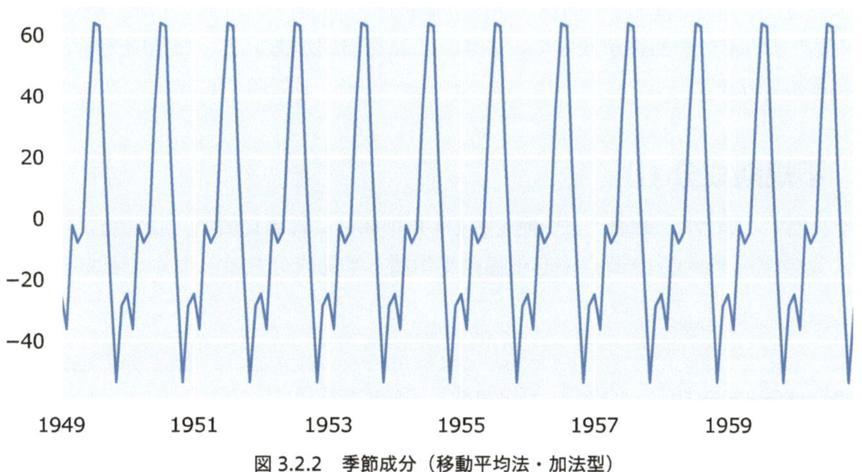

図3.2.2　季節成分（移動平均法・加法型）

2.3.4　季節調整済み系列

最後に $y_t - S_t$ を求めることで，季節調整済み系列 $T_t + C_t + I_t$ を得ます．

```
deseasonalized = air_passengers['value'] - seasonal
deseasonalized.plot()
```

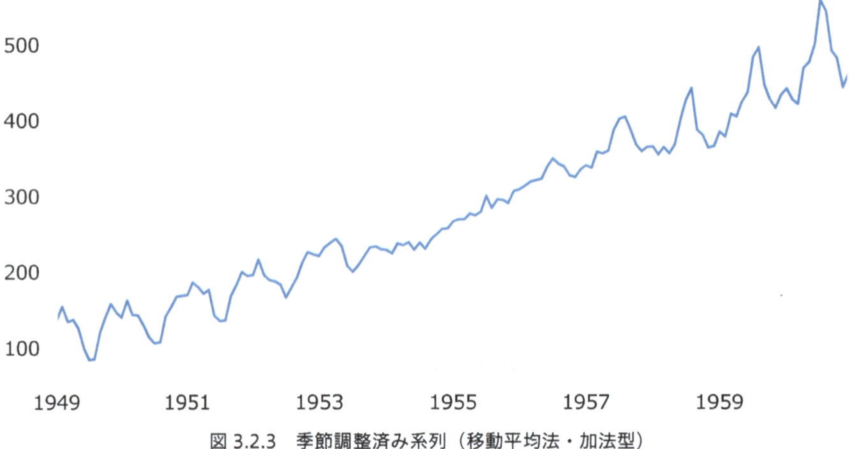

図 3.2.3　季節調整済み系列（移動平均法・加法型）

図 3.2.3 の季節調整済み系列を見て，どのように思われるでしょうか．偽らざる著者の感想は「季節性が残っている！」です．1955 年前後は季節性を排除できているようですが，1949 年ごろ，あるいは 1960 年ごろは明確に季節性が残っています．これを周期があいまいな循環変動とみなすことには相当の違和感があります．

2.3.5　不規則成分 (I)

分析結果を評価する場合は，残差，言い換えると不規則成分に着目します．$y_t - (T_t + C_t) - S_t = I_t$ であるため，元のデータから 12 時点中心化移動平均値と季節成分を差し引くことで不規則成分が得られます．

```
resid = air_passengers['value'] - trend - seasonal
resid.plot()
```

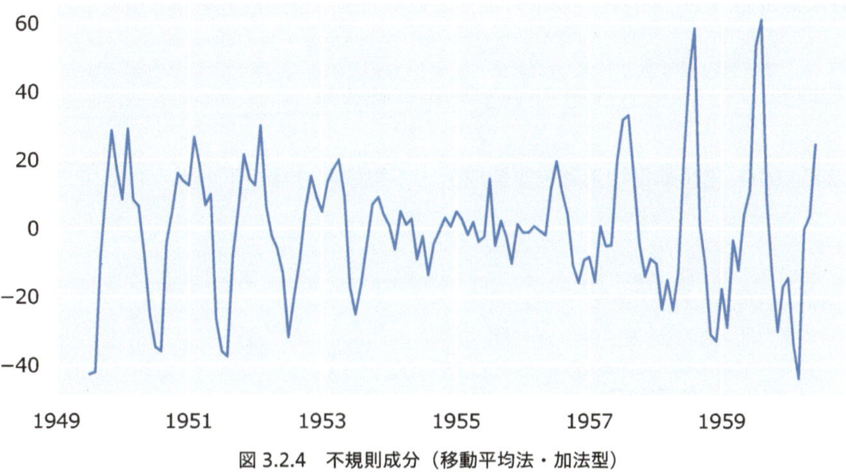

図 3.2.4　不規則成分（移動平均法・加法型）

図 3.2.4 を見ると，不規則成分において明らかな「規則的な変動」が認められます．

移動平均法を用いた季節調整は，時系列分析の入門的テーマとして，多くのブログや教科書で解説されています．実務的な利用頻度も高いのですが，分析結果の評価を行うことは必須です．不規則成分が本当に不規則になっているのかどうか，チェックしたうえで利用しましょう．少なくとも飛行機乗客数データに対して本手法を適用するのはおすすめしません．

2.4　加法型の季節調整の効率的な実装

便利なライブラリを使って，季節調整を簡単に実行する方法を解説します．

2.4.1　statsmodels の利用

時系列データを TC 成分や季節成分，不規則成分などに分解することを**季節分解**と呼ぶことにします．`statsmodels` ライブラリを使えば，簡単に季節分解ができます．`model='additive'` とすることで加法型となります．

```
seasonal_decomp = tsa.seasonal_decompose(
    air_passengers, model='additive')
```

季節分解された結果は以下のようにして取得できます．

- 12 時点中心化移動平均の結果　$T_t + C_t$ ：`seasonal_decomp.trend`
- 季節成分　S_t ：`seasonal_decomp.seasonal`
- 不規則成分　I_t ：`seasonal_decomp.resid`

季節調整済み系列$T_t + C_t + I_t$は，以下のように原系列から季節成分を差し引くことで求めます．

```
air_passengers['value'] - seasonal_decomp.seasonal
```

原系列・12 時点中心化移動平均系列・季節成分・不規則成分は以下のようにしてまとめてプロットできます．

```
seasonal_decomp.plot()
```

2.4.2　sktime の利用

sktime ライブラリを使うと，さらに簡単に季節調整済み系列$T_t + C_t + I_t$を取得できます．1 行目で季節調整の設定を行います．2 行目でデータに当てはめると同時に変換を施します．

sktime ライブラリが提供する関数の多くは PeriodIndex を持つデータを受けとります．そのため to_period() メソッドを利用してインデックスの変換を行う必要があります．

```
# 加法型の季節調整
transformer = Deseasonalizer(sp=12, model='additive')

# 変換の実施
desea_sk = transformer.fit_transform(air_passengers.to_period())
```

2.5　移動平均法による乗法型の季節調整

続いて，データを乗法型，すなわち$y_t = T_t \cdot C_t \cdot S_t \cdot I_t$の形式でモデル化したうえで季節調整を行います．なお，トレンド成分（T）と循環成分（C）すなわち TC 成分である$T_t \cdot C_t$は，加法型と同じく 12 時点中心化移動平均の結果を利用します．

2.5.1　TC 成分の除去

乗法型の分解を行うときは，引き算の代わりに割り算を行います．それ以外は加法型とほとんど変わりません．原系列を 12 時点中心化移動平均の結果で割ることで$y_t/(T_t \cdot C_t) = S_t \cdot I_t$を取得します．

```
detrend_mul = air_passengers['value'] / trend
```

2.5.2　季節成分（S）

TC 成分を除去した結果，すなわち $S_t \cdot I_t$ の平均値を季節成分 S_t とみなします．以下では，TC 成分を除去した結果を月ごとに平均しました．また，季節成分は平均値が 1 になるように標準化しました．

```
# トレンド排除後の結果を月ごとに平均する
seasonal_year_mul = detrend_mul.groupby(detrend_mul.index.month).mean()

# 季節成分の平均値が 1 になるようにする
seasonal_year_mul = seasonal_year_mul / np.mean(seasonal_year_mul)

seasonal_year_mul
```

```
1     0.910230
2     0.883625
3     1.007366
4     0.975906
5     0.981378
6     1.112776
7     1.226556
8     1.219911
9     1.060492
10    0.921757
11    0.801178
12    0.898824
Name: value, dtype: float64
```

このようにして推定された季節成分が，データのすべての期間で変化しないと想定します．よって以下の結果が，飛行機乗客数データの全期間における季節成分 S_t となります．

```
# 季節成分を引き延ばす
seasonal_mul = pd.concat([seasonal_year_mul] * (len(trend)//12))
seasonal_mul.index = air_passengers.index
```

2.5.3　季節調整済み系列

最後に y_t/S_t を求めることで，季節調整済み系列 $T_t \cdot C_t \cdot I_t$ を得ます（**図 3.2.5**）．加法型と比べると，明確な周期性が見えにくくなっています．

```
deseasonalized_mul = air_passengers['value'] / seasonal_mul
deseasonalized_mul.plot()
```

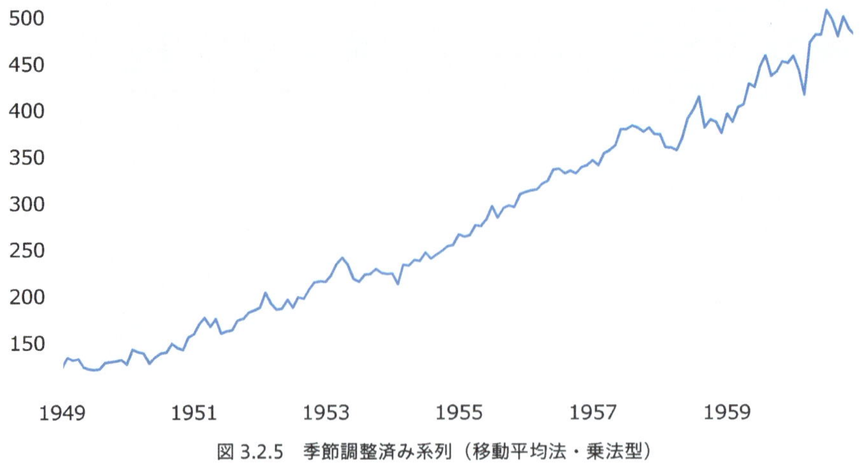

図 3.2.5　季節調整済み系列（移動平均法・乗法型）

2.5.4　不規則成分 (I)

$y_t/(T_t \cdot C_t \cdot S_t) = I_t$であるため，元のデータを 12 時点中心化移動平均値と季節成分で割ることで不規則成分が得られます（**図 3.2.6**）.

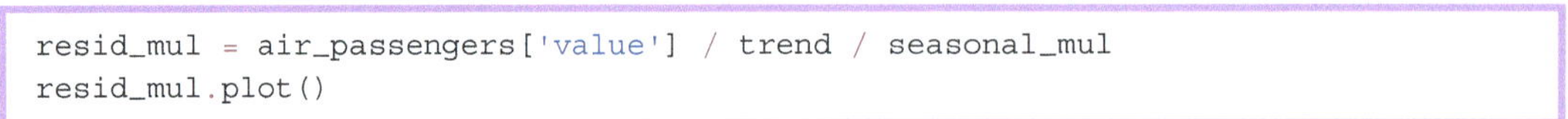

```
resid_mul = air_passengers['value'] / trend / seasonal_mul
resid_mul.plot()
```

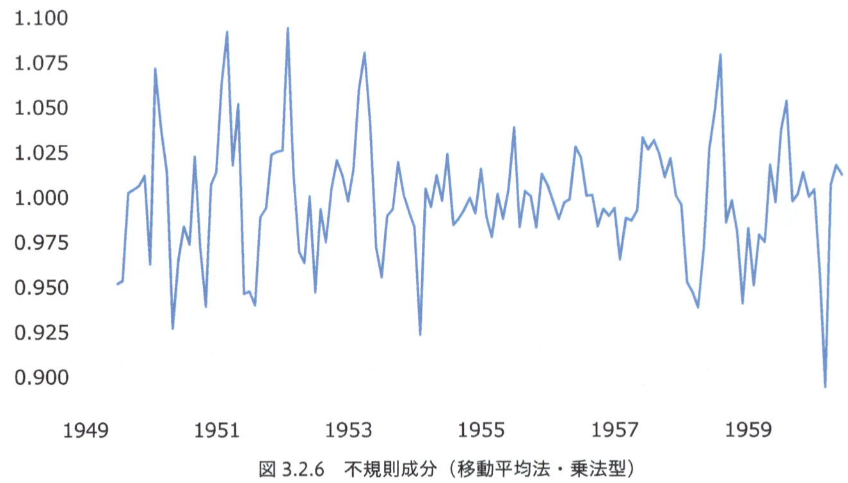

図 3.2.6　不規則成分（移動平均法・乗法型）

加法型よりは改善していますが，それでも季節的な変動が一部残っているように見えます.

乗法型の季節調整は，本節で解説した方法だけではなく，対数変換後に加法型の季節調整を実施する方法もあります．季節調整を行う方法として，アメリカセンサス局が開発した，移動平均法を改善した X11 法など複雑な手法も提案されています．しかし，X11 法などの手法は，1 回の季節調整の手続きの中で，移動平均の計算などの変換作業を何度も繰り返し行うことが要求され，とても複雑です．計算が容易であるというせっかくの利点を失うくらいならば，まったく別の方法を利用した方が得策だと思います．

本書では第 5 部で紹介する状態空間モデルを用いた季節調整の方法をおすすめします．ただし，計算量は圧倒的に本章で解説した方法の方が少ないです．必要に応じて簡易的な方法を選ぶ余地は残しておきましょう．

2.6 乗法型の季節調整の効率的な実装

季節調整を簡単に実行する方法を解説します．

2.6.1 statsmodels の利用

tsa.seasonal_decompose 関数において model='multiplicative' を指定することで乗法型の季節調整を行うことができます．

```
seasonal_decomp_mul = tsa.seasonal_decompose(
    air_passengers, model='multiplicative')
```

以下のようにして季節調整済み系列を取得します．

```
air_passengers['value'] / seasonal_decomp_mul.seasonal
```

2.6.2 sktime の利用

sktime を利用する場合も同様に model='multiplicative' を指定するだけで乗法型の季節調整に切り替わります．

```
# 乗法型の季節調整
transformer_mul = Deseasonalizer(sp=12, model='multiplicative')

# 変換の実施
desea_sk_mul = transformer_mul.fit_transform(air_passengers.to_period())
```

2.7 回帰分析によるトレンド除去

続いてトレンド成分を除去する方法を解説します．今回紹介する単純な線形回帰を用いる方法では，トレンド成分はドリフト成分が固定，すなわち常に同じ値だけ増減し続けると想定します．

2.7.1　説明変数を作る

時点を説明変数として回帰分析を行います．回帰直線をトレンド成分とみなしてトレンドの除去を行います．まずは回帰分析を実行するために説明変数を作ります．statsmodels が提供する TimeTrend を使います．constant=True とすることで，切片も同時に作成します．order=1 とすることで，1次の項のみを利用します．2乗項を利用したい場合は order=2 とします．

```
trend_generator = TimeTrend(constant=True, order=1)
exog = trend_generator.in_sample(air_passengers.index)
print(exog.head(3))
```

```
            const  trend
1949-01-01    1.0    1.0
1949-02-01    1.0    2.0
1949-03-01    1.0    3.0
```

const 列はすべての値が1となるため，切片として利用します．trend 列が時点です．

なお，今回は in_sample メソッドを使うことで説明変数を作りました．この方法だと飛行機乗客数データと同じ期間において説明変数を作ります．

今回は利用しませんが，将来予測のために説明変数を作る場合は，out_of_sample 関数を使います．

```
print(trend_generator.out_of_sample(3, air_passengers.index))
```

```
            const  trend
1961-01-01    1.0  145.0
1961-02-01    1.0  146.0
1961-03-01    1.0  147.0
```

2.7.2　加法型のトレンド除去

線形回帰モデルの当てはめ値をトレンド成分 T_t と想定します．加法型では，トレンド成分をデータから差し引くことでトレンドを除去します．$y_t - T_t = C_t + S_t + I_t$ という処理に対応します．結果は**図 3.2.7** のようになります．

```
# 線形回帰モデルの推定
lm_model = sm.OLS(air_passengers, exog).fit()

# 加法型のトレンド除去
detrend_ols = air_passengers['value'] - lm_model.fittedvalues
detrend_ols.plot()
```

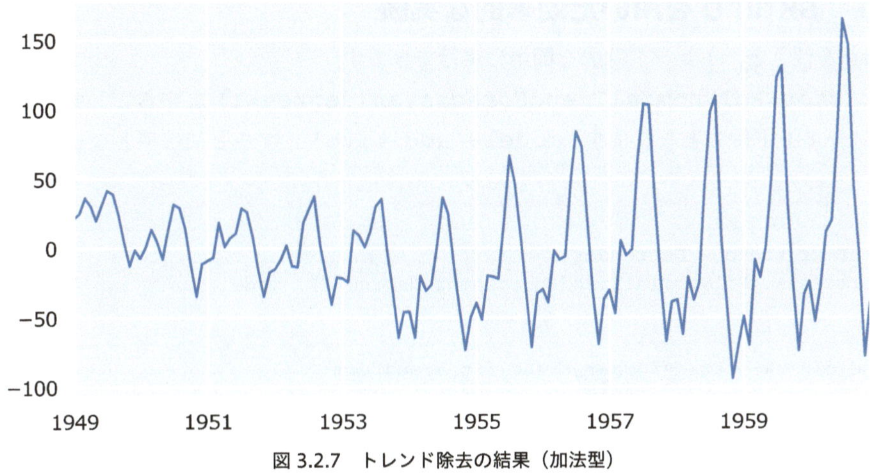

図 3.2.7　トレンド除去の結果（加法型）

2.7.3　乗法型のトレンド除去

乗法型では，データに対してトレンド成分を割り算することで，トレンドを除去します．$y_t/T_t = C_t \cdot S_t \cdot I_t$ という処理に対応します．結果は**図 3.2.8** のようになります．

```
detrend_ols_mul = air_passengers['value'] / lm_model.fittedvalues
detrend_ols_mul.plot()
```

乗法型のトレンド除去の結果は，季節成分の大きさがほぼ一定になりました．

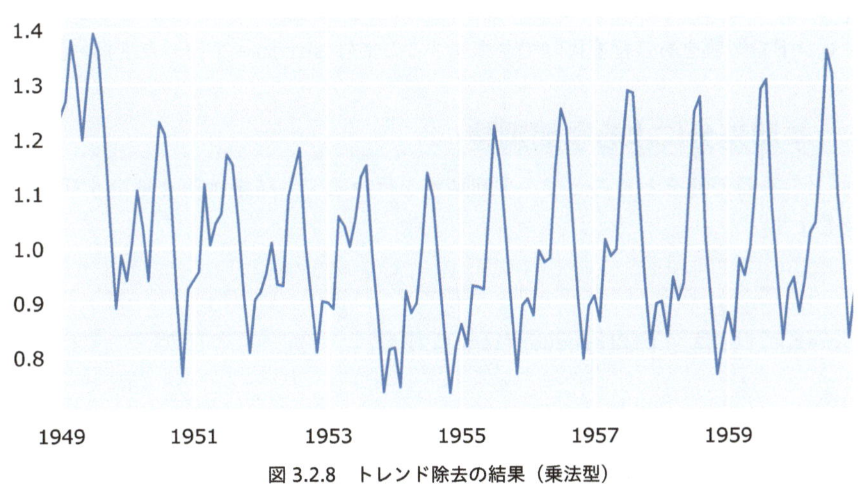

図 3.2.8　トレンド除去の結果（乗法型）

2.7.4　sktime を用いた効率的な実装

sktime を使うと，トレンド除去を簡単に実行できます．

forecaster=PolynomialTrendForecaster(degree=1) とすることで 1 次の線形回帰を利用したトレンド除去となります．model='additive' とすると加法型となります．

```
# 加法型のトレンド除去
transformer_trend = Detrender(
    forecaster=PolynomialTrendForecaster(degree=1), model='additive')

# 変換の実施
detrend_ols_sk = transformer_trend.fit_transform(
    air_passengers.to_period())
```

model='multiplicative' とすると乗法型となります．

```
# 乗法型のトレンド除去
transformer_trend_mul = Detrender(
    forecaster=PolynomialTrendForecaster(degree=1), model='multiplicative')

# 変換の実施
detrend_ols_sk_mul = transformer_trend_mul.fit_transform(
    air_passengers.to_period())
```

2.8　差分による季節調整とトレンド除去

第 2 部第 5 章 5.5 節および 5.6 節で解説したように，季節差分系列や差分系列を利用することで，季節性やトレンドの影響をある程度排除できます．ここでは sktime を使った変換方法を解説します．

2.8.1　季節差分による季節調整

12 時点前との季節差分をとることで，季節調整を行います．結果は第 2 部第 5 章 5.6 節と同じであるため略します．

```
# 季節差分による季節調整
transformer_diff_12 = Differencer(lags=12)

# 変換の実施
desea_diff = transformer_diff_12.fit_transform(air_passengers.to_period())
```

2.8.2　差分によるトレンド除去

続いて，1 時点前との差分をとることでトレンドを除去します．

```
# 差分によるトレンド除去
transformer_diff_1 = Differencer(lags=1)

# 変換の実施
detrend_diff = transformer_diff_1.fit_transform(air_passengers.to_period())
```

2.8.3　sktime を用いた変換手順の特徴

sktime は統一的な手順で変換できます．以下で，季節調整・トレンド除去・差分の 3 つの変換方法を比較します（引数を省略しているため，以下のコードは，そのままでは実行できません）．

```
# 季節調整
transformer = Deseasonalizer()

# 変換の実施
transformer.fit_transform(data)
```

```
# トレンド除去
transformer = Detrender()

# 変換の実施
transformer.fit_transform(data)
```

```
# 差分
transformer = Differencer()

# 変換の実施
transformer.fit_transform(data)
```

最初に Deseasonalizer や Detrender など，変換する方法を指定します．変換するときには常に fit_transform メソッドを使います．sktime を使う場合は，変換の方法が変わったとしても，用いる関数と引数を変えるだけで，統一的な手順で実装できます．

時系列分析のためのライブラリにはさまざまな種類がありますが，本書では sktime をしばしば利用します．次章では sktime のさらに便利な使い方を紹介します．

第3章 sktime の使い方

時系列予測を効率的に実装するために，sktime という便利なライブラリを紹介します．sktime を使うと，データの変換・予測・予測精度の評価・予測手法の選択などを，簡単かつ統一的な手順で実装できます．

また，交差検証法という，予測の評価を行ううえで欠かせない技術も導入します．次章以降でも頻繁に登場しますので，使い方をしっかりと理解しましょう．

概要

sktime の利用 → 分析の準備 → PeriodIndex を持つデータの可視化
→ sktime を用いた予測の流れ → データの分割と予測期間の指定 → sktime による予測
→ 時系列データに対する交差検証（Cross-Validation: CV）法 → sktime による交差検証法
→ パイプラインの利用 → ハイパーパラメータのチューニング → 分析手法の半自動選択

3.1 sktime の利用

sktime は以下の公式ドキュメントにおいて，時系列機械学習タスクのためのフレームワークと紹介されています．詳細は Löning et al.(2019) も参照してください．

URL https://www.sktime.net/en/latest/index.html

機械学習という表現がありますが，ARIMA モデルや状態空間モデルなど，統計モデルの手法も利用できます．statsmodels ライブラリの機能を多く参照しているのも 1 つの特徴です．本書では statsmodels で理論を学び，sktime で実用的な実装をするという役割分担としています．

sktime は sklearn と呼ばれる有名な機械学習ライブラリの影響を強く受けています．そのため sklearn を使ったことがある人は，sktime も容易に利用できるはずです．

3.2 分析の準備

ライブラリの読み込みなどを行います．sktime は個別に関数をインポートして使うことが多いので，本書でもそのようにしています．少し長いですが，すべて記載します．

```
# 数値計算に使うライブラリ
import numpy as np
import pandas as pd

# グラフを描画するライブラリ
from matplotlib import pyplot as plt
import matplotlib.dates as mdates
import seaborn as sns
sns.set()

# データ読み込みに利用
import statsmodels.api as sm

# sktime：グラフ描画
from sktime.utils.plotting import plot_series

# sktime：予測
from sktime.forecasting.naive import NaiveForecaster
from sktime.forecasting.trend import PolynomialTrendForecaster

# sktime：予測の評価指標
from sktime.performance_metrics.forecasting import (
    mean_absolute_scaled_error, MeanAbsoluteError,
    mean_absolute_percentage_error, mean_absolute_error
)

# sktime：予測の評価
from sktime.forecasting.model_selection import (
    temporal_train_test_split, ExpandingWindowSplitter, ForecastingGridSearchCV
)
from sktime.forecasting.model_evaluation import evaluate

# sktime：データの変換
from sktime.transformations.series.detrend import (
    Deseasonalizer, Detrender
)
from sktime.transformations.series.difference import Differencer
from sktime.transformations.series.boxcox import LogTransformer

# sktime：パイプライン
from sktime.forecasting.compose import (
    TransformedTargetForecaster, MultiplexForecaster
)
from sktime.transformations.compose import OptionalPassthrough
```

```
# グラフの日本語表記
from matplotlib import rcParams
rcParams['font.family'] = 'sans-serif'
rcParams['font.sans-serif'] = 'Meiryo'
```

飛行機乗客数データを読み込みます．sktime でも飛行機乗客数データを読み込むための関数がありますが，本書では statsmodels の機能を使います．日付インデックスは PeriodIndex にしました．

```
# 飛行機乗客数データの読み込み
air_passengers = sm.datasets.get_rdataset('AirPassengers').data

# 日付インデックスの作成（PeriodIndex）
date_index = pd.period_range(
    start='1949-01', periods=len(air_passengers), freq='M')
air_passengers.index = date_index

# 不要な時間ラベルの削除
air_passengers = air_passengers.drop(air_passengers.columns[0], axis=1)

# 結果の確認
print(air_passengers.head(3))
```

```
         value
1949-01    112
1949-02    118
1949-03    132
```

3.3 PeriodIndex を持つデータの可視化

sktime は，日時に PeriodIndex を使うことを求めます．PeriodIndex を持つデータの可視化には若干の注意が必要です．例えば以下のコードのコメントを外して実行すると，エラーになります．

```
# グラフサイズの指定
# fig, ax = plt.subplots(figsize=(8, 4))

# 折れ線グラフを描く
# ax.plot(air_passengers['value'], label='原系列')
```

PeriodIndex を持つデータのグラフを描く場合は，以下のように pandas の plot メソッドを使うのが簡単です．

```
# グラフサイズの指定
fig, ax = plt.subplots(figsize=(8, 4))

# 折れ線グラフを描く
air_passengers.plot(ax=ax)
```

sktime が提供する plot_series 関数を利用する方法もあります．labels で凡例のラベルを指定します．markers に空文字を設定するとシンプルな折れ線グラフが描けます．

```
# 折れ線グラフを描く
fig, ax = plot_series(air_passengers, labels=['原系列'], markers=[''])

# グラフサイズの指定
fig.set_size_inches(8, 4)
```

3.4 sktime を用いた予測の流れ

sktime は統一的な手順で予測値を計算できます．sktime のドキュメントでは以下の 5 つのステップが紹介されています（以下は著者の意訳であり，直訳ではありません）．

1. データの指定
2. 予測期間の指定
3. 予測手法の指定
4. データへの当てはめ
5. 予測の実施

URL https://www.sktime.net/en/latest/examples/01_forecasting.html

3.5 データの指定と予測期間の指定

ステップ 1 と 2 を実施しましょう．今回は air_passengers データを対象とします．データを訓練データとテストデータに分割します．sktime の temporal_train_test_split 関数を使います．test_size=36 と指定することで，36 時点をテストデータにしました．

```
train, test = temporal_train_test_split(air_passengers, test_size=36)
test.index
```

```
PeriodIndex(['1958-01', '1958-02', '1958-03', '1958-04', '1958-05', '1958-06',
・・・中略・・・
             '1960-07', '1960-08', '1960-09', '1960-10', '1960-11', '1960-12'],
            dtype='period[M]')
```

予測期間は 36 時点です．予測期間を設定する方法はいくつかありますが，以下のように等差数列を指定するのが簡単です．

```
fh = np.arange(1, len(test) + 1)
fh
```

```
array([ 1,  2,  3,  4,  5,  6,  7,  8,  9, 10, 11, 12, 13,
       14, 15, 16, 17, 18, 19, 20, 21, 22, 23, 24, 25, 26,
       27, 28, 29, 30, 31, 32, 33, 34, 35, 36])
```

3.6　sktime による予測

ステップ 3 から 5 までをまとめて実装します．予測手法を指定し，train データに当てはめ，36 時点先までを予測します．

3.6.1　持続予測

第 3 部第 1 章で紹介した単純な予測手法はすべて NaiveForecaster 関数を使って実装できます．strategy='last' とすることで持続予測になります．

```
# 予測手法の指定
naive_forecaster = NaiveForecaster(strategy='last')

# データへの当てはめ
naive_forecaster.fit(train)

# 予測の実施
naive_pred = naive_forecaster.predict(fh)
```

本書では Forecaster をしばしば予測器と訳します．予測値を計算してくれる機械として naive_forecaster を最初に作ります．続いて予測器の fit メソッドを利用し，訓練データへの当てはめを行います．当てはめ後の予測器において predict メソッドを実行することで予測を行います．

当てはめと予測は予測器の fit_predict メソッドを使うと，まとめて実行できます．すなわち naive_forecaster.fit_predict(y=train, fh=fh) とすればステップ 4 と 5 を同時に実行できます．

以下では第 3 部第 1 章で紹介したさまざまな予測手法を実装します．予測器が変わるだけで，当てはめや予測の方法は変わりません．ぜひ sktime 流の統一的な手順をマスターしてください．

3.6.2　季節ナイーブ予測

sp=12 という引数を指定すると，持続予測において 12 時点前の値を参照します．すなわち以下のように実装することで季節ナイーブ予測を行うことができます．

```
# 予測手法の指定
s_naive_forecaster = NaiveForecaster(strategy='last', sp=12)

# データへの当てはめ
s_naive_forecaster.fit(train)

# 予測の実施
s_naive_pred = s_naive_forecaster.predict(fh)
```

3.6.3　平均値予測

平均値予測を実行する場合は strategy='mean' と指定します．

```
# 予測手法の指定
mean_forecaster = NaiveForecaster(strategy='mean')

# データへの当てはめ
mean_forecaster.fit(train)

# 予測の実施
mean_pred = mean_forecaster.predict(fh)
```

3.6.4　移動平均予測

平均値予測において window_length=12 と指定することで，過去 12 時点の平均値を予測値とします．

```
# 予測手法の指定
ma_forecaster = NaiveForecaster(strategy='mean', window_length=12)

# データへの当てはめ
ma_forecaster.fit(train)

# 予測の実施
ma_pred = ma_forecaster.predict(fh)
```

3.6.5　ドリフト予測

最後にドリフト予測です．strategy='drift' と指定します．

```
# 予測手法の指定
drift_forecaster = NaiveForecaster(strategy='drift')

# データへの当てはめ
drift_forecaster.fit(train)

# 予測の実施
drift_pred = drift_forecaster.predict(fh)
```

3.7　時系列データに対する交差検証法

sktime を使うと，予測値の計算が簡単にできるだけでなく，予測の評価も簡単に実施できます．予測の評価指標については第 3 部第 1 章でも紹介しました．ここでは評価対象のデータをさまざまに変化させる方法を紹介します．

今まではデータを訓練データとテストデータに分割するパターンは 1 パターンだけでした．すなわち 1949 年 1 月から 1957 年 12 月までを訓練データとし，1958 年 1 月から 1960 年 12 月までをテストデータにしました．そしてテストデータを使って予測の評価をしました．しかし，この方法で予測精度が高かったとしてもそれは「たまたま，この訓練・テストの分割の仕方だったから」精度が高くなっただけかもしれません．訓練・テストの分割の方法を変えると，例えば訓練データをもっと短くしたら，あるいはテスト期間をもっと短くしたら，予測精度の順位などが変わるかもしれません．

単純なテストデータと区別するため，本書では交差検証法におけるテストデータを検証データと呼ぶことにします．**交差検証**（Cross-Validation: **CV**）**法**はさまざまな方法で訓練データと検証データに分割します．そして複数の検証データの精度指標の平均値を使って予測精度を評価します．交差検証法のことはしばしば CV と略します．

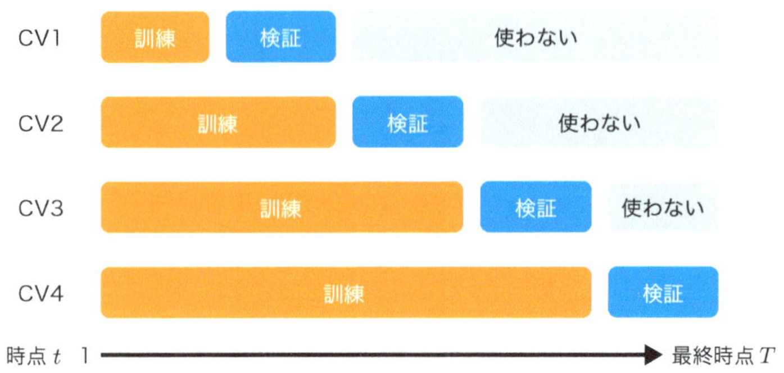

図 3.3.1　交差検証法による時系列データの分割

データの分割の仕方にはいくつかありますが，本書ではExpandingWindowSplitter関数が提供する分割の方法を採用します．これは**図3.3.1**のように訓練データと検証データに分割します．

図3.3.1の横軸は時点です．右に行くほど時点が進みます．最初は訓練データが非常に短いのですが，徐々に訓練データが増えます．検証データは訓練データにあわせて時点がずれます．

図3.3.1では4パターンにデータを分割しましたが，もっと細かくデータを分割することもできます．

3.8 sktimeによる交差検証法

sktimeを使って交差検証法を実行します．本節では持続予測を対象として評価を実施します．

3.8.1 1時点先予測の評価

訓練データの長さを1時点，検証データの長さも1時点としてCVを開始します．すなわち最初の訓練データは1949年1月であり，検証データは1949年2月です．

続いて訓練データを増やします．すなわち1949年1月と2月を訓練データとして，1949年3月を検証データとします．以下同様に訓練データを1か月ずつ増やしていきます．

上記の通りCVの設定を行います．ExpandingWindowSplitterにおいてfh=1は「1時点先を予測する」という指定です．initial_window=1は「初回の訓練データの長さは1」という指定です．そしてstep_length=1は「毎回1時点ずつ訓練データを増やしていく」という指定です．なお，検証データの長さは変わらず常に1です．

```
# 1時点先予測を，データを1個ずつ増やしながら何度も繰り返す
cv = ExpandingWindowSplitter(fh=1, initial_window=1, step_length=1)
```

evaluate関数を使って，CVを実行します．予測器は3.6節で実装した持続予測であり，対象データはtrain，評価指標はMAEとします．

```
# CVの実行
cv_df = evaluate(forecaster=naive_forecaster, cv=cv, y=train,
                 scoring=MeanAbsoluteError())
print(cv_df.head(3))
```

```
   test_MeanAbsoluteError  fit_time  pred_time  len_train_window   cutoff
0                     6.0  0.001795   0.001775                 1  1949-01
1                    14.0  0.001687   0.001652                 2  1949-02
2                     3.0  0.001559   0.001605                 3  1949-03
```

test_MeanAbsoluteError列が検証データにおけるMAEです．fit_timeとpred_timeは，当てはめと予測にかかった時間です．持続予測は計算が簡単であるため一瞬で終わります．len_train_window列は訓練データの長さです．1時点ずつ増えていくのがわかります．cutoff列は訓練データの最終時点です．

MAEの平均値を計算します．この計算結果は，MASEを計算するときの$\mathrm{MAE}_{\mathrm{naive}}$と一致します．すなわち第3部第1章1.14節の式(3.13)の計算結果と一致します．

```
cv_df.iloc[:, 0].mean()
```

```
20.317757009345794
```

3.8.2　12時点先予測の評価

続いて，訓練データの長さを24時点，検証データの長さを12時点としてCVを開始します．すなわち最初の訓練データは1949年1月から1950年12月であり，検証データは1951年1月から1951年12月です．訓練データは12か月ずつ増やすことにします．

上記の通りCVの設定を行い，CVを実行します．

```
# 12時点先予測を，データを12個ずつ増やしながら何度も繰り返す
cv = ExpandingWindowSplitter(fh=np.arange(1,13), initial_window=24,
                             step_length=12)

# CVの実行
cv_df = evaluate(forecaster=naive_forecaster, cv=cv, y=train,
                 scoring=MeanAbsoluteError(), return_data=True)
```

MAEの平均は1時点先予測よりも大きくなりました．やはり1月先を予測するよりも1年間を予測する方が難しいようです．CVを使うことで，短期予測と長期予測のどちらに強いのか，といった予測の特徴をある程度つかむことができます．

```
cv_df.iloc[:, 0].mean()
```

```
43.511904761904766
```

ところで，今回はevaluate関数においてreturn_data=Trueと指定しました．こうすることで，訓練データ・検証データ・予測結果を出力できます．予測結果はcv_dfのy_pred列に格納されているので，以下のようにして予測結果を可視化できます．

```
# グラフの大きさなどの設定
fig, ax = plt.subplots(figsize=(8, 4))

# 実データのプロット
train.plot(ax=ax)

# CVの結果をまとめてグラフにする
for i in np.arange(0, cv_df.shape[0]):
    cv_df['y_pred'].iloc[i].plot(ax=ax)

# 凡例
plt.legend(['actual'] + ['CV ' + str(i) for i in range(cv_df.shape[0])])
```

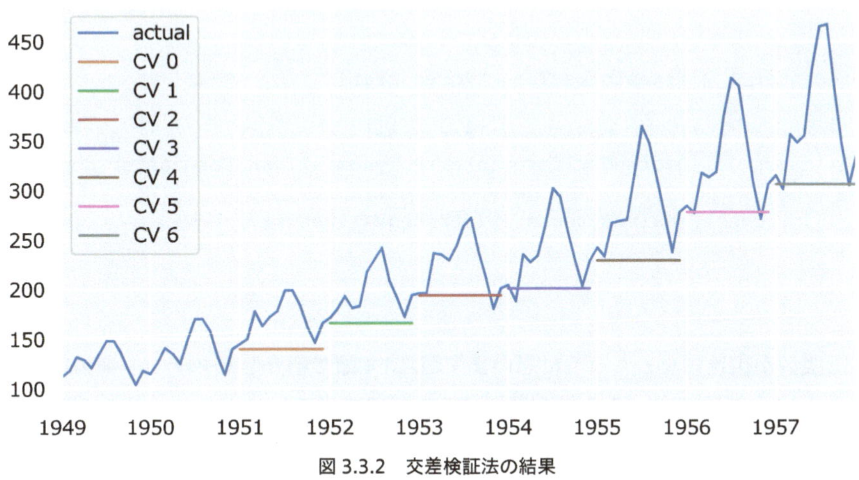

図 3.3.2　交差検証法の結果

図 3.3.2 を見ると，初回の訓練データの長さ，検証データの長さなどが直感的に理解できますね．

なお，本章ではこの後も何回か CV を実行します．設定は常に 12 時点先予測を，データを 12 個ずつ増やしながら何度も繰り返すというやり方とします．

3.9　パイプラインの利用

複数の手順を踏んで行うべき作業を，まとめて簡単に実行する便利な方法を紹介します．

3.9.1　パイプラインの意義

パイプライン処理が便利だから sklearn を使うという人は多いのではないでしょうか．sktime もちゃんとパイプライン処理に対応しています．

パイプライン処理は名前の通り，パイプに流れて自動的に複数の分析手順が実施されるイメージです．例えば「季節調整→トレンド除去→持続予測」の 3 段階をまとめて実行できます．処理をひとまとめにすることで，前処理も含めた予測の手続きの評価や選択が容易になります．

3.9.2 事例 1：季節調整＋トレンド除去＋持続予測

パイプライン処理の最初の事例として「季節調整→トレンド除去→持続予測」の 3 段階をまとめて実行します．TransformedTargetForecaster クラスを用いて予測の手続きを 1 つにまとめます．手続きは list としてまとめます．list の中には 'deseasonalize' といった手続きの名前と Deseasonalizer といった具体的な手続きをセットにして丸かっこにまとめます（丸かっこでまとめられたものを tuple と呼びます）．'deseasonalize' といった手続きの名前は自由に変更できます．

```
# 予測手法の指定
# 前処理から予測までを 1 つのパイプラインにまとめる
pipe_forecaster_1 = TransformedTargetForecaster(
    [
        ('deseasonalize', Deseasonalizer(model='multiplicative', sp=12)),
        ('detrend', Detrender(forecaster=PolynomialTrendForecaster(degree=1),
                              model='multiplicative')),
        ('forecast', NaiveForecaster(strategy='last')),
    ]
)
```

一見すると実装が複雑になったように思いますが，3.4 節で紹介したステップ 3 の実装コードが少し長くなったというだけです．ここから先のステップ 4 の当てはめとステップ 5 の予測は今まで通り実行できます．テストデータに対する MAE も計算しました．

```
# データへの当てはめ
pipe_forecaster_1.fit(train)

# 予測の実施
pipe_pred_1 = pipe_forecaster_1.predict(fh)

# 予測精度
mean_absolute_error(test, pipe_pred_1)
```

```
23.600721546680017
```

テストデータに対する MAE は，今までで最も小さな 23.6 ほどとなりました．季節性とトレンドの両方を考慮した予測になっているので，精度が向上したのでしょう．

CV も通常の持続予測などと同様に実施できます．すなわち，予測器として naive_forecaster を使っていた部分をすべて pipe_forecaster_1 に置き換えるだけです．今回は 12 時点先予測の評価としました．

```
# CV の設定
# 12 時点先予測を，データを 12 個ずつ増やしながら何度も繰り返す
cv = ExpandingWindowSplitter(fh=np.arange(1,13), initial_window=24,
                             step_length=12)

# CV の実行
cv_df = evaluate(forecaster=pipe_forecaster_1, cv=cv, y=train,
                 scoring=MeanAbsoluteError())

# MAE の平均
cv_df.iloc[:, 0].mean()
```

```
11.810688058465244
```

3.8.2 節で実行した単純な持続予測と比べると，MAE が非常に小さくなったのがわかります．

3.9.3　事例 2：差分によるトレンド除去＋季節ナイーブ予測

事例 1 ではトレンド除去のために回帰分析を利用しています．回帰分析は，コンピュータが発達した現代において決して複雑な手法とはいえませんが，それでも最小 2 乗法を使ってパラメータを推定する手間はかかります．

そこで，もっと簡単に季節性とトレンドの両方を考慮した予測器を作成します．それがここで紹介する「差分によるトレンド除去→季節ナイーブ予測」のパイプライン処理です．

```
# 予測手法の指定
# 前処理から予測までを 1 つのパイプラインにまとめる
pipe_forecaster_2 = TransformedTargetForecaster(
    [
        ('transform', Differencer(lags=[1])),
        ('forecast', NaiveForecaster(strategy='last', sp=12))
    ]
)

# データへの当てはめ
pipe_forecaster_2.fit(train)

# 予測の実施
pipe_pred_2 = pipe_forecaster_2.predict(fh)

# 予測精度
mean_absolute_error(test, pipe_pred_2)
```

```
17.805555555555557
```

電卓でも計算できる単純な手法ですが，今までで最も優れた予測精度となりました．
CV の結果も良好です．MAE の平均値も今までの手法の中で最小となりました．

```
evaluate(forecaster=pipe_forecaster_2, cv=cv, y=train,
         scoring=MeanAbsoluteError()).iloc[:, 0].mean()
```

```
11.13095238095238
```

予測結果を可視化します（**図 3.3.3**）．季節性とトレンドの両方を考慮した予測ができていることがわかります．

```
fig, ax = plot_series(train, test, pipe_pred_1, pipe_pred_2,
                      labels=['train', 'test', 'pipe_1', 'pipe_2'],
                      markers=np.tile('', 4))
fig.set_size_inches(8, 4)
```

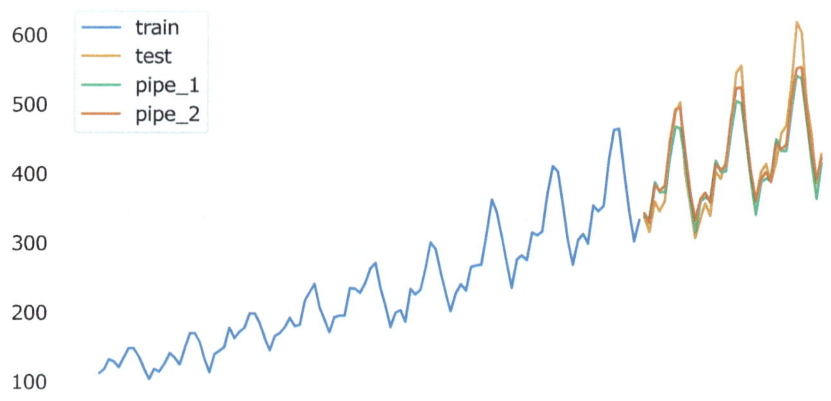

図 3.3.3　パイプライン処理を利用した予測の結果

3.10 ハイパーパラメータのチューニング

ハイパーパラメータをチューニングする方法を解説します．

3.10.1 ハイパーパラメータ

例えば回帰分析において傾きと切片は最小２乗法を使うことで推定できます．**ハイパーパラメータ**はこれとは違い，分析者が自分で設定しなければならないパラメータを指します．

自動で設定できないパラメータを定めるのは難しいことです．本書では CV を使って予測精度が最もよくなるハイパーパラメータを採用するという方法を紹介します．本来は手間がかかる方法ですが，sktime を使えば簡単に実装できます．

3.10.2 sktimeによるハイパーパラメータチューニング

今回はハイパーパラメータのチューニングの練習課題として，実用性はないですが，持続予測の参照時点を決める問題に取り組みます．持続予測は通常1時点前の値を予測値に使います．これを2時点前の値を予測値に使う，3時点前の値を……と変化させて，最もよい参照時点を調べます．なお12時点前を参照する場合は季節ナイーブ予測と同じ結果になります．

以下のようにして，CVで最適なハイパーパラメータを探索し，最適なハイパーパラメータを利用する予測器best_naive_forecasterを作成します．ハイパーパラメータの候補の一覧をparam_gridという名前で作成し，それをForecastingGridSearchCVというクラスに渡すことで予測器を作成します．strategy='refit'は各訓練データでモデルを再び当てはめるという指定です．持続予測を利用するならそれほど重要な指定ではありません．

```
# 持続予測
naive_forecaster = NaiveForecaster(strategy='last', sp=1)

# 持続予測のハイパーパラメータの候補
param_grid = {'sp': np.arange(1,13)}

# 予測器の作成
best_naive_forecaster = ForecastingGridSearchCV(
    naive_forecaster, strategy='refit', cv=cv, param_grid=param_grid,
    scoring=MeanAbsoluteError()
)
```

予測器の作成は少し手間でしたが，ここから先はいつもと同じ手順でデータへの当てはめを行います．そしてCVの予測精度が最良となったハイパーパラメータを表示します．

```
# データへの当てはめ
best_naive_forecaster.fit(train)

# 選ばれたパラメータ
best_naive_forecaster.best_params_
```

```
{'sp': 12}
```

12時点前を参照するとCVの精度が最良となるようです．要するに季節ナイーブ予測が最良ということですね．なおbest_naive_forecaster.cv_results_とすることでCVの細かい結果を確認できます．

予測を行い，テストデータに対する予測精度を調べます．当然ですが季節ナイーブ予測と同じMAEとなります．

```
# 予測の実施
best_naive_pred = best_naive_forecaster.predict(fh)

# 予測精度
mean_absolute_error(test, best_naive_pred)
```

```
60.083333333333336
```

3.11 分析手法の半自動選択

ハイパーパラメータを探索するだけでは面白くありませんね．どうせなら最良の予測手法を自動で選んでほしいものです．それを達成する方法を紹介します．

3.11.1 事例1：複数の予測モデルからの選択

季節ナイーブ予測，「季節調整→トレンド除去→持続予測」のパイプライン，「差分によるトレンド除去→季節ナイーブ予測」のパイプラインの3つの中から最良の予測手法を選びます．CVの予測精度が最良の予測器を使うことにしましょう．本章の今までの結果から「差分によるトレンド除去→季節ナイーブ予測」のパイプライン pipe_2 が最良であることがわかっていますが，これをもっと短いコードで達成するのが目標です．

以下のようにして予測器を作成します．まずは MultiplexForecaster クラスを使って，複数の予測器の候補を指定します．続いてハイパーパラメータのチューニングと同じようにパラメータ（今回は予測器の名称）の候補の一覧を param_grid という名前で作成し，それを ForecastingGridSearchCV というクラスに渡すことで予測器を作成します．

```
# 予測器の候補一覧
forecast_options = MultiplexForecaster(
    forecasters=[
        ('s_naive', s_naive_forecaster),
        ('pipe_1',  pipe_forecaster_1),
        ('pipe_2',  pipe_forecaster_2)
    ]
)

# 以下の予測から1つを選ぶ
param_grid = {'selected_forecaster': ['s_naive', 'pipe_1', 'pipe_2']}

# 予測器の作成
cv_forecaster = ForecastingGridSearchCV(
    forecast_options, strategy='refit', cv=cv, param_grid=param_grid,
    scoring=MeanAbsoluteError()
)
```

以下の処理はハイパーパラメータのチューニングと同じですね．データへ当てはめ，CV の予測精度が最良となった予測器を表示します．

```
# データへの当てはめ
cv_forecaster.fit(train)

# CV で判断された最良の予測手法
cv_forecaster.best_params_
```

```
{'selected_forecaster': 'pipe_2'}
```

予想通り，pipe_2 が最良となりました．なお cv_forecaster.cv_results_ に CV の詳細な結果が格納されています．

3.11.2 事例２：対数変換の必要性の選択

次は予測器を選ぶだけではなく，対数変換が必要かどうかもあわせて判断することを試みます．対数変換をするかしないかで２パターン，予測器が３種類あるので，都合６通りの方法から１つを選ぶことになります．６回も CV を実行するのは面倒なように見えますが，ハイパーパラメータをチューニングするのと同じような手続きで簡単に実装できます．

変換処理の必要性を判断する場合は TransformedTargetForecaster クラスを使って，変換処理と予測器の候補をまとめます．対数変換を行う関数は LogTransformer です．これを OptionalPassthrough で包んであげることで「パスするかしないか」の判断ができます．対数変換については 'log' という名前をつけました．名前は自由につけられますが，この名前は後で使うので忘れないでください．

param_grid の作成に移ります．「対数変換をパスするかどうか」を選ぶ場合は先ほど 'log' という名前をつけたので 'log__passthrough' という名前にします．log という変換を passthrough するかどうかを判断します．アンダースコアは２回続けることに注意してください．ここの名前は規約通りにつける必要があります．

予測器の選択についても同様に forecaster の後ろにアンダースコアを２回続けて 'forecaster__selected_forecaster' という名前でパラメータの候補を作ります．

最後に ForecastingGridSearchCV クラスに今まで作ってきたものを指定すれば完了です．

```
# 前処理の有無＋予測器の候補
pipe_select = TransformedTargetForecaster(
    steps=[
        ('log', OptionalPassthrough(LogTransformer())),
        ('forecaster', MultiplexForecaster(
            forecasters=[
                ('s_naive', s_naive_forecaster),
```

```
                ('pipe_1',  pipe_forecaster_1),
                ('pipe_2',  pipe_forecaster_2)
            ]
        )),
    ]
)

# 対数変換の有無・対象となる予測方法の一覧
param_grid = {
    'log__passthrough': [True, False],
    'forecaster__selected_forecaster': ['s_naive', 'pipe_1', 'pipe_2'],
}

# 予測器の作成
cv_pipe_forecaster = ForecastingGridSearchCV(
    forecaster=pipe_select, param_grid=param_grid,
    cv=cv, scoring=MeanAbsoluteError()
)
```

データへ当てはめて，CV の予測精度が最良となった予測器を表示します．

```
# データへの当てはめ
cv_pipe_forecaster.fit(train)

# CV で判断された最良の予測手法
cv_pipe_forecaster.best_params_
```

```
{'forecaster__selected_forecaster': 'pipe_1', 'log__passthrough': False}
```

予測器は pipe_1 です．「対数変換をパスするかどうか」は False なので，パスしない（対数変換する）という結果が選ばれました．対数変換がある場合は，pipe_2 よりも pipe_1 の方がよいようです．

複雑な選択になると CV の結果がやや見づらくなります．以下のようにして選ばれたパラメータと MAE だけを表示させます．

```
# CV の結果のうち，必要な列だけをコピーする
result_df = cv_pipe_forecaster.cv_results_[
    ['mean_test_MeanAbsoluteError', 'params']].copy()

# パラメータの値だけを取り出して格納する
result_df['params'] = result_df['params'].apply(lambda x: list(x.values()))

# 結果の確認
print(result_df)
```

```
   mean_test_MeanAbsoluteError             params
0                    33.083333   [s_naive, True]
1                    33.083333  [s_naive, False]
2                    11.810688    [pipe_1, True]
3                     9.090768   [pipe_1, False]
4                    11.130952    [pipe_2, True]
5                    10.881038   [pipe_2, False]
```

pipe_2 であっても対数変換をすると精度が上がるようです．

最後に，テストデータの予測精度を確認します．

```
# 予測の実施
best_pred = cv_pipe_forecaster.predict(fh)

# 予測精度
mean_absolute_error(test, best_pred)
```

```
36.03614258141145
```

こちらは対数変換しない方法と比べて悪化しました．

CV だと対数変換をすると精度が向上するのですが，近年のデータでは対数変換しない方がよいようです．このような場合にどのような手続きで予測するべきか，悩ましい問題ですね．

本章で紹介した手法は，計算量が極めて小さい割に，それなりの精度で予測できます．優れた方法ですが，分析結果の解釈は難しいです．どのようにモデルを改善するべきか，方針を検討することは簡単ではありません．

一方，例えば第５部で紹介する状態空間モデルは結果の解釈性が高いため，モデルの改善すべきポイントが見えやすいです．計算量を優先するか，解釈性を優先するか，CV の精度を優先するか，近年の精度を優先するか，どれも正解の１つですが，どれも最善ではありません．手持ちの計算資源や分析の目的にあわせて総合的に判断するよりないでしょう．

第 4 章

指数平滑化法とその周辺

本章では指数平滑化法と呼ばれる予測手法を紹介します．第 3 部第 1 章で紹介した単純な手法と比べるとやや高度な手法です．しかし，古典的な，いわゆる枯れた手法であり，実績が豊富で導入が容易かつ計算負荷も低いです．

日本語で書かれた時系列分析の教科書では省略されてしまうこともありますが，需要予測などではまだまだ現役です．下手に高度な手法を身につけるよりも，指数平滑化法を学ぶ方が，実務的には役立つことが多いかもしれません．

本章では単純指数平滑化法からはじめて，トレンドや季節性を考慮した予測手法まで順を追って解説します．最後に sktime を使った効率的な実装を紹介します．指数平滑化の表記にはいくつかありますが，statsmodels ライブラリが参照している Hyndman and Athanasopoulos(2021) の表記を採用しました．

概 要

分析の準備 → 単純指数平滑化法 → 単純指数平滑化法の実装
→ 単純指数平滑化法の別の表現 → 単純指数平滑化法の効率的な実装
→ Holt 法 → damped trend のモデル化 → Holt-Winters 法 → sktime による効率的な実装

4.1 分析の準備

ライブラリの読み込みについては長くなるうえに第 3 部第 3 章 3.2 節とよく似ているので省略します．詳細は本書サポートページの実装コードを参照してください．

飛行機乗客数データを読み込みます．日付インデックスは PeriodIndex にしました．

```
# 飛行機乗客数データの読み込み
air_passengers = sm.datasets.get_rdataset('AirPassengers').data

# 日付インデックスの作成（PeriodIndex）
date_index = pd.period_range(
    start='1949-01', periods=len(air_passengers), freq='M')
air_passengers.index = date_index
```

```
# 不要な時間ラベルの削除
air_passengers = air_passengers.drop(air_passengers.columns[0], axis=1)
```

データを訓練データとテストデータに分割します．また，sktime を利用するために予測期間も設定します．

```
# データの分割
train, test = temporal_train_test_split(air_passengers, test_size=36)

# 予測期間
fh = np.arange(1, len(test) + 1)
```

4.2 単純指数平滑化法

指数平滑化法（Exponential Smoothing: **ES**）は**指数加重型移動平均**（Exponentially Weighted Moving Average: **EWMA**）と呼ばれることもあり，移動平均法と対比して導入されることが多いです．移動平均予測をパワーアップしたものが指数平滑化法だといえます．

第 3 部第 1 章では複数の単純な予測手法を導入しました．持続予測は 1 時点前の値だけを参照して予測値を計算します．平均値予測は過去のすべてのデータを平等に扱って予測値を計算します．そして移動平均予測は近年のデータだけを使って平均値を計算します．

指数平滑化法は以下のように，指数的に減衰する重みを使って予測値を計算します．ただしαは**平滑化定数**と呼ばれる指数平滑化法が持つパラメータです．なお平滑化定数は$0 \leq \alpha \leq 1$であり，平滑化定数が 1 に近いほど直近のデータの重みが大きくなります．またt時点の実測値をy_tと，予測値を$\widehat{y_t}$と，訓練データの最終時点をTとします．

$$\widehat{y}_{T+1} = \alpha \cdot y_T + \alpha \cdot (1-\alpha) \cdot y_{T-1} + \alpha \cdot (1-\alpha)^2 \cdot y_{T-2} + \ldots + \alpha \cdot (1-\alpha)^{T-1} \cdot y_1 \qquad (3.15)$$

指数平滑化法は平均値予測と同じように，過去のすべての実測値を使います．しかし最近のデータの重みは大きくし，古いデータの重みは小さくします．重みは指数関数的に減衰します．

ここで$0 \leq \alpha \leq 1$であるため，$0 \leq (1-\alpha) \leq 1$であることに注意してください．$(1-\alpha)^{T-1}$はTが大きい場合にほぼ 0 となります．もしも$\alpha = 1$ならば，$\widehat{y}_{T+1} = y_T$となり，持続予測と一致します．αが大きい場合には最近のデータを重要視し，αが 0 に近い場合は古いデータにも大きな重みをつけます．αは最小 2 乗法によりデータから推定することが多いです．

指数平滑化法にはさまざまなバリエーションがあります．式 (3.15) の計算式は**単純指数平滑化法**と呼びます．

4.3 単純指数平滑化法の実装

単純指数平滑化法をPythonで実行してみましょう．$y_1 = 1, y_2 = 2, y_3 = 3$という時系列データがあるときに$\widehat{y}_4$を計算することを目指します．平滑化定数は$\alpha = 0.8$とします．まずはデータを用意します．

```
data = pd.Series([1, 2, 3])
data
```

```
0    1
1    2
2    3
dtype: int64
```

続いて重みを作ります．まずは$(1-\alpha)$をデータの数だけ繰り返した`alpha_list`を作ります．

```
# 平滑化定数
alpha = 0.8

# データの数だけ繰り返す
alpha_list = np.tile(1 - alpha, len(data))
alpha_list
```

```
array([0.2, 0.2, 0.2])
```

以下のようにして$(1-\alpha)$の累乗と平滑化定数をかけます．

```
# データにかける重み
weight = alpha_list ** np.arange(0, len(data)) * alpha
weight
```

```
array([0.8  , 0.16 , 0.032])
```

$\alpha = 0.8, \alpha \cdot (1-\alpha) = 0.16, \alpha \cdot (1-\alpha)^2 = 0.032$ですね．

最後に，重みを逆順にしてからデータにかけあわせて完成です．なお，文字列の前に`f`とつけることで，フォーマットされた読みやすい文字列を出力できます．今回は`np.sum(data * weight)`の結果を有効数字4桁で丸めてから表示させました．

```
# 逆順にする
weight = weight[::-1]

# 指数平滑化法による予測値
print(f'4時点目の予測値 {np.sum(data * weight):.4g} ')
```

```
4 時点目の予測値 2.752
```

データの並び順を変えると，予測結果も変わります．$y_1 = 3, y_2 = 2, y_3 = 1$とすると，最新のデータ$y_3 = 1$に近い予測値が得られます．

```
# データの並び順の変更
data_2 = pd.Series([3, 2, 1])

# 指数平滑化法による予測値
print(f'4 時点目の予測値 {np.sum(data_2 * weight):.4g} ')
```

```
4 時点目の予測値 1.216
```

単なる平均値だと，データの並び順が変わっても，予測値は変わらず常に 2 ですね．最近のデータに大きな重みをつける指数平滑化法の特徴がよくわかると思います．

4.4 単純指数平滑化法の別の表現

指数平滑化法の理解を深めるため，別の表現形式を紹介します．

4.4.1 再帰的表現

Hyndman and Athanasopoulos (2021) では weighted average form と紹介されていますが，本書では**再帰的表現**と呼ぶことにします．再帰的とは，平たくいうと，前回の自分の計算結果を使って次の自分の計算結果を導くというやり方です．

時系列データの長さが$T = 3$である短い時系列データに対する指数平滑化法の計算式を変形します．まずは定義通り$\widehat{y}_{T+1}$を計算します．

$$\widehat{y}_{T+1} = \alpha \cdot y_T + \alpha \cdot (1 - \alpha) \cdot y_{T-1} + \alpha \cdot (1 - \alpha)^2 \cdot y_{T-2} \tag{3.16}$$

ここで，1 時点前の予測値，すなわち$\widehat{y}_T$は以下のように計算できます．

$$\widehat{y}_T = \alpha \cdot y_{T-1} + \alpha \cdot (1 - \alpha) \cdot y_{T-2} \tag{3.17}$$

両辺に$(1 - \alpha)$をかけます．

$$(1 - \alpha) \cdot \widehat{y}_T = \alpha \cdot (1 - \alpha) \cdot y_{T-1} + \alpha \cdot (1 - \alpha)^2 \cdot y_{T-2} \tag{3.18}$$

式 (3.16) に式 (3.18) を代入すると，以下のようになります．

$$\widehat{y}_{T+1} = \alpha \cdot y_T + (1 - \alpha) \cdot \widehat{y}_T \tag{3.19}$$

すなわち指数平滑化法は，1 時点前の予測値 $\widehat{y}_T$ を 1 時点前の実測値 y_T で補正したものだとみなせます．前回の計算結果を使って，次の計算結果を求めていますね．この解釈はとても重要ですので，ぜひ覚えておいてください．

T 時点以降の将来予測を行うためには, 古い時点から順に予測値を更新する必要があります．そのため，再帰的な表現の場合は, 文脈に応じて $t < T$ である時点 t も対象となる想定で $\widehat{y}_{t+1} = \alpha \cdot y_t + (1-\alpha) \cdot \widehat{y}_t$ と表記することもあります．

4.4.2　単純指数平滑化法の長期予測

1 時点先を予測するのではなく，2 時点先，3 時点先と順に予測することを考えましょう．長期予測にはいくつかの方法がありますが, **再帰的な予測**という方法を紹介します．

再帰的な予測では，1 時点先の予測値 $\widehat{y}_{T+1}$ を，1 時点先の実測値 y_{T+1} とみなしたうえで，2 時点先の予測値 $\widehat{y}_{T+2}$ を計算します．この方法を利用すると $\widehat{y}_{T+2} = \alpha \cdot \widehat{y}_{T+1} + (1-\alpha) \cdot \widehat{y}_{T+1} = \widehat{y}_{T+1}$ となります．すなわち単純指数平滑化法の長期予測の結果は, 常に 1 時点先の予測値と等しくなります．

4.4.3　初期値の問題

再帰的な計算を行うときにしばしば問題となるのが初期値です．$\widehat{y}_3$ がすでに計算されていれば $\widehat{y}_4$ を求めることは簡単です．しかし初期の予測値 $\widehat{y}_1$ はどのように計算すればよいのでしょうか．

4.2 節で紹介した単純指数平滑化法の計算式と同じ結果は $\widehat{y}_1 = 0$ を初期値にすることで再現できます．しかし $\widehat{y}_1 = 0$ とする根拠は一切ありません．最も古いデータの値を初期値に使う，すなわち $\widehat{y}_1 = y_1$ とみなすことはしばしばあるようです．実践的には初期値 $\widehat{y}_1$ も最小 2 乗法によりデータから推定することが多いです．

4.4.4　初期値を 0 にした場合

まずは初期値を $\widehat{y}_1 = 0$ と想定して指数平滑化法を実行します．$y_1 = 1, y_2 = 2, y_3 = 3$ という時系列データを対象とします．1 時点前の予測値を使って次の時点の予測値を計算していることに注目してください．4 時点目の予測値は 4.3 節の結果と一致します．

```
# 初期値
yhat1 = 0

# 予測値の計算
yhat2 = alpha * data[0] + (1 - alpha) * yhat1
yhat3 = alpha * data[1] + (1 - alpha) * yhat2
yhat4 = alpha * data[2] + (1 - alpha) * yhat3

# 結果の確認
print(f'2 時点目 {yhat2:.4g} | 3 時点目 {yhat3:.4g} | 4 時点目 {yhat4:.4g}')
```

```
2 時点目 0.8 | 3 時点目 1.76 | 4 時点目 2.752
```

4.4.5　初期データを初期値にした場合

最も古いデータを初期値にすると以下のような結果になります．

```
# 初期値
yhat1 = data[0]

# 予測値の計算
yhat2 = alpha * data[0] + (1 - alpha) * yhat1
yhat3 = alpha * data[1] + (1 - alpha) * yhat2
yhat4 = alpha * data[2] + (1 - alpha) * yhat3

# 結果の確認
print(f'2時点目 {yhat2:.4g} | 3時点目 {yhat3:.4g} | 4時点目 {yhat4:.4g}')
```

```
2時点目 1 | 3時点目 1.8 | 4時点目 2.76
```

4.5　単純指数平滑化法の効率的な実装

ライブラリを使って，単純指数平滑化法を簡単に実装する方法を紹介します．

4.5.1　pandasの利用

pandasが提供するewmメソッドを使うことで，簡単に指数関数的な重みを作ることができます．その結果に対してmeanメソッドを実行することで指数平滑化の結果が得られます．なおadjust=Falseとしなければ，再帰的な方法で計算がなされないので注意してください．

```
ewma_pd = data.ewm(alpha = 0.8, adjust=False)
ewma_pd.mean()
```

```
0    1.00
1    1.80
2    2.76
dtype: float64
```

結果は，最も古いデータを初期値にした場合の計算結果と一致します．

4.5.2　statsmodelsの利用

tsaという略称で読み込んだstatsmodels.tsa.apiを利用すると詳細な設定ができるので便利です．まずは初期値を0とします．initialization_method='known', initial_level=0とすることで初期値を設定します．fitメソッドにおいてsmoothing_level=0.8, optimized=Falseとすることで平滑化定数を固定できます．

ewma_sm.fittedvaluesとすることで$\hat{y}_t$を取得できます．

```
# 初期値 0 の場合
ewma_sm = tsa.SimpleExpSmoothing(
    data, initialization_method='known', initial_level=0
).fit(smoothing_level=0.8,optimized=False)

# 当てはめ値
ewma_sm.fittedvalues
```

```
0    0.00
1    0.80
2    1.76
dtype: float64
```

4時点目の予測結果$\hat{y}_4$は以下のようにして取得します．引数の数値を増やすと長期予測もできます．

```
ewma_sm.forecast(1)
```

```
3    2.752
dtype: float64
```

最も古いデータを初期値にする場合は `initialization_method='legacy-heuristic'` と指定します．

```
# 初期データを初期値にした場合
ewma_sm_lh = tsa.SimpleExpSmoothing(
    data, initialization_method='legacy-heuristic'
).fit(smoothing_level=0.8,optimized=False)

# 当てはめ値
ewma_sm_lh.fittedvalues
```

```
0    1.0
1    1.0
2    1.8
dtype: float64
```

4時点目の予測結果$\hat{y}_4$は以下の通りです．

```
ewma_sm_lh.forecast(1)
```

```
3    2.76
dtype: float64
```

4.5.3　パラメータの推定

statsmodels を利用すると，初期値と平滑化定数を最小 2 乗法で推定できます．initialization_method='estimated' と指定すると，パラメータを推定してくれます．

```
# 初期データと平滑化定数を推定した場合
ewma_best = tsa.SimpleExpSmoothing(
    data, initialization_method='estimated').fit()

# 当てはめ値
ewma_best.fittedvalues
```

```
0    1.0
1    1.0
2    2.0
dtype: float64
```

予測値は以下の通りです．持続予測と同じく，訓練データの最後の値と同じ値が予測値となりました．

```
ewma_best.forecast(1)
```

```
3    3.0
dtype: float64
```

推定されたパラメータは以下のようにして取得できます．平滑化定数はほぼ 1，初期値もほぼ 1 になりました．

```
ewma_best.params
```

```
{'smoothing_level': 0.9999999850988388,
 'smoothing_trend': nan,
 'smoothing_seasonal': nan,
 'damping_trend': nan,
 'initial_level': 1.0000000252217502,
 'initial_trend': nan,
 'initial_seasons': array([], dtype=float64),
 'use_boxcox': False,
 'lamda': None,
 'remove_bias': False}
```

4.6 Holt法

単純指数平滑化法を発展させます．まずはトレンドの影響を考慮したHolt法を紹介します．

4.6.1 単純指数平滑化法の別の表現

指数平滑化法を発展させるために，まずは表現の方法を工夫します．Hyndman and Athanasopoulos (2021) においてcomponent formと呼ばれている表現を採用します．

名前の通り予測値$\hat{y}_t$を複数のコンポーネントに分けて表記します．単純指数平滑化法ではコンポーネントが1つしかありませんが，これを水準成分l_tと呼ぶことにします．

$$
\begin{aligned}
\hat{y}_{t+1} &= l_t \\
l_t &= \alpha \cdot y_t + (1-\alpha) \cdot l_{t-1}
\end{aligned}
\tag{3.20}
$$

時点の添え字について補足します．次の時点の予測値$\hat{y}_{t+1}$は，直近の水準成分l_tと等しいと想定します．水準成分l_tは前回の水準成分l_{t-1}をデータy_tで補正したものです．y_tとl_{t-1}で時点の添え字がずれていることに注意してください．

この表記法だと，水準成分の初期値はl_0となります．l_0が予測値の初期値$\hat{y}_1$と等しくなりますね．

4.6.2 Holt法の基礎

component form表現でHolt法による予測値の計算式を紹介します．**Holt法**はドリフト成分δ_tを導入するのが大きな特徴です．βはドリフト成分のための平滑化定数です．

$$
\begin{aligned}
\hat{y}_{t+1} &= l_t + \delta_t \\
l_t &= \alpha \cdot y_t \qquad\qquad + (1-\alpha) \cdot (l_{t-1} + \delta_{t-1}) \\
\delta_t &= \beta \cdot (l_t - l_{t-1}) + (1-\beta) \cdot \delta_{t-1}
\end{aligned}
\tag{3.21}
$$

予測値は水準成分とドリフト成分の和として表現します．長期予測をするときにはドリフト成分が変わらないと考えて，毎時点δ_tを加算します．すなわち訓練データの最終時点Tからさらに2時点先を予測する場合$\hat{y}_{T+2} = l_T + 2\delta_T$となります．ドリフト成分を導入することで，増加トレンド・減少トレンドを表現できました．

ドリフト成分の計算式について補足します．基本的に計算式は「現在の実測値」と「1時点前の推測値」の加重和となっています．こうすることで「1時点前の推測値」を実測値で補正します．

水準成分右辺第1項は実測値y_tですね．一方のドリフト成分では$(l_t - l_{t-1})$を「現在の実測値」としています．水準成分の増減量を「現在のドリフトの値」とみなしていることがわかります．

なお，Holt法におけるドリフト成分はトレンドと呼ばれることが多いです．本書では状態空間モデルにおける用語との整合性をとるためにドリフト成分と呼びます．

4.6.3 Holt 法の実装

定義通り Holt 法を実装します．$y_1 = 1, y_2 = 2, y_3 = 3$ という時系列データを対象とします．平滑化定数は $\alpha = 0.8, \beta = 0.5$ と，初期値は $l_0 = \delta_0 = 0$ とします．

```
# 平滑化定数
alpha = 0.8
beta = 0.5

# 初期値
l0 = 0
d0 = 0
yhat1 = l0 + d0

# 予測値の計算
l1 = alpha * data[0]    + (1 - alpha) * (l0 + d0)
d1 = beta  * (l1 - l0) + (1 - beta)  * d0
yhat2 = l1 + d1

l2 = alpha * data[1]    + (1 - alpha) * (l1 + d1)
d2 = beta  * (l2 - l1) + (1 - beta)  * d1
yhat3 = l2 + d2

l3 = alpha * data[2]    + (1 - alpha) * (l2 + d2)
d3 = beta  * (l3 - l2) + (1 - beta)  * d2
yhat4 = l3 + d3

# 結果の確認
print(f'yhat：2 時点目 {yhat2:.4g} | 3 時点目 {yhat3:.4g} | 4 時点目 {yhat4:.4g}')
print(f'level：1 時点目 {l1:.3g} | 2 時点目 {l2:.3g} | 3 時点目 {l3:.4g}')
print(f'trend：1 時点目 {d1:.3g} | 2 時点目 {d2:.3g} | 3 時点目 {d3:.4g}')
```

```
yhat：2 時点目 1.2 | 3 時点目 2.56 | 4 時点目 3.808
level：1 時点目 0.8 | 2 時点目 1.84 | 3 時点目 2.912
trend：1 時点目 0.4 | 2 時点目 0.72 | 3 時点目 0.896
```

訓練データは 1, 2, 3 と毎時点 1 ずつ値が増えているので，4 時点目の予測値もトレンドを考慮してやや大きめの値になりました．

4.6.4 statsmodels の利用

statsmodels の関数を使うと，簡単に実装できます．

```
# holt 法の実装：パラメータ固定の場合
holt = tsa.Holt(
    data, initialization_method='known', initial_level=0, initial_trend=0
).fit(smoothing_level=0.8, smoothing_trend=0.5, optimized=False)
```

過去の当てはめ値は holt.fittedvalues で，将来の予測値は holt.forecast(1) などとして取得できます．水準成分は holt.level でドリフト成分は holt.trend で取得します．

4.6.5　パラメータの推定

余計な引数を指定しなければ，自動でパラメータを推定してくれます．

```
# holt 法の実装：パラメータを推定した場合
holt_best = tsa.Holt(data, initialization_method='estimated').fit()
holt_best.params
```

```
{'smoothing_level': 0.9999999850988388,
 'smoothing_trend': 2.7105053908240827e-17,
 'smoothing_seasonal': nan,
 'damping_trend': nan,
 'initial_level': -7.607667228101689e-05,
 'initial_trend': 1.00011499468019,
 'initial_seasons': array([], dtype=float64),
 'use_boxcox': False,
 'lamda': None,
 'remove_bias': False}
```

訓練データが 1, 2, 3 と増えていることを考慮して，予測値は 4 になりました．

```
holt_best.forecast(1)
```

```
3    4.000115
dtype: float64
```

4.7　damped trend のモデル化

トレンドの構造に対する 1 つの有力な工夫を紹介します．

4.7.1　damped trend とは

平均への回帰という，有名な言葉があります．例えばスマートフォンのゲームのガチャで当たりがたくさん出たとします．とてもうれしいことですが，ガチャをもっとたくさん回すと，長期的にはガチャの排出率と同じくらいの当たり率になると予想されます．運がいいと感じても徐々に運気が落ちて（？），平均的な結果になりますし，逆に運が悪いと感じても長い目で見れば平均に落ち着くことが多いです．

互いに独立なデータでは，平均への回帰がしばしば観測できますが，独立でないデータの場合は，平均への回帰が成り立たないことが普通です．一度お金持ちになると，投資先が増えるのでどんどんお金が増えていく一方で，お金がなくなると健康保険料などが圧迫して貧困から抜け出せないというのは，つらいことですが，十分起こりうることだと思います．だからこそ貧困対策は大切なのですね．

独立性を想定できない時系列データにおいて平均への回帰が成り立たないことが多いとはいえ「普通の状態に落ち着いていく」という直感を予測に反映したい気持ちもあります．そこで登場するのが damped trend です．

damped trend は「減衰するトレンド」くらいの意味になるでしょう．右肩上がりで売り上げが増えている会社でも，徐々に増加トレンドが弱くなり，横ばいの売り上げに近づくと想定したくなることがあります．この想定を予測に活かすのが本手法です．

4.7.2　減衰しないトレンドを用いた長期予測

平滑化定数は $\alpha = 0.8, \beta = 0.5$ と，初期値は $l_0 = \delta_0 = 0$ とした場合のドリフト成分の最後の値は `0.896` でした．この場合，長期予測を行うと，毎時点 `0.896` ずつ予測値が増えていきます．

```
holt.forecast(3).diff()
```

```
3      NaN
4    0.896
5    0.896
dtype: float64
```

4.7.3　damped trend を想定した Holt 法

damped trend を組み込んだ Holt 法は以下のようになります．ϕ はトレンドの減衰率のパラメータです．ドリフト成分 δ に ϕ をかけるだけのシンプルな変更ですが，これでトレンドが穏やかに減衰する状況をモデル化できます．

$$
\begin{aligned}
\widehat{y}_{t+1} &= l_t + \phi \cdot \delta_t \\
l_t &= \alpha \cdot y_t \qquad\qquad + (1-\alpha) \cdot (l_{t-1} + \phi \cdot \delta_{t-1}) \\
\delta_t &= \beta \cdot (l_t - l_{t-1}) + (1-\beta) \cdot \phi \cdot \delta_{t-1}
\end{aligned}
\tag{3.22}
$$

4.7.4　damped trend を想定した予測

実装してみましょう．$y_1 = 1, y_2 = 2, y_3 = 3$ という時系列データを対象とします．平滑化定数は $\alpha = 0.8, \beta = 0.5$ と，初期値は $l_0 = \delta_0 = 0$ と，トレンドの減衰率のパラメータは $\phi = 0.9$ とします．

```
# トレンドの減衰率のパラメータ
phi = 0.9

# 初期の予測値
yhat1 = l0 + phi * d0
```

```
# 予測値の計算
l1 = alpha * data[0]   + (1 - alpha) * (l0 + phi * d0)
d1 = beta  * (l1 - l0) + (1 - beta)  * phi * d0
yhat2 = l1 + phi * d1

l2 = alpha * data[1]   + (1 - alpha) * (l1 + phi * d1)
d2 = beta  * (l2 - l1) + (1 - beta)  * phi * d1
yhat3 = l2 + phi * d2

l3 = alpha * data[2]   + (1 - alpha) * (l2 + phi * d2)
d3 = beta  * (l3 - l2) + (1 - beta)  * phi * d2
yhat4 = l3 + phi * d3

# 結果の確認
print(f'yhat：2時点目 {yhat2:.4g} | 3時点目 {yhat3:.4g} | 4時点目 {yhat4:.4g}')
print(f'level：1時点目 {l1:.3g} | 2時点目 {l2:.3g} | 3時点目 {l3:.4g}')
print(f'trend：1時点目 {d1:.3g} | 2時点目 {d2:.3g} | 3時点目 {d3:.4g}')
```

```
yhat：2時点目 1.16 | 3時点目 2.458 | 4時点目 3.65
level：1時点目 0.8 | 2時点目 1.83 | 3時点目 2.892
trend：1時点目 0.4 | 2時点目 0.696 | 3時点目 0.843
```

statsmodels の関数を使う場合は damped_trend=True と指定します．

```
# damped trend を利用した場合
holt_damped = tsa.Holt(
    data, initialization_method='known', initial_level=0,
    initial_trend=0, damped_trend=True
).fit(smoothing_level=0.8, smoothing_trend=0.5, damping_trend=0.9,
      optimized=False)
```

以下のように，長期予測をするときのドリフトが変わり，増加トレンドは弱くなることがわかります．

```
holt_damped.forecast(3).diff()
```

```
3         NaN
4    0.682862
5    0.614576
dtype: float64
```

ドリフトはϕの累乗で小さくなります．

```
print(f'2時点先予測の増減量： {d3 * phi ** 2:.6g}')
print(f'3時点先予測の増減量： {d3 * phi ** 3:.6g}')
```

```
2時点先予測の増減量： 0.682862
3時点先予測の増減量： 0.614576
```

4.8 Holt-Winters 法

トレンドと季節性の両方を考慮した予測を行う手法を紹介します．

4.8.1 Holt-Winters 法の基礎

Holt-Winters 法は，Holt 法にさらに季節成分を組み込んだモデルです．component form 表現で Holt-Winters 法による予測値の計算式を紹介します．ただし季節性は 12 周期であり，γ は季節性の平滑化定数です．

下記の定義では利用しませんでしたが，Holt 法と同じく damped trend を利用することもできます．

$$\begin{aligned} \widehat{y}_{t+1} &= l_t + \delta_t + s_{t-11} \\ l_t &= \alpha \cdot (y_t - s_{t-12}) \quad + (1-\alpha) \cdot (l_{t-1} + \delta_{t-1}) \\ \delta_t &= \beta \cdot (l_t - l_{t-1}) \quad + (1-\beta) \cdot \delta_{t-1} \\ s_t &= \gamma \cdot (y_t - l_{t-1} - \delta_{t-1}) + (1-\gamma) \cdot s_{t-12} \end{aligned} \tag{3.23}$$

Holt-Winters 法は第 3 部第 2 章で紹介した TCSI の分解を思い出すと解釈しやすいです（**表 3.4.1**）．周期があいまいな循環変動 C_t と誤差項 I_t は計算式の中に出てこないので，加法型の場合 $y_t = T_t + S_t$ と素朴に考えましょう．水準成分 l_t は T_t，ドリフト成分 δ_t はトレンドの増減量なので $T_t - T_{t-1}$ です．そして季節成分 s_t はそのまま S_t と同様のものと解釈できます．

$t-1$ 時点までの情報を使って，t 時点目を予測することを考えます．トレンドの予測値は $l_{t-1} + \delta_{t-1}$ となります．一方でドリフト成分と季節成分は大きく変わらないと考えて δ_{t-1} がドリフト成分の予測値，1 周期前の s_{t-12} が季節成分の予測値となります．第 2 項の予測値を第 1 項の実測値で補正するという一貫した考えに基づいて計算されていることがわかります．

表 3.4.1　各成分の解釈

成分名	第 1 項	第 1 項の解釈	第 2 項	第 2 項の解釈
水準成分	$y_t - s_{t-12}$	トレンド	$l_{t-1} + \delta_{t-1}$	トレンドの予測値
ドリフト成分	$l_t - l_{t-1}$	トレンドの差分	δ_{t-1}	ドリフト成分の予測値
季節成分	$y_t - l_{t-1} - \delta_{t-1}$	季節成分	s_{t-12}	季節成分の予測値

4.8.2 Holt-Winters 法の実装

定義通り Holt-Winters 法を実装します．$y_1 = 1, y_2 = 2, y_3 = 3$ という時系列データを対象とします．計算の簡単のため，2 周期のモデルにします．

平滑化定数は $\alpha = 0.8, \beta = 0.5, \gamma = 0.6$ と，初期値は $l_0 = \delta_0 = s_0 = s_{-1} = 0$ とします．季節成分の初期値は，周期と同じ数必要になることに注意してください．

```
# 平滑化定数
alpha = 0.8
beta = 0.5
gamma = 0.6

# 初期値
l0 = 0
d0 = 0
s_ng1 = 0 # -1時点目
s0 = 0     # 0時点目
yhat1 = l0 + d0 + s_ng1 # 周期2なので，前の時点のsを使う

# 予測値の計算
l1 = alpha * (data[0] - s_ng1)    + (1 - alpha) * (l0 + d0)
d1 = beta  * (l1 - l0)            + (1 - beta)  * d0
s1 = gamma * (data[0] - l0 - d0) + (1 - gamma) * s_ng1
yhat2 = l1 + d1 + s0    # 周期2なので，前の時点のsを使う

l2 = alpha * (data[1] - s0)       + (1 - alpha) * (l1 + d1)
d2 = beta  * (l2 - l1)            + (1 - beta)  * d1
s2 = gamma * (data[1] - l1 - d1) + (1 - gamma) * s0
yhat3 = l2 + d2 + s1    # 周期2なので，前の時点のsを使う

l3 = alpha * (data[2] - s1)       + (1 - alpha) * (l2 + d2)
d3 = beta  * (l3 - l2)            + (1 - beta)  * d2
s3 = gamma * (data[2] - l2 - d2) + (1 - gamma) * s1
yhat4 = l3 + d3 + s2    # 周期2なので，前の時点のsを使う

# 結果の確認
print(f'yhat:2時点目 {yhat2:.3g} | 3時点目 {yhat3:.3g} | 4時点目 {yhat4:.4g}')
print(f'level:1時点目 {l1:.3g} | 2時点目 {l2:.3g} | 3時点目 {l3:.4g}')
print(f'trend:1時点目 {d1:.3g} | 2時点目 {d2:.3g} | 3時点目 {d3:.4g}')
print(f'season:1時点目 {s1:.3g} | 2時点目 {s2:.3g} | 3時点目 {s3:.4g}')
```

```
yhat:2時点目 1.2 | 3時点目 3.16 | 4時点目 3.568
level:1時点目 0.8 | 2時点目 1.84 | 3時点目 2.432
trend:1時点目 0.4 | 2時点目 0.72 | 3時点目 0.656
season:1時点目 0.6 | 2時点目 0.48 | 3時点目 0.504
```

4.8.3　statsmodelsの利用

statsmodelsの関数を使うと，簡単に実装できます．ExponentialSmoothing関数を使うことで，単純指数平滑化法やHolt法も含めたさまざまな指数平滑化法を実行できます．季節成分の初期値の数だけ気をつけてください．周期はseasonal_periods=2とすることで2周期になります．

```
# Holt-Winters 法の実装
hw = tsa.ExponentialSmoothing(
    data, trend='add', seasonal='add', initialization_method='known',
    initial_level=0, initial_trend=0,
    initial_seasonal=[0,0],seasonal_periods=2
).fit(smoothing_level=0.8, smoothing_trend=0.5, smoothing_seasonal=0.6,
      optimized=False)
```

季節成分は hw.season とすることで取得できます．

4.8.4　飛行機乗客数データへの適用

飛行機乗客数データに対して Holt-Winters 法を適用します．平滑化定数と初期値はすべて最小 2 乗法で推定します．

```
# モデル化
hw_air = tsa.ExponentialSmoothing(
    train, trend='add', seasonal='add', seasonal_periods=12).fit()

# 予測
pred = hw_air.forecast(len(test))

# 予測精度
mean_absolute_error(test, pred)
```

```
21.544775457219366
```

MAE は 21.5 ほどとなりました．季節性とトレンドの両方を考慮しているので，それなりによい精度といえます．

水準成分と予測値をプロットします（**図 3.4.1**）．

```
fig, ax = plot_series(train, hw_air.level, test, pred,
                      labels=['train', 'level', 'test', 'pred'],
                      markers=np.tile('', 4))
fig.set_size_inches(8, 4)
```

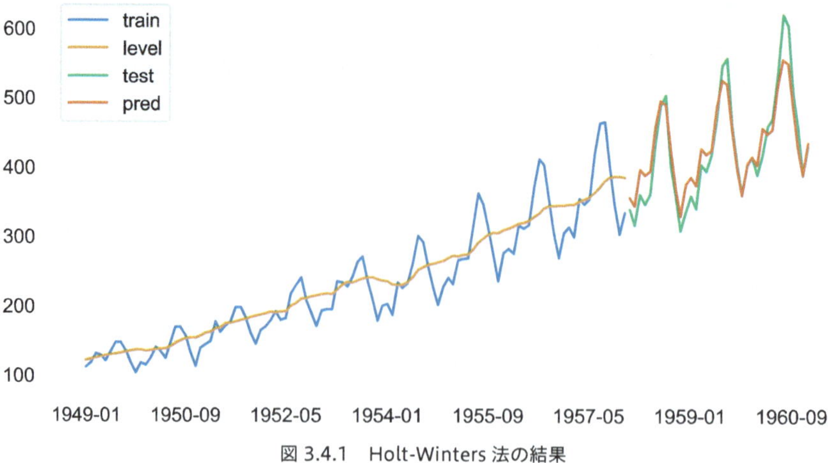

図 3.4.1　Holt-Winters 法の結果

4.8.5　乗法型の Holt-Winters 法

季節調整に加法型と乗法型があったように，Holt-Winters 法にも加法型と乗法型があります．今までのモデルはすべて加法型でした．ドリフト成分と季節成分はともに乗法型にできます．しかし，ドリフト成分を乗法型にすると推定結果が安定しにくいです．そこで，季節成分のみ乗法型に変更します．変更後のモデルは以下の通りです．足し算がかけ算に，引き算が割り算に変わります．

$$\begin{aligned}\hat{y}_{t+1} &= (l_t + \delta_t) \cdot s_{t-11} \\ l_t &= \alpha \cdot \left(\frac{y_t}{s_{t-12}}\right) + (1-\alpha) \cdot (l_{t-1} + \delta_{t-1}) \\ \delta_t &= \beta \cdot (l_t - l_{t-1}) + (1-\beta) \cdot \delta_{t-1} \\ s_t &= \gamma \cdot \left(\frac{y_t}{l_{t-1} \cdot \delta_{t-1}}\right) + (1-\gamma) \cdot s_{t-12}\end{aligned} \tag{3.24}$$

statsmodels を使い，飛行機乗客数データに対して乗法型の Holt-Winters 法を適用します．seasonal='mul' と指定すると季節成分が乗法型となります．少し予測精度が悪化したようです．

```
# 乗法型としてモデル化
hw_air_mul = tsa.ExponentialSmoothing(
    train, trend='add', seasonal='mul', seasonal_periods=12).fit()

# 予測
pred_mul = hw_air_mul.forecast(len(test))

# 予測精度
mean_absolute_error(test, pred_mul)
```

```
22.318015069498156
```

4.9 sktime による効率的な実装

sktime を使い，精度が高いモデルを効率よく探索します．以下では Holt-Winters 法を対象とします．

4.9.1 sktime の利用

sktime が提供する ExponentialSmoothing 関数は，内部で statsmodels を利用しています．そのため，以下の手順で statsmodels とまったく同じ結果を得ることができます．

```
# 予測手法の指定
hw_forecaster = ExponentialSmoothing(trend='add', seasonal='add')

# データへの当てはめ
hw_forecaster.fit(train)

# 予測の実施
hw_fore_sk = hw_forecaster.predict(fh)
```

4.9.2 精度の高い手法の探索

Holt-Winters 法の中で，予測精度が高い予測手法を調べます．対数変換の有無・加法型と乗法型の選択・damped trend の有無の 3 つの視点で探索します．各々 2 パターンあるので，都合 8 パターンから 1 つの予測手法を選ぶことになります．

```
# 前処理から予測の選択までを 1 つのパイプラインにまとめる
pipe = TransformedTargetForecaster(
    steps=[
        ('log', OptionalPassthrough(LogTransformer())),
        ('forecaster', MultiplexForecaster(
            forecasters=[
                ('add', ExponentialSmoothing(trend='add', seasonal='add')),
                ('add_damped', ExponentialSmoothing(
                    trend='add', seasonal='add', damped_trend=True)),
                ('mul', ExponentialSmoothing(trend='add', seasonal='mul')),
                ('mul_damped', ExponentialSmoothing(
                    trend='add', seasonal='mul', damped_trend=True))
            ]
        )),
    ]
)

# 対数変換の有無・対象となる予測方法の一覧
param_grid = {
    'log__passthrough': [True, False],
```

```
    'forecaster__selected_forecaster': [
        'add', 'add_damped', 'mul', 'mul_damped'
    ],
}

# 12 時点先予測の CV によってモデルの精度を比較して，最も精度が高い手法を選ぶ
cv = ExpandingWindowSplitter(
    fh=np.arange(1,13), initial_window=24, step_length=12
)

# 予測器の作成
cv_pipe_forecaster = ForecastingGridSearchCV(
    forecaster=pipe, param_grid=param_grid,
    cv=cv, scoring=MeanAbsoluteError()
)
```

データへ当てはめて，CV の予測精度が最良となった予測器を表示します．

```
# データへの当てはめ
cv_pipe_forecaster.fit(train)

# CV で判断された最良の予測手法
cv_pipe_forecaster.best_params_
```

```
{'forecaster__selected_forecaster': 'add', 'log__passthrough': False}
```

予測器は「加法型・damped trend は利用しない」方式です．「対数変換をパスするかどうか」は False なので，パスしない（対数変換する）という結果が選ばれました．

テストデータに対する予測精度を確認します．

```
# 予測の実施
best_pred = cv_pipe_forecaster.predict(fh)

# 予測精度
mean_absolute_error(test, best_pred)
```

```
32.86696975874994
```

MAE は 33 近くとなり，悪化してしまいました．CV での予測精度を向上させると，近年のテストデータに対する予測精度は下がってしまうようです．とはいえ，ほどほどに精度がよい予測手法を選ぶことができました．

Box-Jenkins 法とその周辺

Box-Jenkins 法も，指数平滑化法と同様に需要予測などで頻繁に利用される手法です．トレンドや季節性，そして外生変数の影響を考慮した SARIMAX モデルは，時系列モデルの 1 つの完成形といえるかもしれません．しかし，SARIMAX モデルは構造が複雑で，解釈がやや困難です．モデルの特徴についてしっかりと把握したうえで利用できるように，モデルの構造について丁寧に解説します．

また，本手法は自動予測アプローチと呼ばれる半自動的にモデルを推定する方法が整備されているのが大きな特徴です．モデルの推定を自動的に行う手続きに加えて，モデルの診断の方法もあわせて解説します．実務的にも有用な手法であるため，Python での実装方法も含めて解説します．

第 1 章

Box-Jenkins 法から自動予測アプローチへ

テーマ

第 4 部以降では，やや高度な予測手法に移っていきます．ここでは **Box-Jenkins 法**と呼ばれる時系列分析の手続き（フレームワーク）を解説します．

指数平滑化法などと異なり，予測手法の解説だけでは終わりません．モデルの使い分けの考え方や，モデルの評価方法などをとりまとめたものが Box-Jenkins 法です．少し複雑ですので，本章ではまず Box-Jenkins 法の大まかな見取り図を提供し，次章から各論に移ることにします．

概 要

ARMA 過程とその発展 → Box-Jenkins 法 → 自動予測アプローチの活用 → 第 4 部で学ぶこと

1.1 ARMA 過程とその発展

Box-Jenkins 法では ARMA モデルとその発展形のモデル（ARIMA モデルや SARIMAX モデル）をデータに当てはめることによって，時系列データを予測することを試みます．

多くの時系列分析の教科書では定常過程や ARMA 過程という名称で ARMA モデルの解説がされています．真のデータ生成過程が ARMA 過程であると想定してモデル化するため，このようなタイトルになっているのだと思います．本書ではモデルという言葉に対して「データを生み出す確率的な過程を簡潔に記述したもの」という定義を採用しているので，過程とモデルをほぼ同じ意味で使っています．ただし真のデータ生成過程が ARMA 過程でない系列に対しても，単純で利用しやすいため ARMA モデルを適用する可能性はあります．本書では個別の過程の特長よりもモデルの利用法を中心的に解説していきます．

本書でも第 4 部第 2 章において ARMA モデルとその発展形である ARIMA モデルを，第 4 部第 3 章ではさらにそれを発展させた SARIMAX モデルを導入します．ただし，本書では実際に時系列データを分析し，予測を行うという実践的な観点から部のタイトルを（ARMA 過程ではなく）Box-Jenkins 法としました．

1.2 Box-Jenkins 法

Box-Jenkins 法はその名の通り Box さんと Jenkins さんによって 1970 年に提案されました．Box-Jenkins 法により ARMA モデルなどの実践的な推定手続きが整理されたことで，ARMA モデルはさまざまな分野で活用されることになりました．ここでは Granger(1994) および Enders(2019) を参照して Box-Jenkins 法の概要を紹介します．

Box-Jenkins 法は大きく (1) 同定, (2) 推定, (3) 診断の 3 つの手順からなります．順番に解説します．

1.2.1 同定

データに当てはめるモデルの候補を選ぶ作業をモデルの同定と呼びます．原系列の折れ線グラフを確認することはもちろん，自己相関や偏自己相関なども参照します．

ARMA モデルは理論的な自己相関や偏自己相関が明らかになっていますので，これらの情報をもとにしてデータの持つ特徴をしっかりと表現できるようなモデルを選択します．

1.2.2 推定

モデルの候補が得られたら，そのモデルをデータに当てはめます．実際にモデルのパラメータなどを推定する作業をここでは行います．

1.2.3 診断

推定されたモデルの評価を行うのが, 最後の診断のプロセスです．モデルの残差をチェックしたり，テストデータに対する予測精度を調べたりします．

1.2.4 Box-Jenkins 法から自動予測アプローチへ

Box-Jenkins 法は Granger(1994) で絶賛されているように，歴史的に見て非常に成功した手法だと思います．しかし，コンピュータの計算能力が発達した昨今において，モデルの同定を人間が手作業で行うのはやや非効率かもしれません．特に予測する系列が多くある場合は，現実的な時間で実行するのが困難となることがあります．

本書では次節で紹介する自動予測アプローチを積極的に利用します．

1.3 自動予測アプローチの活用

Hyndman and Khandakar (2008) では ARIMA モデルを自動で推定するアプローチが提案されています．このアプローチが R 言語の `forecast` ライブラリで実装されて以降，さまざまな分野で利用されるようになりました．本書ではこのアプローチのことを，`forecast` ライブラリにおける関数名から Auto ARIMA と呼ぶことにします．

Auto ARIMA ではモデルの同定を自動的に行うことができます．とはいえ，内部がブラックボックスでは実践において困ることも多いと思います．そこで本書では Box-Jenkins 法の解説を通して自動予測アプローチについての理解を深めていただくような構成となっています．

なお，2008 年に提案された自動予測アプローチをそのまま適用するのではなく，本書ではいくつかの変更をとり入れています．もともとの Auto ARIMA では step wise 法と呼ばれる方法を使って，いくつかのモデルの候補を効率よく探索することを試みています．しかし，コンピュータの計算能力が発達しているので，本書では総当たりでのモデル比較を行います．

季節差分の必要性を判断する方法として Hyndman and Khandakar (2008) では CH 検定を推奨しています．一方で，近年の `forecast` ライブラリでは stl 法を用いたやや技巧的な方法を利用しているようです（version 8.21 で確認）．本書では `pmdarima` ライブラリの標準設定である OCSB 検定を利用します．

1.4　第 4 部で学ぶこと

第 4 部では大きく 2 つのことを学んでいただきます（**図 4.1.1**）．1 つ目はモデルの構造です．Box-Jenkins 法で利用される最も複雑なモデルは SARIMAX モデルです．SARIMAX は S, AR, I, MA, X に分かれます．さまざまなモデルを組み合わせたものが SARIMAX モデルなのです．個別のモデルの構造について学んだうえで，それらを組み合わせて複雑な構造を持つ時系列データを予測することを試みます．

モデルの選択の方法も学んでいただきます．S, AR, I, MA, X のすべての要素を常に組み込む必要はありません．例えば季節性がないデータであれば，季節性を表現するための要素である S は不要です．また，詳細は第 4 部第 2 章以降で解説しますが，モデルの次数と呼ばれる値を定める必要があります．時系列データを予測するために適したモデルを選択し，予測精度を向上させることを試みます．

① モデルの構造を学ぶ

S：季節性（Seasonal）
AR：自己回帰（AutoRegressive）
I：和分（Integrated）
MA：移動平均（Moving Average）
X：外生変数（eXogeneous variables）

ARIMA（第 2 章）
SARIMAX（第 3 章）

② モデルを選択する（第 4 章）

例）季節性を除いて ARIMAX モデルを利用する
例）AR の次数を 3 次とする

図 4.1.1　第 4 部で学ぶこと

第2章

ARIMAモデル

テーマ

Box-Jenkins法の根幹をなす統計モデルについて解説します．ARモデル，MAモデル，ARMAモデル，そしてARIMAモデルと複数のモデルをまとめて解説します．Pythonを用いて実際に手を動かして分析しながら，各モデルの特徴を学んでいただきます．

ARIMAモデルの理論については沖本(2010)，Enders(2019)，北川(2005)を参考にしました．R言語を用いた実装については馬場(2018)や田中(2018)などに記載があります．

概要

分析の準備 → AR過程 → MA過程 → 最小2乗法を用いたARモデルの推定
→ 状態空間モデルを用いたARモデルの推定 → 状態空間モデルを用いたMAモデルの推定
→ ARモデルによる予測 → MAモデルによる予測 → ARMA過程 → 和分過程と単位根過程
→ ARIMA過程 → ARIMAモデルの推定と予測

2.1 分析の準備

ライブラリの読み込みなどを行います．

```
# 数値計算に使うライブラリ
import numpy as np
import pandas as pd

# グラフを描画するライブラリ
from matplotlib import pyplot as plt
import seaborn as sns
sns.set()

# 統計モデルを推定するライブラリ
import statsmodels.api as sm
import statsmodels.formula.api as smf
import statsmodels.tsa.api as tsa

# 再帰的に回帰分析を実行するための関数の読み込み
from sklearn.linear_model import LinearRegression
```

```
from sktime.forecasting.compose import make_reduction

# グラフの日本語表記
from matplotlib import rcParams
rcParams['font.family'] = 'sans-serif'
rcParams['font.sans-serif'] = 'Meiryo'
```

2.2　AR 過程

まずは最も単純な AR 過程を導入します．

2.2.1　AR 過程

AR 過程の AR は AutoRegressive の略で**自己回帰過程**という意味になります．1 次の AR 過程は以下のデータ生成過程に従います．

$$y_t = c + \phi_1 y_{t-1} + \varepsilon_t, \qquad \varepsilon_t \sim \mathcal{N}\left(0, \sigma^2\right) \tag{4.1}$$

本来，誤差項ε_tは正規分布とは限らない単なるホワイトノイズです．しかし，多くの分析で正規分布に従うホワイトノイズを想定します．本書では断りがない限り，正規ホワイトノイズで誤差項を統一します．

AR 過程に当てはめる AR モデル（自己回帰モデル）は自己回帰の名前の通り「過去の自分の値」を説明変数にした回帰モデルだといえます．これは後ほど AR モデルを推定するときに回帰分析を利用することから直感的に理解できると思います．

重回帰のように，過去の複数の時点が参照されることもあります．p次の AR 過程は以下のデータ生成過程に従う系列です．

$$y_t = c + \sum_{i=1}^{p} \phi_i y_{t-i} + \varepsilon_t, \qquad \varepsilon_t \sim \mathcal{N}\left(0, \sigma^2\right) \tag{4.2}$$

次数が増えると，AR 過程は周期的な変化を示すことがあります．

2.2.2　AR 過程の定常条件

AR 過程は定常過程になることもあれば，非定常過程になることもあります．時点tが十分に大きい 1 次の AR 過程においては，$|\phi_1| < 1$が定常性の条件であることが知られています．定常である AR 過程を定常 AR 過程と呼ぶことにします．

もしも$\phi_1 = 1$であるならば，この AR 過程は正規ホワイトノイズの純粋な累積和になるため，非定常なランダムウォーク過程となりますね．ϕ_1が 0.9 なのか 1 なのかは，小さく見えてとても大きな違いになります．

2.2.3 AR 過程に従うデータの例

1 次の定常 AR 過程に従うシミュレーションデータを読み込みます．このデータは日単位のデータとなっています．posi と nega の 2 系列あり，各々以下の AR 過程に従います．

$$
\begin{aligned}
\text{posi}:\quad & y_t = 0.8y_{t-1} + \varepsilon_t, && \varepsilon_t \sim \mathcal{N}(0,1) \\
\text{nega}:\quad & y_t = -0.8y_{t-1} + \varepsilon_t, && \varepsilon_t \sim \mathcal{N}(0,1)
\end{aligned}
\tag{4.3}
$$

```
# データの読み込み
ar_data = pd.read_csv(
    '4-2-1-ar-data.csv', index_col='date', parse_dates=True, dtype='float')

# 1 日単位のデータ
ar_data.index.freq = 'D'

# 先頭行の確認
print(ar_data.head(3))
```

```
                posi      nega
date
2023-01-01  1.788628 -0.231497
2023-01-02  1.867413  0.680778
2023-01-03  1.590428 -1.115185
```

2 系列の折れ線グラフを描きます（**図 4.2.1**）．subplots=True と指定することで，複数の系列を別々のグラフに分けることができます．

```
ar_data.plot(subplots=True)
```

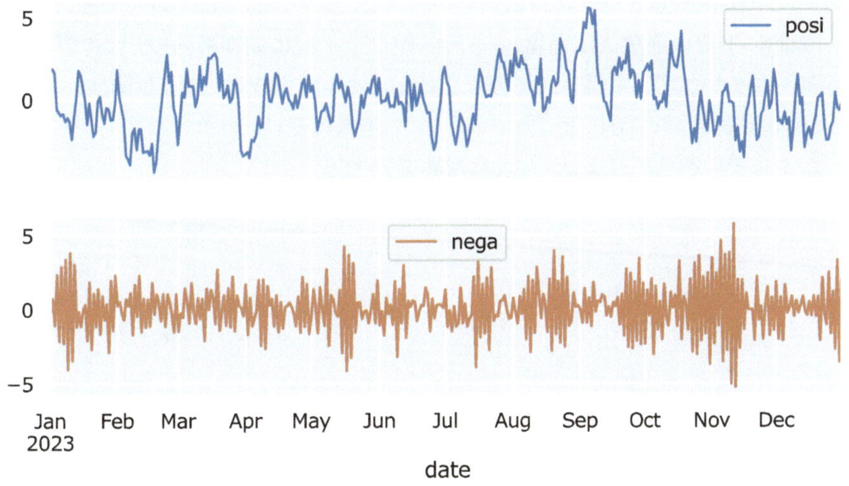

図 4.2.1　AR 過程に従うデータの例

係数の正負が異なるだけですが，データ系列は大きく異なることがわかります．正の係数を持つ AR-posi は「前回大きな値が出たら，今回も大きな値が出やすい」，その逆に「前回小さな値が出たら，今回も小さな値が出やすい」という関係にあるため，データがなだらかに変化します．

一方で負の係数を持つ AR-nega は，「前回大きな値が出たら，今回は小さな値が出やすい」ため，非常に細かく振動します．また前日の値の絶対値が大きいほど，翌日の値の絶対値は大きくなりやすいので振動がどんどん大きくなっていく期間があることがわかります．逆に絶対値の小さな値がたまたま出たら，翌日も絶対値が小さな値が出やすいため，振動が小さな期間が発生することもあります．

AR 過程は非常に素朴なデータ生成過程ですが，パラメータを変えるだけでさまざまな系列を生み出すことができます．

2.2.4　AR 過程に従うデータの自己相関

Box-Jenkins 法における同定のプロセスでは，データ系列の自己相関や偏自己相関を見て，どのようなモデルを採用するかを判断します．同定のプロセスが自動化されているとはいえ，古典的な方法を知っておくことは有益でしょう．ここでは 1 次の AR 過程の自己相関をコレログラムで調べます(**図 4.2.2**)．

```
# グラフサイズの指定
fig, ax = plt.subplots(2, 1, figsize=(8, 4), tight_layout=True)

# コレログラムの作成
_ = sm.graphics.tsa.plot_acf(ar_data['posi'], lags=40,
                             title='AR posi ACF', ax=ax[0])
_ = sm.graphics.tsa.plot_acf(ar_data['nega'], lags=40,
                             title='AR nega ACF', ax=ax[1])
```

正の係数を持つ AR-posi は穏やかに自己相関が減衰し，負の係数を持つ AR-nega は自己相関が振動します．一般的に 1 次の定常 AR 過程 $y_t = c + \phi_1 y_{t-1} + \varepsilon_t$ に従う系列の k 次の自己相関 ρ_k は ϕ_1^k であることが知られています．定常 AR 過程ならば $|\phi_1| < 1$ ですので，自己相関はたとえ振動するとしても k が大きくなるにつれて 0 に近づいていきます．過去にどれだけ大きな変化があったとしても，時間がたつにつれてその影響が薄まっていくと解釈できます．

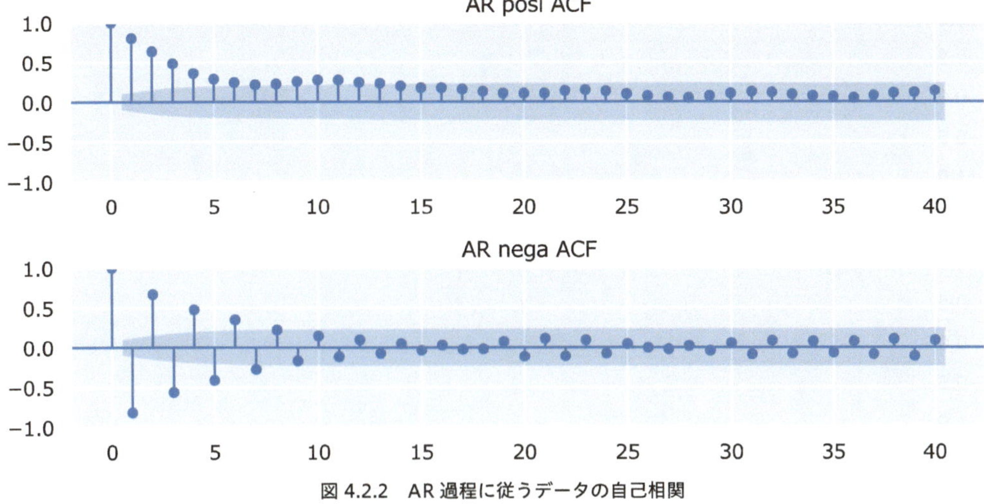

図 4.2.2　AR 過程に従うデータの自己相関

もしも $\phi_1 = 1$ ならば，過去の影響は薄まりません．この意味でも $|\phi_1| < 1$ と $\phi_1 = 1$ では非常に大きな違いがあることがわかります．

2.2.5 AR 過程に従うデータの偏自己相関

続いて AR 過程の偏自己相関を調べます（**図 4.2.3**）．

```
# グラフサイズの指定
fig, ax = plt.subplots(2, 1, figsize=(8, 4), tight_layout=True)

# コレログラムの作成
_ = sm.graphics.tsa.plot_pacf(ar_data['posi'], lags=40,
                              title='AR posi PACF', ax=ax[0])
_ = sm.graphics.tsa.plot_pacf(ar_data['nega'], lags=40,
                              title='AR nega PACF', ax=ax[1])
```

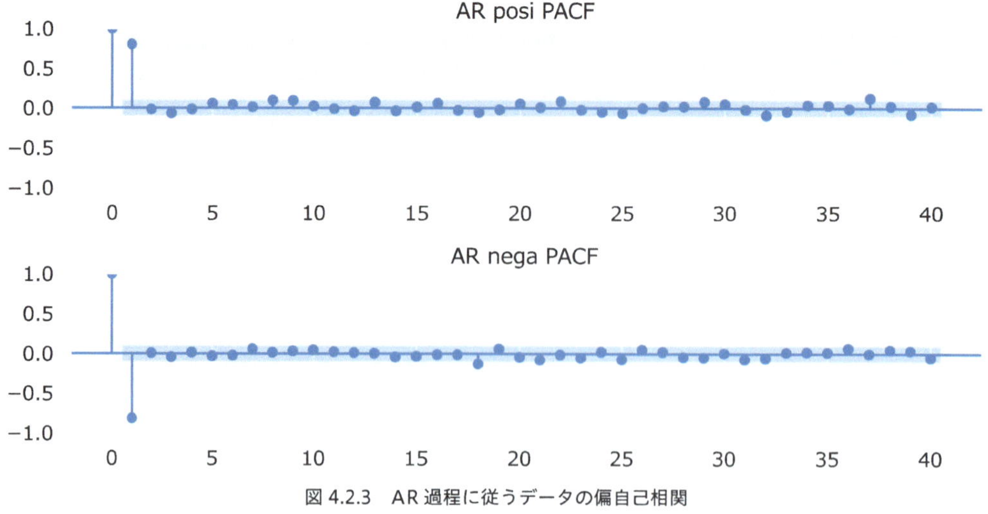

図 4.2.3　AR 過程に従うデータの偏自己相関

k次の偏自己相関は$k-1$次までの自己相関の影響を排除したうえで，純粋なk時点前との関連性を評価します．1 次の AR 過程は過去の 1 時点しか参照しないため，2 次以上の偏自己相関は 0 となります．p次の AR 過程であれば，$p+1$次以上の偏自己相関が 0 となります．

2.3　MA 過程

AR 過程と密接な関係がある MA 過程を導入します．

2.3.1　MA 過程

MA 過程の MA は Moving Average の略で**移動平均過程**という意味になります．1 次の MA 過程は以下のデータ生成過程に従います．

$$y_t = \mu + \theta_1 \varepsilon_{t-1} + \varepsilon_t, \qquad \varepsilon_t \sim \mathcal{N}\left(0, \sigma^2\right) \tag{4.4}$$

MA 過程は「過去と同じ値を一部参照する」ことによって過去の時点との自己相関を表現します．

MA 過程は「過去のホワイトノイズ」から将来を予測できると考えます．$\theta_1 > 0$のとき，1 時点前に大きなノイズが加わったならば，次の時点のy_tは大きくなります．そのため，$\theta_1 > 0$なら 1 時点前に大きな値が出ると，次の時点も大きな値が出やすいことになります．

q次の MA 過程は以下のデータ生成過程に従う系列です．

$$y_t = \mu + \sum_{j=1}^{q} \theta_j \varepsilon_{t-j} + \varepsilon_t, \qquad \varepsilon_t \sim \mathcal{N}\left(0, \sigma^2\right) \tag{4.5}$$

MA 過程は一見すると，通常の移動平均と関係がないように見えます．このままの形式だと理解しにくいかもしれません．ここで，以下のような 2 次の MA 過程を考えます．

$$y_t = \mu + \theta_1 \varepsilon_{t-1} + \theta_2 \varepsilon_{t-2} + \varepsilon_t, \qquad \varepsilon_t \sim \mathcal{N}\left(0, \sigma^2\right) \tag{4.6}$$

ここで$\theta_1 = \theta_2 = 0.5$とすると，$y_t = \mu + 0.5\left(\varepsilon_{t-1} + \varepsilon_{t-2}\right) + \varepsilon_t$には過去 2 時点におけるホワイトノイズの移動平均が現れます．実際のところθ_1, θ_2はデータから推定されるため 0.5 になるとは限りません．MA 過程は移動平均をより拡張したものと考えると理解しやすいと思います．

2.3.2　AR 過程と MA 過程の関係

MA 過程は定常過程であるホワイトノイズの和となっています．定常過程の和は定常過程になることが知られているため，MA 過程は常に定常過程となります．この点は AR 過程と異なりますね．

ところで，定常 AR 過程は∞の次数を持つ MA 過程とみなすことができます．MA 過程も逆に∞の次数を持つ AR 過程とみなせることもあるのですが，それには条件があります．その条件を MA 過程の**反転可能条件**と呼びます．なお 1 次の MA 過程において$|\theta_1| < 1$ならば反転可能であることが知られています．

AR 過程としては定常 AR 過程を，MA 過程としては反転可能な MA 過程を利用すると，結果の解釈が容易になるため，モデルを推定するときにはこれらの条件を満たすようにすることが望まれます．

OnePoint

定常 AR 過程を∞の次数を持つ MA 過程とみなすことができる理由を説明します．ここでは以下の定数項がない 1 次の AR モデルを考えます．

$$y_t = \phi_1 y_{t-1} + \varepsilon_t \tag{4.7}$$

時点を 1 時点ずらした$y_{t-1} = \phi_1 y_{t-2} + \varepsilon_{t-1}$を代入します．

$$\begin{aligned} y_t &= \phi_1\left(\phi_1 y_{t-2} + \varepsilon_{t-1}\right) + \varepsilon_t \\ &= \phi_1^2 y_{t-2} + \phi_1 \varepsilon_{t-1} + \varepsilon_t \end{aligned} \tag{4.8}$$

同様に 2 時点ずらした$y_{t-2} = \phi_1 y_{t-3} + \varepsilon_{t-2}$を代入し，という作業を$q$回続けると，最終的に以下のようになります．

$$y_t = \phi_1^q y_{t-q} + \sum_{i=1}^{q-1} \phi_1^i \varepsilon_{t-i} + \varepsilon_t \tag{4.9}$$

$q \to \infty$を考えます．定常 AR 過程では$|\phi_1| < 1$ですので$\phi_1^q \to 0$となります．よって，以下のように∞の次数を持つ MA 過程となります．

$$y_t \to \sum_{i=1}^{\infty} \phi_1^i \varepsilon_{t-i} + \varepsilon_t \tag{4.10}$$

AR 過程について「反転可能な AR 過程」とはあまり呼びませんが，定常 AR 過程であれば反転可能となります．

OnePoint

反転可能な MA 過程を∞の次数を持つ AR 過程とみなすことができる理由を説明します．ここでは以下の定数項がない 1 次の MA モデルを考えます．

$$y_t = \theta_1 \varepsilon_{t-1} + \varepsilon_t \tag{4.11}$$

時点を 1 時点ずらした $y_{t-1} = \theta_1 \varepsilon_{t-2} + \varepsilon_{t-1}$ より $\varepsilon_{t-1} = y_{t-1} - \theta_1 \varepsilon_{t-2}$ が成り立ちます．これを代入します．

$$\begin{aligned} y_t &= \theta_1 \left(-\theta_1 \varepsilon_{t-2} + y_{t-1}\right) + \varepsilon_t \\ &= -\theta_1^2 \varepsilon_{t-2} + \theta_1 y_{t-1} + \varepsilon_t \end{aligned} \tag{4.12}$$

同様に 2 時点ずらした $\varepsilon_{t-2} = y_{t-2} - \theta_1 \varepsilon_{t-3}$ を代入し，という作業を p 回続けると，最終的に以下のようになります．

$$y_t = \left(-\theta_1\right)^p \varepsilon_{t-p} - \sum_{j=1}^{p-1} \left(-\theta_1\right)^j y_{t-j} + \varepsilon_t \tag{4.13}$$

$p \to \infty$ を考えます．反転可能な MA 過程では $|\theta_1| < 1$ ですので $(-\theta_1)^p \to 0$ となります．よって，以下のように∞の次数を持つ AR 過程となります．

$$y_t \to -\sum_{j=1}^{\infty} \left(-\theta_1\right)^j y_{t-j} + \varepsilon_t \tag{4.14}$$

2.3.3　MA 過程に従うデータの例

1 次の反転可能な MA 過程に従うシミュレーションデータを読み込み，2 系列の折れ線グラフを描きます（**図 4.2.4**）．このデータは日単位のデータとなっています．posi と nega の 2 系列あり，各々以下の MA 過程に従います．

$$\begin{aligned} &\text{posi}: && y_t = 0.8\varepsilon_{t-1} + \varepsilon_t && \varepsilon_t \sim \mathcal{N}(0,1) \\ &\text{nega}: && y_t = -0.8\varepsilon_{t-1} + \varepsilon_t, && \varepsilon_t \sim \mathcal{N}(0,1) \end{aligned} \tag{4.15}$$

```
# データの読み込み
ma_data = pd.read_csv(
    '4-2-2-ma-data.csv', index_col='date', parse_dates=True, dtype='float')

# 1 日単位のデータ
ma_data.index.freq = 'D'

# 可視化
ma_data.plot(subplots=True)
```

AR 過程とよく似ていますが，MA-posi は AR 過程と比べるとギザギザしており，MA-nega は AR 過程と比べるとなだらかな変化になっています．

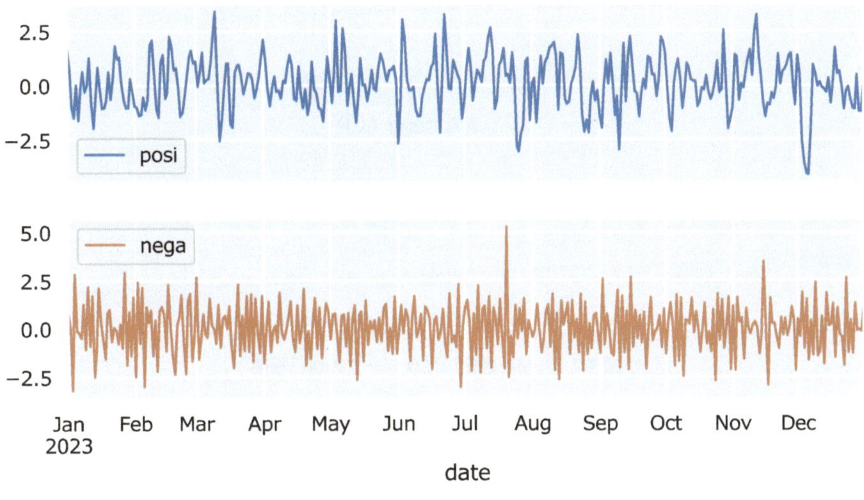

図 4.2.4　MA 過程に従うデータの例

2.3.4　MA 過程に従うデータの自己相関

1 次の MA 過程の自己相関をコレログラムで調べます（**図 4.2.5**）．

```
# グラフサイズの指定
fig, ax = plt.subplots(2, 1, figsize=(8, 4), tight_layout=True)

# コレログラムの作成
_ = sm.graphics.tsa.plot_acf(ma_data['posi'], lags=40,
                             title='MA posi ACF', ax=ax[0])
_ = sm.graphics.tsa.plot_acf(ma_data['nega'], lags=40,
                             title='MA nega ACF', ax=ax[1])
```

MA 過程は「過去と同じ値を一部参照する」ことによって過去の時点との自己相関を表現します．逆にいえば参照期間よりも過去の時点との自己相関は 0 となります．そのため 2 時点以上前の時点との自己相関は 0 になります．一般的に 1 次の反転可能な MA 過程 $y_t = \mu + \theta_1 \varepsilon_{t-1} + \varepsilon_t$ の 1 時点前との自己相関は $\theta_1/(1-\theta_1^2)$ であることが知られています．

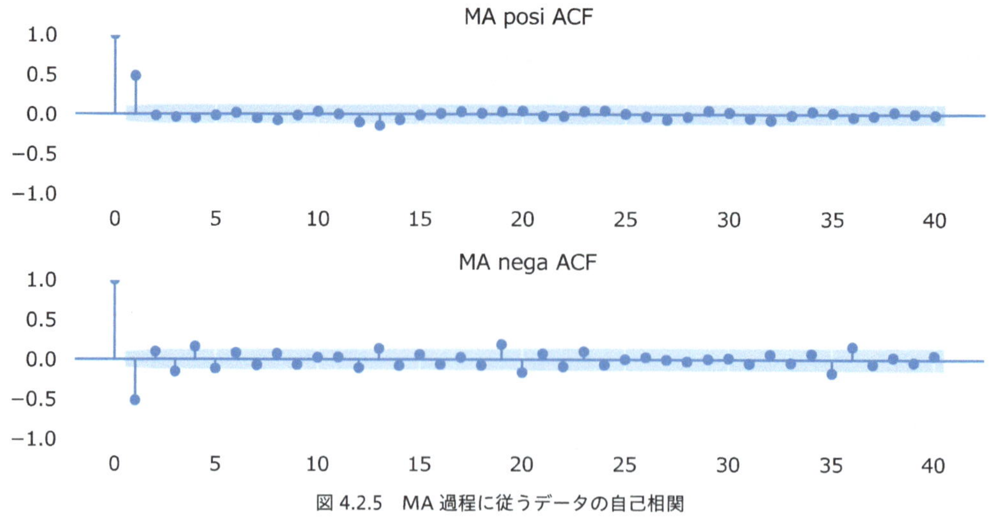

図 4.2.5　MA 過程に従うデータの自己相関

2.3.5 MA 過程に従うデータの偏自己相関

続いて 1 次の MA 過程の偏自己相関を調べます（**図 4.2.6**）.

```
# グラフサイズの指定
fig, ax = plt.subplots(2, 1, figsize=(8, 4), tight_layout=True)

# コレログラムの作成
_ = sm.graphics.tsa.plot_pacf(ma_data['posi'], lags=40,
                              title='MA posi PACF', ax=ax[0])
_ = sm.graphics.tsa.plot_pacf(ma_data['nega'], lags=40,
                              title='MA nega PACF', ax=ax[1])
```

反転可能な MA 過程は，∞の次数を持つ AR 過程とみなすことができます．そのため偏自己相関は穏やかに 0 に近づいていきます．AR 過程と MA 過程では，特にラグが 5 までの自己相関・偏自己相関のパターン（図 4.2.2 と図 4.2.5，図 4.2.3 と図 4.2.6）が大きく異なることがわかります．

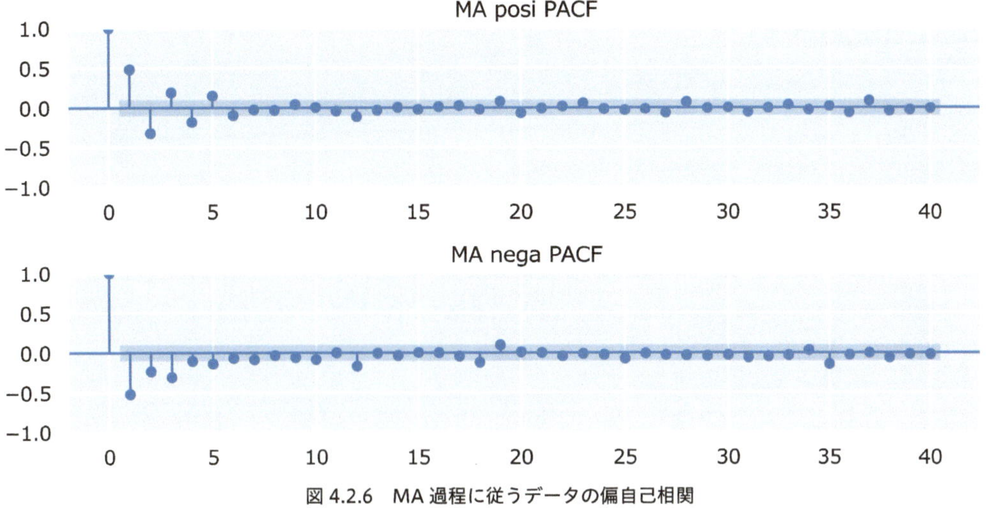

図 4.2.6　MA 過程に従うデータの偏自己相関

2.4　最小 2 乗法を用いた AR モデルの推定

真のデータ生成過程を AR 過程であると想定し，AR モデルを推定します．AR モデルを推定する方法は複数ありますが，まずは最も簡便な方法である，最小 2 乗法を用います．AR-posi を対象とします．

2.4.1　単回帰分析の利用

第 2 部第 3 章では回帰分析を行う方法を解説しました．この方法を応用することで，AR モデルを推定できます．まずは，tsa.lagmat 関数を利用して原系列のラグをとります．maxlag=1 とすることで 1 次のラグのみをとります．もちろんラグを増やすこともできます．original='in' とすることで，ラグをとっていない原系列も結果に含めます．use_pandas=True とすることで結果を DataFrame にします．

target は原系列であり，lag1 は 1 時点前の値となっています．ラグをとると，最初のデータを 1 つ削除する必要があることに気をつけてください．

```
# ラグデータの作成
ar_lag = tsa.lagmat(
    ar_data['posi'], maxlag=1, original='in', use_pandas=True)

# 列名の変更
ar_lag.columns = ['target', 'lag1']

# 最初の 1 行を削除
ar_lag = ar_lag.iloc[1:, :]
```

```
# 結果の確認
print(ar_lag.head(3))
```

```
              target     lag1
date
2023-01-02  1.867413  1.788628
2023-01-03  1.590428  1.867413
2023-01-04 -0.591151  1.590428
```

smf.ols 関数を利用して，単回帰分析を実行します．式 (4.3) より，AR-posi の正しいパラメータは，定数項 c が 0 で，係数 ϕ_1 が 0.8 です．最小二乗法を用いることで，おおよそ真のデータ生成過程と同じパラメータが得られました．

```
# モデルの構築
ar_ols = smf.ols(formula='target ~ lag1', data=ar_lag).fit()

# 推定されたパラメータ
ar_ols.params
```

```
Intercept    0.001189
lag1         0.802707
dtype: float64
```

2.4.2　AutoReg の利用

わざわざラグをとらなくても，statsmodels には先ほどの計算を自動で行ってくれる機能が用意されています．tsa.AutoReg を使います．lags=1 とすると 1 次の AR モデルとなります．smf.ols を利用したときと同じ結果が得られます．

```
# AutoReg を利用したモデル化
ar_autoreg = tsa.AutoReg(ar_data['posi'], lags=1).fit()

# 推定されたパラメータ
ar_autoreg.params
```

```
const      0.001189
posi.L1    0.802707
dtype: float64
```

2.4.3　sktime の利用

sktime には，データのラグをとったうえで再帰的に予測を実行する機能が用意されています．こちらを利用しても結果は変わりません．make_reduction 関数で strategy="recursive" を指定します．window_length=1 とすると 1 次の AR モデルとなります．

```
# 予測器（線形回帰モデル）
regressor = LinearRegression()

# 再帰的に回帰分析を実行
forecaster = make_reduction(regressor, window_length=1, strategy="recursive")
forecaster.fit(ar_data['posi'])

# 推定されたパラメータ
forecaster.get_fitted_params()
```

```
{'estimator': LinearRegression(),
 'transformers': None,
 'window_length': 1,
 'estimator__coef': array([0.80270658]),
 'estimator__intercept': 0.0011885023794679685,
 'estimator__n_features_in': 1,
 'estimator__rank': 1,
 'estimator__singular': array([33.33510614])}
```

estimator__intercept が定数項 c であり，estimator__coef が係数 ϕ_1 に該当します．

2.5 状態空間モデルを用いた AR モデルの推定

最小 2 乗法を用いる方法は簡便ですが，最初の 1 時点のデータを削除していることが気になります．すべてのデータを利用する場合には第 5 部で導入する状態空間モデルを使って推定するのがおすすめです．状態空間モデルの詳細は第 5 部を参照してください．ここでは statsmodels を用いた推定方法のみを解説します．

状態空間モデルを利用する場合は tsa.SARIMAX を使います．tsa.SARIMAX は次章で導入する SARIMAX モデルを推定するためのクラスですが，order=(1, 0, 0) とすることで 1 次の AR モデルも推定できます．trend='c' とすることで，定数項も推定します．最小 2 乗法を用いた場合と比べてわずかにパラメータが変わりました．

```
# 状態空間モデルを利用したモデル化
mod_ar = tsa.SARIMAX(ar_data['posi'], order=(1, 0, 0), trend='c').fit()

# 推定されたパラメータ
mod_ar.params
```

```
intercept     0.009795
ar.L1         0.802726
sigma2        1.077611
dtype: float64
```

2.6 状態空間モデルを用いたMAモデルの推定

MAモデルは過去の時点のノイズを利用するため，単純な最小2乗法では推定できません．推定がやや面倒であるため，実務的にはARモデルを最小2乗法で推定してMAモデルは検討しないこともあるようです．とはいえ，状態空間モデルを使えばMAモデルも統一的に推定できますので，試してみましょう．ARモデルの推定とほとんど同じ手順で推定できます．引数`order=(0, 0, 1)`とすることで1次のMAモデルとなります．

```
# 状態空間モデルを利用したモデル化
mod_ma = tsa.SARIMAX(ma_data['posi'], order=(0, 0, 1), trend='c').fit()

# 推定されたパラメータ
mod_ma.params
```

```
intercept    0.098855
ma.L1        0.775439
sigma2       0.910584
dtype: float64
```

2.7 ARモデルによる予測

1次のARモデル$y_t = c + \phi_1 y_{t-1} + \varepsilon_t$から予測値を計算する方法を解説します．

2.7.1 パラメータを使って予測値を計算する方法

最初は勉強のために，`smf.ols`関数を利用して推定されたARモデルのパラメータを利用して，予測値を計算します．推定されたパラメータの値を再掲します．

```
ar_ols.params
```

```
Intercept    0.001189
lag1         0.802707
dtype: float64
```

1時点先の予測値は以下のように計算できます．ただし`ar_ols.params[0]`が定数項cであり，`ar_ols.params[1]`が係数ϕ_1に当たります．`ar_data['posi'].tail(1).values`は最終日の原系列の値です．

```
ar_pred_1 = ar_ols.params.iloc[0] + ¥
            ar_ols.params.iloc[1] * ar_data['posi'].tail(1).values
print(ar_pred_1)
```

```
[-0.2189263]
```

2，3 時点先の予測値は，過去の予測値を利用して再帰的に計算します．

```
ar_pred_2 = ar_ols.params.iloc[0] + ar_ols.params.iloc[1] * ar_pred_1
ar_pred_3 = ar_ols.params.iloc[0] + ar_ols.params.iloc[1] * ar_pred_2

print(ar_pred_2)
print(ar_pred_3)
```

```
[-0.17454508]
[-0.13891998]
```

2.7.2　statsmodels により推定されたモデルの予測

tsa.AutoReg の結果に対して forecast メソッドを適用すると，簡単に予測値が得られます．

```
ar_autoreg.forecast(3)
```

```
2024-01-01   -0.218926
2024-01-02   -0.174545
2024-01-03   -0.138920
Freq: D, dtype: float64
```

2.7.3　sktime により推定されたモデルの予測

sktime を利用する場合は，第 3 部第 3 章で解説したのと同じ方法で予測します．

```
forecaster.predict(fh=np.arange(1, 4))
```

```
2024-01-01   -0.218926
2024-01-02   -0.174545
2024-01-03   -0.138920
Freq: D, Name: posi, dtype: float64
```

2.7.4　長期予測

tsa.AutoReg の結果を利用して，50 時点先までの長期予測を行います．

```
# グラフサイズの指定
fig, ax = plt.subplots(figsize=(8, 2), tight_layout=True)

# 原系列の折れ線グラフ
ax.plot(ar_data['posi'], label='原系列')

# 予測値の折れ線グラフ
ax.plot(ar_autoreg.forecast(50), label='予測値')
```

```
# 凡例
ax.legend()
```

図 4.2.7 を見るとわかるように，次数が小さな定常 AR モデルの場合，長期予測はすぐに一定の値に落ち着いていきます．次数を増やせばある程度改善できますが，長く続く周期的な変動などは予測しにくいことに気をつけてください．

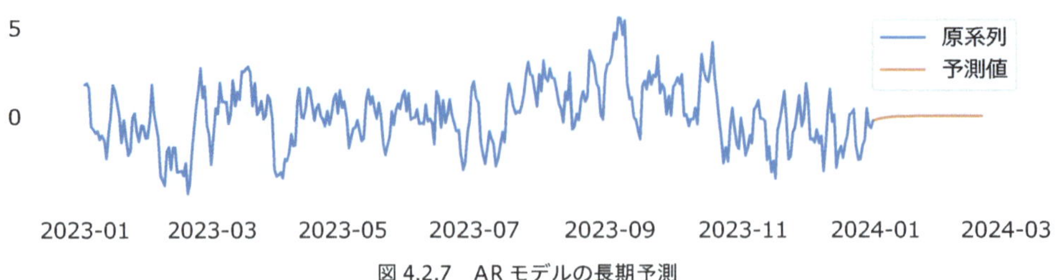

図 4.2.7　AR モデルの長期予測

2.8 MA モデルによる予測

1 次の MA モデル $y_t = \mu + \theta_1 \varepsilon_{t-1} + \varepsilon_t$ から予測値を計算する方法を解説します．

2.8.1 パラメータを使って予測値を計算する方法

まずは勉強のために推定されたパラメータを利用して予測値を計算します．MA モデルの場合は，過去の時点のノイズを使って予測値を計算します．しかし，厳密なノイズの値はわかりませんので，当てはめ残差を使います．当てはめ残差は `mod_ma.resid` として，あるいは実データから当てはめ値を差し引くことで得られます．なお当てはめ値は `mod_ma.fittedvalues` として取得できます．

推定されたパラメータの値を再掲します．

```
mod_ma.params
```

```
intercept    0.098855
ma.L1        0.775439
sigma2       0.910584
dtype: float64
```

実測値から当てはめ値を差し引くことで，最終日の当てはめ残差を取得します．

```
ma_data['posi'].tail(1) - mod_ma.fittedvalues.tail(1)
```

```
date
2023-12-31    -0.229561
Freq: D, dtype: float64
```

以下のようにして当てはめ残差を取得することもできます．

```
mod_ma.resid.tail(1)
```

```
date
2023-12-31    -0.229561
Freq: D, dtype: float64
```

当てはめ残差を ε_t と考えます．MA モデルのモデル式に従って予測値を計算します．

```
mod_ma.params.iloc[0] + mod_ma.params.iloc[1] * mod_ma.resid.tail(1).values
```

```
array([-0.079155])
```

なお 2 時点以降先の予測値は定数項と同じ値になります．

2.8.2　statsmodels により推定されたモデルの予測

`forecast` メソッドを適用すると，簡単に予測値が得られます．

```
mod_ma.forecast(3)
```

```
2024-01-01    -0.079155
2024-01-02     0.098855
2024-01-03     0.098855
Freq: D, Name: predicted_mean, dtype: float64
```

2.9　ARMA 過程

ARMA 過程は「アーマ過程」と読み，AR 過程と MA 過程を組み合わせたものです．

p 次の AR 過程と q 次の MA 過程を組み合わせた ARMA(p, q) は以下のデータ生成過程に従う系列です．

$$y_t = c + \sum_{i=1}^{p} \phi_i y_{t-i} + \sum_{j=1}^{q} \theta_j \varepsilon_{t-j} + \varepsilon_t, \qquad \varepsilon_t \sim \mathcal{N}\left(0, \sigma^2\right) \tag{4.16}$$

AR 過程と MA 過程を組み合わせることで，非常に柔軟に，さまざまな自己相関のパターンを表現できます．

定常 ARMA 過程が好まれる理由としてウォルドの定理の存在があります．厳密な説明は省略しますが Granger(1994) を引用すると『任意の定常系列は決定的部分と移動平均（場合によっては無限の次数の）という 2 つの系列の和として表すことができる』という定理です．

決定的な系列とは，過去の値を利用すると未来の値を誤差なく予測できる系列のことです．実践的に見ると，時系列データで決定的な変動を示すことは多くありません．決定的な系列を無視できるならば，∞の次数を持つ MA モデルさえあれば，どんな定常過程でも分析できるはずです．

次数を∞にするのは現実的ではありません．しかし，定常 AR モデルは∞の次数を持つ MA モデルとみなすことができます．そのため，それほど大きな次数でなくても AR モデルを組み込んだ ARMA モデルであれば，定常系列をうまくモデル化できそうです．

ただ，実際のところは，手持ちのデータが厳密に定常過程に従っていることは少ないです．ARMA モデルのよい性質の 1 つ，程度にとらえておくのが無難でしょう．

2.10　和分過程と単位根過程

ランダムウォーク過程のような非定常過程には実際のデータ分析で頻繁に出くわします．もしもランダムウォーク過程に従うデータ系列を対象にするなら，差分をとることで定常過程に変換できますね．

d 階差分をとることで定常になる過程のことを d 次**和分過程**と呼びます．1 階差分をとることで定常になる過程を**単位根過程**と呼びます．単位根過程は 1 次和分過程と同じ意味です．

2.11　ARIMA 過程

非定常過程である ARIMA 過程を導入します．

2.11.1　ARIMA 過程

ARIMA 過程の ARIMA は AutoRegressive Integrated Moving Average の略称であり，自己回帰和分移動平均過程と訳されます．ARIMA 過程の差分をとることで ARMA 過程になります．逆にいえば，ARMA 過程の累積和をとったものが ARIMA 過程だといえます．

ARIMA 過程には 3 つの次数があります．AR 過程の次数 p と MA 過程の次数 q，そして和分過程の次数 d です．まとめて ARIMA(p, d, q) と表記します．

2.11.2　ARIMA 過程に従うデータの例

ARIMA$(1, 1, 1)$ 過程に従うシミュレーションデータを読み込み，折れ線グラフを描きます．なお，AR 項の係数も MA 項の係数もともに 0.8 と設定してデータを作りました．

```
# データの読み込み
arima_data = pd.read_csv(
    '4-2-3-arima-data.csv', index_col='date', parse_dates=True, dtype='float')

# 1日単位のデータ
arima_data.index.freq = 'D'

# 可視化
arima_data.plot()
```

原系列の折れ線グラフ（**図 4.2.8**）を見ると，トレンドがあるように見えます．定常過程とは大きく異なります．

図 4.2.8　ARIMA 過程に従うデータの例

2.11.3 ARIMA 過程に従うデータの自己相関と偏自己相関

原系列の自己相関と偏自己相関を確認します（**図 4.2.9**）．

```
# グラフサイズの指定
fig, ax = plt.subplots(2, 1, figsize=(8, 4), tight_layout=True)

# コレログラムの作成
_ = sm.graphics.tsa.plot_acf(arima_data, lags=40,
                             title='ARIMA ACF', ax=ax[0])
_ = sm.graphics.tsa.plot_pacf(arima_data, lags=40,
                              title='ARIMA PACF', ax=ax[1])
```

和分過程は非常に大きな自己相関が 0 にならないまま残ることが大きな特徴です．

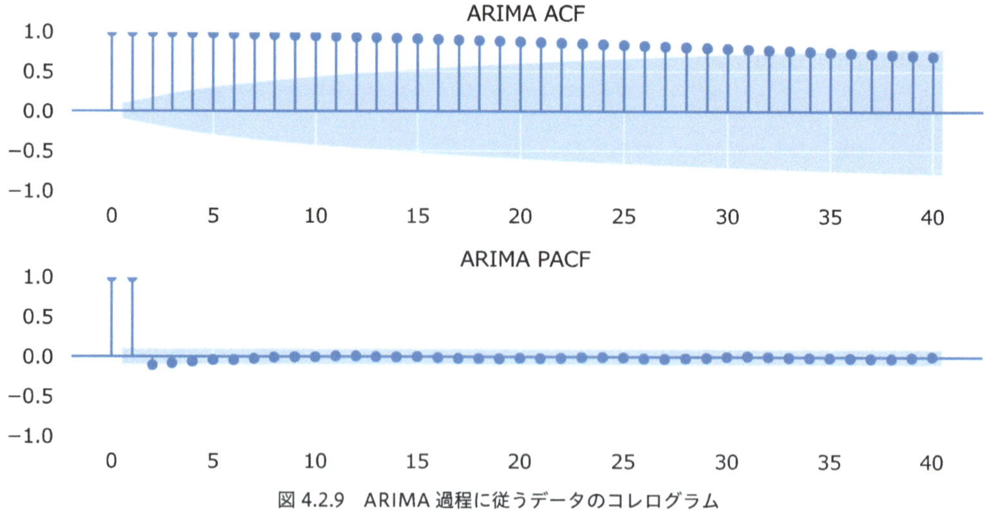

図 4.2.9　ARIMA 過程に従うデータのコレログラム

2.11.4 差分系列の自己相関と偏自己相関

ARIMA 過程に従う原系列の差分をとります．差分系列は ARMA 過程に従います．差分系列の自己相関と偏自己相関を確認します（**図 4.2.10**）．

```
# 差分をとり，欠測値を排除する
arma_data = arima_data.diff().iloc[1:, :]

# グラフサイズの指定
fig, ax = plt.subplots(2, 1, figsize=(8, 4), tight_layout=True)

# コレログラムの作成
_ = sm.graphics.tsa.plot_acf(arma_data, lags=40,
                             title='ARMA ACF', ax=ax[0])
_ = sm.graphics.tsa.plot_pacf(arma_data, lags=40,
                              title='ARMA PACF', ax=ax[1])
```

こちらは AR 過程と MA 過程の特徴を足しあわせたような形になっています．すなわち自己相関についても偏自己相関についても穏やかに 0 に近づくような形になっています．

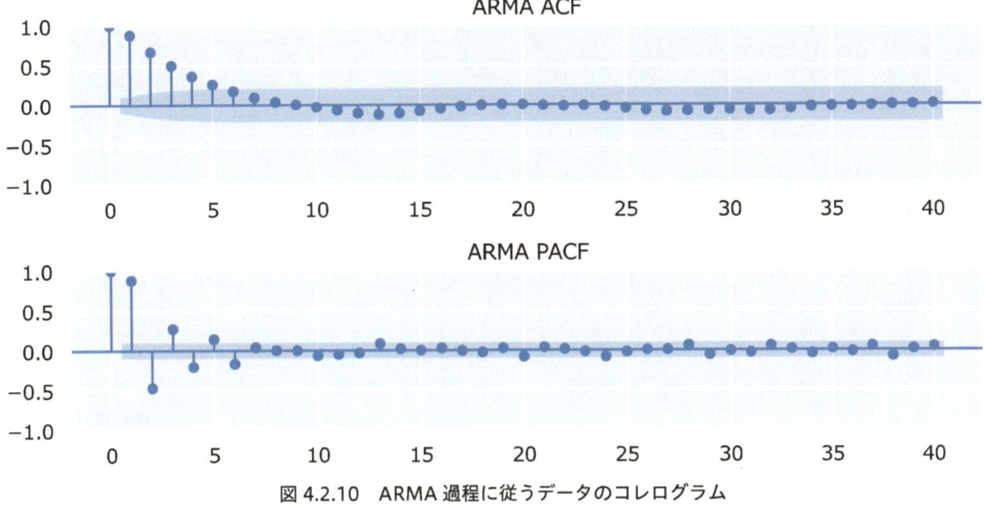

図 4.2.10　ARMA 過程に従うデータのコレログラム

2.12 ARIMAモデルの推定と予測

ARIMAモデルを推定し，予測値を計算する方法を解説します．

2.12.1 ARIMAモデルの推定

状態空間モデルを用いて推定する場合は，ほとんど何の工夫もなくパラメータを推定できます．tsa.SARIMAX において order=(1, 1, 1) と指定することで ARIMA(1, 1, 1) モデルを推定できます．

```
# 状態空間モデルを利用したモデル化
mod_arima = tsa.SARIMAX(arima_data, order=(1, 1, 1), trend='c').fit()

# 推定されたパラメータ
mod_arima.params
```

```
intercept     0.110056
ar.L1         0.772905
ma.L1         0.788230
sigma2        0.905733
dtype: float64
```

2.12.2 ARIMAモデルによる予測

ARIMAモデルにおける予測値は，差分系列に対するARMAモデルの予測値の累積和です．少々複雑ですが，tsa.SARIMAX を使う場合は素直に forecast メソッドを適用することで予測できます．50時点先までの長期予測を行い，結果を折れ線グラフで確認します（**図 4.2.11**）．

```
# グラフサイズの指定
fig, ax = plt.subplots(figsize=(8, 4))

# 原系列の折れ線グラフ
ax.plot(arima_data, label='原系列')

# 予測値の折れ線グラフ
ax.plot(mod_arima.forecast(50), label='予測値')

# 凡例
ax.legend()
```

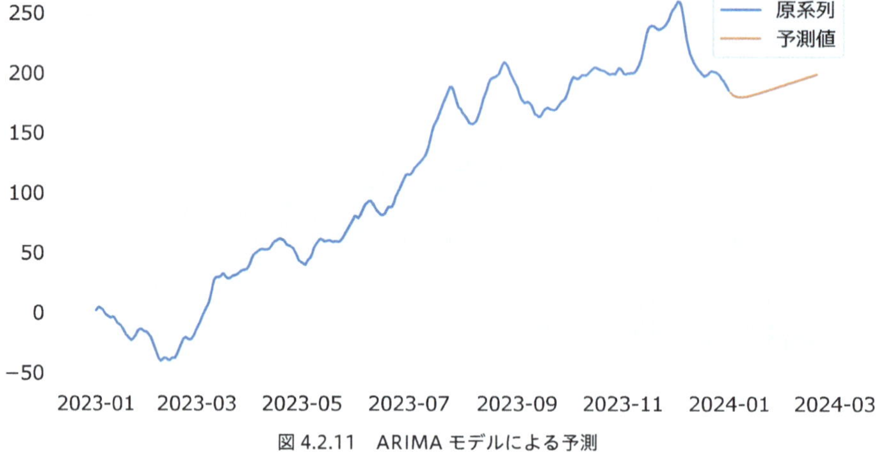

図 4.2.11　ARIMA モデルによる予測

ARIMA 過程は非定常過程ですので，増加あるいは減少トレンドが現れることもあります．今回は定数項の値が正の値として推定されたので，やや増加傾向があると想定した予測値になっています．

第3章 SARIMAXモデル

テーマ

ここではARIMAモデルをさらに発展させた**SARIMAXモデル**を導入します．SARIMAXモデルは非常に柔軟な時系列モデルですが，解釈が難しいという欠点もあります．解釈性を求める場合は第5部で解説する状態空間モデルを利用することをおすすめします．一方，第4部第4章で解説する自動予測アプローチの手続きが整備されており，実践的に利用しやすいという大きな利点もあります．

ファイナンスデータを扱う時系列分析の教科書では，季節調整済み系列やそもそも季節性がないデータを扱うことが多いからか，SARIMAXモデルの解説が少ないことがしばしばあります．その点を補うために，本章ではシミュレーションなども通してSARIMAXモデルの特徴を丁寧に説明します．数理的にやや難しい部分もありますので，実装のみに興味がある読者は数式を飛ばし，すぐに3.6節の「SARIMAモデルの推定と予測」に移っていただいて大丈夫です．

SARIMAXモデルについては有田 (2012)，田中 (2006)，馬場 (2018) などを参考にしました．

概要

分析の準備 → SARIMAXモデルの概要 → 季節和分過程 → ラグ演算子 → SARIMA過程
→ SARIMAモデルの推定と予測 → SARIMAXモデルとSARIMA Errorモデル
→ SARIMAXモデルの推定と予測

3.1 分析の準備

ライブラリの読み込みなどを行います．

```
# 数値計算に使うライブラリ
import numpy as np
import pandas as pd
from scipy import stats

# グラフを描画するライブラリ
from matplotlib import pyplot as plt
import seaborn as sns
sns.set()
```

```
# 統計モデルを推定するライブラリ
import statsmodels.api as sm
import statsmodels.tsa.api as tsa

# グラフの日本語表記
from matplotlib import rcParams
rcParams['font.family'] = 'sans-serif'
rcParams['font.sans-serif'] = 'Meiryo'
```

3.2　SARIMAX モデルの概要

ARIMA モデルは優秀なモデルですが，第 1 部第 2 章で紹介した時系列データの構造のうち，自己相関・トレンド・ノイズしか考慮できていません．残りの季節性と外因性を考慮したモデルが，本章で紹介する SARIMAX モデルです．

SARIMAX の S は Seasonal に由来しており，季節性を意味します．X は eXogenous に由来しており，外因性を意味します．ARIMA モデルにおいて季節性を考慮したモデルを SARIMA モデルと，さらに外生変数を考慮したモデルを SARIMAX モデルと呼びます．

本章において，パラメータの推定は状態空間モデルを利用する方法で統一します．

3.3　季節和分過程

和分過程の季節版である季節和分過程を導入します．

3.3.1　季節和分過程

Ghysels and Osborn(2001) において D 次の**季節和分過程**は，非定常過程であり，D 階の季節差分をとることで定常かつ反転可能な ARMA 過程になる過程であると定義されています．

本節では最も単純な季節和分過程である，**季節ランダムウォーク過程**を扱います．季節ランダムウォーク過程を以下のように定義します．季節ランダムウォーク過程の季節差分系列は iid 系列になります．

$$\Delta_s y_t = \varepsilon_t, \qquad \varepsilon_t \sim \mathrm{iid}\left(0, \sigma^2\right) \tag{4.17}$$

本来ノイズは iid 系列であれば何でもよいですが，本書では正規ホワイトノイズ $\varepsilon_t \sim \mathcal{N}\left(0, \sigma^2\right)$ を利用します．

3.3.2 シミュレーションデータの作成

ランダムウォーク過程と季節ランダムウォーク過程を比較します．まずはランダムウォーク過程に従うシミュレーションデータを作成します．正規ホワイトノイズの累積和がランダムウォーク過程となります．

```
# 乱数の種
np.random.seed(1)

# 正規分布に従う乱数の累積和を作成し，ランダムウォーク系列を作る
sim_size = 100
rw = np.cumsum(stats.norm.rvs(loc=0, scale=1, size=sim_size))
```

周期 $m = 4$ である季節ランダムウォーク過程に従うシミュレーションデータを作成します．系列の最初の 4 つは単なる正規ホワイトノイズです．5 時点目以降は，4 時点前の値に正規ホワイトノイズを加えていきます．

```
# 乱数の種
np.random.seed(1)

srw = np.zeros(sim_size)
np.put(srw, [0,1,2,3], stats.norm.rvs(loc=0, scale=1, size=4))

for i in range(4, sim_size):
    np.put(srw, i, srw[i - 4] + stats.norm.rvs(loc=0, scale=1, size=1))
```

3.3.3 ランダムウォーク過程と季節ランダムウォーク過程の比較

ランダムウォーク過程に従う系列 rw と季節ランダムウォーク過程に従う系列 srw を DataFrame に格納し，折れ線グラフを描きます（**図 4.3.1**）．

```
# DataFrame にまとめる
rw_df = pd.DataFrame({
    'rw':rw, 'srw':srw
})

# 可視化
rw_df.plot(subplots=True)
```

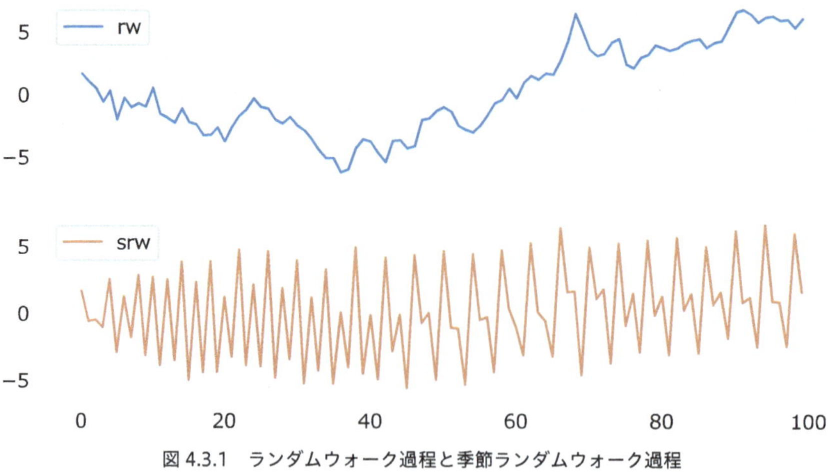

図 4.3.1　ランダムウォーク過程と季節ランダムウォーク過程

通常のランダムウォーク過程と比べると，季節ランダムウォーク過程は，明らかに 4 時点での周期性を持っていることがわかります．もちろん乱数の種を変えると異なる結果になります．単純な過程ですが，非常に柔軟にさまざまな系列を生み出すことができます．

ランダムウォーク過程の 1 階差分系列と，季節ランダムウォーク過程の 1 階季節差分系列はともに単なる iid 系列になります．今回は乱数の種をそろえているので，**図 4.3.2** のように同じ値になります．

```
# ランダムウォーク過程の 1 階差分系列
rw_df['rw_diff'] = rw_df.diff(1).rw

# 季節ランダムウォーク過程の季節差分系列
rw_df['srw_sdiff'] = rw_df.diff(4).srw

# 可視化
rw_df[['rw_diff', 'srw_sdiff']].plot(subplots=True)
```

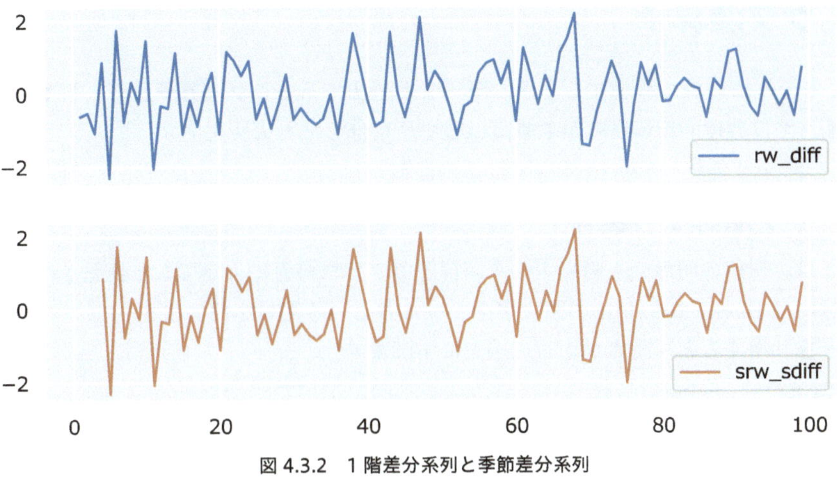

図 4.3.2　1 階差分系列と季節差分系列

3.3.4　季節ランダムウォーク過程の累積和

季節ランダムウォーク過程に対してさらに累積和をとってみましょう．**図 4.3.3** の結果が示すように，これで確率的なトレンドと確率的な季節性の両方を組み込んだ系列をシミュレートできます．

```
# 季節ランダムウォーク過程に対して，さらに累積和をとる
strw = rw_df['srw'].cumsum()

# 可視化
plt.plot(strw)
```

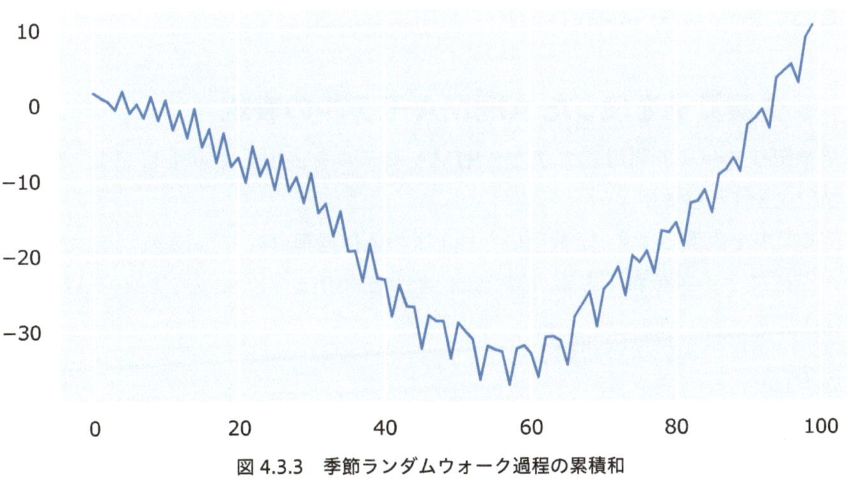

図 4.3.3　季節ランダムウォーク過程の累積和

3.4 ラグ演算子

SARIMA モデルについて解説するときに便利な表記法である**ラグ演算子**を導入します．なお，本節から 3.5 節までは数理的な難易度がやや高いので，飛ばしても大丈夫です．

3.4.1 ラグ演算子の基本

ラグ演算子は，対象の時点を 1 時点ずらす演算子です．教科書によって L と表記されることがありますが，本書では Backward shift の頭文字をとった B という記号を使います．

ラグ演算子を利用すると，時点が 1 時点過去にずれます．

$$By_t = y_{t-1} \tag{4.18}$$

ラグ演算子を 2 回適用すると，2 時点過去に戻ります．

$$B^2 y_t = B\left(By_t\right) = By_{t-1} = y_{t-2} \tag{4.19}$$

なお，$B^0 = 1$ とします．

分配法則が成り立つので，差分は以下のように表記できます．

$$(1-B)y_t = y_t - By_t = y_t - y_{t-1} = \Delta y_t \tag{4.20}$$

周期を m としたときの季節差分 $\Delta_s y_t$ は $(1-B^m)\, y_t$ です．

2 階差分系列は，ラグ演算子を使うと以下のように表現できます．

$$(1-B)\Delta y_t = (1-B)^2 y_t = \left(1 + B^2 - 2B\right) y_t = y_t + y_{t-2} - 2y_{t-1} \tag{4.21}$$

3.4.2 ラグ演算子を使った ARIMA モデルの表現

ラグ演算子を使って今まで利用してきた ARIMA モデルを表現してみましょう．ただし以下ではすべて $\varepsilon_t \sim \mathcal{N}\left(0, \sigma^2\right)$ とします．

まずは AR モデルを表現します．定数項のない 1 次の AR 過程は $y_t = \phi_1 y_{t-1} + \varepsilon_t$ です．左辺にデータの系列を，右辺にノイズをおくと $y_t - \phi_1 y_{t-1} = \varepsilon_t$ となります．よって 1 次の AR 過程は以下のように表現できます．

$$(1-\phi_1 B)\, y_t = \varepsilon_t \tag{4.22}$$

同様に定数項のない 1 次の MA 過程 $y_t = \theta_1 \varepsilon_{t-1} + \varepsilon_t$ は以下のように表現できます．

$$y_t = (1 + \theta_1 B)\, \varepsilon_t \tag{4.23}$$

ARMA$(1,1)$過程は以下のように表現できます．

$$(1-\phi_1 B)\,y_t = (1+\theta_1 B)\,\varepsilon_t \tag{4.24}$$

ARMA(p,q)は以下のように表現できます．

$$\left(1-\sum_{i=1}^{p}\phi_i B^i\right) y_t = \left(1+\sum_{j=1}^{q}\theta_j B^j\right)\varepsilon_t \tag{4.25}$$

ARIMA$(p,1,q)$過程は，差分をとるため以下のように表現できます．

$$\left(1-\sum_{i=1}^{p}\phi_i B^i\right)(1-B)y_t = \left(1+\sum_{j=1}^{q}\theta_j B^j\right)\varepsilon_t \tag{4.26}$$

当然ではありますが，ノイズの差分をとることは行いませんね．差分をとる対象はあくまでも系列y_tです．差分をとる計算がどこで行われているのかは，ラグ演算子を使った方が見やすくなります．

ここでARIMA$(1,1,1)$を展開します．

$$\begin{aligned}
\left(1-\phi_1 B^1\right)(1-B)y_t &= \left(1+\theta_1 B^1\right)\varepsilon_t \\
\left(1+\phi_1 B^2-\phi_1 B^1-B\right)y_t &= \left(1+\theta_1 B^1\right)\varepsilon_t \\
y_t+\phi_1 y_{t-2}-\phi_1 y_{t-1}-y_{t-1} &= \theta_1\varepsilon_{t-1}+\varepsilon_t \\
y_t-y_{t-1} &= \phi_1 y_{t-1}-\phi_1 y_{t-2}+\theta_1\varepsilon_{t-1}+\varepsilon_t \\
\Delta y_t &= \phi_1 y_{t-1}-\phi_1 y_{t-2}+\theta_1\varepsilon_{t-1}+\varepsilon_t
\end{aligned} \tag{4.27}$$

ここで次数がすべて1次であるのに右辺に$-\phi_1 y_{t-2}$が登場しています．このことに違和感を覚えるかもしれませんが，これが正しい計算式になります．$\phi_1 y_{t-1}-\phi_1 y_{t-2}=\phi_1\Delta y_{t-1}$を代入すれば$\Delta y_t=\phi_1\Delta y_{t-1}+\theta_1\varepsilon_{t-1}+\varepsilon_t$となり，差分系列にARMA$(1,1)$を適用したのと同じ意味になります．差分系列における1次AR過程は，原系列の2時点前の値を参照しているのですね．

3.5 SARIMA 過程

季節性を考慮したSARIMA過程を導入します．

3.5.1 季節 AR 過程と季節 MA 過程

SARIMA過程の前に，季節AR過程と季節MA過程を導入します．

周期をmとしたとき，定数項のない1次の**季節AR過程**は以下のように定義されます．

$$\left(1-\Phi_1 B^m\right)y_t = \varepsilon_t \tag{4.28}$$

ラグ演算子を使わない書き方をすると$y_t = \Phi_1 y_{t-m} + \varepsilon_t$となります．なお，定数項のない通常の1次のAR過程は$y_t = \phi_1 y_{t-1} + \varepsilon_t$です．1周期前の自分の値を参照するのが季節AR過程だといえます．また，$\Phi_1 = 1$である季節AR過程は季節ランダムウォーク過程となります．

P次の季節AR過程は以下のように定義されます．

$$\left(1 - \sum_{I=1}^{P} \Phi_I B^{mI}\right) y_t = \varepsilon_t \tag{4.29}$$

同様に周期をmとした1次の**季節MA過程**は以下のように定義されます．

$$y_t = (1 + \Theta_1 B^m)\,\varepsilon_t \tag{4.30}$$

Q次の季節AR過程は以下のように定義されます．

$$y_t = \left(1 + \sum_{J=1}^{Q} \Theta_J B^{mJ}\right) \varepsilon_t \tag{4.31}$$

3.5.2　SARIMA過程

SARIMA過程は通常のARIMA過程に，さらに季節性に対するARIMA過程を組み合わせたものです．ARIMA過程には3つの次数があります．AR過程の次数pとMA過程の次数q，そして和分過程の次数dです．さらに周期mの季節性に対するAR過程の次数PとMA過程の次数Q，そして季節和分過程の次数Dを追加して，SARIMA$(p,d,q)(P,D,Q,m)$と表記します．なお，本書では周期mをしばしば省略します．また，定数項は略します．

SARIMA過程は以下のように定義されます．ただし，ノイズを$\varepsilon_t \sim \mathcal{N}\left(0, \sigma^2\right)$とします．

$$\left(1 - \sum_{i=1}^{p} \phi_i B^i\right)\left(1 - \sum_{I=1}^{P} \Phi_I B^{mI}\right) \Delta^d \Delta_s^D y_t = \left(1 + \sum_{j=1}^{q} \theta_j B^j\right)\left(1 + \sum_{J=1}^{Q} \Theta_J B^{mJ}\right) \varepsilon_t \tag{4.32}$$

なお，定数項を考慮する場合は，右辺に定数cを加えます．

上記の式が複雑であるため，以下の略記号を利用します．

$$
\begin{aligned}
\left(1-\sum_{i=1}^{p}\phi_i B^i\right) &= \phi(B) \\
\left(1-\sum_{I=1}^{P}\Phi_I B^{mI}\right) &= \Phi(B) \\
\left(1+\sum_{j=1}^{q}\theta_j B^j\right) &= \theta(B) \\
\left(1+\sum_{J=1}^{Q}\Theta_J B^{mJ}\right) &= \Theta(B)
\end{aligned}
\tag{4.33}
$$

略記号を利用すると，SARIMA 過程は以下のように表記できます．

$$
\phi(B)\Phi(B)\Delta^d\Delta_s^D y_t = \theta(B)\Theta(B)\varepsilon_t \tag{4.34}
$$

3.5.3　SARIMA(0,0,0)(1,0,1) の解釈

SARIMA 過程の定義式は相当に複雑です．一般的な SARIMA 過程全般を扱うのではなく，いくつかの単純な過程を対象として式を展開し，SARIMA 過程への理解を深めていただこうと思います．まずは，季節性に対する ARIMA 過程のみを考慮した SARIMA$(0,0,0)(1,0,1)$ を対象とします．差分はとらず，1 次の AR 過程と 1 次の MA 過程のみからなるシンプルな季節性です．本節では常に周期 $m=12$ とします．

$$
\begin{aligned}
(1-0)\left(1-\Phi_1 B^{12}\right)y_t &= (1+0)\left(1+\Theta_1 B^{12}\right)\varepsilon_t \\
y_t - \Phi_1 B^{12} y_t &= \varepsilon_t + \Theta_1 B^{12}\varepsilon_t \\
y_t &= \Phi_1 B^{12} y_t + \Theta_1 B^{12}\varepsilon_t + \varepsilon_t \\
y_t &= \Phi_1 y_{t-12} + \Theta_1 \varepsilon_{t-12} + \varepsilon_t
\end{aligned}
\tag{4.35}
$$

通常の ARMA$(1,1)$ は $y_t = \phi_1 y_{t-1} + \theta_1\varepsilon_{t-1} + \varepsilon_t$ ですので，添え字 $t-1$ が，1 周期前の $t-12$ に変わっただけですね．こちらはそれほど複雑ではないと思います．

3.5.4　SARIMA(0,1,0)(0,1,0) の解釈

通常の ARIMA 過程と，季節性に対する ARIMA 過程を組み合わせると，解釈が難しくなります．ここでは AR 過程と MA 過程のパラメータがすべて 0 であり，1 階の和分と季節和分のみで構成された SARIMA$(0,1,0)(0,1,0)$ を対象とします．

$$
\begin{aligned}
(1-0)(1-0)\Delta^1\Delta_s^1 y_t &= (1+0)(1+0)\varepsilon_t \\
\Delta^1\Delta_s^1 y_t &= \varepsilon_t
\end{aligned}
\tag{4.36}
$$

$\Delta^1\Delta_s^1 y_t = (1-B)\left(1-B^m\right)y_t$ であることを利用して式変形します．

$$
\begin{aligned}
(1-B)\left(1-B^{12}\right) y_t &= \varepsilon_t \\
\left(1+B^{13}-B^{12}-B\right) y_t &= \varepsilon_t \\
y_t + y_{t-13} - y_{t-12} - y_{t-1} &= \varepsilon_t \\
y_t &= y_{t-1} + y_{t-12} - y_{t-13} + \varepsilon_t
\end{aligned}
\tag{4.37}
$$

単純なランダムウォーク過程は$y_t = y_{t-1} + \varepsilon_t$です．また単純な季節ランダムウォーク過程は$y_t = y_{t-12} + \varepsilon_t$です．両者を組み合わせただけなのに，なぜか$y_{t-13}$が入ってきますね．この辺りはSARIMA 過程が直感的に理解しにくい理由かもしれません．

SARIMA$(0,1,0)(0,1,0)$は単純なランダムウォークに対して，1 周期前の差分値を加えた過程だと考えると解釈しやすいと思います．この解釈では$y_{t-12} - y_{t-13} = \Delta y_{t-12}$を代入して整理します．

$$
y_t = y_{t-1} + \Delta y_{t-12} + \varepsilon_t \tag{4.38}
$$

y_tが 2 月ならΔy_{t-12}は「1 年前の，1 月から 2 月への増加量」です．

前月（1 月）の値y_{t-1}に「1 年前の，1 月から 2 月への増加量」を加えて今年の 2 月に移るというのは自然な変化といえそうです．

もしも増加・減少のトレンドが一切ないならば，Δy_{t-12}は単なる季節の違いとみなせます．増加・減少トレンドがあるならばΔy_{t-12}は「季節の違い＋トレンドの影響」と解釈できるでしょう．

3.5.5 SARIMA(1,0,0)(1,0,0) の解釈

最後に通常の AR 過程と季節性に対する AR 過程を組み合わせたSARIMA$(1,0,0)(1,0,0)$を展開します．

$$
\begin{aligned}
(1-\phi_1 B)\left(1-\Phi_1 B^{12}\right) y_t &= (1+0)(1+0)\varepsilon_t \\
\left(1+\phi_1\Phi_1 B^{13}-\Phi_1 B^{12}-\phi_1 B\right) y_t &= \varepsilon_t \\
y_t + \phi_1\Phi_1 y_{t-13} - \Phi_1 y_{t-12} - \phi_1 y_{t-1} &= \varepsilon_t \\
y_t &= \phi_1 y_{t-1} + \Phi_1 y_{t-12} - \phi_1\Phi_1 y_{t-13} + \varepsilon_t
\end{aligned}
\tag{4.39}
$$

SARIMA$(1,0,0)(1,0,0)$過程を$y_t = \phi_1 y_{t-1} + \Phi_1 y_{t-12} + \varepsilon_t$と勘違いしてしまうことはしばしばありますが，$\phi_1\Phi_1 y_{t-13}$が右辺に入ることに気をつけてください．通常の AR 過程と季節性に対する AR 過程を組み合わせることによって，少ないパラメータ数で柔軟に自己相関を表現できる形になっています．

3.6 SARIMA モデルの推定と予測

SARIMA モデルを推定し，予測値を計算する方法を解説します．

3.6.1　データの読み込み

飛行機乗客数データを読み込みます．

```
# 飛行機乗客数データの読み込み
air_passengers = sm.datasets.get_rdataset("AirPassengers").data

# 日付インデックスの作成
air_passengers.index = pd.date_range(
    start='1949-01-01', periods=len(air_passengers), freq='MS')

# 不要な時間ラベルの削除
air_passengers = air_passengers.drop(air_passengers.columns[0], axis=1)

# 訓練データとテストデータに分割する
train = air_passengers.loc['1949-01':'1957-12']
test =  air_passengers.loc['1958-01':'1960-12']
```

3.6.2　飛行機乗客数データに対する SARIMA モデルの適用

SARIMA モデルを推定します．tsa.SARIMAX を用いてモデル化します．以下のように実装することで，SARIMA(3, 1, 2)(1, 1, 1, 12) を推定できます．なお，経験上季節性に対する ARIMA の次数は少なめで十分なことが多いです．fit メソッドを maxiter=1000 とすることで，推定のときの反復計算の回数を 1000 回に増やしました．

```
mod_sarima = tsa.SARIMAX(
    train, order=(3, 1, 2), seasonal_order=(1, 1, 1, 12)
).fit(maxiter=1000)

print(mod_sarima.params)
```

```
ar.L1         0.490087
ar.L2         0.323658
ar.L3        -0.145460
ma.L1        -0.750357
ma.L2        -0.161098
ar.S.L12     -0.251575
ma.S.L12      0.110758
sigma2       84.290726
dtype: float64
```

今回は紙面に収まりきらないので省略しましたが print(mod_sarima.summary()) とすることで，推定されたパラメータの標準誤差などを取得できます．

なお，R 言語などほかのソフトウェアの結果とよく似た結果を出したい場合は，tsa.SARIMAX の引数に simple_differencing=True, hamilton_representation=True と設定し，fit メソッドの引数に cov_type='approx', method='nm' と指定し，maxiter も増やす

のがおすすめです．もちろんソフトウェアが変われば推定の方法も変わるのでまったく同じ結果とはなりませんが，よく似た結果になります．詳細は tsa.SARIMAX のマニュアルを参照してください．

URL https://www.statsmodels.org/stable/generated/statsmodels.tsa.statespace.sarimax.SARIMAX.html

URL https://www.statsmodels.org/stable/generated/statsmodels.tsa.statespace.sarimax.SARIMAX.fit.html

3.6.3　SARIMA モデルによる予測

予測値の計算方法は，statsmodels のほかのクラスと同様です．test 期間を予測し，実測値と比較します（**図 4.3.4**）．

```
# 予測
pred_sarima = mod_sarima.forecast(36)

# グラフサイズの指定
fig, ax = plt.subplots(figsize=(8, 4))

# 飛行機乗客数の折れ線グラフ
ax.plot(train['value'], label='訓練データ')
ax.plot(test['value'], label='テストデータ')

# 予測値の折れ線グラフ
ax.plot(pred_sarima, label='SARIMA(3,1,2)(1,1,1)')

# 凡例
ax.legend()
```

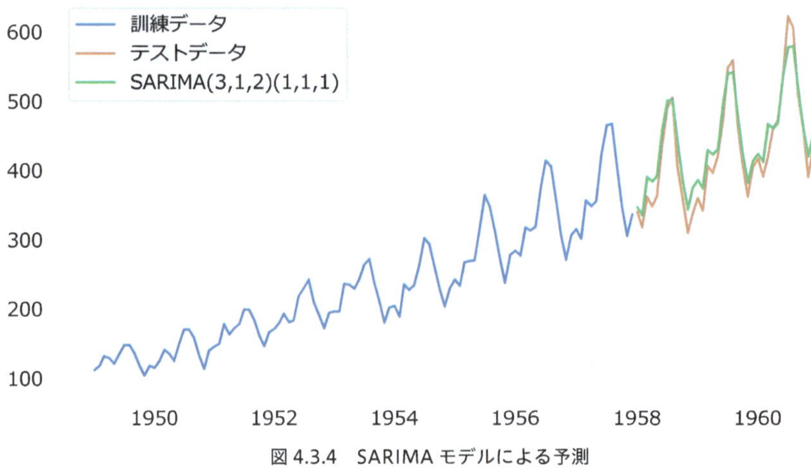

図 4.3.4　SARIMA モデルによる予測

3.7 SARIMAX モデルと SARIMA Error モデル

外生変数入りの SARIMA モデルを **SARIMAX モデル**と呼びます．モデルの構造としては，SARIMA モデルに外生変数を組み込んだものといえます．しかし，R 言語を含め多くのソフトウェアでは以下で説明する **SARIMA Error モデル**を利用しています．外生変数をモデルに組み込むという意味では両者ともに同じ目的であるため，本書では SARIMA Error モデルも SARIMAX モデルと呼びます．`statsmodels` が提供する `tsa.SARIMAX` クラスも実装上は SARIMA Error モデルを推定しています．

SARIMAX モデルと SARIMA Error モデルの対応関係について，R 言語の `forecast` パッケージの作者が作成したブログ記事を参考にして解説します．

URL https://robjhyndman.com/hyndsight/arimax/

単純な ARMA 過程を対象として解説します．以下で定義されるモデルが外生変数つき ARMA，すなわち ARMAX です．ただし時点tの外生変数をx_tと，その係数をβとします．

$$\phi(B)y_t = \beta x_t + \theta(B)\varepsilon_t \tag{4.40}$$

一方の ARMA Error モデルは以下のように定義されます．

$$\begin{aligned} y_t &= \beta x_t + u_t \\ \phi(B)u_t &= \theta(B)\varepsilon_t \end{aligned} \tag{4.41}$$

どちらを利用するかは難しい問題ですが，外生変数x_tが直接原系列y_tの影響を評価しているという点で ARMA Error モデルは解釈しやすいため好まれるようです．

SARIMA Error モデルは以下のように定義されます．

$$\begin{aligned} y_t &= \beta x_t + u_t \\ \phi(B)\Phi(B)\Delta^d\Delta_s^D u_t &= \theta(B)\Theta(B)\varepsilon_t \end{aligned} \tag{4.42}$$

$y_t = \beta x_t + u_t$においてu_tがホワイトノイズならば単なる回帰モデルとなります．回帰モデルの誤差項u_tが SARIMA 過程に従うと想定したモデルが SARIMA Error モデルです．

3.8　SARIMAX モデルの推定と予測

SARIMAX モデルを推定し，予測値を計算する方法を解説します．

3.8.1　データの読み込み

今回は著者がシミュレーションで作成した月単位の売り上げデータを対象とします．sales 列が売り上げで，discount が 1 の月は安売りを実施しています．

```
# データの読み込み
ts_sales_bj = pd.read_csv(
    '4-3-1-sales-data.csv',  # ファイル名
    index_col='date',        # インデックスとして扱う列名
    parse_dates=True,        # インデックスを「時間軸」として扱う
    dtype='float'            # データの型（浮動小数点）
)

ts_sales_bj.index.freq = 'MS'

# 結果の確認
print(ts_sales_bj.head(3))
```

```
            sales  discount
date
2010-01-01   71.0       0.0
2010-02-01   67.0       0.0
2010-03-01   64.0       0.0
```

原系列の折れ線グラフを描きます（**図 4.3.5**）．軸ラベルの文字が切れないようにするために plt.tight_layout() を実行しました．

```
ts_sales_bj.plot(subplots=True)
plt.tight_layout()
```

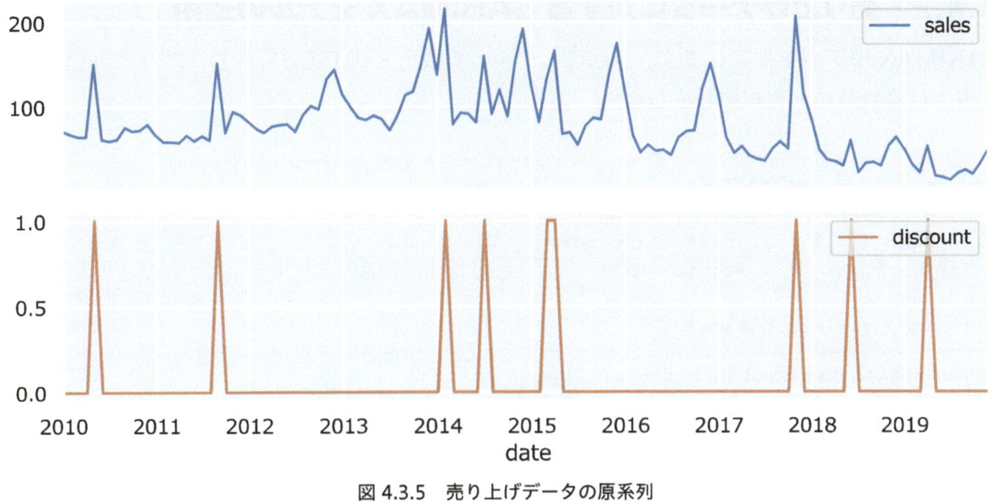

図 4.3.5　売り上げデータの原系列

売り上げを対数変換した結果の折れ線グラフを描きます（**図 4.3.6**）.

```
# グラフサイズの指定
fig, ax = plt.subplots(figsize=(8, 2), tight_layout=True)

# 対数変換したグラフ
ax.plot(np.log(ts_sales_bj['sales']))
```

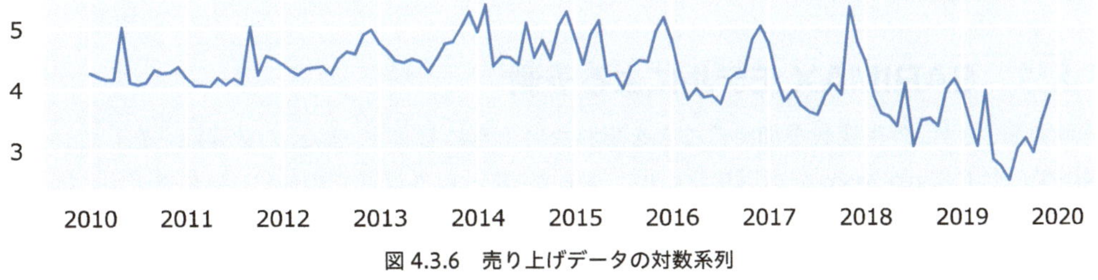

図 4.3.6　売り上げデータの対数系列

対数系列はトレンドなどが見やすくなっています．2015 年以降は売り上げが減少傾向にあるようです．また周期的に売り上げが変化すること，また安売りを実施した月は売り上げが増えることがグラフから確認できます．

データをテストデータと訓練データに分けます．

```
train = ts_sales_bj.loc['2010-01':'2018-12']
test = ts_sales_bj.loc['2019-01':'2019-12']
```

3.8.2　売り上げデータに対する SARIMAX モデルの適用

SARIMAX モデルを推定します．今回はモデルの次数を SARIMA(1, 1, 1)(1, 1, 1) としました．また売り上げは対数系列を利用しました．

```
mod_sarimax = tsa.SARIMAX(
    np.log(train['sales']), exog=train['discount'],
    order=(1, 1, 1), seasonal_order=(1, 1, 1, 12)
).fit(maxiter=5000, method='nm')

print(mod_sarimax.params)
```

```
Optimization terminated successfully.
         Current function value: -0.725494
         Iterations: 406
         Function evaluations: 634
discount     0.780721
ar.L1       -0.289926
ma.L1       -0.164008
ar.S.L12    -0.017217
ma.S.L12    -0.042015
sigma2       0.011220
dtype: float64
```

discount は安売りの影響を表すパラメータであり，ar.L1 と ma.L1 は通常の ARIMA モデルのパラメータ，ar.S.L12 と ma.S.L12 は季節性に対する ARIMA モデルのパラメータ，sigma2 は分散の推定値となっています．discount の値を見ると，安売りをした方が売り上げが増えるという推定結果となったことがわかります．

3.8.3　SARIMAX モデルによる予測

予測するときは，外生変数を加えることを忘れないようにします．また，対数変換を施していたので，予測結果に対して np.exp を適用し元に戻しました．それ以外は通常の SARIMA モデルと同じです．予測結果の折れ線グラフを**図 4.3.7** に示します．

```
# 予測
pred_sarimax = mod_sarimax.forecast(
    12, exog = test['discount'].values.reshape(-1,1))

# グラフサイズの指定
fig, ax = plt.subplots(figsize=(8, 4))

# 売り上げの折れ線グラフ
ax.plot(train['sales'], label=' 訓練データ ')
ax.plot(test['sales'], label=' テストデータ ')
```

```
# 予測値の折れ線グラフ
ax.plot(np.exp(pred_sarimax), label='予測')

# 凡例
ax.legend()
```

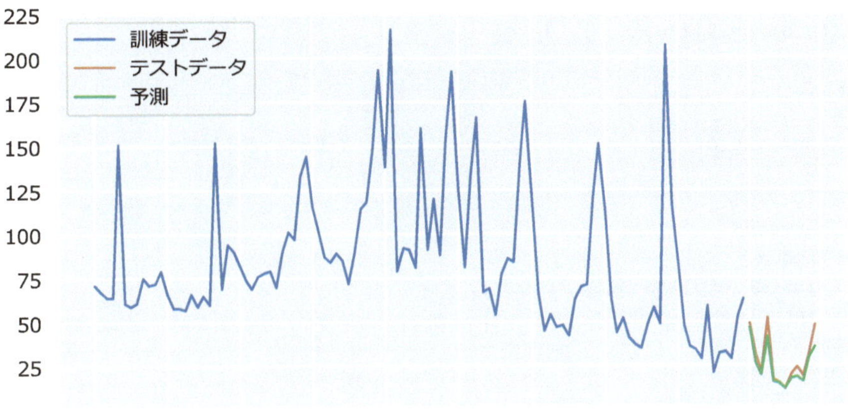

図 4.3.7　SARIMAX モデルによる予測

3.8.4　信頼区間つきの予測

ARIMA 系統のモデルは，予測の信頼区間を求めることもできます．

```
# 信頼区間もあわせて計算
# forecast 関数の代わりに get_forecast 関数を使う
pred_ci = mod_sarimax.get_forecast(
    steps = 12,
    exog = test['discount'].values.reshape(-1,1) # 外生変数
)

print(pred_ci.summary_frame(alpha=0.05).head(3))
```

```
sales            mean   mean_se  mean_ci_lower  mean_ci_upper
2019-01-01   3.839755  0.105925       3.632145       4.047364
2019-02-01   3.273200  0.120689       3.036654       3.509746
2019-03-01   2.982692  0.140423       2.707468       3.257915
```

fill_between メソッドを利用すると，灰色の網かけとして 95% 信頼区間を描くことができます（**図 4.3.8**）．

```
#  対数変換していたのを，元に戻した
conf_int_df_exp = pred_ci.summary_frame(alpha=0.05).apply(np.exp)

# グラフサイズの指定
fig, ax = plt.subplots(figsize=(8, 4))

# 元データの図示
ax.plot(ts_sales_bj['sales'], label='原系列')

# 予測結果の図示
# 点予測値
ax.plot(conf_int_df_exp['mean'], color='red', label='点予測値')

# 信頼区間
ax.fill_between(
    test.index,                         # 横軸（時間軸）
    conf_int_df_exp['mean_ci_lower'],   # 下限値
    conf_int_df_exp['mean_ci_upper'],   # 上限値
    alpha=0.3,                          # 透過度
    color='gray',                       # 灰色にする
    label='95% 信頼区間'
)

# 凡例
ax.legend()
```

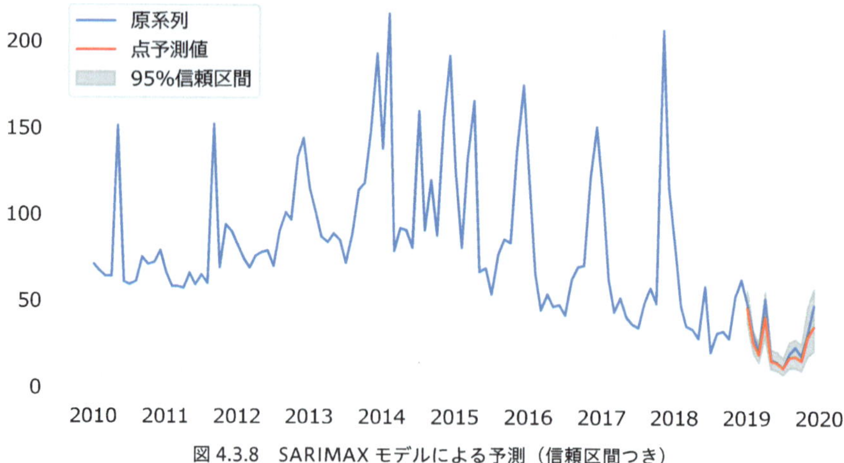

図 4.3.8　SARIMAX モデルによる予測（信頼区間つき）

図 4.3.8 を見る限り，精度よく売り上げを予測できているようです．SARIMAX モデルは非常に柔軟なモデルですが，モデルの解釈が難しいことと，モデルが複雑なため推定にやや時間がかかることが欠点です．本書のサンプルデータでは 1 秒もかからず推定が終わりますが，状況に応じて簡易的なモデルや，あるいは解釈しやすいモデルを利用することも検討しましょう．

第4章 モデル選択

テーマ

本章ではSARIMAXモデルをデータに適用するときの自動予測アプローチの手続きを解説します．予測すべき系列が複数ある場合は，データの特徴を1つ1つ丁寧に確認するというやり方を採用しにくいです．手間暇を惜しまなければ，本章で解説する方法で得られたモデルよりも優れたモデルを構築できるかもしれませんが，実践的には自動化は非常に有益な技術です．

本章ではモデルの診断方法も解説します．推定されたモデルを盲目的に利用してしまうことのないようにしましょう．

概 要

分析の準備 → モデル選択の手続き
→ 単位根検定：DF 検定と ADF 検定 → 単位根検定：KPSS 検定
→ 季節単位根検定：DHF 検定 →季節単位根検定：OCSB 検定
→ 情報量規準の利用 → 残差診断と残差の可視化 → 単位根検定の実装
→ 自動予測アプローチの実装 → モデルの診断 → sktime を利用する方法

4.1 分析の準備

ライブラリの読み込みなどを行います．自動モデル選択のためのpmdarimaライブラリおよびsktimeライブラリの関数も読み込みました．本書執筆時点で利用したpmdarima2.0.4は，numpy2.0.0に対応していません．pmdarimaがimportできない場合は，適宜numpyのバージョンを1.26.4などに下げてください．

```
# 数値計算に使うライブラリ
import numpy as np
import pandas as pd
from scipy import stats

# グラフを描画するライブラリ
from matplotlib import pyplot as plt
import seaborn as sns
sns.set()
```

```
# 統計モデルを推定するライブラリ
import statsmodels.api as sm
import statsmodels.tsa.api as tsa
import statsmodels.formula.api as smf
import pmdarima as pm

# 予測
from sktime.forecasting.arima import AutoARIMA

# 予測の評価指標
from sktime.performance_metrics.forecasting import (
    mean_absolute_scaled_error, MeanAbsoluteError,
    mean_absolute_percentage_error, mean_absolute_error
)

# グラフの日本語表記
from matplotlib import rcParams
rcParams['font.family'] = 'sans-serif'
rcParams['font.sans-serif'] = 'Meiryo'
```

データについては第 4 部第 3 章で用いた売り上げデータを再度利用します．

```
# データの読み込み
ts_sales_bj = pd.read_csv(
    '4-3-1-sales-data.csv',   # ファイル名
    index_col='date',         # インデックスとして扱う列名
    parse_dates=True,         # インデックスを「時間軸」として扱う
    dtype='float'             # データの型（浮動小数点）
)

ts_sales_bj.index.freq = 'MS'

# 訓練データとテストデータに分割する
train = ts_sales_bj.loc['2010-01':'2018-12']
test =  ts_sales_bj.loc['2019-01':'2019-12']
```

4.2 モデル選択の手続き

本書で利用する自動モデル選択では，以下の手続きで分析を行います（**図 4.4.1**）．

1. 季節単位根検定の一種である OCSB 検定を用いて，季節差分の階数を決める
2. 単位根検定の一種である KPSS 検定を用いて，通常の差分の階数を決める
   - 2.1 単位根検定の結果を見て，データの差分・季節差分をとる
3. さまざまな次数でモデルを推定する
4. 情報量規準の一種である AIC などを用いてモデルの次数の候補を選択

5 上記の方法で選ばれたモデルに対して，残差診断を行う

　5.1 残差の自己相関の有無をチェックする

　5.2 残差が正規分布に従うとみなして支障ないかチェックする

6 テストデータに対する予測精度を評価する

必要に応じて手順 6 の前に交差検証法を用いた予測精度の評価を行うことが好ましいです．交差検証法の適用については第 3 部第 3 章 3.7 節で解説済みですので，本章では省略します．また，外生変数を利用する場合は回帰モデルの残差を求め，残差に対して単位根・季節単位根検定を行います．詳細は 4.9 節で解説します．

なお，図 4.4.1 では省略していますが，残差診断などに問題があった場合は，当初の候補とは異なるモデルを利用することもあります．この場合は自動化アプローチをいったん取りやめ，次数を変更したり，変数変換を行ったり，外生変数を追加したりします．自動化でうまくいかない場合は，手作業でモデルを修正する必要があります．

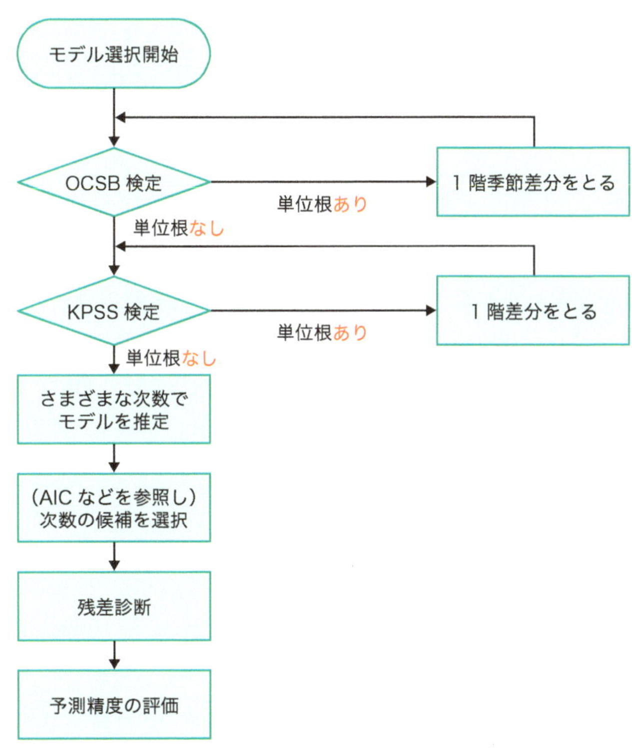

図 4.4.1　モデル選択の流れ

4.3 単位根検定：DF 検定と ADF 検定

差分をとる階数を決めるときには単位根検定と呼ばれる手法を用います．複数の手法がありますが，ここでは最も単純な DF 検定と ADF 検定を導入します．本書では棄却域の導出など数理的に高度な内容は省略します．興味のある読者は沖本 (2010) や Enders(2019) などを参照してください．

4.3.1 単位根検定

第 4 部第 2 章で解説したように，d 階差分をとることで定常になる過程のことを d 次和分過程と，1 階差分をとることで定常になる過程を単位根過程と呼びます．**単位根検定**は単位根の有無を判断するために用いられる検定手法です．対象となるデータ系列が単位根を持つならば，差分をとり定常過程に変換します．このように，単位根検定の結果を見て，差分をとるかどうかを判断します．本書では断りがない限り常に有意水準を 0.05 とします．

4.3.2 DF 検定

DF 検定は Dickey-Fuller 検定の略であり，1 次の AR 過程を真のデータ生成過程と想定して単位根の有無を判定する手法です．

定数項のない 1 次の AR 過程は以下の通りです．$\varepsilon_t \sim \text{iid}\left(0, \sigma^2\right)$ とします．

$$y_t = \phi_1 y_{t-1} + \varepsilon_t \tag{4.43}$$

ここで $\phi_1 = 1$ ならば，1 次の AR 過程は非定常過程であるランダムウォーク過程となります．ランダムウォーク過程は 1 階差分をとることで定常過程になるため単位根過程といえます．

そこで DF 検定では $\phi_1 = 1$ を帰無仮説とし，$\phi_1 < 1$ を対立仮説とします．帰無仮説を棄却できれば，データ生成過程はランダムウォーク過程ではなく，単位根がないと判断されます．帰無仮説を棄却できない場合は，統計的仮説検定において本来は「判断保留」とするべきです．しかし，DF 検定や ADF 検定においては，慣例として単位根があると判断し，差分をとることが多いようです．

DF 検定は両辺から y_{t-1} を引いた以下の形式を利用することもあります．

$$\begin{aligned} y_t - y_{t-1} &= \phi_1 y_{t-1} - y_{t-1} + \varepsilon_t \\ \Delta y_t &= \left(\phi_1 - 1\right) y_{t-1} + \varepsilon_t \end{aligned} \tag{4.44}$$

ここで $\phi_1 - 1 = \alpha$ とおくと，差分系列に対する回帰分析において，係数 $\alpha = 0$ が帰無仮説，$\alpha < 0$ が対立仮説となります．

4.3.3 ADF 検定

ADF 検定は拡張 DF 検定（Augmented DF 検定）の略称で p 次の AR 過程を真のデータ生成過程と想定して単位根の有無を判定する手法です．

DF 検定も ADF 検定も，定数項の有無や確定的なトレンドの有無によって棄却域が変わります．ADF 検定の場合は AR モデルの次数を決める必要もあります．本書では次節で解説する KPSS 検定を中心に利用します．

4.4 単位根検定：KPSS 検定

KPSS 検定は Kwiatkowski–Phillips–Schmidt–Shin 検定の略であり，帰無仮説が単位根なし，対立仮説が単位根ありとなる単位根検定です．KPSS 検定については Kwiatkowski et al. (1992), 福地・伊藤 (2011)，馬場 (2018) も参照してください．

KPSS 検定において帰無仮説が棄却された場合は，単位根があるため差分をとるべきであると判断できます．ただし，KPSS 検定の帰無仮説は定常過程とは限らないことに注意が必要です．

KPSS 検定は以下のモデルを仮定します．ただし $u_i \sim \mathrm{iid}\left(0, \sigma_u^2\right)$ であり ϵ_t は定常過程に従います．

$$y_t = \alpha + \beta t + \sum_{i=1}^{t} u_i + \epsilon_t \tag{4.45}$$

ここで u_i が iid 系列であるため，右辺第 3 項のシグマ記号はランダムウォーク過程であり，y_t は単位根を持つとみなすことができます．そこで KPSS 検定では $\sigma_u^2 = 0$ を帰無仮説と，$\sigma_u^2 \neq 0$ を対立仮説とします．もしも $\sigma_u^2 = 0$ であるならば，右辺第 3 項は平均も分散も 0 なので無視できます．帰無仮説が棄却された場合には，単位根を持つと判断します．

ここで KPSS 検定のモデルにおいて確定的トレンド βt が存在することに注意してください．t は添え字ではなく，$t = 1, 2, 3 \ldots$ と増える値です．帰無仮説が正しい場合のデータ系列は単なる定常過程ではなく「確定的トレンド＋定常過程」となっていることに気をつけてください．なお $\beta = 0$ である場合には確定的トレンドを無視できます．

4.5 季節単位根検定：DHF 検定

Ghysels and Osborn(2001) を参考にして，季節単位根の有無を判断する手法を解説します．

DHF 検定は Dickey-Hasza-Fuller 検定の略であり，1 次の季節 AR 過程を真のデータ生成過程と想定して単位根の有無を判定する手法です．DF 検定と対比すると理解しやすいと思います．

定数項のない 1 次の季節 AR 過程は以下の通りです．ただし周期を m と，$\varepsilon_t \sim \mathrm{iid}\left(0, \sigma^2\right)$ とします．

$$y_t = \Phi_1 y_{t-m} + \varepsilon_t \tag{4.46}$$

このとき，DF 検定と同様に$\Phi_1 = 1$を帰無仮説とし，$\Phi_1 < 1$を対立仮説とします．帰無仮説を棄却できれば，データ生成過程は季節ランダムウォーク過程ではなく，季節単位根がないと判断されます．

DF 検定と同様に両辺からy_{t-m}を引いた以下の形式もしばしば利用されます．

$$\begin{aligned} y_t - y_{t-m} &= \Phi_1 y_{t-m} - y_{t-m} + \varepsilon_t \\ \Delta_s y_t &= (\Phi_1 - 1)\, y_{t-m} + \varepsilon_t \end{aligned} \tag{4.47}$$

ここで$\Phi_1 - 1 = \beta$とおくと，季節差分系列に対する回帰分析において，係数$\beta = 0$が帰無仮説，$\beta < 0$が対立仮説となります．

4.6　季節単位根検定：OCSB 検定

OCSB 検定は Osborn-Chui-Smith-Birchenhall 検定の略であり，単位根と季節単位根の両方を持つ可能性があるデータ系列に対して適用します．

OCSB 検定では以下の回帰モデルを利用します．$\varepsilon_t \sim \mathrm{iid}\left(0, \sigma^2\right)$とします．$\alpha, \beta$は回帰係数です．

$$\Delta\Delta_s y_t = \alpha\Delta_s y_{t-1} + \beta\Delta y_{t-m} + \varepsilon_t \tag{4.48}$$

左辺が差分と季節差分を両方行った系列になっていることに注意してください．ここで$\beta\Delta y_{t-m}$に注目します．左辺「$\Delta\Delta_s y_t$の累積和$\Delta_s y_t$」と右辺「$\beta\Delta y_{t-m}$の累積和βy_{t-m}」を比較すると，季節差分系列$\Delta_s y_t$をy_{t-m}で回帰するという形式になっていることに気がつきます．そのため DHF 検定と同様に，回帰分析において係数$\beta = 0$を帰無仮説，$\beta < 0$を対立仮説として検定することで，季節単位根の検定を行うことができます．ε_tが iid 系列とは限らない場合，自己相関を考慮できるよう拡張することもあります．

4.7　情報量規準の利用

ARMA モデルの次数を決めるための方法を解説します．

4.7.1　AIC

古典的な Box-Jenkins 法では，原系列や差分・季節差分系列の自己相関や偏自己相関を調べて，候補となる ARMA モデルの次数を検討します．しかし，人間が手作業で自己相関をチェックするのは手間がかかります．自動モデル選択の手続きでは**情報量規準**を使ってモデルの次数を決めます．

頻繁に使われる情報量規準は**赤池情報量規準**です．Akaike's Information Criterion の略で **AIC** と呼ぶことが多いです．AIC を用いることで，モデルの当てはまりのよさとモデルの複雑さのバランスをとることができます．厳密ではありませんがAICのイメージを示します．

$$\mathrm{AIC} = -\text{当てはまりのよさ} + \text{モデルの複雑さの罰則} \tag{4.49}$$

当てはまりのよさに対してマイナスがついていることに気をつけてください．AICが小さいほど，モデルの当てはまりがよい割に，モデルの複雑さが小さいと解釈できます．

AICにおいて，モデルの当てはまりのよさの指標は最大化対数尤度$\mathcal{L}$を，モデルの複雑さの指標は推定されたパラメータの個数n_paramsを利用します．尤度および対数尤度については，状態空間モデルを用いて計算するため，第5部で解説します．

$$\mathrm{AIC} = -2\mathcal{L} + 2\mathrm{n\_params} \tag{4.50}$$

4.7.2　BIC

ベイズ情報量規準はBayesian Information Criterion略して**BIC**と表記します．BICも次数の選択を行うときにしばしば利用されます．BICは訓練データのサンプルサイズをTとしたとき，以下のように計算されます．

$$\mathrm{BIC} = -2\mathcal{L} + \log(T) \cdot \mathrm{n\_params} \tag{4.51}$$

本書では自然対数の底は略して単にlogと表記します．サンプルサイズが8以上であれば$\log(T)$は2を上回るため，ほとんどの場合はBICの方がAICよりもパラメータ数の罰則が大きくなります．そのためBICの方が，パラメータ数が小さなモデルを採用する傾向があります．

本来AICとBICはその導出過程が異なるため意味合いが異なるのですが，実務的には分析者が主観で情報量規準を選択することもあるようです．

4.7.3　情報量規準の利用についての注意点

AICなどの情報量規準は機械的な手続きで次数を決めることができ，大変便利ではありますが，誤用も目立ちます．AICによって選ばれたモデルが「正しいモデル」であると考えるのは避けた方がよいでしょう．例えば粕谷(2015)では，単純なシミュレーションでAICが真のモデルを選ぶことに失敗する確率が無視できないほど高いことを示しています．また沖本(2010)で指摘されているようにAICなどの情報量規準は慣例として用いられていることが多いというのが実情でしょう．

とはいえ，実践的に見ると，属人性を下げられるうえ簡単に計算できるため便利な指標です．モデルの候補を情報量規準でピックアップし，そのモデルを複数の観点から診断してから利用するというアプローチを本書では推奨します．なお，本書では情報量規準の使い分けを行わず，常にAICを利用します．

4.8 残差診断と残差の可視化

モデルを評価するときには，モデルの残差診断を行うのがセオリーです．残差診断の方針について解説します．

4.8.1 残差の可視化

まずは残差を残差の標準偏差で除した標準化残差のグラフを描きましょう．Ljung-Box 検定や Jarque-Bera 検定のような統計的仮説検定を用いたチェックの方法なども解説しますが，小手先の数値計算よりも，グラフを描いて特徴的な傾向の有無を人間が主観で判断した方が最終的によい結果となることもあります．

少なくとも残差の時系列折れ線グラフと，残差のヒストグラムは確実に描きましょう．一目でわかるくらい異常に大きな絶対値を持つ残差が見られた場合は，原因を調べることをおすすめします．

本書では残差の正規性のチェックのための Q-Q プロットと，残差の自己相関のチェックのためのコレログラムも作成してチェックします．

4.8.2 Ljung-Box 検定

かばん検定（portmanteau test やポーマントー検定と呼ぶこともある）の一種である **Ljung-Box 検定**を用いて残差の自己相関の有無を判断します．モデルが正しく推定されていれば，残差はホワイトノイズとみなすことができるため，残差は自己相関を持たないはずです．

Ljung-Box 検定では，残差の k 次の自己相関の推定値 $\widehat{\rho}_k$ の 2 乗を利用した下記の検定統計量 Q を用います．ただし T は訓練データのサンプルサイズで，K は検定したい自己相関の最大次数です．

$$Q = T(T+2)\sum_{k=1}^{K}\frac{\widehat{\rho}_k^2}{T-k} \tag{4.52}$$

Ljung-Box 検定の帰無仮説は最大次数 K までのすべての自己相関が 0，すなわち $\rho_1 = \rho_2 = \ldots = \rho_K = 0$ となっています．対立仮説はどれか 1 つでも ρ_k が 0 と異なるというものです．帰無仮説が棄却された場合は，残差に自己相関が残っているためモデルの改善をすることが推奨されます．

大きな K を設定すると，それよりも小さなすべての次数の自己相関の有無をチェックできます．ただし大きすぎる K を設定すると検定の検出力が下がることに注意が必要です．

Ljung-Box 検定を利用するときは，複数の K を設定したうえで検定を繰り返し，帰無仮説が棄却されないことを確認します．この方法は統計的仮説検定を学んだことのある読者ならば違和感を覚えるかもしれません．通常，検定を繰り返し実行することは推奨されませんし，帰無仮説が棄却されない場合は判断を保留する（よいモデルであると判断してはいけない）はずだからです．本書では，Ljung-Box 検定をモデルの多面的な評価の 1 つとして利用するにとどめます．

4.8.3 Jarque-Bera 検定

残差の自己相関の有無のチェックと，残差の正規性のチェックでは前者の重要度の方が高いです．残差に自己相関があるということは，過去から未来を予測する情報がまだ残差に残っているということですから．重要度はやや下がりますが，残差の正規性のチェックもしばしば行われるのでここで解説します．正規性の検定には複数ありますが `statsmodels` の `summary` メソッドの出力にも現れる Jarque-Bera 検定を利用することにします．

Jarque-Bera 検定は以下の JB 統計量を利用します．ただし T は訓練データのサンプルサイズで，skewness は残差から計算された歪度，kurtosis は尖度です．

$$\mathrm{JB} = T\left\{\frac{\mathrm{skewness}^2}{6} + \frac{(\mathrm{kurtosis}-3)^2}{24}\right\} \tag{4.53}$$

正規分布は左右対称の確率分布であるため歪度は 0 です．分布の裾の重さである尖度は正規分布の場合 3 となっています．この値と残差の歪度・尖度を比較して正規性の検定を行うのが Jarque-Bera 検定です．

Jarque-Bera 検定の帰無仮説は「残差が正規分布に従う」であり，対立仮説は「残差が正規分布に従わない」です．そのため Jarque-Bera 検定も帰無仮説が棄却されないことをチェックすることになります．

この手の検定は「明らかな問題を検出する」程度の技法だと著者は考えています．検定で有意な結果が得られなかったからといって，よいモデルが推定できたと早とちりしないように気をつけましょう．

4.9 単位根検定の実装

実際にデータを分析していきましょう．まずは単位根検定を行います．次節で解説する自動モデル選択関数を使えば単位根検定も実施してくれるのですが，やや違和感を覚える結果が得られることもあるのであらかじめここで解説します．

4.9.1 単純な単位根検定

しばしば「自動モデル選択の結果と，手作業で実施した単位根検定の結果が異なるのはなぜか」という内容の質問を受けます．外生変数がある SARIMA Error モデルの場合は，SARIMA モデルを残差に対して適用するため，直感と異なる結果が得られることがあります．

ここでは売り上げデータ `train['sales']` の対数系列 `np.log(train['sales'])` を対象に分析を進めることにします．`pmdarima` ライブラリの `ndiffs` 関数を使うと，KPSS 検定を利用して，差分をとる階数を調べることができます．しかし，以下の実装は誤りです．

```
pm.arima.ndiffs(np.log(train['sales']), test='kpss')
```

```
1
```

続いて nsdiffs 関数を実行し，OCSB 検定を利用して季節差分をとる階数を調べます．

```
pm.arima.nsdiffs(np.log(train['sales']), m=12, test='ocsb')
```

```
0
```

季節差分をとる必要がないという結果になりました．しかし，次節で解説する自動モデル選択関数を利用すると，季節差分がとられます．

4.9.2　自動モデル選択で採用されている単位根検定の方法

外生変数を利用する場合は，SARIMA モデルを残差に対して適用するため，残差に対して単位根検定を行います．まずは安売りフラグを用いて売り上げを予測する回帰モデルを作成し，残差を計算します．

```
# 残差の取得
ols_resid = smf.ols('np.log(sales) ~ discount', data=train).fit().resid

# 結果の確認
ols_resid.head(3)
```

```
date
2010-01-01   -0.025589
2010-02-01   -0.083576
2010-03-01   -0.129386
dtype: float64
```

残差に対して単位根検定を実施して，差分をとる必要性を判断します．まずは通常の差分をとる必要性を調べます．

```
pm.arima.ndiffs(ols_resid, test='kpss')
```

```
1
```

続いて季節差分をとる必要性を調べます．

```
pm.arima.nsdiffs(ols_resid, m=12, test='ocsb')
```

```
1
```

今度は結果が 1 になりました．1 階の季節差分をとる必要があるようです．外生変数を利用する場合は，結果の解釈に注意しましょう．

4.10 自動予測アプローチの実装

pmdarima ライブラリの auto_arima 関数を使うことで自動予測アプローチによるモデル化を実行できます．単位根検定・季節単位根検定・AIC を用いた次数選択をまとめて実行できます．関数の利用方法はコメントを参照してください．

```
mod_sarimax_best = pm.arima.auto_arima(
    y = np.log(train['sales']),                    # データ
    X = train['discount'].values.reshape(-1,1),   # 外生変数
    test='kpss',                 # KPSS 検定で，差分をとる階数を決める
    seasonal_test='ocsb',        # OCSB 検定で，季節差分をとる階数を決める
    criterion='AIC',             # AIC で変数選択
    m=12,                        # 周期は 12
    max_p=2, max_q=2, max_P=2, max_Q=2,           # 最大次数
    start_p=0, start_q=0, start_Q=0, start_P=0,   # 開始次数
    stepwise=False,             # 総当たりで AIC を比較
    n_jobs=-1,                  # 使える限りのコアを使って並列化
    maxiter=5000,               # パラメータ推定のときの設定（反復回数を 5000 回に増やす）
    with_intercept=False,       # 切片なしのモデルにする
    solver='nm'                 # パラメータ推定のときの設定（最適化の手法を変更）
)
```

推定結果は以下の通りです．

```
print(mod_sarimax_best.summary())
```

```
                               SARIMAX Results
==============================================================================
Dep. Variable:                        y   No. Observations:              108
Model:    SARIMAX(1, 1, 0)x(0, 1, 0, 12)   Log Likelihood               77.949
Date:                  Thu, 14 Mar 2024   AIC                        -149.898
Time:                          16:39:06   BIC                        -142.236
Sample:                      01-01-2010   HQIC                       -146.802
                           - 12-01-2018
Covariance Type:                    opg
==============================================================================
                 coef    std err          z      P>|z|      [0.025      0.975]
------------------------------------------------------------------------------
x1             0.7762      0.023     33.211      0.000       0.730       0.822
ar.L1         -0.4454      0.087     -5.109      0.000      -0.616      -0.275
sigma2         0.0113      0.001      7.593      0.000       0.008       0.014
===============================================================================
Ljung-Box (L1) (Q):                 0.14   Jarque-Bera (JB):                1.33
```

```
Prob(Q):                              0.70   Prob(JB):                         0.51
Heteroskedasticity (H):               0.60   Skew:                            -0.01
Prob(H) (two-sided):                  0.15   Kurtosis:                         3.58
===================================================================================
Warnings:
[1] Covariance matrix calculated using the outer product of gradients (complex-
step).
```

最終的に SARIMAX(1, 1, 0)x(0, 1, 0, 12) というシンプルなモデルが選ばれました.

なお，動作が重くなるのであまり推奨しませんが，候補となったモデルすべてを保存したい場合は引数に return_valid_fits=True を設定します．その結果を利用すると，推定されたすべての SARIMAXResult インスタンスが得られます.

4.11 モデルの診断

auto_arima 関数の内部では statsmodels が提供する SARIMAX クラスが利用されています．statsmodels が提供する残差診断のためのメソッドをそのまま利用できるのも auto_arima 関数の便利なところです.

まずは残差のグラフを描きます（**図 4.4.2**）.

```
_ = mod_sarimax_best.plot_diagnostics(lags=30, figsize=(15, 8))
```

左上が標準化残差の折れ線グラフ，右上が標準化残差のヒストグラムです．標準正規分布の確率密度関数の折れ線グラフもあわせて引かれているため，残差の正規性が直感的に確認できます.

左下が Q-Q プロットです．赤い線の上にデータが載っていれば正規分布に従うと判断できます．右下はコレログラムです．グラフを見る限り，大きな問題はないようです.

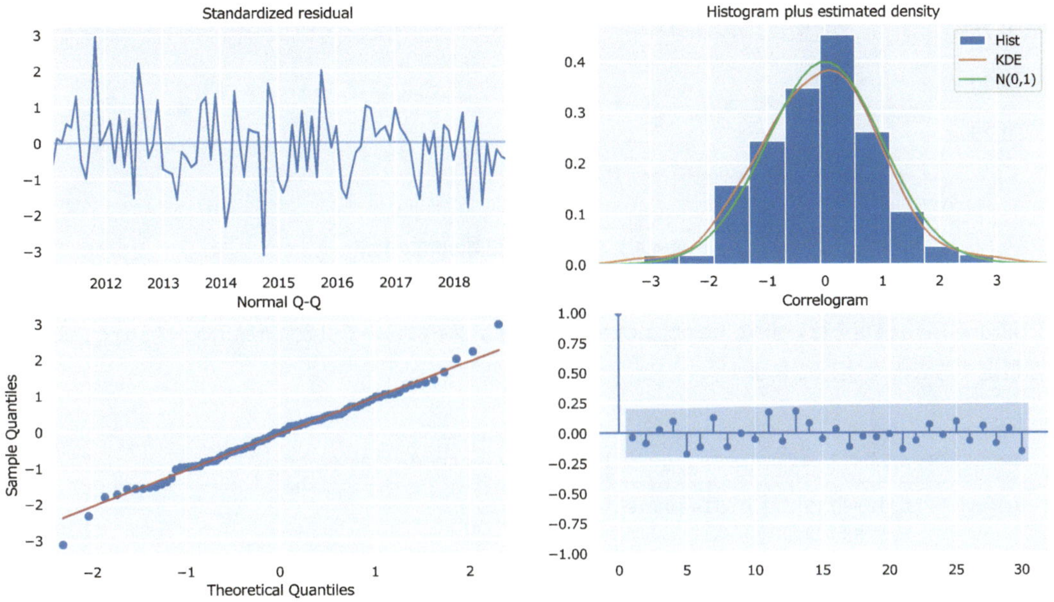

図 4.4.2　残差のグラフ

続いて Ljung-Box 検定を実施します．今回は 1 時点前から 24 時点前まで 1 時点ずつ最大次数をずらしながら 24 回検定を行い，p 値を確認しました（**図 4.4.3**）．

```
# 残差の自己相関の検定
# 1 時点前から 24 時点前まで，1 つずつ最大次数をずらして，24 回検定を行う
res_test = mod_sarimax_best.arima_res_.test_serial_correlation(
    method='ljungbox', lags=24)

# グラフサイズの指定
fig, ax = plt.subplots(figsize=(8, 2), tight_layout=True)

# p 値のグラフを描画
ax.scatter(np.arange(1,25), res_test[0][1])

# 高さ 0.05 の位置に赤線を引く
ax.plot(np.arange(1,25), np.tile(0.05, 24), color='red')
```

図 4.4.3 の赤い線が有意水準 0.05 を表しています．どの p 値も有意水準を上回っているため，有意な自己相関を検出することはできませんでした．とりあえずテストをパスしたということです．

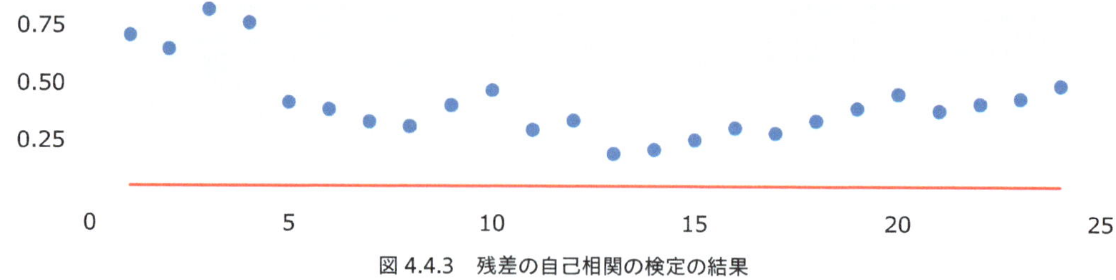

図 4.4.3　残差の自己相関の検定の結果

Jarque-Bera 検定を行います．test_normality メソッドにおいて引数に method='jarquebera' と指定することで実行できます．

```
mod_sarimax_best.arima_res_.test_normality(method='jarquebera')
```

```
array([[ 1.3298735 ,  0.51430606, -0.0148029 ,
         3.57887092]])
```

4 つの数値が出てきました．1 つ目が JB 統計量，2 つ目が p 値です．ここでも p 値が 0.05 を上回っているため，正規分布と異なるという証拠は見つかりませんでした．

なお 3 つ目の数値は歪度で，4 つ目の数値は尖度です．

4.12　sktime を利用する方法

pmdarima ライブラリを使うとほぼ自動化できてしまうため，あまりメリットはありませんが，sktime を利用して予測を行うこともできます．まずは予測期間を設定し，データを変換します．

```
# 予測期間
fh = np.arange(1, len(test) + 1)

# データの変換
train_period = train.to_period()
test_period = test.to_period()
```

pmdarima の auto_arima 関数とほぼ同じように sktime の AutoARIMA を実行できます．ただし，引数の名称がわずかに違うことがあるので気をつけてください．最適化の方法を指定するときは solver='nm' ではなく method='nm' と指定します．また，データは fit メソッドで適用します．

```
# 予測手法の指定
arima_forecaster = AutoARIMA(
    test='kpss',                     # KPSS 検定で，差分をとる階数を決める
    seasonal_test='ocsb',            # OCSB 検定で，季節差分をとる階数を決める
    information_criterion='aic',     # AIC で変数選択
    sp=12,                           # 周期は 12
    max_p=2, max_q=2, max_P=2, max_Q=2,                  # 最大次数
    start_p=0, start_q=0, start_Q=0, start_P=0,          # 開始次数
    stepwise=False,            # 総当たりで AIC を比較
    n_jobs=-1,                 # 使える限りのコアを使って並列化
    maxiter=5000,              # パラメータ推定のときの設定（反復回数を 5000 回に増やす）
    with_intercept=False,      # 切片なしのモデルにする
    method='nm'                # パラメータ推定のときの設定（最適化の手法を変更）
)

# データへの当てはめ
arima_forecaster.fit(y=np.log(train_period['sales']),
                     X=train_period['discount'])
```

最後に，予測を実施して予測精度を MAE として評価します．

```
# 予測の実施
sarimax_fore = arima_forecaster.predict(fh, X=test_period['discount'])

# 予測精度
mean_absolute_error(test_period['sales'], sarimax_fore)
```

```
25.240766610356218
```

交差検証法などを用いて予測精度を評価する場合は sktime を利用した方が簡単に実装できることもあります．

線形ガウス状態空間モデル

状態空間モデルは目に見えない状態をモデル化している点が大きな特徴です．時空間データなど多様なデータに適用できるモデルですが，本書では時系列データに適用する場合に限って解説します．

状態空間モデルは内部構造がブラックボックスになりにくいという意味で解釈が容易なモデルであり，予測以外の用途でも利用できます．しかし，はじめて学ぶ方にとってはとっつきにくいモデルであるようです．本書ではローカルレベルモデルと呼ばれる単純なモデルを対象として，状態空間モデルの特徴を丁寧に解説します．

第５部は少々長いですが，第１章から順に読んでください．途中から読むと，理解しにくくなる可能性があります．ただし第４章だけは数学的な補足が中心ですので飛ばしても大丈夫です．

第５章からは，実務的にも役に立つモデルについて解説しました．分析事例では，複数の周期性を持つ複雑なモデルの推定を試みます．モデルを発展させるイメージをつかんでいただければと思います．

第 1 章

状態空間モデルの概要

第 5 部では，現代の時系列分析の中核をなす状態空間モデルについて解説します．状態空間モデルは第 4 部までで解説した統計モデルの推定にも利用される，非常に利用頻度が高い手法です．その一方で，古典的な線形回帰モデルなどと見た目が変わるため，初学者の方にはとっつきにくい印象を与えるようです．

状態空間モデルをはじめて学ぶ読者を想定し，本章では状態空間モデルを学ぶときに勘違いしやすい点や，状態空間モデルの学び方を紹介します．少し複雑に見える定義式も載せていますが，あまり気負わず，まずは状態空間モデルのおおざっぱなイメージをつかみましょう．

状態空間モデルについては北川 (2005)，Durbin and Koopman(2004)，Commandeur and Koopman(2008)，森平 (2019)，樋口 (2022) などを参考にしました．R 言語での実装は馬場 (2018)，野村 (2016) などに解説があります．

概要

状態空間モデルのイメージ → 状態と観測値に分けるメリット
→ 状態空間モデルによくある勘違い → モデルの構造とモデルの名前の対応関係
→ 状態の成分→ 線形ガウス状態空間モデル → さまざまな状態空間モデル

1.1 状態空間モデルのイメージ

状態空間モデル（State Space Model: SSM）モデルについておおざっぱなイメージを紹介します．

1.1.1 母平均の推定から状態の推定へ

状態空間モデルは目に見えない状態と，実際に観測できる観測値の 2 つに分けてデータをモデル化する手法です．まずは厳密ではありませんが，状態空間モデルが目指していることのイメージを紹介します．

例えば湖の中にいる魚の体長は，目に見えないので状態と呼べそうです．湖から釣りをして得られた魚の体長は，実際に観測できるので観測値です．状態空間モデルは観測値を使って状態を推定します．例えば魚を 100 尾釣って得られた体長の観測値を使って，湖の中にいる魚の体長の平均値を推定する問題に取り組んでみましょう．

とはいえこの事例だと，わざわざ状態空間モデルという言葉を使わなくても，「標本から母集団の平均値を推定する」という問題に取り組むだけで済みそうですね．これはいわゆる「統計学入門」で学ぶ初歩的な推定の技術です．目に見えない母平均を，観測できる標本から推定するというのは，状態空間モデルを適用する最も単純なシチュエーションです．

個人的には，状態空間モデルは何か新しい特別なことをしているのではなく，今までの推定のプロセスをわかりやすく整理したものとみなせるのではないかと思います．

状態空間モデルらしい使い道は，やはり時系列分析です．例えば湖の中の同じ地点の水温を毎朝 10 時に測定したと考えます．湖は小さいため，1 つの地点でしか水温を観測できません．また，湖の中の水温はすべて均一であると想定します．このとき，湖の中の水温が状態で，水温計の数値が観測値です．どんなに正確な水温計を使ってもその精度に限度はあります．観測値は状態に観測誤差が加わったものと想定するのが自然でしょう．また，湖の水温は季節によって大きく変動することが予想されます．ここで，観測誤差が平均 0 の正規分布に従うと想定します．このとき，観測誤差を考慮したうえで，湖の中の水温を推定したいと思います．

もしも「2020 年 1 月 1 日における朝 10 時の水温」を 100 サンプル取得できれば，100 サンプルの標本平均を計算することで，湖の中の水温を推定できそうです．しかし，時系列データは一期一会ですので，「2020 年 1 月 1 日における朝 10 時の水温」はたった 1 つしかありません．

ここで，状態を「時々刻々と変化する湖の水温」だと考えます．状態は時間的に変化することを想定できるのが大事なポイントです．水温計の値という 1 本しかないサンプルパスを用いて，湖の水温を推定する今回の事例では「標本を用いて母平均を推定する」問題ではなく「観測値を用いて状態を推定する」問題だと考えた方が得策です．

状態を推定するという新しい問題設定を導入することで，「統計学入門」で学ぶシチュエーションよりも，もっと複雑な状況で分析できるようになります．時系列分析が持つ問題を直接的に解決しようと試みる，正攻法の手法が状態空間モデルなのだと思います．

1.1.2　状態空間モデルの学び方

どのようにすれば状態を推定できるのでしょうか．状態の変動パターンや，観測値に加わる誤差の分布について，まったくわからないというのでは，残念ながら状態の推定は困難です．状態空間モデルでは，状態の変動パターンを，**状態方程式**（**状態モデル**や**システムモデル**とも呼ぶ）を使って表現します．状態方程式は，例えばトレンドや季節性といった時系列データ特有の変動パターンを考慮して設計します．観測値に加わる誤差などは**観測方程式**を使って表現します．本書で登場する状態空間モデルでは，状態方程式の方が観測方程式よりも複雑になりがちです．

状態空間モデルについて学ぶときには「状態の変動パターンを数式で表現する」方法を学んだ後で「状態を推定する」方法を学ぶという 2 ステップで取り組む必要があります．この 2 つを切り分けることで，勉強するときの見通しがよくなると思います．

状態空間モデルをはじめて学ぶ方は，やることが多いなという気持ちになるかもしれません．とはいえ，適用範囲が広いモデルであるため，使いこなせると非常に便利です．本書で最も多くのページ数を割いたテーマですので，ぜひこの機会に状態空間モデルを使いこなせるようになってください．

1.2　状態と観測値に分けるメリット

状態空間モデルは目に見えない状態と，実際に観測できる観測値の2つに分けてデータをモデル化します．このように分けることでモデルの汎用性が飛躍的に向上します．例えば第4部で解説したARIMAモデルなどの推定はかつて場当たり的な方法で行われることもあったようです．状態空間モデルを利用することでモデルの推定を統一的な方法で行えるようになりました．

モデルの解釈性が上がるというメリットもあります．例えばSARIMAXモデルや第6部で解説するLightGBMを用いて，季節成分だけを取り出すということはなかなか難しいです．状態空間モデルでは，状態を複数の成分に分けます．そのため例えば全体の傾向を表す水準成分と，季節性を表す季節成分を個別に取り出すことができます．また，非定常過程系列が対象であっても，差分をとるなどの前処理を実施せずに分析できるのも大きな特徴です．

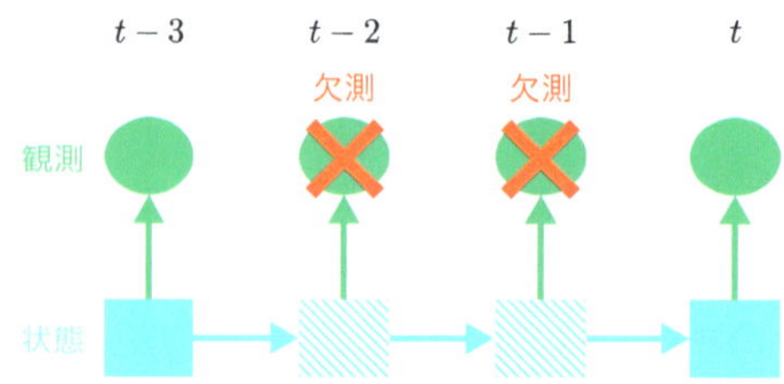

図 5.1.1　観測値の欠測のイメージ

また，目に見えない状態の存在を仮定することで，欠測値への対応が容易になるというメリットもあります．センサの故障などが理由でデータの一部が観測できない，すなわち**欠測**という状況に陥ることはしばしばあります．このとき，観測値は確かに欠測していて手に入りません．しかし，状態についてはもともと目に見えない存在ですので，**図 5.1.1** のイメージ図のように「観測値は欠測しているが，状態は存続している」と考えて分析をそのまま進めることができます．このため，状態空間モデルを利用する場合は，観測値の欠測を気にしなくても済むことが多いです．第4部までの手法では，欠測値をあらかじめ補間してから分析することが多いのですが，状態空間モデルの場合はその必要がありません．これは実践的に見ても非常に役に立つ特徴です．

1.3　状態空間モデルによくある勘違い

状態空間モデルの初学者の方は，「モデル」と「モデルの推定方法」を混同しやすいようです．この区別をつけるだけでも状態空間モデルは理解しやすくなります．

上記を混同してしまう大きな理由は，状態空間モデルに多くの「モデル」と「モデルの推定方法」があることでしょう．これらの一覧を示すのは，辞書的には便利かもしれませんが，初学者の方にとって混乱の原因になります．本書ではあえて範囲を狭め，網羅性をなくすことで，初学者の方でも理解しやすい解説となるよう努めました．

本書は実践を重視した技術書です．そこで，実用的に広く利用されている以下の「モデル」と「モデルの推定方法」の組み合わせを，本書では対象とします．

【モデル】

線形ガウス状態空間モデル

【モデルの推定方法】

状態の推定　　　　：カルマンフィルタ

パラメータの推定：最尤法

状態空間モデルには複数のモデルがありますが，本書では**線形ガウス状態空間モデル**を利用します．名前の通りモデルの構造が，線形であり，正規分布（ガウス分布）であると限定された状態空間モデルです．汎用性はやや落ちますが，推定が高速で実践的には非常に便利なモデルです．本書で単に状態空間モデルと呼ぶ場合は線形ガウス状態空間モデルを指します．

ここで，カルマンフィルタという名前のモデルがあると勘違いすると勉強しにくくなります．カルマンフィルタは状態空間モデルについて勉強しているとほぼ確実に目にする名前ですが，これは推定方法であることに注意しましょう．また，状態の推定とパラメータの推定という 2 つの推定を行う必要があるのも重要なポイントです．単回帰モデルなどではパラメータの推定だけで十分でしたが，状態空間モデルでは状態という目に見えない変数も推定します．

状態空間モデルにおいて状態を推定する方法がカルマンフィルタです．状態空間モデルのパラメータを推定する方法が最尤法です．両者の具体的な使い分けについては，第 5 部第 2 章で解説します．導出を含めたカルマンフィルタのより詳細な議論は第 5 部第 4 章で行います．

1.4　モデルの構造とモデルの名前の対応関係

本書で利用する状態空間モデルは線形ガウス状態空間モデルのみですが，この中でもさまざまな種類があります．例えば線形回帰モデルというモデルの中に，単回帰モデルや重回帰モデルといった複数のモデルがあるのと同じです．単回帰モデルは説明変数が 1 つの線形回帰モデルであり，重回帰モデルは複数の説明変数を持つ線形回帰モデルですね．線形ガウス状態空間モデルでも，利用する成分によって複数の名前に分かれます．

第 5 部第 2 章では状態空間モデルの中ではとても単純な構造であるローカルレベルモデルについて解説します．第 5 部第 5 章と第 6 章では季節性なども考慮した汎用的なモデルである基本構造時系列モデルについて解説します．

1.5 状態の成分

状態には例えば短期の自己相関やトレンド，季節性といった時系列データらしい特徴があると想定します．状態空間モデルでは，状態をさまざまな成分に分けます．頻繁に利用される成分を**表 5.1.1** に整理しました．本書で利用する statsmodels ライブラリのドキュメントとは，ドリフト成分の記号のみ異なるので注意してください（statsmodels ライブラリのドリフト成分は β ですが，回帰係数と見分けがつきにくいため δ としました）．

表 5.1.1　状態空間モデルの成分

成分の名前	記号	成分の直感的な解釈
水準成分	μ_t	系列のトレンドを表す成分
ドリフト成分	δ_t	水準成分の増減量を表す成分
季節成分	γ_t	季節性を表す成分

例えばトレンドと季節性の両方を持つ基本構造時系列モデルでは，状態 α_t を $\alpha_t = \mu_t + \gamma_t$ のように複数の成分の和とします．逆に $\alpha_t = \mu$ と時点によって変化しない水準成分だけを持つ，極めて単純なモデルを想定することもできます．この場合の状態の推定値は，標本平均とほとんど変わりません．

表に挙げた以外でも，自己回帰成分などを組み込むことがあります．行列を用いて複数の成分を表現する方法は第 5 部第 5 章で解説します．

1.6 線形ガウス状態空間モデル

線形ガウス状態空間モデルの形式的な定義を紹介します．以下の数式は，難しいと思ったら飛ばしてください．

線形ガウス状態空間モデルは以下のように定式化されます．式 (5.1) を**状態方程式**と，式 (5.2) を**観測方程式**と呼びます．本書では，太字の記号はベクトルか行列を表します．$\boldsymbol{\alpha}_t$ を状態ベクトル，$\boldsymbol{y}_t$ を観測値ベクトルと呼びます．$\boldsymbol{\eta}_t$ は過程誤差，$\boldsymbol{\varepsilon}_t$ は観測誤差と呼ばれる正規ホワイトノイズ系列であり，すべての時点において互いに独立とします．$\boldsymbol{T}_t, \boldsymbol{R}_t, \boldsymbol{Z}_t$ は行列であり，モデルの構造を決めます．

$$\boldsymbol{\alpha}_t = \boldsymbol{T}_t \boldsymbol{\alpha}_{t-1} + \boldsymbol{R}_t \boldsymbol{\eta}_t, \qquad \boldsymbol{\eta}_t \sim \mathcal{N}(0, \boldsymbol{Q}_t) \tag{5.1}$$

$$\boldsymbol{y}_t = \boldsymbol{Z}_t \boldsymbol{\alpha}_t + \boldsymbol{\varepsilon}_t, \qquad \boldsymbol{\varepsilon}_t \sim \mathcal{N}(0, \boldsymbol{H}_t) \tag{5.2}$$

上記の定義は抽象的であり，イメージしにくいかもしれません．詳細は第 5 部第 5 章で解説します．ここでは簡単な紹介にとどめます．

1.7 さまざまな状態空間モデル

本書では詳しく解説しませんが，線形ガウス状態空間モデルを拡張したモデルが存在します．ここではいくつかのモデルを紹介しますが，混乱しそうだという読者は飛ばしても構いません．

本書で扱う線形ガウス状態空間モデルは，**動的線形モデル**（Dynamic Linear Models: **DLM**）と呼ぶこともあります．正規分布という特徴をとり払ったモデルを**動的一般化線形モデル**（Dynamic Generalized Linear Models: **DGLM**）と呼びます．非線形非ガウス型の状態空間モデルを**一般化状態空間モデル**と呼びます．なお，分野によっては非線形非ガウス型の状態空間モデルを単に状態空間モデルと呼称することもあるようです．

モデルが複雑になると，推定方法も変わります．一般化状態空間モデルではカルマンフィルタの代わりに粒子フィルタを用いることが多いです．また，ベイズ推論と MCMC，あるいはベイズ推論と変分推論の組み合わせでモデルを推定することも多いです．後者の方法については森賀ほか (2022) で Python を用いた実装方法とともに解説されています．また馬場 (2018) では R 言語を使った実装について解説されています．

第2章 ローカルレベルモデルの基本

テーマ

本章では状態空間モデルにおける最も単純な構造であるローカルレベルモデルについて解説します．ローカルレベルモデルの構造を理解したうえで状態空間モデルを推定する方法を学んでください．なお，本章のカルマンフィルタの解説はローカルレベルモデルに限定された議論であることに注意してください．また，カルマンフィルタの導出に関しては第5部第4章で行います．本章ではカルマンフィルタの結果だけを利用します．

なお，本章の後半は数式がやや多くなります．難しいと感じたら2.6節までを読み，2.7節以降は数式を流し読みして第5部第3章に移ってください．

概要

分析の準備 → ローカルレベルモデル → ローカルレベルモデルのシミュレーション
→ ローカルレベルモデルの予測 → 推定方法の概要 → カルマンフィルタのイメージ
→ カルマンゲインとカルマンフィルタの計算式
→ ローカルレベルモデルにおけるカルマンフィルタ
→ 状態の初期値 → 数値例 → 最尤法によるパラメータ推定 → 状態の平滑化

2.1 分析の準備

ライブラリの読み込みなどを行います．

```
# 数値計算に使うライブラリ
import numpy as np
import pandas as pd
from scipy import stats

# グラフを描画するライブラリ
from matplotlib import pylab as plt
import seaborn as sns
sns.set()
```

2.2 ローカルレベルモデル

ローカルレベルモデルは最も単純な形をした状態空間モデルです．予測性能は低いですが，構造が単純で推定も容易ですので，はじめて状態空間モデルを学ぶときの教材として最適です．また，ローカルレベルモデルを拡張して複雑なモデルにすることもできるので，基礎として学ぶことは有益です．

ローカルレベルモデルの状態方程式（式(5.3)）と観測方程式（式(5.4)）は以下の通りです．ただしμ_tは水準成分と呼ばれる状態の成分です．水準成分は，系列のおおざっぱなトレンドのようなものだと思ってください．単純な構造なので，状態は水準成分という1つの成分しか持ちません．

$$\begin{aligned} \mu_t &= \mu_{t-1} + \eta_t, \qquad \eta_t \sim \mathcal{N}\left(0, \sigma_\eta^2\right) \\ \alpha_t &= \mu_t \end{aligned} \tag{5.3}$$

$$y_t = \alpha_t + \varepsilon_t, \qquad \varepsilon_t \sim \mathcal{N}\left(0, \sigma_\varepsilon^2\right) \tag{5.4}$$

状態が持つ成分が水準成分μ_tしかないため，今後は以下のようにα_tを省略します．

$$\mu_t = \mu_{t-1} + \eta_t, \qquad \eta_t \sim \mathcal{N}\left(0, \sigma_\eta^2\right) \tag{5.5}$$

$$y_t = \mu_t + \varepsilon_t, \qquad \varepsilon_t \sim \mathcal{N}\left(0, \sigma_\varepsilon^2\right) \tag{5.6}$$

図5.2.1にローカルレベルモデルの模式図を示しました．ローカルレベルモデルは「ランダムウォーク＋ノイズ モデル」と呼ばれることもあります．状態方程式$\mu_t = \mu_{t-1} + \eta_t$を見ると水準成分$\mu_t$がランダムウォーク過程であることがわかります．ランダムウォーク過程に観測誤差ε_tが加わることで観測値y_tが得られます．

η_tは過程誤差と呼びますが，「誤差」という呼び名にはやや違和感を覚えます．図5.2.1に示したように，η_tは状態の変化の大きさを表したものだといえます．一方の観測誤差ε_tは名前の通り状態と観測値のずれの大きさなので「誤差」という呼び名がふさわしいですね．

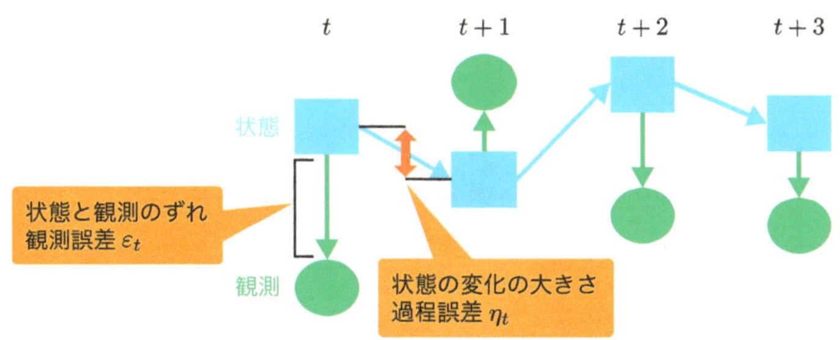

図5.2.1　ローカルレベルモデルの模式図

2.3 ローカルレベルモデルのシミュレーション

ローカルレベルモデルに従うデータ系列をシミュレーションで作成します．まずはランダムウォーク過程に従う状態 mu を作成します．過程誤差の標準偏差は 1 としました．

```
# 乱数の種
np.random.seed(1)

# 正規分布に従う乱数の累積和を作成し，ランダムウォーク系列を作る
sim_size = 100
mu = np.cumsum(stats.norm.rvs(loc=0, scale=1, size=sim_size).round(1)) + 30
```

続いて mu に正規分布に従う独立な観測誤差を加えます．観測誤差の標準偏差は 5 としました．

```
# 観測値の作成
y = mu + stats.norm.rvs(loc=0, scale=5, size=sim_size).round(1)
```

結果を DataFrame にまとめます．

```
# DataFrame にまとめる
local_level_df = pd.DataFrame({'mu': mu, 'y':y})

# 結果の確認
print(local_level_df.head(3))
```

```
     mu     y
0  31.6  29.4
1  31.0  37.1
2  30.5  32.5
```

観測値と状態をまとめて折れ線グラフにします（**図 5.2.2**）．状態 mu に観測誤差が加わって観測値 y が得られている様子がわかります．

```
local_level_df.plot()
```

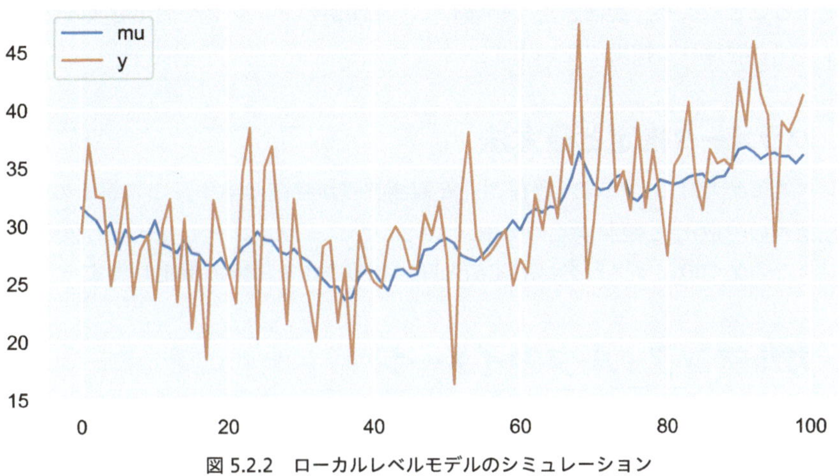

図 5.2.2　ローカルレベルモデルのシミュレーション

2.4 ローカルレベルモデルの予測

ローカルレベルモデルの状態方程式は $\mu_t = \mu_{t-1} + \eta_t$ であり，過程誤差 η_t の期待値は 0 です．すなわち 1 時点先の状態の予測値 $\widehat{\mu}_{t+1}$ は μ_t そのものです．観測値の予測値に関しても，観測誤差の期待値が 0 であるため，$\widehat{y}_{t+1}$ も μ_t と等しくなります．

観測誤差を排除した μ_t を利用しているとはいえ，予測値は持続予測と大差ありません．実用的には第 5 部第 5 章で解説する基本構造時系列モデルを用いることの方が多いでしょう．

とはいえ, ローカルレベルモデルは単純であるため推定が容易です．状態空間モデルの基本事項を，ローカルレベルモデルを通して学んでください．

2.5 推定方法の概要

ローカルレベルモデルを推定する流れを解説します．

2.5.1 状態推定とカルマンフィルタ

私たちの手元にあるのは観測値 y_t のみです．先ほどのシミュレーションにおいて生成された観測値 y のみが手元にあるというシチュエーションで，状態 μ_t (シミュレーションにおける mu) を推定する作業が状態の推定です．

状態を推定することで観測誤差を排除した大まかな傾向, すなわちトレンドを知ることができます．シミュレーション結果を見るとわかるように，観測値 y_t は毎時点大きく変化します．観測値が売り上げデータなのだと思ってください．毎時点売り上げは大きく変動しますが，それは観測誤差の影響が大きいです．毎日の売り上げに一喜一憂していると，商品の売れ行きのトレンドを見誤ってしまうかもしれません．

状態を推定することにより，観測誤差を排除して，観測値のトレンドを抽出します．状態推定にはカルマンフィルタと呼ばれる技術を使います．

2.5.2　パラメータ推定と最尤法

ローカルレベルモデルにおいては，過程誤差と観測誤差が存在します．この誤差の分散の大きさ，すなわち過程誤差の分散 σ_η^2 と観測誤差の分散 σ_ε^2 の 2 つがローカルレベルモデルの挙動を制御するパラメータです．この 2 つのパラメータは最尤法と呼ばれる手法を用いて推定します．

2.6　カルマンフィルタのイメージ

図 5.2.3 を参照してください．この図は**カルマンフィルタ**を用いた状態推定の方法の模式図となっています．

最初のステップ①では時点 $t-1$ の状態のみが与えられています．ここで状態方程式を使って時点 t の状態を予測し，観測方程式を使って同じく時点 t の観測値を予測します．ただし，この予測値はおそらく実際の観測値（実測値）とは異なっているはずです．

続くステップ②では，時点 t の実測値を用いて，時点 t の状態を補正します．このように状態を補正する作業を**フィルタリング**と呼びます．

ステップ③では，補正された時点 t の状態が得られていますので，これを利用します．時点 t の状態から状態方程式を使って時点 $t+1$ の状態を予測し，観測方程式を使って同じく時点 $t+1$ の観測値を予測します．

以下同様です．ステップ④以降では，新たに手に入った実測値を用いて状態を補正し，補正された状態に基づいて次の時点を予測します．

なお，2 時点以降の長期予測を行う場合は，補正の作業を行わずに，予測された状態に基づいてさらに次の時点を予測します．実測値を用いて補正されていない予測値の方が，予測精度は悪くなりやすいです．

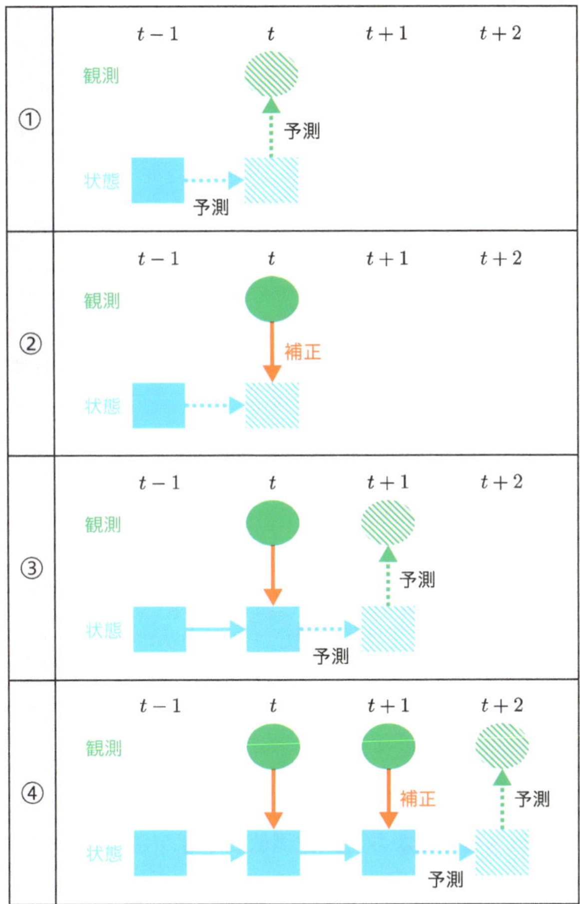

図 5.2.3　カルマンフィルタの模式図

2.7 カルマンゲインとカルマンフィルタの計算式

フィルタリングを行うときに重要な役割を果たすカルマンゲインを導入し，実際のフィルタリングの計算式を紹介します．

本章では直感的なイメージに訴えた説明を行います．カルマンフィルタの導出に興味のある読者は第 5 部第 4 章を参照してください．

2.7.1 観測値の 1 時点先予測残差と状態の補正

「観測値の予測値」と「観測値の実測値」との差分を「観測値の 1 時点先予測値の残差」や単に「予測残差」と呼ぶことにします．予測残差が大きいほど，状態は大きく補正するべきでしょう．逆に予測残差が小さいならば，状態も精度よく予測できていると判断し，状態の補正の量は小さくするべきです．状態の補正のときに観測値の予測残差を利用するのは自然な発想です．

カルマンフィルタでは，予測残差に**カルマンゲイン**と呼ばれる値をかけたものを状態に足しあわせることで状態を補正します．カルマンゲインは0以上1以下の値をとります．カルマンゲインのイメージを**図 5.2.4** に示しました．カルマンゲインが0に近ければ，状態の補正量は小さくなります．一方でカルマンゲインが1に近ければ，状態は観測値の実測値と同じ値になるまで補正されます．

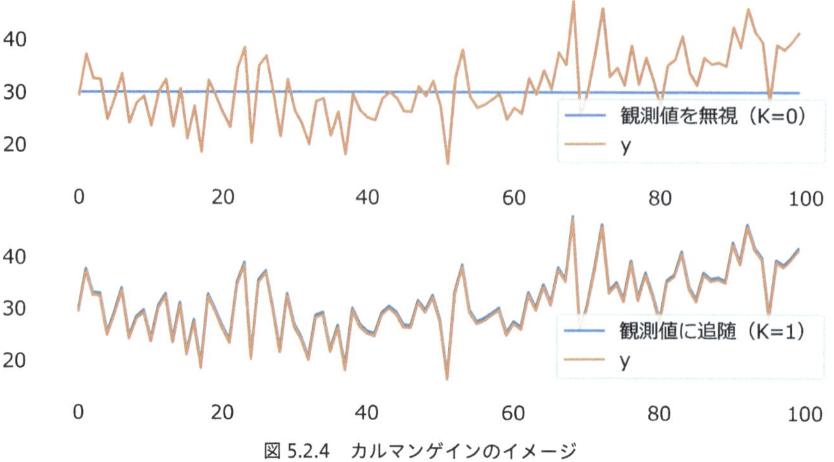

図 5.2.4　カルマンゲインのイメージ

2.7.2　カルマンゲインの決め方のイメージ

カルマンゲインの値は,「状態の不確かさ」と「観測値の不確かさ」の比に依存して決まります．イメージ的な解説を試みます．

あなたはビニールハウス内の気温を知りたいと思っています．温度計の指す温度が観測値です．ビニールハウス内の正しい温度を状態とみなします．

はじめてビニールハウスを使うことになりました．ビニールハウスに関する事前の知識は何もありませんが，とりあえず気温は20°Cくらいかなと予測しました．状態の予測値は20°Cです．温度計の数値（観測値）についても20°Cかなと予測してみました．

ここで，温度計をチェックして観測値の実測値を取得します．温度計は25°Cを指していました．このときは素直に状態の推定値を実測値と同じ25°Cに補正するのが妥当であるように思います．

今回のシチュエーションでは，状態の不確かさが非常に大きいです．このときは実測値を信用して，状態の値を大きく補正するべきです．すなわちカルマンゲインは1に近い値となります．

ビニールハウスを使い続けて1年がたちました．ビニールハウスはよくできていて，ハウス内の気温はほぼ25°Cで一定に保たれていることがわかっています．今日の気温も25°Cと予測しました．状態の予測値は25°Cです．温度計の数値（観測値）についても25°Cかなと予測しました．

ここで，温度計をチェックして実測値を取得しますが，問題が１つあります．実は昨日，温度計を踏んづけて壊してしまいました．かわいそうな温度計をテープで修復しましたが，控えめにいってとても不安です．その温度計の数値を確認すると40℃と表示されていました．このときは温度計の数値を無視して，状態をほとんど補正しないのが妥当であるように思います．

今回のシチュエーションでは，状態の不確かさと比べて観測値の不確かさが非常に大きいです．このときは実測値を信用せず，状態はほとんど補正しない方がよいでしょう．すなわちカルマンゲインは０に近い値となります．

2.7.3　不確かさの定量化

「状態の不確かさ」と「観測値の不確かさ」がわかれば，補正すべき大きさがわかり，カルマンゲインを求めることができそうです．続いて「不確かさ」を定量化することを目指しましょう．「不確かさ」は分散を用いて定量化します．とはいえ，一筋縄ではいきません．

これらの分散は過程誤差の分散σ_η^2および観測誤差の分散σ_ε^2とかかわってきそうです．しかし，1時点先を予測したときの「不確かさ」と，5時点先を予測したときの「不確かさ」では後者の方がきっと大きくなるでしょう．分散の時間的な変化について考慮する必要があるので，なかなか難しい問題です．

2.7.4　記号の整理

カルマンフィルタについて学びはじめたとき，著者は出てくる記号の多さに困惑した思い出があります．ここではこれからの議論を読むために必要な記号を整理します．

ローカルレベルモデルでは状態成分が水準成分しかないため，状態を単にμ_tと表記します．

状態の期待値と分散をaおよびPと表記します．このとき，観測値がどの時点まで取得できているかを明確にするため，以下の２つのシチュエーションに分けます．なお，期待値の記号は状態を表すアルファ（α）ではなく，エー（a）の小文字です．紛らわしいので，第５部第２章から第４章においてアルファをほとんど使いません．

状態の１時点先予測	フィルタリング
$a_{t\|t-1} = E\left(\mu_t \| y_{1:t-1}\right)$ $P_{t\|t-1} = V\left(\mu_t \| y_{1:t-1}\right)$	$a_{t\|t} = E\left(\mu_t \| y_{1:t}\right)$ $P_{t\|t} = V\left(\mu_t \| y_{1:t}\right)$

予測（図5.2.3の①）においては$t-1$時点までの観測値$y_{1:t-1} = \{y_1, y_2, \ldots, y_{t-1}\}$が得られているという条件を想定します．添え字$t|t-1$の縦棒の右側は条件を表しており「$t-1$時点までの観測値が得られているという条件での$t$時点の値」だと思ってください．

フィルタリング（図5.2.3の②）においては，最新のt時点までの観測値$y_{1:t}$が利用できます．

2.7.5　状態の１時点先予測値の分散

状態の１時点先予測値の分散である$P_{t|t-1}$を計算します．ここで時点を１時点ずらし，$t-1$時点のフィルタリング済み状態の分散$P_{t-1|t-1}$を考えます．

このとき$P_{t|t-1}=P_{t-1|t-1}+\sigma_\eta^2$となります．１時点前の状態の分散に，さらに過程誤差の分散が加わったものが今の時点tにおける状態の１時点先予測値の分散$P_{t|t-1}$になるのですね．

2.7.6　観測値の１時点先予測値の分散

観測値の「不確かさ」について議論するために，観測値の１時点先予測値の残差$v_t=y_t-\widehat{y}_t$を導入します．ローカルレベルモデルにおいて観測値の予測値$\widehat{y}_t$は，状態の予測値と同じになります．そのため状態の１時点先予測値$a_{t|t-1}$を$\widehat{y}_t$に代入して$v_t=y_t-a_{t|t-1}$となります．

１時点先予測を行うときの観測値の分散について議論するためv_tの分散$F_t=V(v_t)$と表記することにします．なお，記載は省略していますが，F_tはあくまでも「観測値の１時点先予測値の残差の分散」であるため，利用している観測値は$y_{1:t-1}$です．このとき，F_tは「状態の１時点先予測値の分散」と「観測誤差の分散」の和として$F_t=P_{t|t-1}+\sigma_\varepsilon^2$と求められます．

2.7.7　カルマンゲインの計算

t時点のカルマンゲインK_tは以下のように計算されます．

$$K_t=\frac{P_{t|t-1}}{F_t}=\frac{P_{t|t-1}}{P_{t|t-1}+\sigma_\varepsilon^2} \tag{5.7}$$

分子は「状態の不確かさ」であり分母は「観測値の不確かさ」と解釈できますね．状態の１時点先予測値の分散$P_{t|t-1}$が大きければカルマンゲインは１に近づき，状態の補正量は大きくなります．観測誤差の分散σ_ε^2が大きければカルマンゲインは０に近づき，状態の補正量は小さくなります．

カルマンゲインがなぜこのように求められるかということの証明は第５部第４章4.3節を参照してください．本章では，この結果を利用して計算を進めていきます．

2.7.8　カルマンゲインを用いた状態の補正式

フィルタリングによって推定された状態を**フィルタ化推定量**と呼びます．なお，確率変数を推定量と，推定量の実現値（実際に計算された結果）を推定値と呼びます．そのため本来はフィルタ化推定値と記載すべき個所もありますが，本書では細かい呼び分けをしない方針としました．フィルタ化推定量は以下のようにして計算されます．

$$a_{t|t}=a_{t|t-1}+K_t\cdot v_t \tag{5.8}$$

状態が補正されると，状態の分散（状態の不確かさ）は小さくなるはずです．フィルタリングによる状態の補正が行われた後の状態の分散$P_{t|t}$は以下のように計算されます．

$$P_{t|t} = (1 - K_t) \cdot P_{t|t-1} \tag{5.9}$$

2.7.9 カルマンフィルタの流れ

予測（図 5.2.3 の①）とフィルタリング（図 5.2.3 の②）が終わったら，次の予測（図 5.2.3 の③）に移ります．$t+1$時点の予測値$a_{t+1|t}$は，先ほど求めたフィルタ化推定量から求めます．ローカルレベルモデルの予測値は１時点前の値と同じですので$a_{t+1|t} = a_{t|t}$です．また状態の１時点先予測誤差の分散は$P_{t+1|t} = P_{t|t} + \sigma_\eta^2$です．以下同様に$t+1$時点の観測値で補正し，その結果をもとに$t+2$時点を予測します（図 5.2.3 の④）．

2.8 ローカルレベルモデルにおけるカルマンフィルタ

ローカルレベルモデルは「1 時点先の状態の予測値が, 前の時点の状態と同じ」「観測値の予測値が, 状態の予測値と同じ」であるという単純なモデルなので，カルマンフィルタの計算手順は比較的単純です．計算手順を整理します．

まずはローカルレベルモデルのモデル式を再掲します．

$$\begin{aligned} \mu_t &= \mu_{t-1} + \eta_t, \qquad & \eta_t &\sim \mathcal{N}\left(0, \sigma_\eta^2\right) \\ y_t &= \mu_t + \varepsilon_t, \qquad & \varepsilon_t &\sim \mathcal{N}\left(0, \sigma_\varepsilon^2\right) \end{aligned} \tag{5.10}$$

予測（図 5.2.3 の①）の計算手順は以下の通りです．

$$\begin{aligned} a_{t|t-1} &= a_{t-1|t-1} \\ P_{t|t-1} &= P_{t-1|t-1} + \sigma_\eta^2 \\ \widehat{y}_t &= a_{t|t-1} \\ F_t &= P_{t|t-1} + \sigma_\varepsilon^2 \end{aligned} \tag{5.11}$$

１行目：状態の１時点先予測値を計算
２行目：状態の１時点先予測値の分散を計算
３行目：観測値の１時点先予測値を計算
４行目：観測値の１時点先予測値の分散を計算

フィルタリング（図 5.2.3 の②）の計算手順は以下の通りです．

$$\begin{aligned} v_t &= y_t - \widehat{y}_t \\ K_t &= \frac{P_{t|t-1}}{F_t} \\ a_{t|t} &= a_{t|t-1} + K_t \cdot v_t \\ P_{t|t} &= (1 - K_t) \cdot P_{t|t-1} \end{aligned} \tag{5.12}$$

1 行目：観測値の 1 時点先予測値の残差を計算

2 行目：カルマンゲインを計算

3 行目：状態の 1 時点先予測値を補正

4 行目：状態の 1 時点先予測値の分散を補正

2.9 状態の初期値

$t-1$時点の状態のフィルタ化推定量とt時点の観測値さえあれば，似たような計算を繰り返すことで状態を逐次推定できます．ここで 1 つ問題が生じます．1 時点前の状態のフィルタ化推定量が存在しない場合，すなわち「最初の1時点目の状態」はどのように推定すればよいのでしょうか．当然ですが0時点目のデータは存在しません．0時点目のフィルタ化推定量ももちろん存在しません．

状態の初期値をa_0と呼ぶことにします．a_0は推定のしようがないので根拠なく 0 としてしまうことが多いです．もちろん初期値について何か根拠のある数値を利用できるならそのようにして構いません．

このような安易な決め方でよいのでしょうか．実践的なカルマンフィルタでは，0時点目の状態の分散P_0をとても大きな値（例えば 10 の 6 乗など）にします．状態の分散がとても大きいので，カルマンゲインは 1 に近い値となるはずです．そのため，状態の初期値a_0を安易に定めても大きな問題にはなりにくいです．

なお，散漫カルマンフィルタと呼ばれる，より洗練された方法もあります．これについては第 5 部第 4 章で解説します．

2.10 数値例

カルマンフィルタを実際に計算します．

2.10.1 観測値とパラメータ

2.3 節のシミュレーションで作成した `y` を対象に，カルマンフィルタを実行してみましょう．なお$y_1 = 29.4$，$y_2 = 37.1$です．

ここで状態の初期値を$a_0 = 0$，その分散を$P_0 = 1000000$とします．また，過程誤差の分散を$\sigma_\eta^2 = 1$，観測誤差の分散を$\sigma_\varepsilon^2 = 10$とします．シミュレーションの設定とは観測誤差の分散の値を意図的に変えていることに注意してください（正しい観測誤差の分散は 25）．

2.10.2 1 時点目の計算

1時点目の予測を行います．`statsmodels` の実装にあわせて，1時点目のみ，$a_{1|0} = a_0$，$P_{1|0} = P_0$としています．

$$
\begin{aligned}
a_{1|0} &= a_0 = 0 \\
P_{1|0} &= P_0 = 1000000 \\
\widehat{y}_1 &= a_{1|0} = 0 \\
F_1 &= P_{1|0} + \sigma_\varepsilon^2 = 1000000 + 10 = 1000010
\end{aligned}
\tag{5.13}
$$

1 時点目のフィルタリングを行います．なお，小数点以下第 6 位で四捨五入しています．

$$
\begin{aligned}
v_1 &= y_1 - \widehat{y}_1 = 29.4 - 0 = 29.4 \\
K_1 &= \frac{P_{1|0}}{F_1} = \frac{1000000}{1000010} \\
a_{1|1} &= a_{1|0} + K_1 \cdot v_1 = 0 + \frac{1000000}{1000010} \times 29.4 \approx 29.39971 \\
P_{1|1} &= (1 - K_1) \cdot P_{1|0} = \left(1 - \frac{1000000}{1000010}\right) \times 1000000 \approx 9.9999
\end{aligned}
\tag{5.14}
$$

初期値として $a_0 = 0$ という安易な値を設定しましたが，フィルタリングによって大きく補正されていることがわかります．状態の分散も初期値は 10 の 6 乗という非常に大きな値でしたが，フィルタリングした後は 10 程度に減りました．

2.10.3 2 時点目の計算

2 時点目の予測を行います．

$$
\begin{aligned}
a_{2|1} &= a_{1|1} = 29.39971 \\
P_{2|1} &= P_{1|1} + \sigma_\eta^2 = 9.9999 + 1 = 10.9999 \\
\widehat{y}_2 &= a_{2|1} = 29.39971 \\
F_2 &= P_{2|1} + \sigma_\varepsilon^2 = 10.9999 + 10 = 20.9999
\end{aligned}
\tag{5.15}
$$

2 時点目のフィルタリングを行います．

$$
\begin{aligned}
v_2 &= y_2 - \widehat{y}_2 = 37.1 - 29.39971 = 7.70029 \\
K_2 &= \frac{P_{2|1}}{F_2} = \frac{10.9999}{20.9999} \\
a_{2|2} &= a_{2|1} + K_2 \cdot v_2 = 29.39971 + \frac{10.9999}{20.9999} \times 7.70029 \approx 33.43318 \\
P_{2|2} &= (1 - K_2) \cdot P_{2|1} = \left(1 - \frac{10.9999}{20.9999}\right) \times 10.9999 \approx 5.23807
\end{aligned}
\tag{5.16}
$$

以下同様にデータを追加しては状態を補正するという計算を逐次的に行います．

2.11 最尤法によるパラメータ推定

先ほどのカルマンフィルタの計算では，過程誤差の分散を$\sigma_\eta^2 = 1$，観測誤差の分散を$\sigma_\varepsilon^2 = 10$とみなしました．この2つのパラメータは，本来データから推定する必要があります．ここではパラメータを推定する方法を解説します．まずは一般論としての尤度と最尤法について解説し，その後でローカルレベルモデルを対象とした議論を行います．

2.11.1 尤度と最尤法

最初にやや抽象的な説明をします．ざっと読み流してすぐに数値例に移ることをおすすめします．

尤度はデータが生じる確率を計算することによって得られます．ここでt時点までの観測値$y_{1:t}$が手元にある状況で，パラメータθを推定することを考えます．

尤度を計算する関数を**尤度関数**と呼び$\mathcal{L}\left(y_{1:T}|\theta\right)$と表記します．尤度関数はデータが固定であり，パラメータが変化することを想定します．なお，尤度関数をすべてのパラメータθで合計（確率密度関数の場合は積分）しても値は1にならないのが普通です．そのため尤度関数は確率質量関数や確率密度関数とはみなせません．

パラメータθの値をいろいろ変化させます．そして尤度が最も大きくなるときのパラメータを採用するというパラメータ推定の方法を**最尤法**と呼びます．

2.11.2 コイン投げと最尤法

単純な例で尤度を計算してみます．ここではコインを2枚投げたうち，1枚表だったというデータが得られたとします．

データは$y = 1$です．パラメータθとして「コインが表になる確率」を想定します．パラメータ$\theta = 0.5$であるならばちゃんとしたコインですが，$\theta = 0.2$など表になりにくいイカサマコインであることも考慮して，最尤法によりパラメータを推定することを試みます．

データは「1枚表，1枚裏」ですので，尤度関数は$\mathcal{L}\left(y|\theta\right) = {}_2\mathrm{C}_1 \cdot \theta \cdot (1-\theta) = 2 \cdot \theta \cdot (1-\theta)$です．$(1-\theta)$が「裏が出る確率」であることに注意してください．また「1枚目にすぐ表が出る」場合と「1枚目は裏だが，2枚目は表が出る」場合の2通りがありうるので頭に${}_2\mathrm{C}_1$の計算結果である2がつきます．

パラメータ$\theta = 0.5$と想定して尤度を計算します．尤度の値は0.5となります．

$$\mathcal{L}\left(y|0.5\right) = 2 \cdot 0.5 \cdot (1-0.5) = 2 \times 0.5 \times 0.5 = 0.5 \tag{5.17}$$

パラメータ$\theta = 0.2$と想定して尤度を計算します．尤度の値は0.32となります．

$$\mathcal{L}\left(y|0.2\right) = 2 \cdot 0.2 \cdot (1-0.2) = 2 \times 0.2 \times 0.8 = 0.32 \tag{5.18}$$

2つのパラメータで尤度を比較するとパラメータ$\theta = 0.5$のときの尤度の方が大きいですね．証明は略しますが，パラメータ$\theta = 0.5$のときに尤度は最大となります．そのため，最尤法ではパラメータ$\theta = 0.5$と推定されます．

2.11.3 二項分布を用いた確率の計算

コインをn枚投げてy枚が表になる確率を計算するなら二項分布を利用するのが便利です．コインを2枚投げたときの二項分布の確率質量関数は以下の通りです．

$$\mathrm{Bin}\left(y|2,\theta\right) = {}_2\mathrm{C}_y \cdot \theta^y \cdot (1-\theta)^{2-y} \tag{5.19}$$

2枚中0枚が表になる確率は以下のようにして計算できます．

$$\begin{aligned}\mathrm{Bin}\left(0|2,\theta\right) &= {}_2\mathrm{C}_0 \cdot \theta^0 \cdot (1-\theta)^{2-0} \\ &= 1 \cdot 1 \cdot (1-\theta)^2 \\ &= (1-\theta)^2\end{aligned} \tag{5.20}$$

2枚中2枚が表になる確率は以下のようにして計算できます．

$$\begin{aligned}\mathrm{Bin}\left(2|2,\theta\right) &= {}_2\mathrm{C}_2 \cdot \theta^2 \cdot (1-\theta)^{2-2} \\ &= 1 \cdot \theta^2 \cdot 1 \\ &= \theta^2\end{aligned} \tag{5.21}$$

以下では，上記の結果を用いて確率を計算します．

2.11.4 複数のデータがあるときの尤度

コインを2枚投げるという試行を3回行ったとします．1回目の結果は$y_1 = 1$，2回目は表が出なくて$y_2 = 0$，そして3回目は2枚表で$y_3 = 2$となりました．この3つのデータに対して尤度を計算します．

この3つのデータが得られる同時確率を計算することで尤度が得られます．ここで3つのデータが互いに独立であると仮定します．すると，尤度関数は以下のようになります．なお，わかりやすさのために本来の計算では不要な中かっこをつけています．

$$\mathcal{L}\left(y_{1:3}|\theta\right) = \{2 \cdot \theta \cdot (1-\theta)\} \cdot \left\{(1-\theta)^2\right\} \cdot \left\{\theta^2\right\} \tag{5.22}$$

データが互いに独立であるならば，確率をかけあわせることで尤度を求めることができます．

コインを2枚投げるという試行をT回行った場合の尤度は以下のように計算できます．Πはかけあわせるという記号です．Σ記号のかけ算バージョンだと思ってください．

$$
\begin{aligned}
\mathcal{L}(y_{1:T}|\theta) &= \prod_{t=1}^{T} \mathrm{Bin}(y_t|2, \theta\ ) \\
&= \prod_{t=1}^{T} {}_2\mathrm{C}_{y_t} \cdot \theta^{y_t} \cdot (1-\theta)^{2-y_t}
\end{aligned}
\tag{5.23}
$$

2.11.5 対数尤度の利用

実際の最尤法では，尤度の対数をとった**対数尤度**を最大にすることが普通です．

尤度の計算のときはかけあわせるという計算が発生します．かけ算は扱いにくい計算であるため，これを足し算に変えるために対数をとります．なお，log は断りがない限り自然対数とします．

$$
\begin{aligned}
\log\{\mathcal{L}(y_{1:T}|\theta)\} &= \log\left\{\prod_{t=1}^{T} \mathrm{Bin}(y_t|2, \theta\ )\right\} \\
&= \sum_{i=1}^{T} \log\{\mathrm{Bin}(y_t|2, \theta\ )\}
\end{aligned}
\tag{5.24}
$$

OnePoint

疑問に思う方が多いため，かけ算が足し算に変わるという点について補足します．すでに理由を知っている方はこの囲み記事を読み飛ばしてください．

対数について簡単に復習します．対数関数は指数関数の逆です．ここで議論をわかりやすくするために対数の底を 2 とします．すると，以下が成り立ちます．

$$
\log_2 2^5 = 5 \tag{5.25}
$$

2^5 は $2 \times 2 \times 2 \times 2 \times 2 = 32$ です． $\log_2 32$ は「2 を何乗したら 32 になりますか？」を問う計算です．2 を 5 乗したら 32 になるため $\log_2 32 = 5$ となります．

ここで指数計算において以下が成り立ちます．どれも展開すると $2 \times 2 \times 2 \times 2 \times 2$ になることを確認してください．

$$
2^5 = 2^2 \times 2^3 = 2^{2+3} \tag{5.26}
$$

上記の計算は対数をとっても成り立ちます．どれも計算結果は 5 になります．対数の中のかけ算 $2^2 \times 2^3$ が，対数の足し算に変わりました．

$$
\log_2 2^5 = \log_2\left(2^2 \times 2^3\right) = \log_2\left(2^2\right) + \log_2\left(2^3\right) \tag{5.27}
$$

2.11.6 正規分布を用いた対数尤度の計算

ここでデータ生成過程として$\mathcal{N}\left(y_t \middle| 0, \sigma^2\right)$であると想定します．期待値が0である正規ホワイトノイズ系列です．ホワイトノイズ系列は互いに独立であるため，尤度は以下のようにして計算できます．

$$\mathcal{L}\left(y_{1:T} \middle| \sigma^2\right) = \prod_{t=1}^{T} \mathcal{N}\left(y_t \middle| 0, \sigma^2\right) \tag{5.28}$$

対数尤度は以下の通りです．

$$\log\left\{\mathcal{L}\left(y_{1:T} \middle| \sigma^2\right)\right\} = \sum_{i=1}^{T} \log\left\{\mathcal{N}\left(y_t \middle| 0, \sigma^2\right)\right\} \tag{5.29}$$

2.11.7 ローカルレベルモデルにおける尤度

本章で用いるローカルレベルモデルは正規分布しか使いませんが，y_tは互いに独立ではないため，尤度を計算するのは難しそうです．しかし，非常に便利な方法が発見されています．それは「観測値の１時点先予測値の残差」すなわち$v_t = y_t - \widehat{y}_t$を利用する方法です．正しくモデル化できているならば，残差v_tは互いに独立であると想定できます．

v_tは期待値０，分散F_tの正規分布に従います．そのため，尤度は以下のようにして計算できます．

$$\mathcal{L}\left(y_{1:T} \middle| \sigma_\eta^2, \sigma_\varepsilon^2\right) = \prod_{t=1}^{T} \mathcal{N}\left(v_t | 0, F_t\right) \tag{5.30}$$

対数尤度は以下の通りです．

$$\log\left\{\mathcal{L}\left(y_{1:T} \middle| \sigma_\eta^2, \sigma_\varepsilon^2\right)\right\} = \sum_{i=1}^{T} \log\left\{\mathcal{N}\left(v_t | 0, F_t\right)\right\} \tag{5.31}$$

ここでF_tはカルマンフィルタを行うことで求められるため，カルマンフィルタを実行すれば自然と尤度が計算できます．例えば観測誤差の分散σ_ε^2が小さいのに，残差v_tが大きな値を頻繁にとるというのは不自然です．この場合はσ_ε^2を大きな値に変更すべきでしょう．

パラメータを変えながらカルマンフィルタを何度も実行し，尤度が最大となるパラメータを探索することで，パラメータ$\sigma_\eta^2, \sigma_\varepsilon^2$を推定できます．これは手間のかかる計算ですので，Python に任せることにしましょう．次章で Python を用いて実際にローカルレベルモデルを推定します．

2.12 状態の平滑化

フィルタリングとは異なる，平滑化と呼ばれる状態の推定について紹介します．

2.12.1 固定区間平滑化

フィルタリングはt時点の実際の観測値（実測値）を用いて，同じ時点であるt時点の状態を補正する方法でした．**平滑化**には複数の種類がありますが，**固定区間平滑化**と呼ばれる方法は，**図 5.2.5** のように手元のすべてのデータ，すなわち観測値が取得されている最新の時点をTとして$t < T$であるときに$y_{t:T}$のデータを使ってt時点の状態を補正します．平たくいえば，未来のデータまでをも利用して状態を補正するのが平滑化です．本書では常に固定区間平滑化を用いるため，単に平滑化と呼ぶことにします．なお，平滑化によって得られる推定量のことを**平滑化推定量**と呼びます．最新時点がTのときのt時点の平滑化状態を$a_{t|T}$と，その分散を$P_{t|T}$と表記することにします．

定義上，$t = T$であるときの平滑化推定量はフィルタ化推定量と同じになります．平滑化は将来予測の役には立たないため，本書では平滑化をそれほど利用しません．しかし，過去の現象についての理解を深めるという目的では役に立つ手法です．

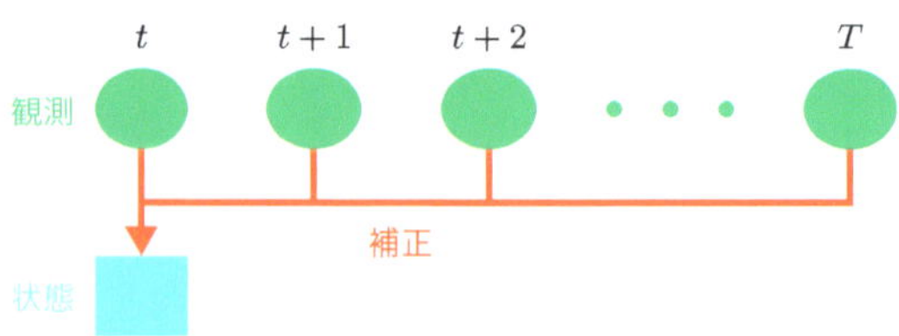

図 5.2.5　固定区間平滑化の模式図

2.12.2 $T-1$ 時点における平滑化状態

平滑化は未来から順に過去に向かって補正を行うと効率よく計算できます．未来のデータが存在しない$t = T$である最新時点は平滑化をしても意味がないため，$t = T-1$時点における平滑化状態$a_{T-1|T}$とその計算式を以下に示します．

$$a_{T-1|T} = a_{T-1|T-1} + P_{T-1|T-1} \cdot \frac{v_T}{F_T} \tag{5.32}$$

参考までに$t = T-1$時点のフィルタ化推定量の計算式を以下に示します．

$$\begin{aligned} a_{T-1|T-1} &= a_{T-1|T-2} + K_{T-1} \cdot v_{T-1} \\ &= a_{T-1|T-2} + P_{T-1|T-2} \cdot \frac{v_{T-1}}{F_{T-1}} \end{aligned} \tag{5.33}$$

フィルタ化推定量は，予測値を，同時点である$T-1$時点の残差v_{T-1}で補正することで得られます．平滑化推定量は，フィルタ化推定量を，未来のT時点の残差v_Tで補正することで得られます．

2.12.3 $T-2$時点における平滑化状態

固定区間平滑化は，未来の観測値すべてを使って，現在の状態を補正します．そのため$t=T-2$時点における平滑化状態は，$T-1$時点とT時点の2つの観測値を用いて以下のように計算します．

$$a_{T-2|T} = a_{T-2|T-2} + P_{T-2|T-2} \cdot \frac{v_{T-1}}{F_{T-1}} + (1-K_{T-1})\, P_{T-2|T-2} \cdot \frac{v_T}{F_T} \tag{5.34}$$

$T-2$時点におけるフィルタ化推定量が$a_{T-2|T-2}$です．これを未来の観測値を使って補正します．1時点先の$T-1$時点の補正量と比べて，2時点先のT時点の補正量は$(1-K_{T-1})$だけ小さくなっています．K_{T-1}は1時点先におけるカルマンゲインです．1時点先でしっかりとフィルタリングによる補正が行われていれば，2時点先の観測値を使って平滑化を行う必要性は薄いと解釈できます．

2.12.4 状態平滑化漸化式

平滑化状態は，未来から順に過去に向かって，以下の漸化式を用いて計算します．r_tは計算の見通しをよくするために与えられているだけの値です．なお$r_T=0$とします．

$$\begin{aligned} r_t &= \frac{v_{t+1}}{F_{t+1}} + (1-K_{t+1})\, r_{t+1} \\ a_{t|T} &= a_{t|t} + P_{t|t} \cdot r_t \end{aligned} \tag{5.35}$$

例えば$t=T-1$のとき，$r_T=0$なので，$r_{T-1}=\dfrac{v_T}{F_T}+0$を式(5.35)に代入することで式(5.32)を再現できます．

$t=T-2$のときのr_{T-2}は以下のようになります．

$$\begin{aligned} r_{T-2} &= \frac{v_{T-1}}{F_{T-1}} + (1-K_{T-1})\, r_{T-1} \\ &= \frac{v_{T-1}}{F_{T-1}} + (1-K_{T-1})\, \frac{v_T}{F_T} \end{aligned} \tag{5.36}$$

r_{T-2}を$a_{T-2|T} = a_{T-2|T-2} + P_{T-2|T-2} \cdot r_{T-2}$に代入すれば，式(5.34)を再現できます．

参考までに$t=T-3$のときのr_{T-3}を計算してみます．

$$\begin{aligned} r_{T-3} &= \frac{v_{T-2}}{F_{T-2}} + (1-K_{T-2})\, r_{T-2} \\ &= \frac{v_{T-2}}{F_{T-2}} + (1-K_{T-2}) \left\{ \frac{v_{T-1}}{F_{T-1}} + (1-K_{T-1})\, \frac{v_T}{F_T} \right\} \\ &= \frac{v_{T-2}}{F_{T-2}} + (1-K_{T-2})\, \frac{v_{T-1}}{F_{T-1}} + (1-K_{T-2})(1-K_{T-1})\, \frac{v_T}{F_T} \end{aligned} \tag{5.37}$$

3時点先のT時点の補正量は$(1-K_{T-2})(1-K_{T-1})$だけ小さくなります．時点が離れるほど，補正にかかる影響力が減ることがわかります．

第3章

ローカルレベルモデルの実装

テーマ

ローカルレベルモデルを実際にPythonで推定します．最初に自分で推定のためのクラスを作り，カルマンフィルタの計算方法を復習します．その後で，実用的な方法としてstatsmodelsライブラリを用いた実装方法を解説します．

概要

分析の準備 → シミュレーションデータの生成 → ローカルレベルモデルを推定するクラスの作成 → カルマンフィルタの実行 → パラメータを変えた場合の挙動 → 最尤法によるパラメータの推定 → statsmodelsの利用

3.1 分析の準備

ライブラリの読み込みなどを行います．最尤法を行うためにscipy.optimizeからminimize関数を読み込みました．

```
# 数値計算に使うライブラリ
import numpy as np
import pandas as pd
from scipy import stats
from scipy.optimize import minimize

# 統計モデルを推定するライブラリ
import statsmodels.api as sm
import statsmodels.tsa.api as tsa

# グラフを描画するライブラリ
from matplotlib import pylab as plt
import seaborn as sns
sns.set()
```

3.2 シミュレーションデータの生成

ローカルレベルモデルに従うデータ系列をシミュレーションで作成します．詳細は第5部第2章2.3節を参照してください．

```
# 乱数の種
np.random.seed(1)

# 正規分布に従う乱数の累積和を作成し，ランダムウォーク系列を作る
sim_size = 100
mu = np.cumsum(stats.norm.rvs(loc=0, scale=1, size=sim_size).round(1)) + 30

# 観測値の作成
y = mu + stats.norm.rvs(loc=0, scale=5, size=sim_size).round(1)

# 時系列インデックスの付与
y_ts = pd.Series(
    y, index=pd.date_range(start='2020-01-01', periods=sim_size, freq='D'))
```

3.3 ローカルレベルモデルを推定するクラスの作成

まずはstatsmodelsライブラリを使わず，自力でローカルレベルモデルを推定するためのクラスを実装します．第2部第2章2.6節の復習ですが，オブジェクトとは，何かを入れておく入れ物のようなものです．クラスは，オブジェクトの定義，あるいは設計図というイメージです．クラスをもとに実際に作成されたオブジェクトをインスタンスと呼びます．

なお，本節のコードはあくまでも勉強用ですので，実用性は考慮していないことに注意してください．変数名は第5部第2章の変数名と似せています．

3.3.1 クラスの作成

ローカルレベルモデルを推定するためのクラスLocalLevelを実装します．なお，見やすさのためコードを複数に分けていますが，実装のときは3.3節のコードすべてを1つのセルにまとめてください．

最初にイニシャライザと呼ばれるインスタンスの初期化を行う特殊なメソッド__init__を実装します．ここで時系列データts_dataを格納します．そしてts_dataと同じ長さだけ状態のフィルタ化推定量a，フィルタ化推定量の分散P，観測値の1時点先予測値の残差v，観測値の1時点先予測値の残差の分散F，カルマンゲインKを用意します．また，ローカルレベルモデルのパラメータである過程誤差の分散をs_levelと，観測誤差の分散をs_irregularとします．なおNoneは値が入っていない，未定義であるという意味で用いています．

```
class LocalLevel:
    # データを格納（pd.Seriesで，日付インデックスがついている想定）
    def __init__(self, ts_data):
        self.ts_data = ts_data
        self.a = pd.Series(np.zeros(len(ts_data)), index=ts_data.index)
        self.P = pd.Series(np.zeros(len(ts_data)), index=ts_data.index)
        self.v = pd.Series(np.zeros(len(ts_data)), index=ts_data.index)
        self.F = pd.Series(np.zeros(len(ts_data)), index=ts_data.index)
        self.K = pd.Series(np.zeros(len(ts_data)), index=ts_data.index)
        self.s_level = None     # 過程誤差の分散
        self.s_irregular = None # 観測誤差の分散
```

ローカルレベルモデルのモデル式を再掲します．

$$
\begin{aligned}
\mu_t &= \mu_{t-1} + \eta_t, & \eta_t &\sim \mathcal{N}\left(0, \sigma_\eta^2\right) \\
y_t &= \mu_t + \varepsilon_t, & \varepsilon_t &\sim \mathcal{N}\left(0, \sigma_\varepsilon^2\right)
\end{aligned}
\tag{5.38}
$$

ここで a，P は状態 μ_t の期待値と分散であり，s_level が σ_η^2 に，s_irregular が σ_ε^2 にそれぞれ対応します．

3.3.2　状態の初期値の設定

状態の初期値 a_0 と分散 P_0 を設定するための initialize メソッドを実装します．

```
    # 状態の初期値を設定する
    def initialize(self, initial_a, initial_P):
        self.initial_a = initial_a
        self.initial_P = initial_P
```

3.3.3　1時点先予測値の計算

1時点先予測を行うための _forecast_step メソッドを実装します．なお，このメソッドは後ほど実装する filter メソッドの内部でのみ利用される想定なので，メソッド名の頭にアンダースコアを入れています．

```
    # 1時点先の予測値を計算する
    def _forecast_step(self, a_pre, P_pre, s_irregular, s_level, first=False):
        if first:
            a_forecast = self.initial_a     # 初回に限り，初期値を代入
            P_forecast = self.initial_P     # 初回に限り，初期値を代入
        else:
            a_forecast = a_pre              # 状態の予測値
            P_forecast = P_pre + s_level    # 状態の予測値の分散
```

```
        y_forecast = a_forecast                  # 観測値の予測値
        F = P_forecast + s_irregular             # 観測値の予測値の残差の分散

        return(pd.Series([a_forecast, P_forecast, y_forecast, F],
                         index=['a', 'P', 'y', 'F']))
```

予測の計算式を再掲します．

$$
\begin{aligned}
a_{t|t-1} &= a_{t-1|t-1} \\
P_{t|t-1} &= P_{t-1|t-1} + \sigma_\eta^2 \\
\widehat{y}_t &= a_{t|t-1} \\
F_t &= P_{t|t-1} + \sigma_\varepsilon^2
\end{aligned}
\tag{5.39}
$$

a_pre が$a_{t-1|t-1}$に，a_forecast が$a_{t|t-1}$に，P_pre が$P_{t-1|t-1}$に，P_forecast が$P_{t|t-1}$に，y_forecast が$\widehat{y}_t$に，F がF_tにそれぞれ対応します．

なお，第５部第２章 2.9 節で解説したように，statsmodels の実装に合わせて$t=1$時点目においては，予測値に初期値をそのまま代入します．

3.3.4　1 時点のフィルタリング

1 時点のフィルタリングを行う _filter_step メソッドを実装します．このメソッドも後ほど実装する filter メソッドの内部でのみ利用される想定です．_filter_step メソッドは，_forecast_step メソッドの計算結果である forecasted を受けとって，フィルタリングを行います．

```
    # 1 時点のフィルタリングをする
    def _filter_step(self, forecasted, y, s_irregular):
        v = y - forecasted.y                     # 観測値の 1 時点先予測値の残差
        K = forecasted.P / forecasted.F          # カルマンゲイン
        a_filter = forecasted.a + K * v          # フィルタ化推定量
        P_filter = (1 - K) * forecasted.P        # フィルタ化推定量の分散

        return(pd.Series([a_filter, P_filter, v, K],
                         index=['a', 'P', 'v', 'K']))
```

フィルタリングの計算式を再掲します．

$$
\begin{aligned}
v_t &= y_t - \widehat{y}_t \\
K_t &= \frac{P_{t|t-1}}{F_t} \\
a_{t|t} &= a_{t|t-1} + K_t \cdot v_t \\
P_{t|t} &= (1 - K_t) \cdot P_{t|t-1}
\end{aligned}
\tag{5.40}
$$

v がv_tに，K がK_tに，a_filter が$a_{t|t}$に，P_filter が$P_{t|t}$に対応します．

3.3.5　フィルタリングの実行

格納されたデータ ts_data のすべての時点に対して状態を推定するための filter メソッドを実装します．初回時点と 2 時点目以降で処理を分岐させていることに注意してください．それ以外は，今まで作ってきた _forecast_step メソッドと _filter_step メソッドを繰り返し実行しているだけの処理です．

```
    # フィルタリングを行う
    def filter(self, s_irregular, s_level):
        for i in range(0, len(self.ts_data)):
            if(i == 0):
                # 初回のみ，初期値を利用して予測する
                forecast_loop = self._forecast_step(
                    a_pre=None, P_pre=None,
                    s_irregular=s_irregular, s_level=s_level, first=True)
            else:
                # 2 時点目以降は，1 時点前の値を参照して予測する
                forecast_loop = self._forecast_step(
                    a_pre=self.a.iloc[i - 1], P_pre=self.P.iloc[i - 1],
                    s_irregular=s_irregular, s_level=s_level)

            # フィルタリングの実行
            filter_loop = self._filter_step(
                forecasted=forecast_loop, y=self.ts_data.iloc[i],
                s_irregular=s_irregular
            )

            # 結果の保存
            self.a.iloc[i] = filter_loop.a
            self.P.iloc[i] = filter_loop.P
            self.F.iloc[i] = forecast_loop.F
            self.K.iloc[i] = filter_loop.K
            self.v.iloc[i] = filter_loop.v
```

3.3.6　対数尤度の計算

対数尤度を計算する llf メソッドを実装します．

```
    # 対数尤度の計算
    def llf(self):
        return np.sum(np.log(stats.norm.pdf(
            x=self.v, loc=0, scale=np.sqrt(self.F)
        )))
```

対数尤度の計算式を再掲します．

$$\log\left\{\mathcal{L}\left(y_{1:T}\middle|\sigma_\eta^2, \sigma_\varepsilon^2\right)\right\} = \sum_{i=1}^{T} \log\left\{\mathcal{N}\left(v_t|0, F_t\right)\right\} \tag{5.41}$$

stats.norm.pdf が正規分布の確率密度関数 $\mathcal{N}(\ )$ であり，loc=0 で期待値 0，scale=np.sqrt(self.F) で標準偏差が $\sqrt{F_t}$ となります．確率密度に対して np.log 関数で対数をとったうえで np.sum 関数で合計することで，対数尤度が計算できます．

3.3.7　最尤法によるパラメータの推定

最尤法によりパラメータを推定する fit メソッドを実装します．

```
    # パラメータの推定と状態の再当てはめ
    def fit(self, start_params):
        # パラメータを指定して対数尤度の -1 倍を出力する内部関数
        def calc_llf(params):
            self.filter(np.exp(params[0]), np.exp(params[1]))
            return self.llf() * -1

        # 最適化の実行
        opt_res = minimize(calc_llf, start_params,
                           method='Nelder-Mead', tol=1e-6,
                           options={'maxiter':2000})

        # パラメータの保存
        self.s_irregular = np.exp(opt_res.x[0])
        self.s_level = np.exp(opt_res.x[1])

        # 最適なパラメータでもう一度フィルタリングを行う
        self.filter(self.s_irregular, self.s_level)
```

今回は scipy.optimize の minimize 関数を利用して尤度を最大にすることを試みます．minimize 関数は引数に関数をとります．minimize 関数には「引数は 1 つだけ」で「最小化したい値を出力する」という関数を渡す必要があります．最大化したい値ではなく，最小化したい値を出力する関数を引数にとることに注意してください．

そこで，パラメータの list を引数として，対数尤度をマイナス 1 倍したものを返す calc_llf 関数という内部関数を実装します．マイナス 1 倍したものを返すことで，この結果を最小にすれば対数尤度を最大にできます．今回のパラメータは分散を意味するので，np.exp 関数を適用し，分散が負の値になることを防ぎました．そしてフィルタリングしてから対数尤度をマイナス 1 倍した結果を出力します．

最適化のための minimize 関数の引数として，先ほど作った calc_llf 関数と，パラメータの初期値，最適化のアルゴリズムを指定します．詳細は scipy のリファレンスマニュアルを参照してください．

URL https://docs.scipy.org/doc/scipy/reference/generated/scipy.optimize.minimize.html

尤度を最大にするパラメータが得られたら，その結果を保存したうえで，最適なパラメータでもう一度フィルタリングを実行します．

3.3.8 推定された状態の可視化

観測値とフィルタ化推定量をプロットするためのplot_levelメソッドを実装します．

```
    # 推定された状態の可視化
    def plot_level(self):
        plot_df = pd.concat([self.a, self.ts_data], axis=1)
        plot_df.columns = column=['filtered', 'y']
        plot_df.plot()
```

3.4 カルマンフィルタの実行

カルマンフィルタを実行します．データを格納した後，初期値として$a_0 = 0$, $P_0 = 1000000$とします．また，過程誤差の分散を$\sigma_\eta^2 = 1$，観測誤差の分散を$\sigma_\varepsilon^2 = 10$とします．シミュレーションの設定とは観測誤差の分散の値を意図的に変えていることに注意してください（正しい観測誤差の分散は$\sigma_\varepsilon^2 = 25$）．

```
# データを格納
local_level = LocalLevel(y_ts)

# 初期化
local_level.initialize(initial_a=0, initial_P=1000000)

# フィルタリング
local_level.filter(s_irregular=10, s_level=1)
```

フィルタ化推定量$a_{t|t}$は以下のようにして取得できます．

```
# フィルタ化推定量
local_level.a.round(5).head(3)
```

```
2020-01-01    29.39971
2020-01-02    33.43318
2020-01-03    33.07468
Freq: D, dtype: float64
```

結果は略しますが，例えばフィルタ化推定量の分散は `local_level.P` として計算結果を取得できます．第 5 部第 2 章 2.10 節の数値例と同じ結果になっていることを確認してください．

推定結果を可視化します（**図 5.3.1**）．観測値の間をぬうように状態が推定されていることがわかります．

```
# 推定された状態の可視化
local_level.plot_level()
```

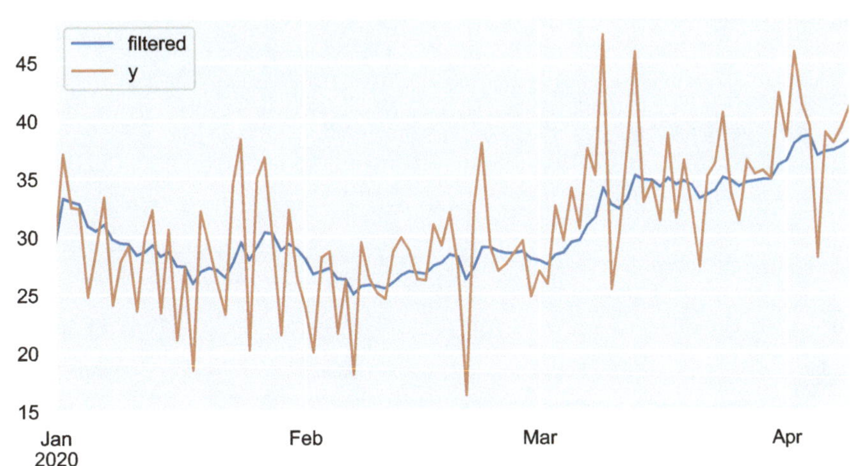

図 5.3.1　カルマンフィルタの結果

3.5　パラメータを変えた場合の挙動

パラメータを変化させたとき，状態の推定結果がどのように変わるかを調べます．

3.5.1　状態の初期分散が小さい場合

図 5.3.1 を見ると，状態の初期値として $a_0 = 0$ という安易な値を設定したにもかかわらず，1 時点目からデータによく対応したフィルタ化推定量が得られていることがわかります．これは状態の初期分散 P_0 を大きくした効果です．P_0 を大きな値にすることで，a_0 の指定に対してそれほど神経質になる必要がないことがわかります．そのため，本書において a_0, P_0 は最尤法などで推定しません．

ところで，P_0 がもしも小さな値だった場合は，どのような結果になるのでしょうか．実際に計算して確かめてみましょう．`initialize` メソッドの引数に，小さめの値として `initial_P=0.01` と設定し，カルマンフィルタを実行します（**図 5.3.2**）．

```
# 初期化
local_level.initialize(initial_a=0, initial_P=0.01)

# フィルタリング
local_level.filter(s_irregular=10, s_level=1)

# 推定された状態の可視化
local_level.plot_level()
```

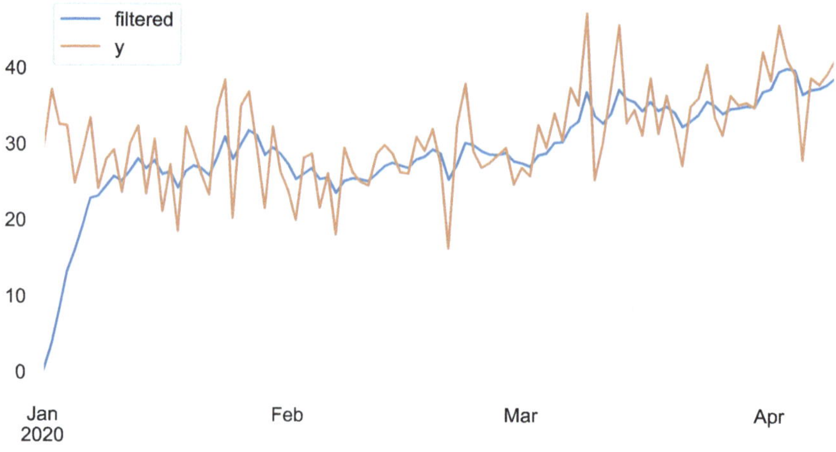

図 5.3.2　状態の初期分散が小さい場合の結果

P_0が小さいと, 1時点目の状態がa_0に引きずられて0に近い値となってしまいます. それでも, データの後半では, 状態の推定結果がほとんど変わっていません. これはカルマンフィルタの便利なところで, 初期値に近い値は不安定になりがちですが, データが増えてくると状態の推定結果は比較的安定します.

3.5.2　観測誤差の分散が非常に大きい場合

続いて s_irregular として指定する観測誤差の分散σ_ε^2を, s_level として指定する過程誤差の分散σ_η^2と比べて極端に大きな値に設定し, カルマンフィルタを実行してみます (**図 5.3.3**).

```
# 初期化
local_level.initialize(initial_a=0, initial_P=1000000)

# フィルタリング
local_level.filter(s_irregular=1000, s_level=0.001)

# 推定された状態の可視化
local_level.plot_level()
```

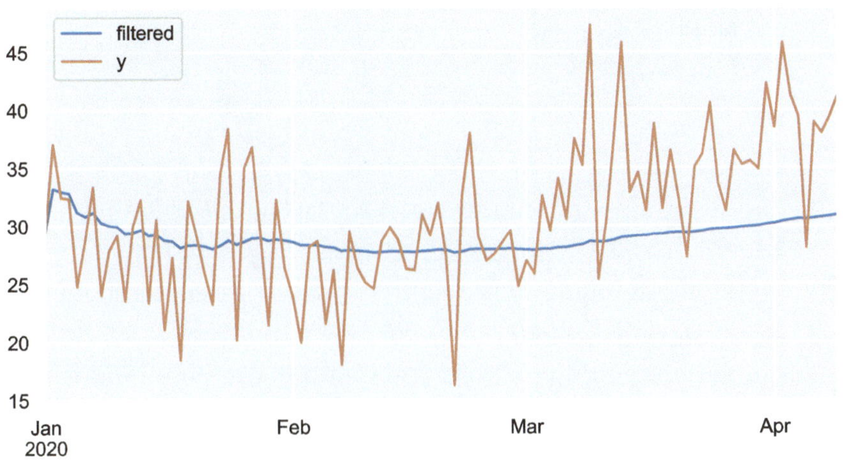

図 5.3.3　観測誤差の分散が非常に大きい場合の結果

P_0が大きいので，初期値に近い状態は，データと近い値となっています．一方で途中からは観測値を参照するのを止めたかのように，状態の推定結果が変化しなくなります．

3.5.3　観測誤差の分散が非常に小さい場合

先ほどの逆に，観測誤差の分散を，過程誤差の分散と比べて非常に小さくしてから，カルマンフィルタを実行してみます（**図 5.3.4**）．

```
# 初期化
local_level.initialize(initial_a=0, initial_P=1000000)

# フィルタリング
local_level.filter(s_irregular=0.001, s_level=1000)

# 推定された状態の可視化
local_level.plot_level()
```

青色のフィルタ化推定量がほぼ完全に観測値と一致したため，一見すると線が 1 本しかないように見えます．

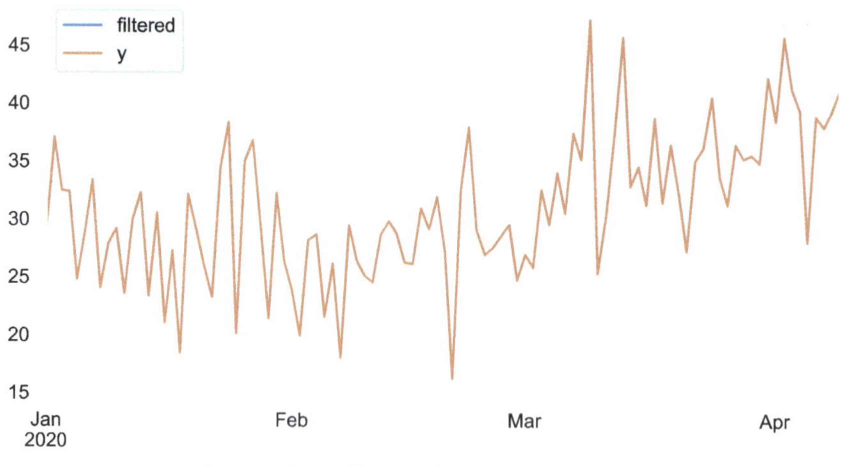

図 5.3.4　観測誤差の分散が非常に小さい場合の結果

3.6　最尤法によるパラメータの推定

観測誤差の分散と過程誤差の分散は，状態の推定結果に大きな影響を与えます．これら2つのパラメータを最尤法で推定します．

3.6.1　対数尤度の計算

まずはパラメータを，観測誤差の分散を$\sigma_\varepsilon^2 = 10$，過程誤差の分散を$\sigma_\eta^2 = 1$と決め打ちしたうえで対数尤度を計算します．

```
# 初期化
local_level.initialize(initial_a=0, initial_P=1000000)

# フィルタリング
local_level.filter(s_irregular=10, s_level=1)

# 対数尤度
local_level.llf()
```

```
-328.7964774283829
```

興味のある読者は filter メソッドにおいて s_irregular と s_level をいろいろな値に変更したうえで，対数尤度を計算してみてください．モデルのデータに対する当てはまり度合いとしての対数尤度のイメージがつかめると思います．

3.6.2 パラメータの推定

手作業で対数尤度を最大にするパラメータを得るのは無理があるので，最適化を行い，パラメータを推定します．パラメータを決め打ちしたときより，やや大きな対数尤度となりました．

```
# パラメータの推定
local_level.fit(start_params=[1, 1])

# 対数尤度
local_level.llf()
```

```
-311.71335569235623
```

推定されたパラメータの値を取得します．正しいパラメータは観測誤差の分散が 25，過程誤差の分散が 1 ですので，それと比較的近い値となりました．

```
# 推定されたパラメータ
print('観測誤差の分散', np.round(local_level.s_irregular, 5))
print('過程誤差の分散', np.round(local_level.s_level, 5))
```

```
観測誤差の分散 22.49697
過程誤差の分散 0.6952
```

3.7 statsmodels の利用

statsmodels ライブラリを用いた効率的な実装方法を解説します．

3.7.1 パラメータを固定したフィルタリング

第 4 部で解説したように，状態空間モデルおよび，その状態を推定するための手法であるカルマンフィルタは ARIMA モデルなどさまざまなモデルの推定に利用されます．statsmodels ライブラリでもカルマンフィルタはさまざまなクラスで利用されますが，ローカルレベルモデルなどを推定するときには tsa.UnobservedComponents を使います．

まずはパラメータを，観測誤差の分散を $\sigma_\varepsilon^2 = 10$，過程誤差の分散を $\sigma_\eta^2 = 1$ と決め打ちしたうえで状態を推定します．

tsa.UnobservedComponents の引数に，データを格納したうえで，推定するモデルの構造を指定します．今回はローカルレベルモデルを推定するため level='local level' と指定しました．loglikelihood_burn=0 は，すべてのデータを対数尤度の計算に利用するという設定です．本来は不要ですが，お手製のカルマンフィルタと結果を一致させるために指定しました．

```
# データの格納とモデルの特定
mod_local_level_fix = tsa.UnobservedComponents(
    y_ts, level='local level', loglikelihood_burn=0)
```

続いて，initialize_approximate_diffuse メソッドで状態の初期分散 P_0 を指定します．何も指定しなければ $a_0 = 0$ となります．

```
# 初期化
mod_local_level_fix.initialize_approximate_diffuse(1000000)
```

最後にフィルタリングを行います．パラメータを固定したうえでフィルタリングを行う場合は filter メソッドを使います．引数に観測誤差の分散と過程誤差の分散の大きさを指定します．

フィルタリングした結果は res_local_level_fix という名前にしておきました．

```
# フィルタリング
res_local_level_fix = mod_local_level_fix.filter(pd.Series(np.array([10, 1])))
```

推定されたフィルタ化推定量を取り出します．res_local_level_fix.level["filtered"] とすることで水準成分のフィルタ化推定量を取得します．最初の 3 時点の結果を取り出したうえで，小数点以下第 6 位で四捨五入しました．

```
# フィルタ化推定量を取り出す
np.round(res_local_level_fix.level["filtered"][0:3], 5)
```

```
array([29.39971, 33.43318, 33.07468])
```

res_local_level_fix.llf として得られる対数尤度の値も，微小な数値誤差があるものの，ほぼお手製のカルマンフィルタの結果と一致しています．

```
# 対数尤度を取り出す
np.round(res_local_level_fix.llf, 5)
```

```
-328.79648
```

3.7.2 最尤法によるパラメータの推定

続いて，最尤法によるパラメータの推定と状態の推定をあわせて行います．filter メソッドの代わりに fit メソッドを使います．最終的な結果に summary メソッドを適用すると，詳細な推定結果が出力されます．

```
# データの格納とモデルの特定
mod_local_level = tsa.UnobservedComponents(
    y_ts, level='local level', loglikelihood_burn=0)

# 初期化
mod_local_level.initialize_approximate_diffuse(1000000)

# フィルタリングと最尤法によるパラメータの推定
res_local_level = mod_local_level.fit(
    start_params=[1,1], method='nm', maxiter=2000)

# 結果の出力
print(res_local_level.summary())
```

```
Optimization terminated successfully.
         Current function value: 3.117134
         Iterations: 48
         Function evaluations: 92
                        Unobserved Components Results
==============================================================================
Dep. Variable:                      y   No. Observations:                  100
Model:                    local level   Log Likelihood                -311.713
Date:                Wed, 27 Mar 2024   AIC                            627.427
Time:                        12:54:08   BIC                            632.637
Sample:                    01-01-2020   HQIC                           629.535
                         - 04-09-2020
Covariance Type:                  opg
====================================================================================
                       coef    std err          z      P>|z|      [0.025      0.975]
------------------------------------------------------------------------------------
sigma2.irregular    22.4973      3.659      6.149      0.000      15.326      29.668
sigma2.level         0.6952      0.415      1.674      0.094      -0.119       1.509
===================================================================================
Ljung-Box (L1) (Q):                   0.16   Jarque-Bera (JB):                 0.34
Prob(Q):                              0.69   Prob(JB):                         0.84
Heteroskedasticity (H):               1.01   Skew:                             0.04
Prob(H) (two-sided):                  0.98   Kurtosis:                         3.27
===================================================================================
Warnings:
[1] Covariance matrix calculated using the outer product of gradients (complex-
step).
```

観測誤差の分散 sigma2.irregular がおよそ 22.4973，過程誤差の分散 sigma2.level がおよそ 0.6952 となり，ほぼお手製のカルマンフィルタの結果と一致しました．

3.7.3　状態の可視化

statsmodelsライブラリを使って推定結果を可視化します(**図5.3.5**). plot_componentsメソッドを使います. which="filtered"とすることでフィルタ化推定量を可視化できます. observed=Falseとすることで, 観測値のグラフを表示させないようにしました. loglikelihood_burn=0と指定している場合は, 観測値プロットがとても見づらいのでこのようにしています. 網かけ部は95%信頼区間です.

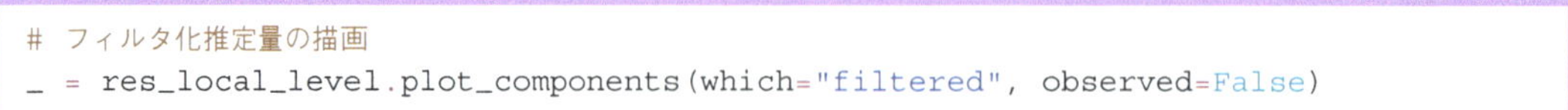

```
# フィルタ化推定量の描画
_ = res_local_level.plot_components(which="filtered", observed=False)
```

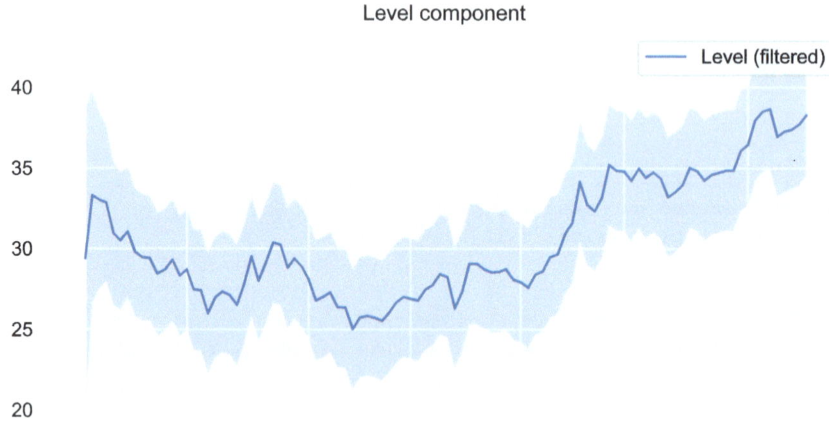

図5.3.5　フィルタ化推定量の可視化

3.7.4　状態の平滑化

実はfitメソッドを実行したタイミングで, 平滑化も行われています. そのため推定結果であるres_local_levelから以下のようにして平滑化推定量を取得できます.

```
# 平滑化推定量を取り出す
np.round(res_local_level.level["smoothed"][0:3], 5)
```

```
array([30.19488, 30.21947, 30.03142])
```

平滑化推定量を可視化します (**図5.3.6**). plot_componentsメソッドにおいてwhich="smoothed"と指定します. フィルタ化推定量と比べてノイズの影響がさらに抑えられているため, なめらかな状態が得られていることがわかります.

```
# 平滑化推定量の描画
_ = res_local_level.plot_components(which="smoothed", observed=False)
```

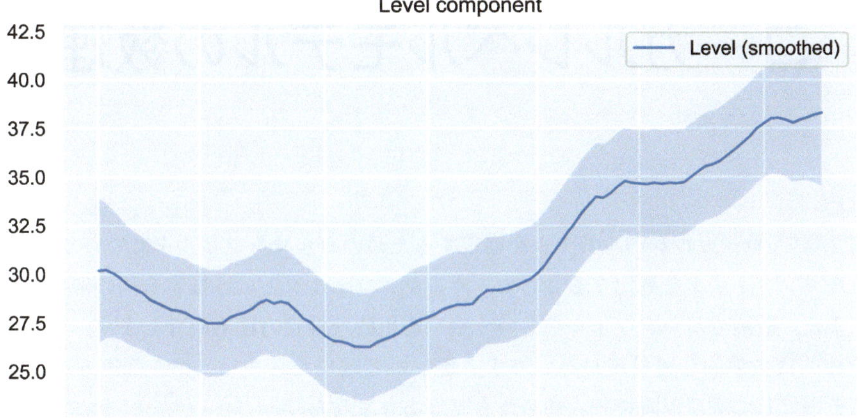

図 5.3.6　平滑化推定量の可視化

第4章

ローカルレベルモデルの数理

テーマ

第5部第2章で，ローカルレベルモデルを推定するためのカルマンフィルタについて解説しました．ここではカルマンフィルタを導出することで，カルマンフィルタという推定方法の優秀性について解説します．また，散漫カルマンフィルタというやや応用的な推定方法も紹介します．

本章は全体的に数学的な難易度が高いです．難しいと感じたらすぐに第5部第5章に移ってください．本章を飛ばして次章以降を読み進めても支障ありません．

概要

ローカルレベルモデルとカルマンフィルタの復習 → 最良線形不偏推定量（BLUE）
→ カルマンフィルタの導出 → 散漫カルマンフィルタ
→ statsmodels を用いた散漫カルマンフィルタの実装

4.1 ローカルレベルモデルとカルマンフィルタの復習

ローカルレベルモデルについて簡単に復習します．

4.1.1 状態方程式と観測方程式

ローカルレベルモデルの状態方程式と観測方程式を再掲します．

$$\mu_t = \mu_{t-1} + \eta_t, \qquad \eta_t \sim \mathcal{N}\left(0, \sigma_\eta^2\right) \tag{5.42}$$

$$y_t = \mu_t + \varepsilon_t, \qquad \varepsilon_t \sim \mathcal{N}\left(0, \sigma_\varepsilon^2\right) \tag{5.43}$$

ここで，状態の1時点先予測値$a_{t|t-1}$を観測値y_tで補正した$a_{t|t}$を求める計算をフィルタリングと呼びます．フィルタリングの計算式は，第5部第2章で解説しました．

ここでは「なぜそのような計算式を使うことが，よいやり方なのか」という，カルマンフィルタという計算手続きの優秀性について解説します．

4.1.2 記号の整理

1時点先予測値とフィルタ化推定量の違いを第5部第2章から再掲します．

状態の1時点先予測	フィルタリング
$a_{t\|t-1} = E\left(\mu_t \| y_{1:t-1}\right)$ $P_{t\|t-1} = V\left(\mu_t \| y_{1:t-1}\right)$	$a_{t\|t} = E\left(\mu_t \| y_{1:t}\right)$ $P_{t\|t} = V\left(\mu_t \| y_{1:t}\right)$

$a_{t|t}$がフィルタ化推定量であり，$P_{t|t}$がその分散です．フィルタ化推定量を得る計算式をこれから導出します．

$a_{t|t-1}$は状態の1時点先予測値であり，$P_{t|t-1}$がその分散です．こちらは状態方程式から簡単に得られます．すなわち$E\left(\eta_t\right) = 0$であるため$a_{t|t-1} = a_{t-1|t-1}$です．また$V\left(\eta_t\right) = \sigma_\eta^2$であるため，$P_{t|t-1} = P_{t-1|t-1} + \sigma_\eta^2$です．

4.2 最良線形不偏推定量（BLUE）

カルマンフィルタによって得られる状態の推定量は，いくつかの前提が満たされるときに最良線形不偏推定量となります．まずは用語の定義を解説します．

4.2.1 線形推定量

線形というのは「まっすぐ」というイメージです．例えばロジスティック関数はグラフに描くと曲がっているので線形という気持ちにはならないですね．一方で$y = ax$のような素朴な1次関数は，横軸にxを，縦軸にyをおくとまっすぐなグラフが描けます．

線形推定量は観測値の1次式で表される推定量のことです．係数をc_iと，観測値を$y_{1:t}$とすると，線形推定量は以下のような形式になります．

$$\sum_{i=1}^{t} c_i \cdot y_i \tag{5.44}$$

例えばiid系列において，標本平均は母平均に対する推定量としてしばしば用いられます．$c_i = \dfrac{1}{t}$とおくと，標本平均は線形推定量であることがわかります．

4.2.2 不偏推定量

不偏推定量は，過大にも過小にもなっていない，偏りのない推定量です．偏りがないため，不偏推定量の期待値をとると，それは母集団のパラメータと等しくなります．言い換えると，「推定量と正しいパラメータの差分」は，その期待値が0となります．

例えばiid系列における標本平均は，母平均に対する不偏推定量となっています．

4.2.3 最小分散推定量

最小分散推定量は，あるパラメータを推定するための推定量が複数あるとき，その中でも最も分散が小さくなる推定量のことです．

4.2.4 最良線形不偏推定量

最良線形不偏推定量（Best Linear Unbiased Estimator: **BLUE**）は，線形不偏推定量の中で最も分散が小さな推定量のことです．

カルマンフィルタによって推定された状態$a_{t|t}$は，いくつかの条件をおくことでBLUEであることが示せます．

4.3 カルマンフィルタの導出

BLUEである状態の推定量を得るというプロセスを経て，カルマンフィルタを導出します．なお，本節の証明は谷崎 (1993) と森平 (2019) を参考にしました．

4.3.1 マルコフ性の利用と線形推定量としての表現

カルマンフィルタによって得られる$a_{t|t}$は線形推定量です．素直に考えると$a_{t|t}=\sum_{i=1}^{t} c_i \cdot y_i$として係数$c_i$をすべて定める必要があります．

ここで，**マルコフ性**という性質を利用します．マルコフ性は平たくいうと「1時点前の値だけを参照すればよく，2時点以上前を参照しなくても済む」という性質です．ここでは「1時点前の状態のみを参照すればよく，それ以外の観測値などを参照しなくても済む」と考えてみます．

形式的に書くと，以下のように「1時点前の状態μ_{t-1}のみを参照すればよく，過去の観測値$y_{1:t-1}$を条件に加えても，加えなくても，現在時点の状態μ_tの確率分布は変わらない」という性質になります．

$$P\left(\mu_t | \mu_{t-1}, y_{1:t-1}\right) = P\left(\mu_t | \mu_{t-1}\right) \tag{5.45}$$

マルコフ性を想定し，1時点前の推定量$a_{t-1|t-1}$だけを参照すれば，過去の観測値$y_{1:t-1}$を参照しなくても済むと考えましょう．そのうえで線形推定量であることを考慮すると，カルマンフィルタは以下の形式で表現できます（本章において，B_tはラグ演算子ではなく単なる係数です）．

$$a_{t|t} = A_t \cdot a_{t-1|t-1} + B_t \cdot y_t \tag{5.46}$$

係数A_t, B_tがわかれば，$a_{t|t}$の計算式がわかり，カルマンフィルタが導出できます．

4.3.2 推定誤差の計算

ここで，正しい状態μ_tと推定量$a_{t|t}$のずれを推定誤差e_tと呼ぶことにします．ちなみにe_tの分散$V(e_t)$は$P_{t|t}$です．観測値の 1 時点先予測値の残差v_tと違って，こちらの推定誤差e_tは観測できないことに注意してください．

$$
\begin{aligned}
e_t &= \mu_t - a_{t|t} \\
&= \mu_t - \left(A_t \cdot a_{t-1|t-1} + B_t \cdot y_t\right)
\end{aligned}
\tag{5.47}
$$

ここで状態方程式から$\mu_t = \mu_{t-1} + \eta_t$，観測方程式から$y_t = \mu_t + \varepsilon_t = \mu_{t-1} + \eta_t + \varepsilon_t$となります．また$e_{t-1} = \mu_{t-1} - a_{t-1|t-1}$から$a_{t-1|t-1} = \mu_{t-1} - e_{t-1}$を代入して整理します．

$$
\begin{aligned}
e_t &= (\mu_{t-1} + \eta_t) - \{A_t(\mu_{t-1} - e_{t-1}) + B_t(\mu_{t-1} + \eta_t + \varepsilon_t)\} \\
&= \mu_{t-1} + \eta_t - A_t \cdot \mu_{t-1} + A_t \cdot e_{t-1} - B_t \cdot \mu_{t-1} - B_t \cdot \eta_t - B_t \cdot \varepsilon_t \\
&= A_t \cdot e_{t-1} + (1 - A_t - B_t)\,\mu_{t-1} + (1 - B_t)\,\eta_t - B_t \cdot \varepsilon_t
\end{aligned}
\tag{5.48}
$$

4.3.3 推定誤差の期待値を 0 にして，不偏推定量を目指す

ここで$a_{t|t}$を BLUE にするのが目的でした．そのため線形推定量$a_{t|t}$は不偏推定量であることが求められます．そのため推定誤差の期待値は$E(e_t) = 0$となります．この結果を利用すると，係数A_t, B_tをかなり絞り込めます．

$E(e_t) = 0$が達成できるなら$E(e_{t-1}) = 0$と想定してよいでしょう．状態方程式・観測方程式から$E(\eta_t) = E(\varepsilon_t) = 0$であるため，$1 - A_t - B_t = 0$であれば$E(e_t) = 0$になって不偏推定量となります．よって$A_t = 1 - B_t$です．

$A_t = 1 - B_t$を代入して整理します．

$$
\begin{aligned}
e_t &= (1 - B_t)\,e_{t-1} + \{1 - (1 - B_t) - B_t\}\,\mu_{t-1} + (1 - B_t)\,\eta_t - B_t \cdot \varepsilon_t \\
&= (1 - B_t)\,e_{t-1} + (1 - B_t)\,\eta_t - B_t \cdot \varepsilon_t
\end{aligned}
\tag{5.49}
$$

4.3.4 推定量の分散の計算

推定誤差の分散$V(e_t)$を求めます．推定誤差の分散$V(e_t)$は$P_{t|t}$と表記します．

ここでe_{t-1}とη_tとε_tが互いに独立であると仮定します．OnePoint で紹介する確率変数の分散の計算公式から，以下のように$V(e_t)$が計算できます．

$$
V(e_t) = (1 - B_t)^2\,V(e_{t-1}) + (1 - B_t)^2\,V(\eta_t) + B_t^2 \cdot V(\varepsilon_t)
\tag{5.50}
$$

$V(e_{t-1}) = P_{t-1|t-1}$，$V(\eta_t) = \sigma_\eta^2$，$V(\varepsilon_t) = \sigma_\varepsilon^2$を代入します．

$$
\begin{aligned}
V(e_t) &= (1 - B_t)^2 P_{t-1|t-1} + (1 - B_t)^2 \sigma_\eta^2 + B_t^2 \cdot \sigma_\varepsilon^2 \\
&= (1 - B_t)^2 \left(P_{t-1|t-1} + \sigma_\eta^2\right) + B_t^2 \cdot \sigma_\varepsilon^2
\end{aligned}
\tag{5.51}
$$

ここで，$P_{t|t-1} = P_{t-1|t-1} + \sigma_\eta^2$を代入して整理します．

$$
\begin{aligned}
V(e_t) &= (1 - B_t)^2 P_{t|t-1} + B_t^2 \cdot \sigma_\varepsilon^2 \\
&= \left(1 + B_t^2 - 2B_t\right) P_{t|t-1} + B_t^2 \cdot \sigma_\varepsilon^2 \\
&= B_t^2 \left(P_{t|t-1} + \sigma_\varepsilon^2\right) - 2B_t \cdot P_{t|t-1} + P_{t|t-1}
\end{aligned}
\tag{5.52}
$$

OnePoint

式 (5.50) を計算するときに用いる分散の計算公式を紹介します．

1つ目の公式は，確率変数を線形変換するときの分散の計算公式です．確率変数Xを線形変換した$c + d \cdot X$は，元の分散$V(X)$のd^2倍となります．

$$
V(c + d \cdot X) = d^2 \cdot V(X) \tag{5.53}
$$

2つ目の公式は，独立な確率変数の和の分散の計算公式です．互いに独立な確率変数X, Yがあり，各々の分散を$V(X), V(Y)$とすると，確率変数の和の分散は，分散の和となります．

$$
V(X + Y) = V(X) + V(Y) \tag{5.54}
$$

4.3.5　推定量の分散を最小にすることを目指す

我々の目標を再確認しましょう．$a_{t|t}$をBLUEにするのが目的でした．そのため線形推定量$a_{t|t}$の推定誤差の分散は最小にする必要があります．最大値や最小値を求める定石は，B_tで微分して0になるようなB_tの値を求めることです．微分した結果を以下に示します．

$$
2B_t \left(P_{t|t-1} + \sigma_\varepsilon^2\right) - 2P_{t|t-1} \tag{5.55}
$$

上記の値が0になるときのB_tは以下のようになります．

$$
B_t = \frac{P_{t|t-1}}{P_{t|t-1} + \sigma_\varepsilon^2} \tag{5.56}
$$

なお，$P_{t|t-1} > 0$, $\sigma_\varepsilon^2 > 0$であるため，B_t^2の係数は正であり，式 (5.52) は下に凸な2次関数となるため，上記のB_tの値をとるとき，分散が最小になります．

4.3.6　カルマンフィルタの導出

無事に係数B_tが求まりましたね．式 (5.46) に$A_t = 1 - B_t$を代入して整理することで，カルマンフィルタが導出できます．

$$
\begin{aligned}
a_{t|t} &= (1 - B_t)\, a_{t-1|t-1} + B_t \cdot y_t \\
&= \left(1 - \frac{P_{t|t-1}}{P_{t|t-1} + \sigma_\varepsilon^2}\right) a_{t-1|t-1} + \frac{P_{t|t-1}}{P_{t|t-1} + \sigma_\varepsilon^2} \cdot y_t \\
&= \frac{\sigma_\varepsilon^2}{P_{t|t-1} + \sigma_\varepsilon^2} \cdot a_{t-1|t-1} + \frac{P_{t|t-1}}{P_{t|t-1} + \sigma_\varepsilon^2} \cdot y_t \\
&= \frac{\sigma_\varepsilon^2 \cdot a_{t-1|t-1} + P_{t|t-1} \cdot y_t}{P_{t|t-1} + \sigma_\varepsilon^2}
\end{aligned}
\tag{5.57}
$$

この計算式もなかなか示唆的だと思います．すなわち観測誤差の分散σ_ε^2が大きいならば，1時点前のフィルタ化推定量$a_{t-1|t-1}$を重視します．一方で状態の予測値の分散$P_{t|t-1}$が大きいならば，予測値は信用せずに，観測値y_tを重視する形となっています．

ここで観測値の1時点先予測値の残差$v_t = y_t - \widehat{y}_t$を使って上記の計算式を整理します．なお，状態方程式と観測方程式から$\widehat{y}_t = a_{t|t-1} = a_{t-1|t-1}$です．そのため$y_t = \widehat{y}_t + v_t = a_{t-1|t-1} + v_t$となります．

$$
\begin{aligned}
a_{t|t} &= \frac{\sigma_\varepsilon^2 \cdot a_{t-1|t-1} + P_{t|t-1}\left(a_{t-1|t-1} + v_t\right)}{P_{t|t-1} + \sigma_\varepsilon^2} \\
&= \frac{\left(\sigma_\varepsilon^2 + P_{t|t-1}\right) a_{t-1|t-1} + P_{t|t-1} \cdot v_t}{P_{t|t-1} + \sigma_\varepsilon^2} \\
&= a_{t-1|t-1} + \frac{P_{t|t-1}}{P_{t|t-1} + \sigma_\varepsilon^2} \cdot v_t
\end{aligned}
\tag{5.58}
$$

ここでカルマンゲインK_tを以下のように定義すると，第5部第2章で導入したカルマンフィルタの計算式 (5.7) が導出できました．

$$
K_t = \frac{P_{t|t-1}}{P_{t|t-1} + \sigma_\varepsilon^2} \tag{5.59}
$$

4.3.7 カルマンフィルタのよい性質とよい性質を得るための条件

今回はBLUEであるような推定量を得るという方針でカルマンフィルタを導出しました．この方法は，仮定が少なく導出も比較的容易ですので，カルマンフィルタについて理解を深める格好の事例になるかと思います．

カルマンフィルタによって得られた状態の推定量は，いくつかの条件を満たせばBLUEとなるため，不偏推定量であり，線形推定量の中で最も分散が小さな推定量となっています．計算負荷が小さいことも含めて，これらはカルマンフィルタが好まれる大きな理由だといえます．

カルマンフィルタによって得られた状態の推定量がBLUEになるために，誤差項の正規性は必要ありません．ただし，誤差項の独立性は必須です．

4.3.8 カルマンフィルタを導出するその他の方法

カルマンフィルタを導出する方法には，BLUE となる推定量を得るという方法以外にも，主に2つの導出方法が知られています．

誤差項に正規分布を仮定して，多変量正規分布の性質を用いて導出する方法が有名です．例えば野村 (2016) などに解説があります．

また，ベイズの定理を用いて導出する方法もあります．こちらはカルマンフィルタというよりかはむしろ粒子フィルタなどの非線形フィルタリングの導出として紹介されることが多いようです．状態空間モデルのベイズ的な取り扱いについては萩原ほか (2018) などに解説があります．

4.4 散漫カルマンフィルタ

散漫カルマンフィルタと呼ばれる推定方法を紹介します．

4.4.1 状態の初期値の問題

第5部第2章2.9節で，状態の初期値の定め方として，初期のフィルタ化推定量a_0を0と，その分散P_0をとても大きな値（例えば10の6乗など）にすると解説しました．第5部第2章2.10節の数値例を参照していただくと，この方法でも大きな問題がないことがわかります．

とはいえ，初期値を「特に根拠はないが，とりあえず0」とすることにはやや違和感があります．そこで，本節では状態の初期値を設定するときの洗練された方法として散漫カルマンフィルタを紹介します．

4.4.2 散漫カルマンフィルタ

散漫カルマンフィルタは，一言でいうと，状態の初期値の分散P_0を無限大にすることで，a_0を指定する必要をなくすという方法です．

1時点目のフィルタ化推定量$a_{1|1}$は，$P_{1|0} = P_0$，$v_1 = y_1 - \widehat{y}_1 = y_1 - a_0$であることに気をつけると以下のように計算されます．

$$
\begin{aligned}
a_{1|1} &= a_0 + \frac{P_{1|0}}{P_{1|0} + \sigma_\varepsilon^2} \cdot v_t \\
&= a_0 + \frac{P_0 + \sigma_\eta^2}{P_0 + \sigma_\varepsilon^2} \cdot (y_1 - a_0)
\end{aligned}
\tag{5.60}
$$

ここで$P_0 \to \infty$として極限をとります．

$$
\begin{aligned}
\lim_{P_0 \to \infty} a_{1|1} &= a_0 + (y_1 - a_0) \\
&= y_1
\end{aligned}
\tag{5.61}
$$

$a_{1|1}$ は単なる観測値 y_1 と等しい値となりました．

フィルタ化推定量の分散 $P_{1|1}$ も同様に計算します．

$$
\begin{aligned}
P_{1|1} &= \left(1 - \frac{P_{1|0}}{P_{1|0} + \sigma_\varepsilon^2}\right) P_{1|0} \\
&= \left(1 - \frac{P_0}{P_0 + \sigma_\varepsilon^2}\right) (P_0 + \sigma_\eta^2) \\
&= \frac{\sigma_\varepsilon^2}{P_0 + \sigma_\varepsilon^2} (P_0 + \sigma_\eta^2) \\
&= \frac{P_0 \cdot \sigma_\varepsilon^2}{P_0 + \sigma_\eta^2 + \sigma_\varepsilon^2} + \frac{\sigma_\eta^2 \cdot \sigma_\varepsilon^2}{P_0 + \sigma_\eta^2 + \sigma_\varepsilon^2}
\end{aligned} \tag{5.62}
$$

ここで $P_0 \to \infty$ として極限をとると，$P_{1|1}$ は単なる観測誤差の分散とみなすことができます．

$$
\lim_{P_0 \to \infty} P_{1|1} = \sigma_\varepsilon^2 \tag{5.63}
$$

なお2時点目以降は，通常のカルマンフィルタと同じように計算を行います．

4.4.3　散漫対数尤度

散漫カルマンフィルタでは1時点目のフィルタ化推定量とその分散が，観測値と観測誤差の分散と一致します．そのため1時点目のフィルタ化推定量を用いて対数尤度を求めることには違和感があります．

1時点目の値を除き，2時点目以降の v_t と F_t を用いて尤度を計算したものを**散漫対数尤度**と呼びます．

4.5　statsmodelsを用いた散漫カルマンフィルタの実装

実際に散漫カルマンフィルタを実装してみましょう．本章においては，ライブラリの読み込みなどは省略します．

4.5.1　シミュレーションデータの生成

まずは第5部第2章と同じ設定で，シミュレーションデータを生成します．

```
# 乱数の種
np.random.seed(1)

# 正規分布に従う乱数の累積和を作成し，ランダムウォーク系列を作る
sim_size = 100
mu = np.cumsum(stats.norm.rvs(loc=0, scale=1, size=sim_size).round(1)) + 30
```

第1部 第2部 第3部 第4部 第5部 第6部 第7部

```
# 観測値の作成
y = mu + stats.norm.rvs(loc=0, scale=5, size=sim_size).round(1)

# 時系列インデックスの付与
y_ts = pd.Series(
    y, index=pd.date_range(start='2020-01-01', periods=sim_size, freq='D'))

# 結果の確認
print(y_ts.head(3))
```

```
2020-01-01    29.4
2020-01-02    37.1
2020-01-03    32.5
Freq: D, dtype: float64
```

4.5.2 散漫カルマンフィルタの実装

散漫カルマンフィルタを行うための設定を以下に示します．use_exact_diffuse=True とすることで散漫カルマンフィルタを実行できます．第 5 部第 3 章 3.7 節では loglikelihood_burn=0 と指定していましたが，この指定をなくすことで 1 時点目のフィルタ化推定量を無視した散漫対数尤度を利用するようになります．

```
# データの格納とモデルの特定
mod_local_level_fix = tsa.UnobservedComponents(
    y_ts, level='local level', use_exact_diffuse=True)
```

フィルタリングを行う方法は第 5 部第 3 章 3.7 節と同じです．観測誤差の分散を $\sigma_\varepsilon^2 = 10$，過程誤差の分散を $\sigma_\eta^2 = 1$ と決め打ちしたうえで状態を推定します．

```
# フィルタリング
res_local_level_fix = mod_local_level_fix.filter(pd.Series(np.array([10, 1])))

# フィルタ化推定量を取り出す
np.round(res_local_level_fix.level["filtered"][0:3], 5)
```

```
array([29.4    , 33.43333, 33.07478])
```

1 時点目のフィルタ化推定量が，1 時点目の観測値と一致していることがわかります．

散漫対数尤度は以下のようになります．

```
# 散漫対数尤度を取り出す
np.round(res_local_level_fix.llf, 5)
```

```
-321.88824
```

4.5.3 状態が変化しない単純なモデル

今まではローカルレベルモデルを対象としてきましたが，ここではさらに単純な以下のモデルを対象とします．

$$\mu = \mu \tag{5.64}$$

$$y_t = \mu + \varepsilon_t, \qquad \varepsilon_t \sim \mathcal{N}\left(0, \sigma_\varepsilon^2\right) \tag{5.65}$$

あまりにも単純なモデルなので，式を 2 行に分けず $y_t = \mu + \varepsilon_t$ とだけ表記しても十分ですね．状態が時間によって変化しませんので，標本から母平均を推定するのと同じ手順で状態を推定できます．すなわち状態の推定量は，標本の平均値と等しくなります．

tsa.UnobservedComponents において level='deterministic constant' と指定することで，状態が一切変化しないモデルを推定できます．モデルを推定し，フィルタ化推定量を取得しました．

```
# データの格納とモデルの特定
mod_const = tsa.UnobservedComponents(
    y_ts, level='deterministic constant', use_exact_diffuse=True)

# フィルタリング
res_const = mod_const.fit()

# フィルタ化推定量を取り出す
np.round(res_const.level["filtered"][0:3], 5)
```

```
array([29.4 , 33.25, 33.  ])
```

1 時点目のフィルタ化推定量は，散漫カルマンフィルタを用いているため，1 時点目の観測値と一致します．

2 時点目のフィルタ化推定量は，1 時点目と 2 時点目の観測値の平均値となります．

```
# 2 時点目までの平均
np.mean(y_ts[0:2])
```

```
33.25
```

3 時点目のフィルタ化推定量は，1 時点目と 2 時点目と 3 時点目の観測値の平均値となります．

```
# 3 時点目までの平均
np.mean(y_ts[0:3])
```

```
33.0
```

最新時点のフィルタ化推定量は，観測値の平均値と等しくなります．

```
print('最新時点の状態', np.round(res_const.level["filtered"][-1], 5))
print('観測値の平均値', np.round(np.mean(y_ts), 5))
```

```
最新時点の状態 30.931
観測値の平均値 30.931
```

状態の推定と聞くと，とても複雑なことをしている印象を持ちますが，単純なモデルであれば平均値を計算するのと大差ありません．

第5章

基本構造時系列モデル

テーマ

季節性とトレンドの両方を考慮した実用性の高いモデルである，**基本構造時系列モデル**を導入します．成分を分解できるのは状態空間モデルの大きな利点です．複数の成分を持つ状態空間モデルの扱い方をマスターしてください．

最初にローカルレベルモデルの復習からはじめて，徐々に複雑さを増したモデルへと移っていきます．本章ではシミュレーションを多用します．実際にデータを生成することで，モデルの理解を深めてください．

概要

分析の準備 → 確定的トレンドと確率的トレンド → ローカルレベルモデルのシミュレーション
→ 平滑化トレンドモデル → シミュレーション → 推定
→ ローカル線形トレンドモデル → シミュレーション → 推定
→ ダミー変数を用いた季節成分 → 三角関数を用いた季節成分
→ 基本構造時系列モデルのシミュレーション → 推定 → 三角関数を用いたモデルの推定
→ 残差診断 → 予測 → 行列を用いた表現 → 一般的なカルマンフィルタ

5.1 分析の準備

ライブラリの読み込みなどを行います．

```
# 数値計算に使うライブラリ
import numpy as np
import pandas as pd
from scipy import stats

# 統計モデルを推定するライブラリ
import statsmodels.api as sm
import statsmodels.tsa.api as tsa

# グラフを描画するライブラリ
from matplotlib import pylab as plt
import seaborn as sns
```

```
sns.set()

# グラフの日本語表記
from matplotlib import rcParams
rcParams['font.family'] = 'sans-serif'
rcParams['font.sans-serif'] = 'Meiryo'
```

5.2　確定的トレンドと確率的トレンド

ローカルレベルモデルを確率的トレンドという観点から見なおします．

5.2.1　確定的トレンド

トレンドとは何でしょうか．第 1 部第 2 章で紹介したように，時系列データの傾向のことをトレンドと呼びます．トレンドの変化量のことをドリフトと呼びます．ドリフトの値が常に「10」であれば，時系列データは毎時点 10 ずつ値が増えます．ドリフトの値が変化しないトレンドを**確定的トレンド**と呼びます．

例えば以下のような状態方程式を持つモデルは，水準成分 μ_t が毎時点 10 ずつ増えるという確定的トレンドを持つモデルだといえます．

$$\begin{aligned} \mu_t &= \mu_{t-1} + 10 \\ \mu_t - \mu_{t-1} &= 10 \end{aligned} \tag{5.66}$$

5.2.2　確率的トレンド

ローカルレベルモデルの状態方程式を式変形します．ただし $\eta_t \sim \mathcal{N}\left(0, \sigma_\eta^2\right)$ です．

$$\begin{aligned} \mu_t &= \mu_{t-1} + \eta_t \\ \mu_t - \mu_{t-1} &= \eta_t \end{aligned} \tag{5.67}$$

ローカルレベルモデルの水準成分 μ_t は，過程誤差 η_t の値だけ毎時点変化します．ドリフトの値が毎時点確率的に変化します．このようなモデルを**確率的トレンド**と呼びます．ローカルレベルモデルは，確率的トレンドを持つモデルであると解釈できます．

なお，確率的トレンドは以下のように定数項とランダムウォーク過程を組み合わせた形式を指すこともあります．

$$\mu_t = \mu_{t-1} + 10 + \eta_t, \qquad \eta_t \sim \mathcal{N}\left(0, \sigma_\eta^2\right) \tag{5.68}$$

この場合は，毎時点水準成分が「10 ＋過程誤差」だけ増減します．

5.3 for ループを用いたローカルレベルモデルのシミュレーション

複雑なモデルのシミュレーションを行うために，for ループを用いたシミュレーションの方法を解説します．

第5部第2章では，以下のように正規分布に従う乱数の累積和をとることでランダムウォーク系列を得ました．

```
# 乱数の種
np.random.seed(1)

# 正規分布に従う乱数の累積和を作成し，ランダムウォーク系列を作る
sim_size = 100
mu_cumsum = np.cumsum(stats.norm.rvs(loc=0, scale=1, size=sim_size))
```

同じ結果は，以下のように for ループを用いても実装できます．np.zeros 関数を使って，まずはランダムウォーク系列を格納するための入れ物 mu_for を用意します．mu_for の最初の値には，単なる正規分布に従う乱数を格納します．

続いて for ループを用いて，添え字 t を1から順に変化させて繰り返し計算を行います．具体的には t - 1 時点目の mu_for の値に正規分布に従う乱数を加えます．これが $\mu_t = \mu_{t-1} + \eta_t$ の計算に対応します．

```
# 乱数の種
np.random.seed(1)

# 正規分布に従う乱数の累積和を作成し，ランダムウォーク系列を作る
sim_size = 100
mu_for = np.zeros(sim_size)
mu_for[0] = stats.norm.rvs(loc=0, scale=1, size=1)[0]

for t in range(1, sim_size):
    mu_for[t] = mu_for[t - 1] + stats.norm.rvs(loc=0, scale=1, size=1)[0]
```

np.cumsum を使って実装した結果と for ループを使って実装した結果は完全に一致します．なお all 関数はすべての要素が True の場合にのみ True を返す（1つでも異なっていれば False を返す）関数です．

```
# 結果は一致する
all(mu_cumsum == mu_for)
```

```
True
```

5.4 平滑化トレンドモデル（2 階差分のモデル）

ローカルレベルモデルを使いやすくした平滑化トレンドモデルを導入します．

5.4.1 ローカルレベルモデルの特徴

ローカルレベルモデルは確率的に変化するトレンドを表現できますが，第 5 部第 2 章 2.4 節で解説したように増加・減少トレンドを考慮した予測を出すことはできません．過程誤差の期待値が 0 であるため，長期予測の結果は常に「前の時点に 0 を足したもの（前の時点と同じ）」とみなされてしまいます．

ローカルレベルモデルでは，例えば過程誤差の値が$2, -1, 3, -4$のように正負が交互に入れ替わる場合，増加トレンドと減少トレンドが交互にやってくることになります．これは，私たちが普段想定するトレンドという言葉とはやや印象が異なります．やはりトレンドであるならば「だいたい同じ増減量が続く」のが自然ですよね．

5.4.2 平滑化トレンドモデル

そこで登場するのが**平滑化トレンドモデル**です．**2 階差分のモデル**とも呼びます．平滑化トレンドモデルの水準成分は以下のように「差分値同士の差分」すなわち 2 階差分が過程誤差ζ_tと等しくなるようになっています．ただし$\zeta_t \sim \mathcal{N}\left(0, \sigma_\zeta^2\right)$です．

$$(\mu_t - \mu_{t-1}) - (\mu_{t-1} - \mu_{t-2}) = \zeta_t \tag{5.69}$$

上記を式変形すると$(\mu_t - \mu_{t-1}) = (\mu_{t-1} - \mu_{t-2}) + \zeta_t$となりますね．ここで，例えば前の時点のドリフトの値が$(\mu_{t-1} - \mu_{t-2}) = 10$だったとしましょう．過程誤差$\zeta_t$が存在しなければ$\mu_t - \mu_{t-1} = 10$となり，確定的トレンドと同じ結果になります．

過程誤差の値が$\zeta_t = 2, \zeta_{t+1} = -1, \zeta_{t+2} = 3, \zeta_{t+3} = -4$のように正負が交互に入れ替わったとしても，ドリフトの値は「$10 +$ 過程誤差の累積和」であるため，以下の計算のように$12, 11, 14, 10$と正の値をキープします．

$$\begin{aligned}
(\mu_t - \mu_{t-1}) &= (\mu_{t-1} - \mu_{t-2}) + \zeta_t = 10 + 2 = 12 \\
(\mu_{t+1} - \mu_t) &= (\mu_t - \mu_{t-1}) + \zeta_{t+1} = 12 + (-1) = 11 \\
(\mu_{t+2} - \mu_{t+1}) &= (\mu_{t+1} - \mu_t) + \zeta_{t+2} = 11 + 3 = 14 \\
(\mu_{t+3} - \mu_{t+2}) &= (\mu_{t+2} - \mu_{t+1}) + \zeta_{t+3} = 14 + (-4) = 10
\end{aligned} \tag{5.70}$$

将来予測を行う場合は過程誤差の期待値が 0 であるため「毎時点 10 ずつ値が増えるだろう」と増加トレンドを持つ想定で予測できます．これはローカルレベルモデルと比べて大きな変化です．

式 (5.69) を変形すると $\mu_t = 2\mu_{t-1} - \mu_{t-2} + \zeta_t$ となります．観測方程式はローカルレベルモデルと同じように，水準成分に観測誤差が加わったものとします．状態方程式・観測方程式をまとめると以下のようになります．

$$\mu_t = 2\mu_{t-1} - \mu_{t-2} + \zeta_t, \qquad \zeta_t \sim \mathcal{N}\left(0, \sigma_\zeta^2\right) \tag{5.71}$$

$$y_t = \mu_t + \varepsilon_t, \qquad \varepsilon_t \sim \mathcal{N}\left(0, \sigma_\varepsilon^2\right) \tag{5.72}$$

5.4.3　平滑化トレンドモデルの別の表現

平滑化トレンドモデルの状態方程式は，ドリフト成分 δ_t を分けて，以下のように 2 行に分けることができます．

$$\begin{aligned} \delta_t &= \delta_{t-1} + \zeta_t, \qquad \zeta_t \sim \mathcal{N}\left(0, \sigma_\zeta^2\right) \\ \mu_t &= \mu_{t-1} + \delta_{t-1} \end{aligned} \tag{5.73}$$

$$y_t = \mu_t + \varepsilon_t, \qquad \varepsilon_t \sim \mathcal{N}\left(0, \sigma_\varepsilon^2\right) \tag{5.74}$$

ここで 1 階差分は $\mu_t - \mu_{t-1} = \delta_{t-1}$ であり，2 階差分は $\delta_t - \delta_{t-1} = \zeta_t$ となるので，平滑化トレンドモデルと一致していることがわかります．

5.5　平滑化トレンドモデルのシミュレーション

平滑化トレンドモデルに従うデータをシミュレーションで生成します．

5.5.1　シミュレーションの実施

まずは，シミュレーションのための準備を行います．np.random.seed(1) として乱数の種を設定します．続いてドリフト成分 δ_t を delta と，水準成分 μ_t を mu_smooth として，結果を格納する入れ物を用意します．なお，ドリフト成分の 0 番目の要素と水準成分の 0, 1 番目の要素は利用しません．ドリフト成分の 1 番目の要素には，stats.norm.rvs 関数を用いて正規分布に従う乱数を格納しておきました．

```
# 乱数の種
np.random.seed(1)

# ドリフト成分
delta = np.zeros(sim_size)
delta[1] = stats.norm.rvs(loc=0, scale=1, size=1)[0]

# 水準成分
mu_smooth = np.zeros(sim_size)
```

次がシミュレーションの中核となるコードです．for ループの中を式 (5.73) の通りに実装します．その後で，観測値を式 (5.74) の通り，水準成分に観測誤差が加わったものと想定して実装します．

なお，このシミュレーションにおいて，ドリフト成分の分散 σ_ζ^2 の平方根（すなわち標準偏差）は 1，観測誤差の分散 σ_ε^2 の平方根は 15 と設定しました．

```
# シミュレーション
for t in range(2, sim_size):
    delta[t] = delta[t - 1] + stats.norm.rvs(loc=0, scale=1, size=1)[0]
    mu_smooth[t] = mu_smooth[t - 1] + delta[t - 1]

# 観測値
y_smooth = mu_smooth + stats.norm.rvs(loc=0, scale=15, size=sim_size)
```

結果を DataFrame にまとめます．日付インデックスは 2000 年 1 月からの月単位としておきました．

```
# DataFrame にまとめる
smooth_df = pd.DataFrame(
    {'delta':delta, 'mu': mu_smooth, 'y':y_smooth},
    index=pd.date_range(start='2000-01-01', periods=sim_size, freq='MS')
)

# 結果の確認
print(smooth_df.head(3))
```

```
                delta        mu          y
2000-01-01  0.000000  0.000000  10.470481
2000-02-01  1.624345  0.000000  -6.706928
2000-03-01  1.012589  1.624345  19.991961
```

5.5.2　シミュレーション結果の可視化

シミュレーションで得られたドリフト成分の折れ線グラフを描きます（**図 5.5.1**）．ドリフト成分は単なるランダムウォーク系列です．

```
# ドリフト成分の可視化
smooth_df['delta'].plot()
```

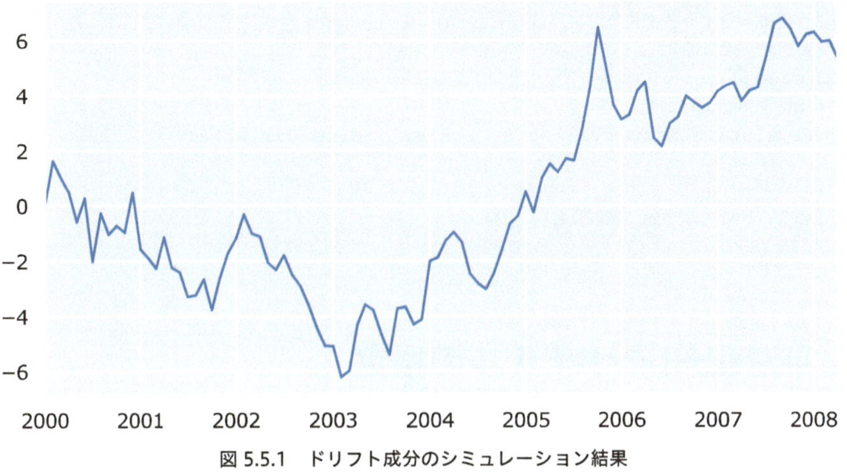

図 5.5.1　ドリフト成分のシミュレーション結果

続いて，水準成分と観測値の折れ線グラフを描きます（**図 5.5.2**）．水準成分 mu がなめらかに変化していることがうかがえます．

```
# 水準成分と観測値の可視化
smooth_df[['mu', 'y']].plot()
```

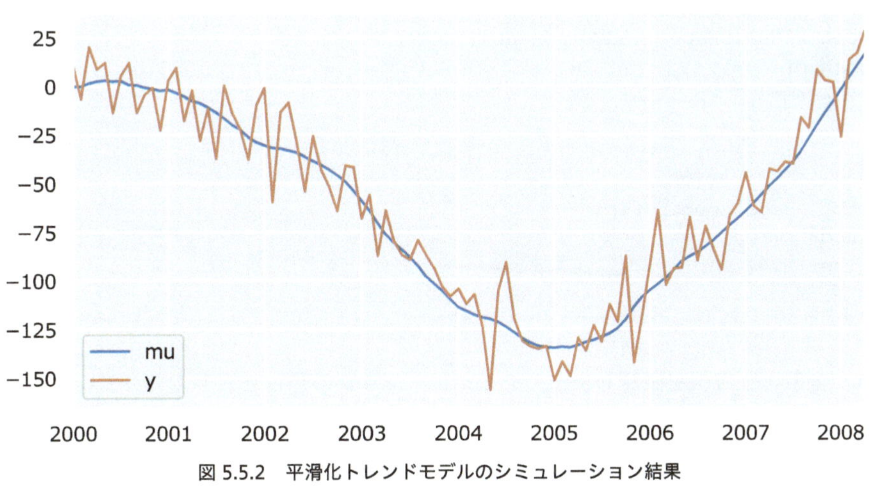

図 5.5.2　平滑化トレンドモデルのシミュレーション結果

なお，以下のように，正規ホワイトノイズに対して 2 階累積和をとったものは，上記の水準成分と一致することが確認できます．逆にいえば 2 階差分をとることで，平滑化トレンドモデルの水準成分は単なる正規ホワイトノイズとみなせるようになります．

```
# 水準成分は，正規ホワイトノイズの 2 階累積和をとったものとみなせる
# これが「2 階差分」の由来
np.random.seed(1)
cumsum2 = np.cumsum(
    np.cumsum(stats.norm.rvs(loc=0, scale=1, size=sim_size))
)

all(cumsum2[0:98] == mu_smooth[2:])
```

```
True
```

5.6 平滑化トレンドモデルの推定

シミュレーションで生成されたデータに対してモデルを推定します．

5.6.1 推定

平滑化トレンドモデルを推定します．推定方法は，第 5 部第 3 章で解説したローカルレベルモデルとほとんど変わりません．ローカルレベルモデルでは `level='local level'` としていたところを `level='smooth trend'` に変えるだけです．これで平滑化トレンドモデルを推定できます．

```
# 平滑化トレンドモデル
mod_smooth = tsa.UnobservedComponents(
    smooth_df['y'],           # 対象データ
    level='smooth trend'      # 平滑化トレンド
)

# 最尤法によるパラメータの推定
res_smooth = mod_smooth.fit(
    method='nm',               # Nelder-Mead 法を使う
    maxiter=2000               # 最大繰り返し数
)
```

推定された分散の平方根を確認します．シミュレーションの想定と大きく外れていないようです．

```
# 推定された分散の平方根
np.sqrt(res_smooth.params)
```

```
sigma2.irregular    14.138599
sigma2.trend         0.719196
dtype: float64
```

5.6.2 すべての成分をまとめて可視化

推定された状態を可視化します．平滑化推定量をまとめて可視化するには，plot_components関数を使います．今回はグラフのサイズだけをfigsize=(15, 10)と指定し，他の指定を省略しました．この場合は，1つ目のグラフに観測値と1時点先予測値，2つ目以降のグラフでは，すべての状態の成分の平滑化推定量がプロットされます．今回は2つ目のグラフが水準成分，3つ目のグラフがドリフト成分です（**図 5.5.3**）．なお，Noteという注意書きが記載されていますが，無視して大丈夫です．このNoteの意味については5.6.4節で解説します．

```
# 推定された状態・トレンド・季節の影響の描画
fig = res_smooth.plot_components(figsize=(10, 12))
```

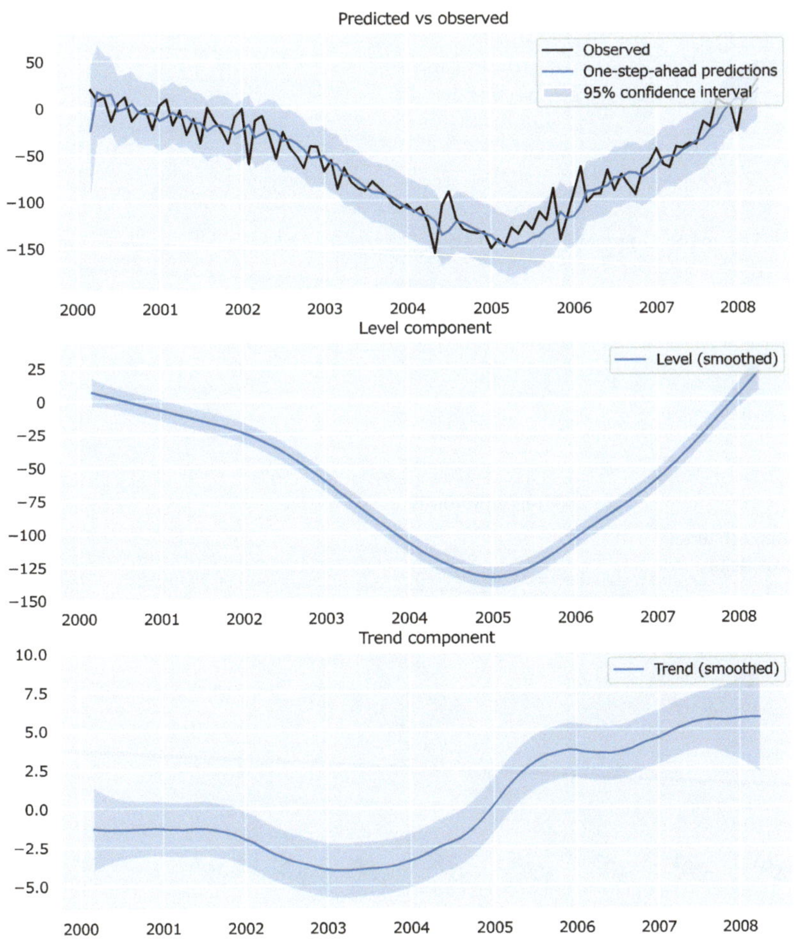

図 5.5.3　平滑化トレンドモデルの推定結果

5.6.3 ドリフト成分の可視化

成分を個別に可視化してみましょう．plot_components 関数において，which='filtered' とすることでフィルタ化推定量を描けます．未設定あるいは which=smoothed なら平滑化推定量となります．また，グラフに描きたいものに True を，そうでないものに False を設定すると描画したい成分を選べます．推定されたドリフト成分に，シミュレーションで生成した正しいドリフト成分の折れ線グラフを追加しました（**図 5.5.4**）．正しいドリフト成分と近いものが得られているようです．

```
# 個別のグラフ
# ドリフト成分のフィルタ化推定量のみを図示
fig = res_smooth.plot_components(
    which='filtered',   # フィルタ化推定量を対象にする
    observed=False,     # 観測値は不要
    level=False,        # 水準成分は不要
    trend=True,         # ドリフト成分のみ必要
    seasonal=False,     # 季節成分は不要
    figsize=(8, 4)      # グラフの大きさ
)

# 正しいドリフト成分
smooth_df.delta.plot(linewidth=3, label='true delta')

# 凡例
plt.legend()

# Y 軸の範囲を -10 から 10 に変更
plt.ylim(-10,10)
```

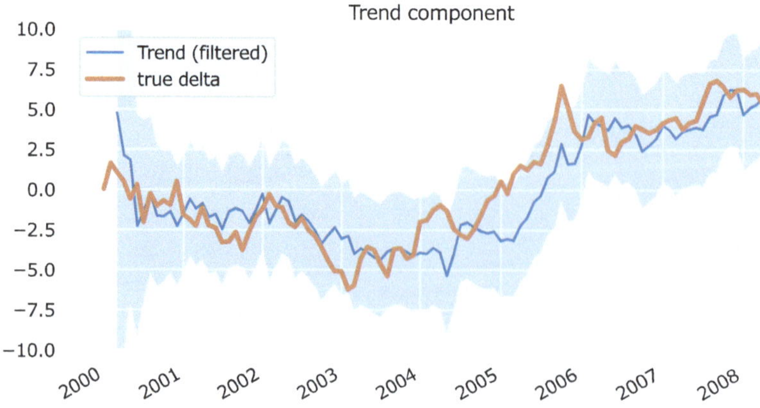

Note: The first 2 observations are not shown, due to approximate diffuse initialization.

図 5.5.4　平滑化トレンドモデルのドリフト成分

5.6.4　個別の成分の取得

もっと複雑なグラフを描く場合は，状態の推定結果を取得して，matplotlib の機能などを使ってグラフを作成することになります．res_smooth.trend とすることでドリフト成分を取得でき，以下のようにすることで，ドリフト成分のフィルタ化推定量と平滑化推定量を取得できます．フィルタ化推定量は，2 時点目までの値はデータの不足のため実質的に推定できていないことに注意してください．そのため，plot_components 関数で作成されたグラフでは，最初の 2 時点が削除されています．これが plot_component 関数の出力に現れていた Note の意味です．

```
# フィルタ化推定量
print(res_smooth.trend['filtered'][:4])

# 平滑化推定量
print(res_smooth.trend['smoothed'][:4])
```

```
[ 0.          -17.16845309   4.77003853   2.13530599]
[-1.29717419 -1.29385304 -1.32497374 -1.35586851]
```

この結果を利用して，正しいドリフト成分と，フィルタリング・平滑化の結果をあわせてプロットします．

```
# DataFrame にまとめる
plot_df = pd.DataFrame({
    'true delta': smooth_df.delta,
    'filtered delta': res_smooth.trend['filtered'],
    'smoothed delta': res_smooth.trend['smoothed']
})

# 可視化
plot_df.plot()

# Y 軸の範囲を -10 から 10 に変更
plt.ylim(-10, 10)
```

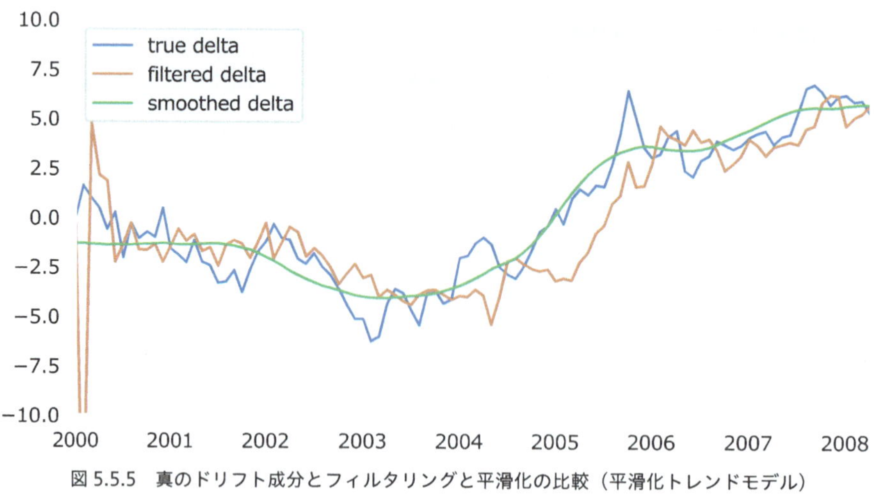

図 5.5.5　真のドリフト成分とフィルタリングと平滑化の比較（平滑化トレンドモデル）

図 5.5.5 を見ると，フィルタリングと平滑化の違いがよくわかりますね．フィルタリングは現在時点のデータを使って状態を補正するため，初期時点の推定結果は非常に大きくばらつきます．一方の平滑化の結果は,全体的になめらかな推定結果となっています．平滑化は予測の役には立ちませんが,過去の状況を振り返る，解釈や説明といった目的では大きな効力を発揮します．

5.6.5　水準成分の可視化

続いて水準成分において，シミュレーションで生成された正しい値・フィルタリング・平滑化の結果を比較します（**図 5.5.6**）．`res_smooth.level` とすることで水準成分を取得できます．

```
# DataFrameにまとめる
plot_df = pd.DataFrame({
    'true level': smooth_df.mu,
    'filtered level': res_smooth.level['filtered'],
    'smoothed level': res_smooth.level['smoothed']
})

# 可視化
plot_df.plot()
```

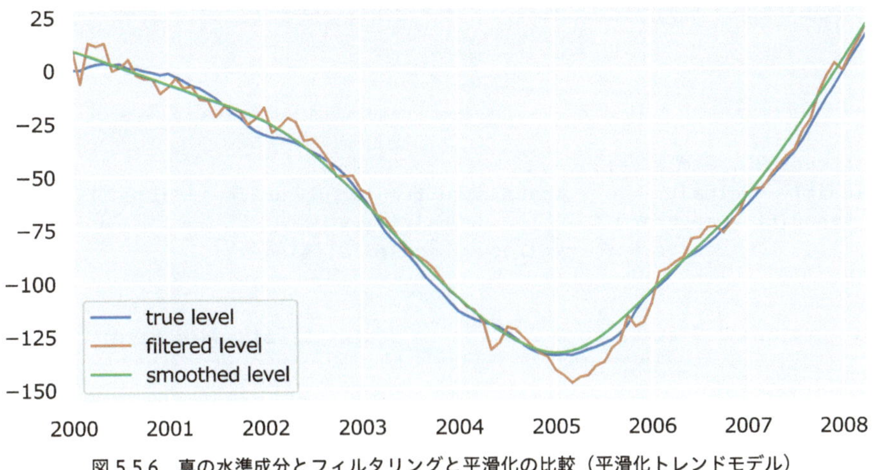

図 5.5.6　真の水準成分とフィルタリングと平滑化の比較（平滑化トレンドモデル）

5.7 ローカル線形トレンドモデル

平滑化トレンドモデルは名前の通りなめらかな水準成分を持ちます．平滑化トレンドモデルには，水準成分に過程誤差が存在しません．ここで，水準成分にさらに過程誤差を加えて，さらに柔軟に水準成分が変化することを認めた以下のモデルを**ローカル線形トレンドモデル**と呼びます．

$$\begin{aligned} \delta_t &= \delta_{t-1} + \zeta_t, & \zeta_t &\sim \mathcal{N}\left(0, \sigma_\zeta^2\right) \\ \mu_t &= \mu_{t-1} + \delta_{t-1} + \eta_t, & \eta_t &\sim \mathcal{N}\left(0, \sigma_\eta^2\right) \end{aligned} \tag{5.75}$$

$$y_t = \mu_t + \varepsilon_t, \qquad \varepsilon_t \sim \mathcal{N}\left(0, \sigma_\varepsilon^2\right) \tag{5.76}$$

5.8 ローカル線形トレンドモデルのシミュレーション

シミュレーションで数式の通りにデータを生成してみましょう．まずはシミュレーションの準備です．ドリフト成分は delta，水準成分は mu_trend という名前にしておきました．

```
# 乱数の種
np.random.seed(1)

# ドリフト成分
delta = np.zeros(sim_size)
delta[1] = stats.norm.rvs(loc=0, scale=1, size=1)[0]

# 水準成分
mu_trend = np.zeros(sim_size)
```

続いて，状態方程式・観測方程式に従ってデータを生成させます．$\sigma_\zeta^2 = 1, \sigma_\eta^2 = 10^2, \sigma_\varepsilon^2 = 15^2$ としました．

```
# シミュレーション
for t in range(2, sim_size):
    delta[t] = delta[t - 1] + stats.norm.rvs(loc=0, scale=1, size=1)[0]
    mu_trend[t] = mu_trend[t - 1] + delta[t] + ¥
                  stats.norm.rvs(loc=0, scale=10, size=1)[0]

# 観測値
y_trend = mu_trend + stats.norm.rvs(loc=0, scale=15, size=sim_size)
```

結果を DataFrame にまとめます．

```
# DataFrame にまとめる
trend_df = pd.DataFrame(
    {'delta':delta, 'mu': mu_trend, 'y':y_trend},
    index=pd.date_range(start='2000-01-01', periods=sim_size, freq='MS')
)

# 結果の確認
print(trend_df.head(3))
```

```
               delta         mu          y
2000-01-01  0.000000   0.000000   6.304233
2000-02-01  1.624345   0.000000  12.164275
2000-03-01  1.012589  -4.269129  11.397503
```

水準成分と観測値の折れ線グラフを描きます（**図 5.5.7**）．平滑化トレンドモデルと比べると水準成分 mu の変化が大きくなっています．

```
# 水準成分と観測値の可視化
trend_df[['mu', 'y']].plot()
```

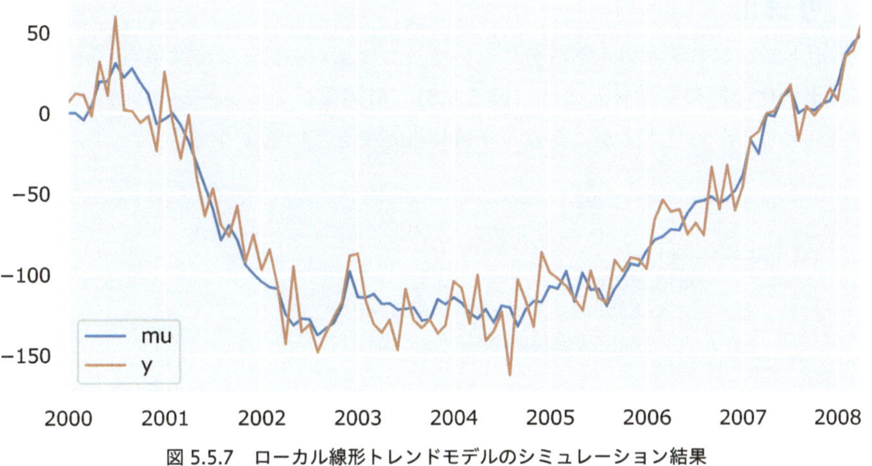

図 5.5.7　ローカル線形トレンドモデルのシミュレーション結果

5.9 ローカル線形トレンドモデルの推定

シミュレーションで生成されたデータに対してモデルを推定します.

5.9.1 推定

推定の方法はほとんど変わりません. level='local linear trend' に変えるだけです. 逆にいえば, 推定するだけでは勉強になりませんね. シミュレーションコードと数式, そしてシミュレーションの結果得られたデータ系列の対応関係を吟味することをおすすめします.

ローカル線形トレンドモデルでは, 推定すべきパラメータが過程誤差の分散 1 つ分増えましたが, この程度のサンプルサイズであれば一瞬で推定が終わります.

```
# ローカル線形トレンドモデル
mod_trend = tsa.UnobservedComponents(
    trend_df['y'],                  # 対象データ
    level='local linear trend'      # ローカル線形トレンド
)

# 最尤法によるパラメータの推定
res_trend = mod_trend.fit(
    method='nm',                # Nelder-Mead 法を使う
    maxiter=2000                # 最大繰り返し数
)
```

5.9.2 可視化

ローカル線形トレンドモデルの水準成分において，シミュレーションで生成された正しい値・フィルタリング・平滑化の結果を比較します（**図 5.5.8**）．単純なシミュレーションデータを利用したためという理由ももちろんありますが，かなり正確に推定できているようです．

```
# DataFrame にまとめる
plot_df = pd.DataFrame({
    'true level': trend_df.mu,
    'filtered level': res_trend.level['filtered'],
    'smoothed level': res_trend.level['smoothed']
})

# 可視化
plot_df.plot()
```

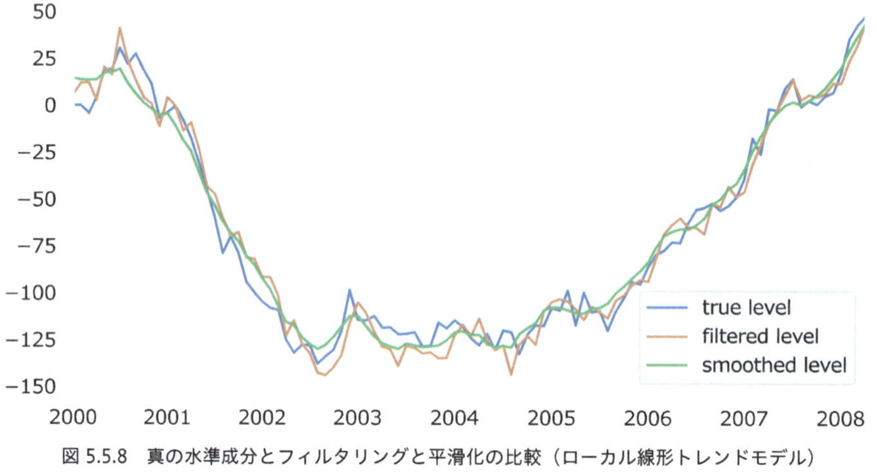

図 5.5.8　真の水準成分とフィルタリングと平滑化の比較（ローカル線形トレンドモデル）

5.10 ダミー変数を用いた季節成分

続いて季節性をモデルに組み込む方法を解説します．まずはダミー変数を用いた季節成分について解説します．この方法は，12 か月で 1 周期の季節性であれば 1 か月ごとの季節的な変化を 1 つ 1 つ季節成分で表現します．

5.10.1 確定的季節成分

売り上げが常に 100 万円で一定であるならば，水準成分が固定であり，確定的水準成分を持つといえます．

ここで，四半期ごとのデータにおいて，売り上げが 100 万円，140 万円，70 万円，130 万円と周期的に変化することを想定します．このとき，四半期ごとの売り上げは，毎年まったく変化がないとしましょう．値が変化しないため，確定的水準成分と確定的季節成分を持つといえます．

このとき，パターン①のような水準成分と４つの季節成分を想定してみます．水準成分と季節成分を合計すると，四半期ごとの売り上げを再現できますね．

パターン①

水準成分	季節成分１	季節成分２	季節成分３	季節成分４
100	0	40	-30	30

実は売り上げを再現できる水準成分・季節成分の組み合わせは無数にあります．例えばパターン②でも，水準成分と季節成分を合計すると，四半期ごとの売り上げを再現できます．

パターン②

水準成分	季節成分１	季節成分２	季節成分３	季節成分４
110	-10	30	-40	20

どのようなパターンでもよいということであれば季節成分を決められませんので，季節成分の合計値が０であるというルールを定めます．その場合はパターン②の季節成分が採用されます．一般的に周期が４である季節成分においてt時点の季節成分をγ_tとすると$\gamma_t + \gamma_{t-1} + \gamma_{t-2} + \gamma_{t-3} = 0$が成り立ちます．移項すると$\gamma_t = -\gamma_{t-1} - \gamma_{t-2} - \gamma_{t-3}$となります．

観測誤差がなく，周期が４である確定的水準・確定的季節成分を持つ状態空間モデルは以下のように表記できます．

$$\begin{aligned} \gamma_t &= -\gamma_{t-1} - \gamma_{t-2} - \gamma_{t-3} \\ \mu_t &= \mu_{t-1} \end{aligned} \tag{5.77}$$

$$y_t = \mu_t + \gamma_t \tag{5.78}$$

5.10.2 確率的季節成分

ローカルレベルモデルでは，水準成分が$\mu_t = \mu_{t-1} + \eta_t$のように，過程誤差$\eta_t$を加えることで確率的に変化する構造となっていました．季節成分についても同様に過程誤差を加えることで，確率的季節成分をモデルに組み込むことができます．

$$\begin{aligned} \gamma_t &= -\gamma_{t-1} - \gamma_{t-2} - \gamma_{t-3} + \omega_t, & \omega_t &\sim \mathcal{N}\left(0, \sigma_\omega^2\right) \\ \mu_t &= \mu_{t-1} + \eta_t, & \eta_t &\sim \mathcal{N}\left(0, \sigma_\eta^2\right) \end{aligned} \tag{5.79}$$

$$y_t = \mu_t + \gamma_t + \varepsilon_t, \qquad \varepsilon_t \sim \mathcal{N}\left(0, \sigma_\varepsilon^2\right) \tag{5.80}$$

一般的に，周期がmである季節成分を持つ場合は以下のようになります．

$$
\begin{aligned}
\gamma_t &= -\sum_{j=1}^{m-1}\gamma_{t-j}+\omega_t, & \omega_t &\sim \mathcal{N}\left(0,\sigma_\omega^2\right) \\
\mu_t &= \mu_{t-1}+\eta_t, & \eta_t &\sim \mathcal{N}\left(0,\sigma_\eta^2\right)
\end{aligned} \tag{5.81}
$$

$$
y_t = \mu_t+\gamma_t+\varepsilon_t, \qquad \varepsilon_t \sim \mathcal{N}\left(0,\sigma_\varepsilon^2\right) \tag{5.82}
$$

5.11　三角関数を用いた季節成分

三角関数を用いた季節成分について解説します．この方法は，12か月で1周期の季節性であっても，12より少ない成分で季節性を表現する，いわば「省コスト」な季節成分をモデルに組み込むことができるのが大きな特徴です．

三角関数を用いた確率的季節成分はやや複雑ですので，単純な三角関数を用いた周期の表し方から順を追って解説します．まずは以下の式で表される，単純なsin波とcos波を考えます．ただしtは時点，mは周期です．

$$
\begin{aligned}
\sin &= \sin\left(\lambda_j \cdot t\right) \\
\cos &= \cos\left(\lambda_j \cdot t\right) \\
\lambda_j &= \frac{2\pi j}{m}
\end{aligned} \tag{5.83}
$$

$j=1$として，$\sin\left(\lambda_1 t\right), \cos\left(\lambda_1 t\right)$の折れ線グラフを描きます（**図 5.5.9**）．すると，12時点で1周期となる2つの波が描けます．なお，$j=2$とすると，6時点で1周期となる2つの波が描けます．

```
m = 12              # 周期
sin = np.zeros(24) # sin 波
cos = np.zeros(24) # cos 波

lambda_1 = 2 * np.pi * 1 / m

for t in range(0, 24):
    sin[t] = np.sin(lambda_1 * t)
    cos[t] = np.cos(lambda_1 * t)

# 折れ線グラフを描く
plt.plot(sin, label='sin')
plt.plot(cos, label='cos')
plt.legend()
```

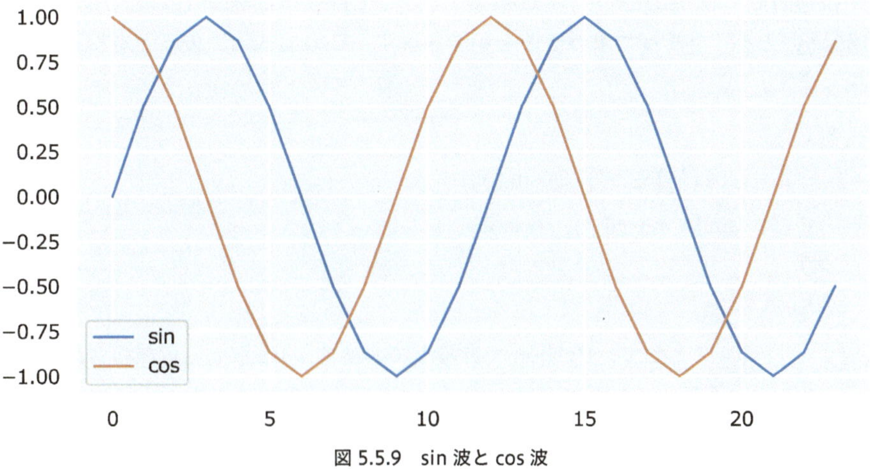

図 5.5.9　sin 波と cos 波

先ほどの sin 波と cos 波の合計値の折れ線グラフを描きます（**図 5.5.10**）.

```
# sin 波と cos 波の和
gamma = np.zeros(24)

for t in range(0, 24):
    gamma[t] = np.sin(lambda_1 * t) + np.cos(lambda_1 * t)

# 折れ線グラフを描く
plt.plot(gamma)
```

単純ではありますが，平均値（合計値）が 0 となる，12 周期の季節成分を表現できました.

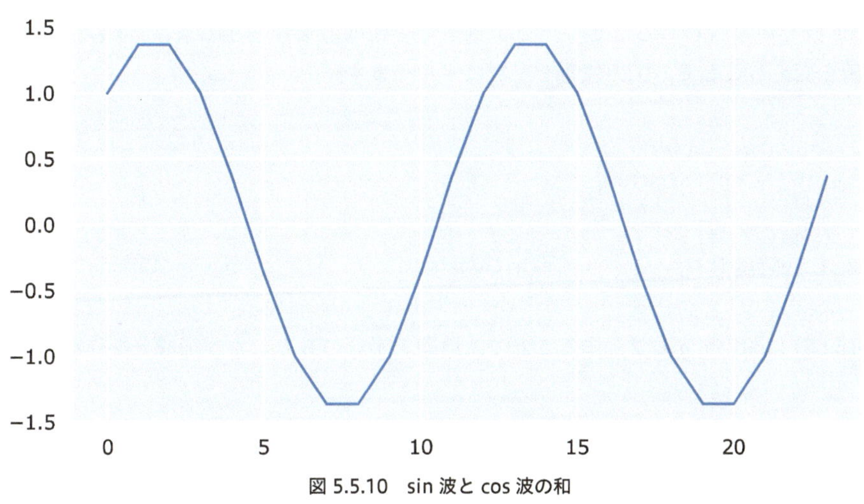

図 5.5.10　sin 波と cos 波の和

なお，やや技巧的ですが，$\sin(\lambda_1 \cdot t) + \cos(\lambda_1 \cdot t)$として得られる季節成分系列$\gamma_t$は以下のように2つの季節成分$\gamma_{1,t}$と$\gamma^*_{1,t}$を使って求めることができます．この形式は，後ほど過程誤差を考慮するときにも登場します．

$$
\begin{aligned}
\gamma_t &= \gamma_{1,t} \\
\gamma_{1,t} &= \quad \gamma_{1,t-1} \cdot \cos(\lambda_j) + \gamma^*_{1,t-1} \cdot \sin(\lambda_j) \\
\gamma^*_{1,t} &= -\gamma_{1,t-1} \cdot \sin(\lambda_j) + \gamma^*_{1,t-1} \cdot \cos(\lambda_j) \\
\lambda_j &= \frac{2\pi j}{m}
\end{aligned}
\tag{5.84}
$$

$\gamma_{1,1} = 1, \gamma^*_{1,1} = 1$，$j = 1$として，Pythonで計算してみます．sin 波と cos 波の合計値とほぼ同じ結果になることがわかります．

```
# sin 波と cos 波の和
gamma_1      = np.zeros(24)
gamma_1_star = np.zeros(24)

gamma_1[0]      = 1
gamma_1_star[0] = 1

for t in range(1, 24):
    gamma_1[t]      =  gamma_1[t - 1] * np.cos(lambda_1) + ¥
                       gamma_1_star[t - 1] * np.sin(lambda_1)
    gamma_1_star[t] = -gamma_1[t - 1] * np.sin(lambda_1) + ¥
                       gamma_1_star[t - 1] * np.cos(lambda_1)

# 単純な sin 波と cos 波の和とほぼ同じ結果になる
np.sum((gamma - gamma_1) ** 2)
```

```
2.5200408136318104e-29
```

sin 波と cos 波を組み合わせることで，さまざまな季節成分を作り出せます．例えば sin 波と cos 波の重みの値を変えることで，山の位置を左右にずらせます．

```
# sin 波と cos 波の重みつきの和
gamma_1_weight = np.zeros(24)

for t in range(0, 24):
    gamma_1_weight[t] = -1 * np.sin(lambda_1 * t) + 1 * np.cos(lambda_1 * t)
```

また，式 (5.83) において$j = 2$とすることで，周期を半分の 6 とした季節成分を作れます．

```
# 6 か月周期の場合
lambda_2 = 2 * np.pi * 2 / m

gamma_2 = np.zeros(24)
```

```
for t in range(0, 24):
    gamma_2[t] = np.sin(lambda_2 * t) + np.cos(lambda_2 * t)
```

これらの結果を可視化します（**図 5.5.11**）.

```
# 可視化
fig, ax = plt.subplots(nrows=2, tight_layout=True)

ax[0].set_title('重みつき和のグラフ')
ax[0].plot(gamma_1_weight)

ax[1].set_title('周期が 6 のグラフ')
ax[1].plot(gamma_2)
```

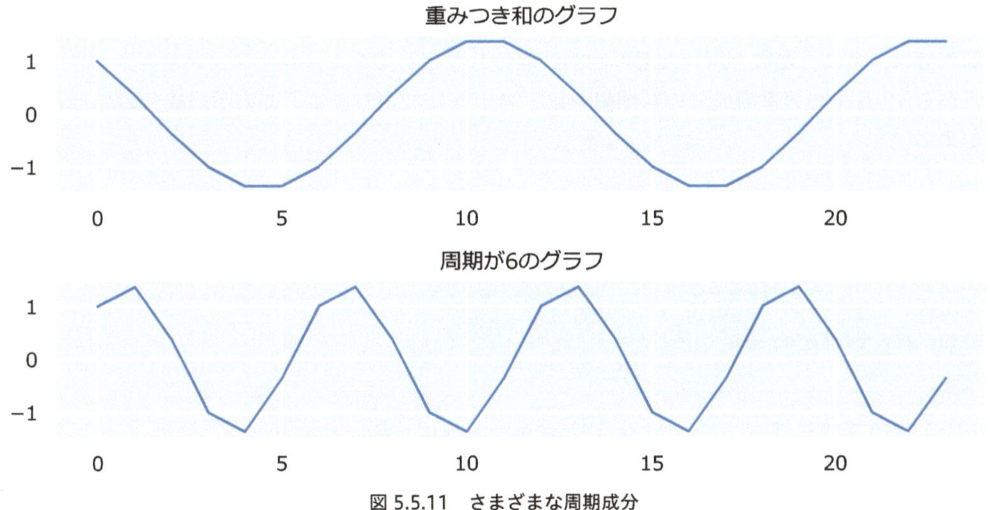

図 5.5.11　さまざまな周期成分

これらの季節成分を組み合わせることで，複雑な周期性を表現できます．一般的に，複数のjを持つ季節性を組み合わせる場合は，以下のように季節成分の和をとります．ただしhは「周期 ÷2」を超えない正の整数です．すなわち，12 周期の場合，jの最大値は 6 となります．モデルを推定するときには，jの範囲を（「周期 ÷2」を超えなければ）任意に指定することができます．

$$
\begin{aligned}
\gamma_t &= \sum_{j=1}^{h} \gamma_{j,t} \\
\gamma_{j,t} &= \quad \gamma_{j,t-1} \cdot \cos(\lambda_j) + \gamma^*_{j,t-1} \cdot \sin(\lambda_j) \\
\gamma^*_{j,t} &= -\gamma_{j,t-1} \cdot \sin(\lambda_j) + \gamma^*_{j,t-1} \cdot \cos(\lambda_j) \\
\lambda_j &= \frac{2\pi j}{m}
\end{aligned}
\tag{5.85}
$$

上記の季節成分は，以下のように過程誤差を加えることで確率的季節成分として取り扱うことができます．ただし，$\omega_{j,t}, \omega_{j,t}^* \sim \mathcal{N}\left(0, \sigma_\omega^2\right)$です．

$$\begin{aligned}
\gamma_t &= \sum_{j=1}^{h} \gamma_{j,t} \\
\gamma_{j,t} &= \quad \gamma_{j,t-1} \cdot \cos\left(\lambda_j\right) + \gamma_{j,t-1}^* \cdot \sin\left(\lambda_j\right) + \omega_{j,t} \\
\gamma_{j,t}^* &= -\gamma_{j,t-1} \cdot \sin\left(\lambda_j\right) + \gamma_{j,t-1}^* \cdot \cos\left(\lambda_j\right) + \omega_{j,t}^* \\
\lambda_j &= \frac{2\pi j}{m}
\end{aligned} \tag{5.86}$$

5.12 基本構造時系列モデルのシミュレーション

シミュレーションで数式の通りにデータを生成してみましょう．ドリフト成分と水準成分はローカル線形トレンドモデルのシミュレーション結果である`delta`と`mu_trend`を流用します．

季節成分は，ダミー変数を用いた確率的季節成分を想定してシミュレーションを実施します．まずは1月から12月までの季節成分の初期値を以下のように設定します．この季節成分の和は0となっています．

```
# 乱数の種
np.random.seed(1)

# 季節成分
s = np.zeros(sim_size)

# 季節成分の初期値
s_12 = np.array([-30, -75, -45, -15,  5,  30,
                  40,  60,  25,  15,   5, -15])
```

ここで，以下のように2月から12月分の季節成分の和を0から差し引くことで，1月の季節成分が再現できることに注意してください．

```
# 1月の季節成分の再現
print('2月から12月の季節成分', s_12[1:12])

print('1月の季節成分の再現 ', 0 - np.sum(s_12[1:12]))
```

```
2月から12月の季節成分 [-75 -45 -15   5  30  40  60  25  15   5 -15]
1月の季節成分の再現     -30
```

続いて，状態方程式・観測方程式に従ってデータを生成させます．

```
# 最初の 12 時点において，季節成分の初期値を代入
s[0:12] = s_12

# 季節成分のシミュレーション
for t in range(12, sim_size):
    s[t] = stats.norm.rvs(loc=0, scale=2, size=1)[0] - ¥
           np.sum(s[(t - 11):t])

# 状態
alpha = mu_trend + s

# 観測値
y_bsts = alpha + stats.norm.rvs(loc=0, scale=15, size=sim_size)
```

結果を DataFrame にまとめます．

```
# DataFrame にまとめる
bsts_df = pd.DataFrame(
    {'delta':delta, 'mu': mu_trend, 's':s, 'alpha':alpha, 'y':y_bsts},
    index=pd.date_range(start='2000-01-01', periods=sim_size, freq='MS')
)

# 結果の確認
print(bsts_df.head(3))
```

```
               delta        mu     s      alpha          y
2000-01-01  0.000000  0.000000 -30.0 -30.000000 -28.172681
2000-02-01  1.624345  0.000000 -75.0 -75.000000 -58.057741
2000-03-01  1.012589 -4.269129 -45.0 -49.269129 -31.285360
```

水準成分と観測値の折れ線グラフを描きます（**図 5.5.12**）．減少した後に増加するという長期的な傾向に，1 年単位での周期性が加わっていることがわかります．

```
# 水準成分と観測値の可視化
bsts_df[['mu', 'y']].plot()
```

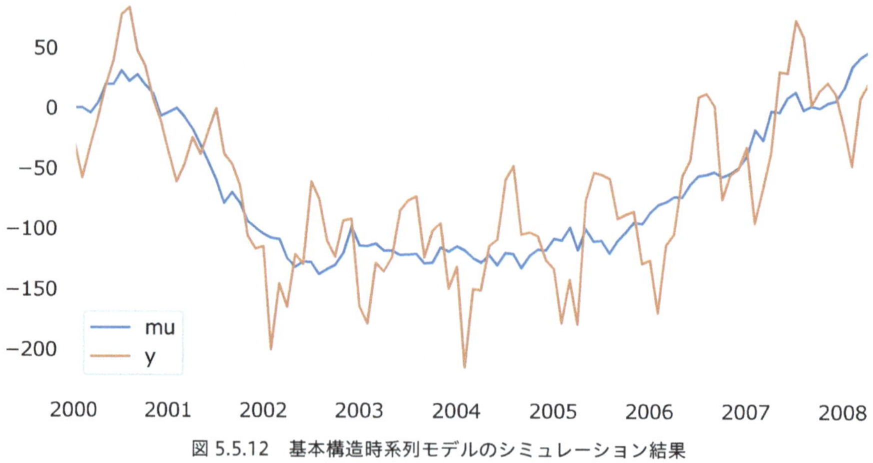

図 5.5.12　基本構造時系列モデルのシミュレーション結果

5.13 基本構造時系列モデルの推定

シミュレーションで生成されたデータに対して，実際にモデルを推定します.

5.13.1 推定

seasonal=12 と指定するだけで，ダミー変数を用いた確率的季節成分を持つモデルを推定できます.

```
# 季節変動ありのローカル線形トレンドモデル
mod_bsts = tsa.UnobservedComponents(
    bsts_df['y'],                   # 対象データ
    level='local linear trend',     # ローカル線形トレンド
    seasonal=12
)

# 最尤法によるパラメータの推定
res_bsts = mod_bsts.fit(
    method='nm',               # Nelder-Mead 法を使う
    maxiter=2000               # 最大繰り返し数
)
```

5.13.2 可視化

季節成分において，シミュレーションで生成された正しい値・フィルタリング・平滑化の結果を比較します（**図 5.5.13**）．

```
# DataFrame にまとめる
plot_df = pd.DataFrame({
    'true seasonal': bsts_df['s'],
    'filtered seasonal': res_bsts.seasonal['filtered'],
    'smoothed seasonal': res_bsts.seasonal['smoothed']
})

# 可視化
plot_df.plot()
```

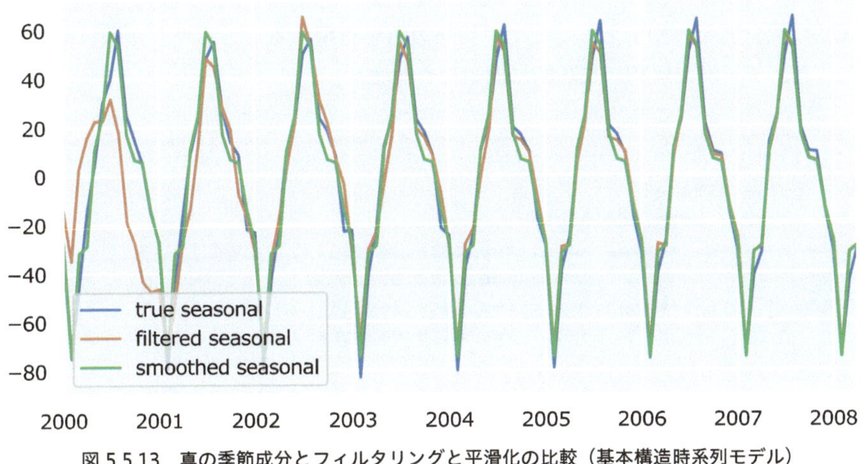

図 5.5.13　真の季節成分とフィルタリングと平滑化の比較（基本構造時系列モデル）

続いて，季節成分をとり除いた水準成分をプロットします（**図 5.5.14**）．これは季節調整済み系列とみなせます．赤い折れ線として観測値もあわせてグラフに載せました．季節性をきれいに排除できていることがわかります．

```
# DataFrame にまとめる
plot_df = pd.DataFrame({
    'true level': bsts_df['mu'],
    'filtered level': res_bsts.level['filtered'],
    'smoothed level': res_bsts.level['smoothed'],
    'y':bsts_df['y']
})

# 可視化
plot_df.plot()
```

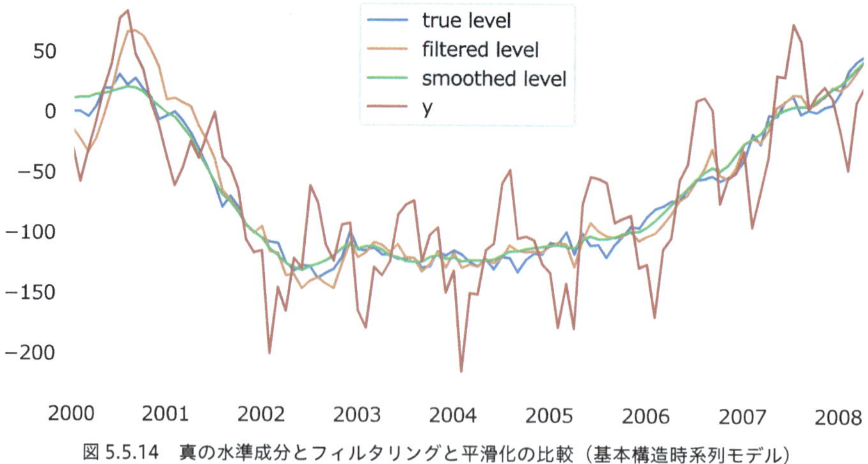

図 5.5.14　真の水準成分とフィルタリングと平滑化の比較（基本構造時系列モデル）

以下のように成分同士の和をとることで，状態の値を再現することもできます（**図 5.5.15**）．成分に分けられると，データの解釈は飛躍的に簡単になります．

```
# DataFrame にまとめる
plot_df = pd.DataFrame({
    'true alpha': bsts_df['alpha'],
    'filtered level + seasonal': res_bsts.level['filtered'] + ¥
                                 res_bsts.seasonal['filtered'],
    'smoothed level + seasonal': res_bsts.level['smoothed'] + ¥
                                 res_bsts.seasonal['smoothed']
})

# 可視化
plot_df.plot()
```

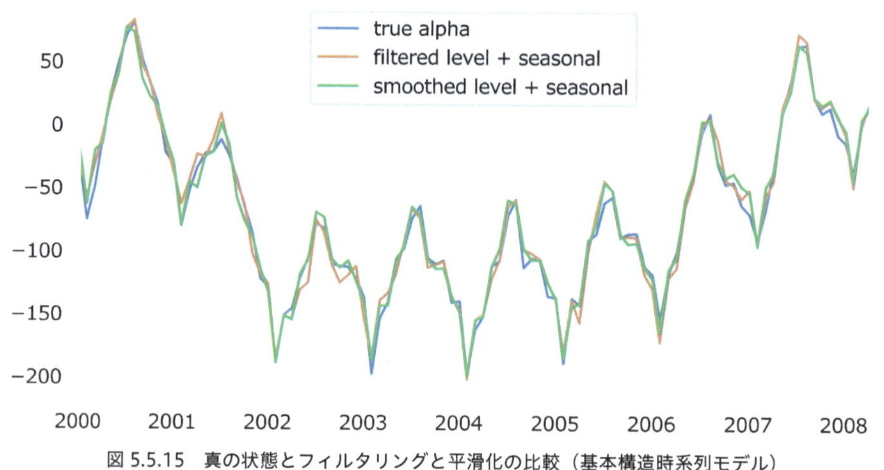

図 5.5.15　真の状態とフィルタリングと平滑化の比較（基本構造時系列モデル）

5.14 三角関数を用いた季節成分を有するモデルの推定

三角関数を使ったモデルを推定します．

5.14.1 単純な季節成分を有するモデル

最初は sin 波と cos 波を各々 1 つずつ有する単純な季節成分を有するモデルを推定します．実用性はともかくとして，このモデルを最初に推定すると三角関数のイメージがつかみやすいと思います．

引数 freq_seasonal には辞書型で設定項目を指定します．'period' が周期であり，これを 12 とします．そして 'harmonics' は式 (5.86) における j のとりうる範囲を表します．この数字が大きいほど複雑な季節性を表現できます．今回は最も単純な 1 を指定します．なお，第 5 部第 6 章 6.6 節で紹介しますが，複数の周期を持つ季節性をモデル化することもできます．

```
# 三角関数を用いた季節成分を有するモデル
mod_bsts_tri = tsa.UnobservedComponents(
    bsts_df['y'],                       # 対象データ
    level='local linear trend',         # ローカル線形トレンド
    freq_seasonal=[{'period':12, 'harmonics':1}]
)

# 最尤法によるパラメータの推定
res_bsts_tri = mod_bsts_tri.fit(
    method='nm',                  # Nelder-Mead 法を使う
    maxiter=2000                  # 最大繰り返し数
)
```

季節成分は以下のように推定されます（**図 5.5.16**）．フィルタ化推定量の初期時点はばらつきが大きいですが，それ以外はなめらかな季節成分が得られていることがわかります．

```
# DataFrame にまとめる
plot_df = pd.DataFrame({
    'true seasonal': bsts_df.s,
    'filtered seasonal': res_bsts_tri.freq_seasonal[0]['filtered'],
    'smoothed seasonal': res_bsts_tri.freq_seasonal[0]['smoothed']
})

# 可視化
plot_df.plot()
```

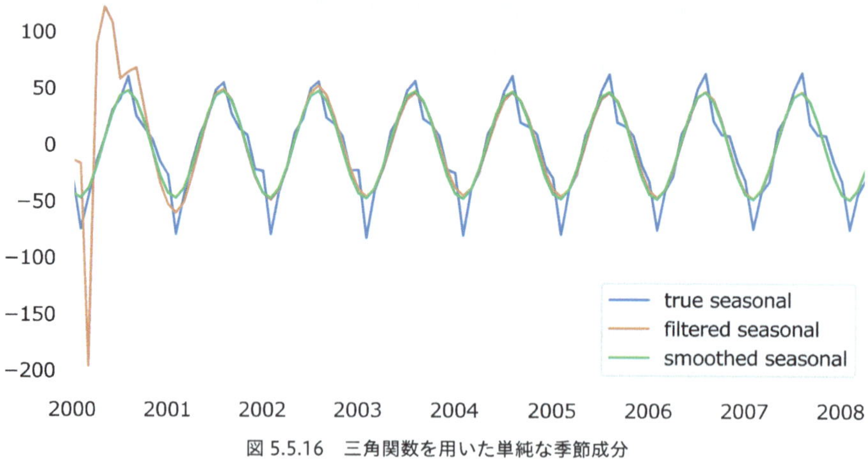

図 5.5.16　三角関数を用いた単純な季節成分

5.14.2 複雑な季節成分を有するモデル

先ほどの季節成分はやや単純すぎて，今回のシミュレーションデータに対する当てはまりは悪そうです．そこで式 (5.86) における j のとりうる範囲を 1 から 6 として，多くの季節成分を持つモデルを利用することにします．これはダミー変数を利用した場合と季節成分の個数が変わらなくなり，ダミー変数を用いた結果と実質的に違いがありません．複雑な周期性から単純な周期性まで，自由に構築できるのが三角関数を用いるメリットです．

まずはモデルを推定します．

```
# 三角関数を用いた複雑な季節成分を有するモデル
mod_bsts_tri_6 = tsa.UnobservedComponents(
    bsts_df['y'],                    # 対象データ
    level='local linear trend',      # ローカル線形トレンド
    freq_seasonal=[{'period':12, 'harmonics':6}]
)

# 最尤法によるパラメータの推定
res_bsts_tri_6 = mod_bsts_tri_6.fit(
    method='nm',                # Nelder-Mead 法を使う
    maxiter=2000                # 最大繰り返し数
)
```

季節成分を可視化します (**図 5.5.17**)．ダミー変数を用いた場合と非常によく似た結果になります．

```
# DataFrame にまとめる
plot_df = pd.DataFrame({
    'true seasonal': bsts_df.s,
    'filtered seasonal': res_bsts_tri_6.freq_seasonal[0]['filtered'],
    'smoothed seasonal': res_bsts_tri_6.freq_seasonal[0]['smoothed']
})

# 可視化
plot_df.plot()
```

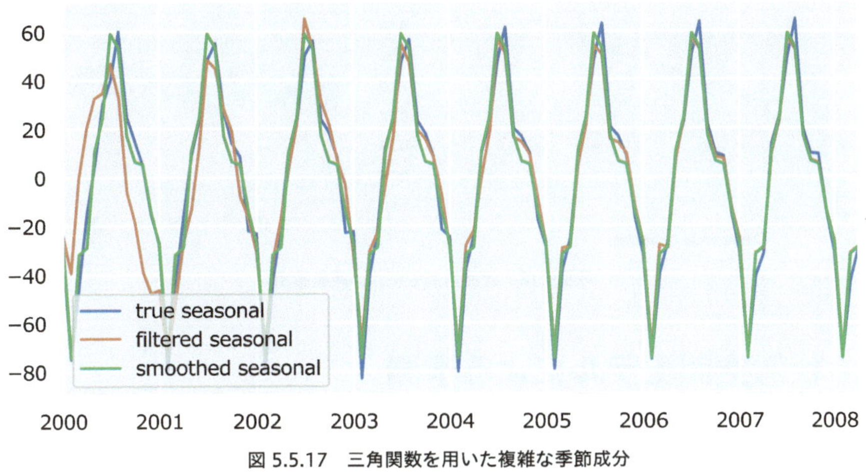

図 5.5.17　三角関数を用いた複雑な季節成分

5.15 状態空間モデルの残差診断

第 4 部第 3 章で導入した SARIMAX モデルは，推定のときにカルマンフィルタを利用しているため，`tsa.UnobservedComponents` の推定結果と `tsa.SARIMAX` の推定結果の扱いはよく似ています．モデルの評価は，SARIMAX モデルとほぼ同じように実装できます．`plot_diagnostics` メソッドを適用することで，残差のグラフを描くことができます（**図 5.5.18**）．

```
# 残差のチェック
_ = res_bsts.plot_diagnostics(lags=48, figsize=(15, 8))
```

結果は略しますが，SARIMAX モデルと同様に，残差の正規性の検定は `test_normality` メソッドで，残差の自己相関の検定は `test_serial_correlation` メソッドで行います．

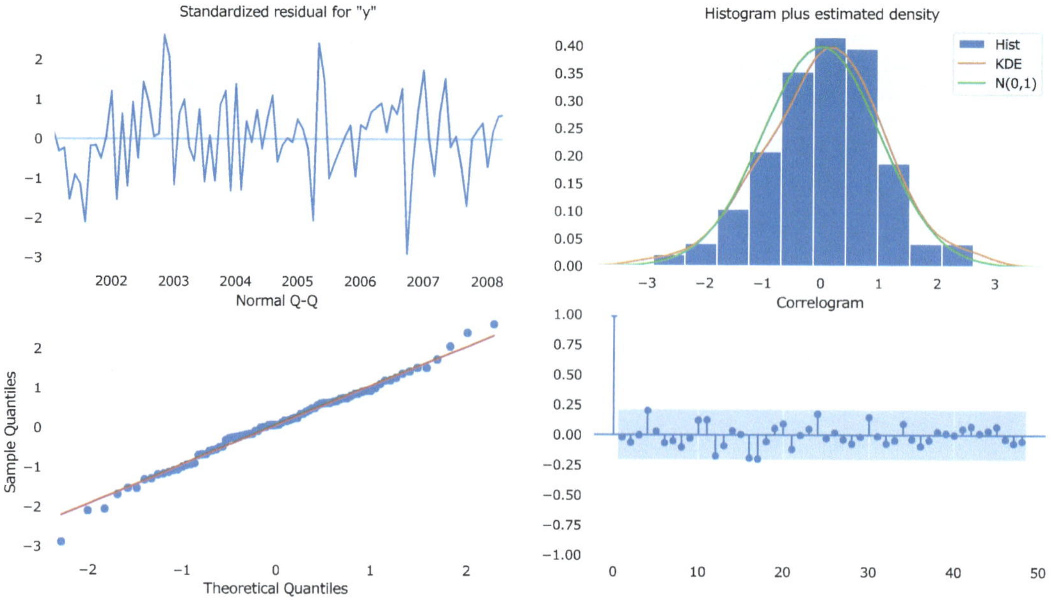

図 5.5.18　状態空間モデルの残差診断

5.16 状態空間モデルによる予測

予測の方法もSARIMAXモデルとほぼ変わりません．forecastメソッドを使います．以下のコードでは 2 時点先までを予測しました．

```
# 予測
res_bsts.forecast(2)
```

```
2008-05-01    60.081789
2008-06-01    78.927665
Freq: MS, Name: predicted_mean, dtype: float64
```

2 年先までを予測し，観測値と比較します（**図 5.5.19**）．

```
# DataFrame にまとめる
plot_df = pd.DataFrame({
    'y': bsts_df['y'],
    'precdicted':res_bsts.forecast(24)
})

# 可視化
plot_df.plot()
```

今回のシミュレーションデータは，下降トレンドが途中から上昇トレンドに変わるモデルとなっています．そのようなデータでも，トレンドの変化を考慮したうえで長期予測を出せます．

成分分解ができる解釈しやすいモデルを推定できること，トレンドの変化などに柔軟に対応できることなどは，状態空間モデルを用いる大きなメリットです．

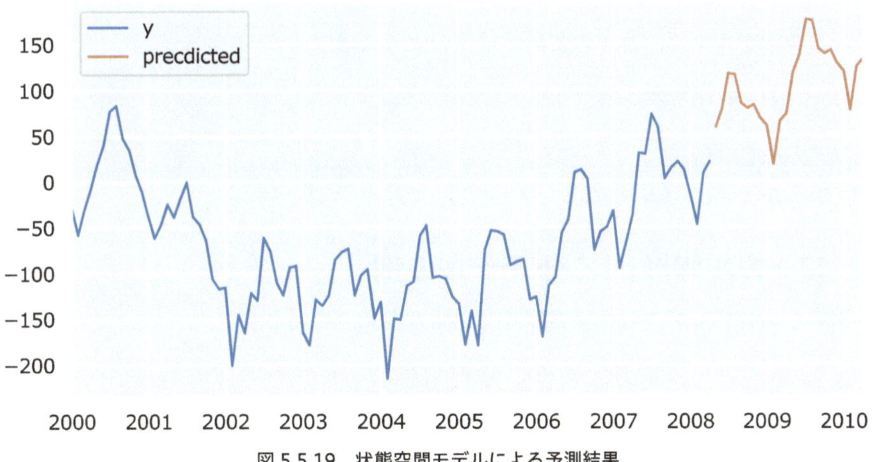

図 5.5.19　状態空間モデルによる予測結果

5.17　行列を用いた状態空間モデルの表現

状態の成分を行列で表現する方法を解説します．

5.17.1　一般的な表現

線形ガウス状態空間モデルの，行列を用いた一般的な表現は以下のようになります．なお，$\boldsymbol{\alpha}_t, \boldsymbol{y}_t, \boldsymbol{\eta}_t, \boldsymbol{\varepsilon}_t$はベクトルで$\boldsymbol{T}_t, \boldsymbol{R}_t, \boldsymbol{Q}_t, \boldsymbol{Z}_t, \boldsymbol{H}_t$は行列です．

$$\boldsymbol{\alpha}_t = \boldsymbol{T}_t\boldsymbol{\alpha}_{t-1} + \boldsymbol{R}_t\boldsymbol{\eta}_t, \qquad \boldsymbol{\eta}_t \sim \mathcal{N}(0, \boldsymbol{Q}_t) \tag{5.87}$$

$$\boldsymbol{y}_t = \boldsymbol{Z}_t\boldsymbol{\alpha}_t + \boldsymbol{\varepsilon}_t, \qquad \boldsymbol{\varepsilon}_t \sim \mathcal{N}(0, \boldsymbol{H}_t) \tag{5.88}$$

$\boldsymbol{\alpha}_t$はt時点の状態です．状態はk次元のベクトルをとります．状態がベクトル（複数の数値の集まり）である理由は，状態が複数の成分で表現されることがあるからです．これは例えば「ドリフト成分」であったり「季節成分」であったりします．これらの成分を，状態の要素として分離して考えます．

$\boldsymbol{y}_t$はt時点の観測値です．こちらもベクトルをとることができます．そのため多変量時系列データを扱うこともできます．しかし，本書の分析例では，1 変量の観測値のみを扱うことにします．

$\boldsymbol{T}_t$，$\boldsymbol{R}_t, \boldsymbol{Z}_t$はモデルの表現形式を決める行列です．これらがどんなものになるかは，ローカルレベルモデルやローカル線形トレンドモデルなど，個別のモデルを確認しながら解説します．

5.17.2 ローカルレベルモデルの例

ローカルレベルモデルの状態方程式・観測方程式を再掲します．

$$\mu_t = \mu_{t-1} + \eta_t, \qquad \eta_t \sim \mathcal{N}\left(0, \sigma_\eta^2\right) \tag{5.89}$$

$$y_t = \mu_t + \varepsilon_t, \qquad \varepsilon_t \sim \mathcal{N}\left(0, \sigma_\varepsilon^2\right) \tag{5.90}$$

ローカルレベルモデルでは，各々の要素が以下のようになります．

$$\begin{aligned}
&\boldsymbol{T}_t = 1, \quad \boldsymbol{R}_t = 1, \quad \boldsymbol{Z}_t = 1 \\
&\boldsymbol{\alpha}_t = \mu_t, \quad \boldsymbol{y}_t = y_t \\
&\boldsymbol{\varepsilon}_t = \varepsilon_t, \quad \boldsymbol{\eta}_t = \eta_t, \quad \boldsymbol{Q}_t = \sigma_\eta^2, \quad \boldsymbol{H}_t = \sigma_\varepsilon^2
\end{aligned} \tag{5.91}$$

5.17.3 ローカル線形トレンドモデルの例

ローカル線形トレンドモデルの状態方程式・観測方程式を再掲します．

$$\begin{aligned}
\delta_t &= \delta_{t-1} + \zeta_t, & \zeta_t &\sim \mathcal{N}\left(0, \sigma_\zeta^2\right) \\
\mu_t &= \mu_{t-1} + \delta_{t-1} + \eta_t, & \eta_t &\sim \mathcal{N}\left(0, \sigma_\eta^2\right)
\end{aligned} \tag{5.92}$$

$$y_t = \mu_t + \varepsilon_t, \qquad \varepsilon_t \sim \mathcal{N}\left(0, \sigma_\varepsilon^2\right) \tag{5.93}$$

ローカル線形トレンドモデルでは，各々の要素が以下のようになります．

$$\begin{aligned}
&\boldsymbol{T}_t = \begin{pmatrix} 1 & 1 \\ 0 & 1 \end{pmatrix}, \quad \boldsymbol{R}_t = \begin{pmatrix} 1 & 0 \\ 0 & 1 \end{pmatrix}, \quad \boldsymbol{Z}_t = \begin{pmatrix} 1 & 0 \end{pmatrix} \\
&\boldsymbol{\alpha}_t = \begin{pmatrix} \mu_t \\ \delta_t \end{pmatrix}, \qquad \boldsymbol{y}_t = y_t \\
&\boldsymbol{\varepsilon}_t = \varepsilon_t, \qquad \boldsymbol{\eta}_t = \begin{pmatrix} \eta_t \\ \zeta_t \end{pmatrix}, \qquad \boldsymbol{Q}_t = \begin{pmatrix} \sigma_\eta^2 & 0 \\ 0 & \sigma_\zeta^2 \end{pmatrix}, \quad \boldsymbol{H}_t = \sigma_\varepsilon^2
\end{aligned} \tag{5.94}$$

上記の要素を，一般的な線形ガウス状態空間モデルの状態方程式・観測方程式に代入すると，スカラーバージョンと同一になっていることが確認できます．

なお，今回の事例において $\boldsymbol{T}_t, \boldsymbol{R}_t, \boldsymbol{Z}_t, \boldsymbol{Q}_t, \boldsymbol{H}_t$ は時間によって変化しないので，添え字 t はなくても構いません．

5.18 一般的なカルマンフィルタ

行列表現を用いると，カルマンフィルタを，ローカルレベルモデルとほぼ同じように簡潔に記すことができます．一般的なカルマンフィルタの導出については，谷崎 (1993) などを参照してください．

予測（第 5 部第 2 章の図 5.2.3 の①）の計算手順は以下の通りです．

$$
\begin{aligned}
&\boldsymbol{\alpha}_{t|t-1} = \boldsymbol{T}_t\boldsymbol{\alpha}_{t-1|t-1} \\
&\boldsymbol{P}_{t|t-1} = \boldsymbol{T}_t\boldsymbol{P}_{t-1|t-1}\boldsymbol{T}_t^{'} + \boldsymbol{R}_t\boldsymbol{Q}_t\boldsymbol{R}_t^{'} \\
&\widehat{\boldsymbol{y}}_t = \boldsymbol{Z}_t\boldsymbol{\alpha}_{t|t-1} \\
&\boldsymbol{F}_t = \boldsymbol{Z}_t\boldsymbol{P}_{t|t-1}\boldsymbol{Z}_t^{'} + \boldsymbol{H}_t
\end{aligned} \tag{5.95}
$$

1 行目：状態の 1 時点先予測値を計算
2 行目：状態の 1 時点先予測値の分散共分散行列を計算
3 行目：観測値の 1 時点先予測値を計算
4 行目：観測値の 1 時点先予測値の分散を計算

フィルタリング（第 5 部第 2 章の図 5.2.3 の②）の計算手順は以下の通りです．

$$
\begin{aligned}
&\boldsymbol{v}_t = \boldsymbol{y}_t - \widehat{\boldsymbol{y}}_t \\
&\boldsymbol{K}_t = \boldsymbol{P}_{t|t-1}\boldsymbol{Z}_t^{'}\boldsymbol{F}_t^{-1} \\
&\boldsymbol{\alpha}_{t|t} = \boldsymbol{\alpha}_{t|t-1} + \boldsymbol{K}_t\boldsymbol{v}_t \\
&\boldsymbol{P}_{t|t} = \boldsymbol{P}_{t|t-1} - \boldsymbol{K}_t\boldsymbol{F}_t\boldsymbol{K}_t^{'}
\end{aligned} \tag{5.96}
$$

1 行目：観測値の 1 時点先予測値の残差を計算
2 行目：カルマンゲインを計算
3 行目：状態の 1 時点先予測値を補正
4 行目：状態の 1 時点先予測値の分散共分散行列を補正

第6章

状態空間モデルの分析事例

テーマ

本章では，日単位データに対して状態空間モデルを推定する事例を紹介します．日単位データを分析するときの工夫や，状態空間モデルの改善方法など，実践上の Tips を学んでいただくのが目的です．

今回は予測値を計算するのではなく，売り上げのトレンドを把握することおよび，宣伝がもたらす売り上げへの影響を調べることを目指します．予測ではなく説明のための分析を行う場合は特に，状態空間モデルが適しています．

概要

分析の準備 → 日単位売り上げデータの読み込み → 探索的データ分析 → 特徴量エンジニアリング → 単純な基本構造時系列モデルの推定 → 短期・長期変動の追加 → sktime の利用

6.1 分析の準備

ライブラリの読み込みなどを行います．

```
# 数値計算に使うライブラリ
import numpy as np
import pandas as pd
from scipy import stats

# 統計モデルを推定するライブラリ
import statsmodels.api as sm
import statsmodels.tsa.api as tsa

# グラフを描画するライブラリ
from matplotlib import pylab as plt
import matplotlib.dates as mdates
import seaborn as sns
sns.set()

# 動的なグラフを描画するライブラリ
import plotly.express as px
```

```
# sktime で状態空間モデルを推定する
from sktime.forecasting.structural import UnobservedComponents

# グラフの日本語表記
from matplotlib import rcParams
rcParams['font.family'] = 'sans-serif'
rcParams['font.sans-serif'] = 'Meiryo'
```

6.2 日単位売り上げデータの読み込み

今回は，毎日の売り上げとチラシの配布の有無を記録したデータを分析の対象とします．期間は 2000 年 1 月 1 日から 2001 年 6 月 29 日までとなっています．sales が売り上げを，flyer がチラシの配布の有無を表しています．

```
# 日単位データの読み込み
sales_day = pd.read_csv(
    '5-6-1-daily-sales-data.csv',
    index_col='date',
    parse_dates=True,
    dtype='float'
)
sales_day.index.freq = 'D'

# 結果の確認
print(sales_day.head(3))
print(sales_day.tail(3))
```

```
                 sales  flyer
date
2000-01-01  462.387217    0.0
2000-01-02  363.262237    0.0
2000-01-03  356.648654    0.0
                 sales  flyer
date
2001-06-27  243.739643    0.0
2001-06-28  205.223214    0.0
2001-06-29  192.051090    0.0
```

データを可視化します（**図 5.6.1**）．

```
# 可視化
sales_day.plot(subplots=True)
plt.tight_layout()
```

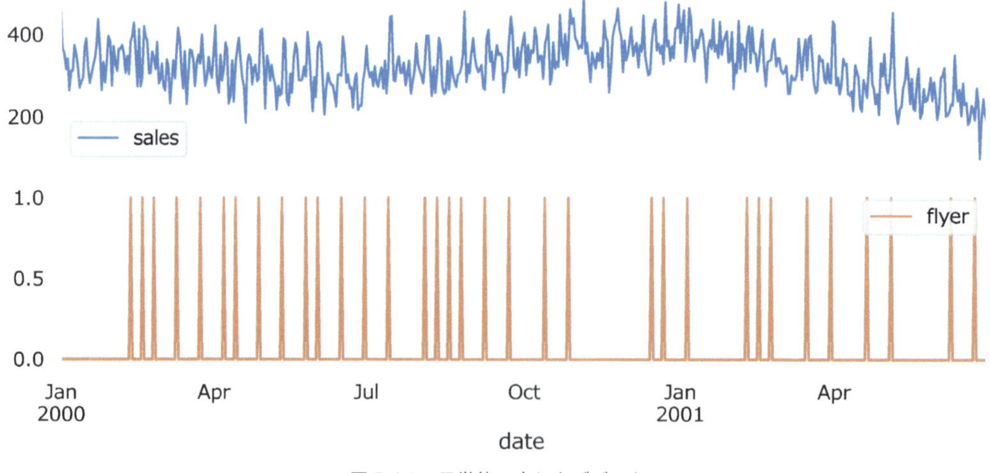

図 5.6.1　日単位の売り上げデータ

データの取得頻度が日単位で，さらに 1 年以上にわたる長期のデータですので，正直なところ，このグラフを見ても「なんだかギザギザしている」くらいのイメージしか持てないかもしれません．おおざっぱですが，全体的に明確なトレンドは見えず，長期的になだらかに周期的な変動をしているようには見えます．チラシの効果については一目ではわかりにくい印象です．

今回のようなデータは，データを可視化する期間を区切るなどすると，特徴が見やすくなることがあります．特定の期間のデータを抽出してから可視化する方法もありますが，plotly と呼ばれるライブラリを使うと，簡単に期間の設定ができます．plotly の機能を使うと，以下のようにして売り上げの折れ線グラフを描くことができます．

```
# 参考：動的なグラフ
px.line(sales_day.sales)
```

紙の書籍では説明しづらいのですが，画面上で動的なグラフをマウスでドラッグするなどして，簡単に範囲選択ができます．実際にご自身のパソコンでコードを実行して，その挙動を確かめてみてください．

6.3　探索的データ分析

モデル化する前に，グラフの描画や簡単な集計を行ってデータの特徴を調べるのがデータ分析のセオリーです．こういった作業を探索的データ分析と呼ぶことがあります．ここでは，カレンダー情報とチラシの配布有無という 2 つの観点から売り上げの特徴を調べます．

6.3.1　カレンダー情報を利用した集計

カレンダー情報を利用して集計を行います．まずは，月と曜日を表す列を用意します．なお，曜日は 0 が月曜日で 6 が日曜日です．

```
# カレンダー情報を入れたデータ
sales_day_eda = sales_day.copy()

# 月
sales_day_eda['month'] = sales_day_eda.index.month

# 曜日
sales_day_eda['weekday'] = sales_day_eda.index.weekday

# 結果の確認
print(sales_day_eda.head(3))
```

```
                 sales  flyer  month  weekday
date
2000-01-01  462.387217    0.0      1        5
2000-01-02  363.262237    0.0      1        6
2000-01-03  356.648654    0.0      1        0
```

月ごと，曜日ごとに売り上げの平均値を求め，棒グラフにします（**図 5.6.2**）．

```
# 2 列のグラフ
fig, ax = plt.subplots(ncols=2, tight_layout=True)

# 月ごとの売り上げ比較
sales_day_eda.groupby('month').mean()['sales'].plot(kind='bar', ax=ax[0])

# 曜日ごとの売り上げ比較
sales_day_eda.groupby('weekday').mean()['sales'].plot(kind='bar', ax=ax[1])

# X 軸ラベルを回転させないようにする
ax[0].xaxis.set_tick_params(rotation=0)
ax[1].xaxis.set_tick_params(rotation=0)
```

月ごとで見ると，6 月が最も売り上げが低く，年末年始には売り上げが高くなるようです．曜日で見ると，土日の売り上げがほかの曜日よりもやや高いように見えます．

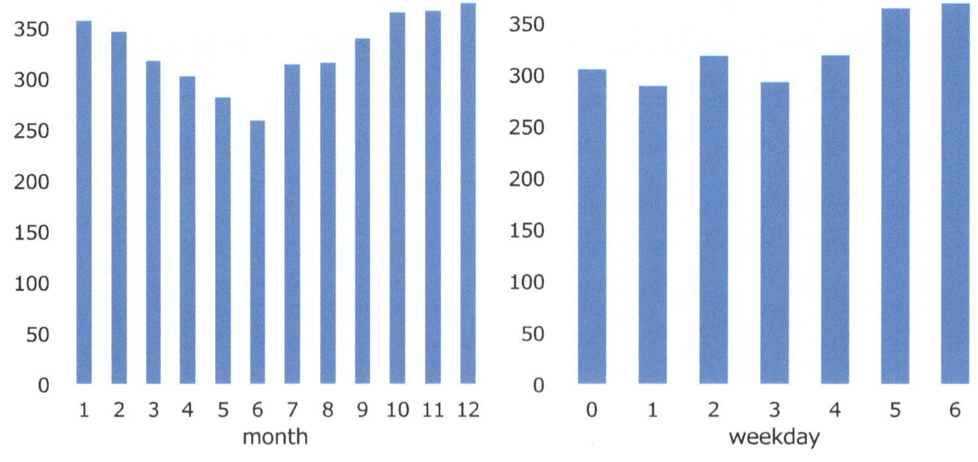

図 5.6.2　月・曜日ごとの売り上げ平均

6.3.2　チラシの効果

続いてチラシの影響を調べます．flyer が 1（チラシを配った）のときと 0 のときで売り上げの平均値を比較します．

```
# チラシの有無別売り上げ平均値
sales_day_eda.groupby('flyer').mean()['sales']
```

```
flyer
0.0     324.384704
1.0     320.663946
Name: sales, dtype: float64
```

やや意外なことに，チラシを配っても売り上げにほとんど変化はありませんでした．むしろ少し売り上げが下がっているようにも見えます．

ここで，チラシの内容について問いあわせたところ，チラシには配布した翌日と翌々日の安売り情報が記載されていることがわかったとします．すなわち，チラシを配った当日の売り上げを調べてもあまり意味がありません．そこで，ラグをとったうえで再度集計します．flyer_lag1 はチラシを配った 1 日後，flyer_lag2 は 2 日後を表しています．

```
# ラグをとる
sales_day_eda['flyer_lag1'] = sales_day_eda['flyer'].shift(1).fillna(0)
sales_day_eda['flyer_lag2'] = sales_day_eda['flyer'].shift(2).fillna(0)

# チラシを配布した翌日と翌々日の集計
print(sales_day_eda.groupby('flyer_lag1').mean()['sales'])
print(sales_day_eda.groupby('flyer_lag2').mean()['sales'])
```

```
flyer_lag1
0.0    319.717045
1.0    390.953406
Name: sales, dtype: float64
flyer_lag2
0.0    320.347595
1.0    381.458064
Name: sales, dtype: float64
```

今回はチラシの影響がはっきりと見えました．チラシを配った翌日と翌々日には，60 万円から 70 万円程度売り上げが増えるようです．

さて，単純な比較ではなかなかうまくいかないのが時系列データというものです．ここで，チラシを配るタイミングを調べます．

```
# チラシをいつ配っているか
sales_day_eda.groupby('weekday').sum()['flyer']
```

```
weekday
0     0.0
1     0.0
2     0.0
3     0.0
4    34.0
5     0.0
6     0.0
Name: flyer, dtype: float64
```

チラシは過去 34 回配られていますが，そのすべてが金曜日となっています．すなわち，チラシは土日の集客力を向上させるために配布されているようです．

曜日ごとの集計からわかったように，土日は平日と比べて売り上げが増える傾向があります．単純な集計では，チラシの効果で売り上げが増えたのか，土日だったので自然と売り上げが増えたのか，区別できません．チラシを配った後の土日と，チラシを配らなかった土日とで売り上げを比較するのが本筋でしょう．本章では状態空間モデルを用いてさらに詳細な分析を進めようと思います．

6.4 特徴量エンジニアリング

状態空間モデルの推定に利用する外生変数を作成します．こういった作業を**特徴量エンジニアリング**と呼ぶことがあります．

6.4.1　ラグ特徴量

データのラグをとることで，チラシの効果を評価するための**ラグ特徴量**を作成します．

```
# ラグ特徴量を加える
sales_day['flyer_lag1'] = sales_day['flyer'].shift(1).fillna(0)
sales_day['flyer_lag2'] = sales_day['flyer'].shift(2).fillna(0)

# 結果の確認
print(sales_day.loc['2000-02-17':'2000-02-21'])
```

```
                 sales  flyer  flyer_lag1  flyer_lag2
date
2000-02-17  273.073148    0.0         0.0         0.0
2000-02-18  295.044613    1.0         0.0         0.0
2000-02-19  419.312910    0.0         1.0         0.0
2000-02-20  393.584443    0.0         0.0         1.0
2000-02-21  385.480800    0.0         0.0         0.0
```

6.4.2　祝日フラグ

今回は土日に売り上げが増える傾向があることが探索的データ分析からわかりました．休日に売り上げが増える場合は，土日だけでなく祝日にも売り上げが増える可能性があります．

そこで今回は祝日ならば1をとり，それ以外は0をとる祝日フラグを外生変数として利用します．まずは以下のように内閣府のWebサイトから祝日の一覧が記載されたCSVファイルを読み込みます．

```
# 祝日を内閣府のWebサイトから読み込む
holiday = pd.read_csv(
    'https://www8.cao.go.jp/chosei/shukujitsu/syukujitsu.csv',
    encoding='CP932', parse_dates=True, index_col=0
)

# 結果の確認
print(holiday.head(3))
```

```
             国民の祝日・休日名称
国民の祝日・休日月日
1955-01-01           元日
1955-01-15         成人の日
1955-03-21         春分の日
```

分析対象期間である sales_day.index の範囲内で，祝日なら1を，そうでなければ0をとる祝日フラグ is_holiday を作ります．ここでもともとの祝日一覧には元旦を除く三が日（1月2，3日）と年末（12月30，31日）が含まれていません．そこで三が日 y_st と年末 y_en をさらに is_holiday に加えます．最後に祝日フラグをデータフレームに追加しました．

```
# 祝日フラグ
is_holiday = sales_day.index.isin(holiday.index).astype(int)

# 三が日と年末は祝日扱いにする
y_st = (sales_day.index.month == 1)  & sales_day.index.day.isin([2, 3])
y_en = (sales_day.index.month == 12) & sales_day.index.day.isin([30, 31])
is_holiday = is_holiday + y_st + y_en

# データフレームにまとめる
sales_day['holiday'] = is_holiday

# 結果の確認
print(sales_day.head(3))
```

```
                 sales  flyer  flyer_lag1  flyer_lag2  holiday
date
2000-01-01  462.387217    0.0         0.0         0.0        1
2000-01-02  363.262237    0.0         0.0         0.0        1
2000-01-03  356.648654    0.0         0.0         0.0        1
```

ところで，当然ですが日曜日でも祝日になりえます．日曜日が祝日ならば，翌日の月曜日は振替休日ですね．であれば，日曜日かつ祝日という日をわざわざ祝日とみなす必要がないかもしれません．そこで，日曜日かつ祝日という日を表すsun_holidayフラグを新たに加えます．

```
# 日曜日かつ祝日の日は，通常の祝日と区別する
sales_day['sun_holiday'] = is_holiday & (sales_day.index.dayofweek == 6)

# 結果の確認
print(sales_day.head(3))
```

```
                 sales  flyer  flyer_lag1  flyer_lag2  holiday  sun_holiday
date
2000-01-01  462.387217    0.0         0.0         0.0        1            0
2000-01-02  363.262237    0.0         0.0         0.0        1            1
2000-01-03  356.648654    0.0         0.0         0.0        1            0
```

今回は日曜日かつ祝日のみを考慮しましたが，土曜日かつ祝日フラグを作ってもよいかもしれません．また，年末年始の長期休暇はほかの休日と区別した方がよいかもしれませんし，チラシの効果についても3日以上のラグをとることも検討するべきでしょう．あるいは金曜日以外，例えば長期休暇のみに配られる特別なチラシなどが別途あるかもしれません．

この辺りに明確な回答はありません．チラシの配布状況や内容など，データを見るだけではわからないことをしっかりと問いあわせることが大切です．

6.5　単純な基本構造時系列モデルの推定

第 5 部第 5 章で紹介した基本構造時系列モデルに 5 つの外生変数を加えたモデルを推定します．

6.5.1　モデルの推定

基本構造時系列モデルを推定します．今回はトレンドの構造として平滑化トレンドモデルを採用しました．外生変数は引数 exog で指定します．

```
# 季節変動ありの平滑化トレンドモデル
mod_bsts_1 = tsa.UnobservedComponents(
    sales_day['sales'],                          # 対象データ
    level='smooth trend',                        # 平滑化トレンド
    seasonal=7,                                  # 7 日間の周期
    exog=sales_day[['holiday', 'sun_holiday',   # 外生変数
                    'flyer', 'flyer_lag1', 'flyer_lag2']]
)

# 最尤法によるパラメータの推定
res_bsts_1 = mod_bsts_1.fit(
    method='nm',                   # Nelder-Mead 法を使う
    maxiter=5000                   # 最大繰り返し数
)
```

推定されたパラメータを確認します．

```
print(res_bsts_1.params)
```

```
sigma2.irregular    1237.337538
sigma2.trend           0.005019
sigma2.seasonal        0.001131
beta.holiday          54.939933
beta.sun_holiday     -89.121081
beta.flyer            -5.851359
beta.flyer_lag1       58.599091
beta.flyer_lag2       27.070737
dtype: float64
```

祝日だと売り上げが 55 万円程度増え，祝日と日曜日が重なると＋ 55 万円－ 89 万円で 34 万円のマイナスになるようです．日曜日において祝日の効果が薄れることは予想できていましたが，想定よりも売り上げがやや大きく減るようです．チラシの効果は非常に大きく，配布した翌日は 59 万円，翌々日は 27 万円の売り上げ増加が見込めます．

6.5.2 残差診断

先ほどのモデルで残差診断を行います（**図 5.6.3**）.

```
# 残差のチェック
_ = res_bsts_1.plot_diagnostics(lags=30,
        fig=plt.figure(tight_layout=True, figsize=(15, 8)))
```

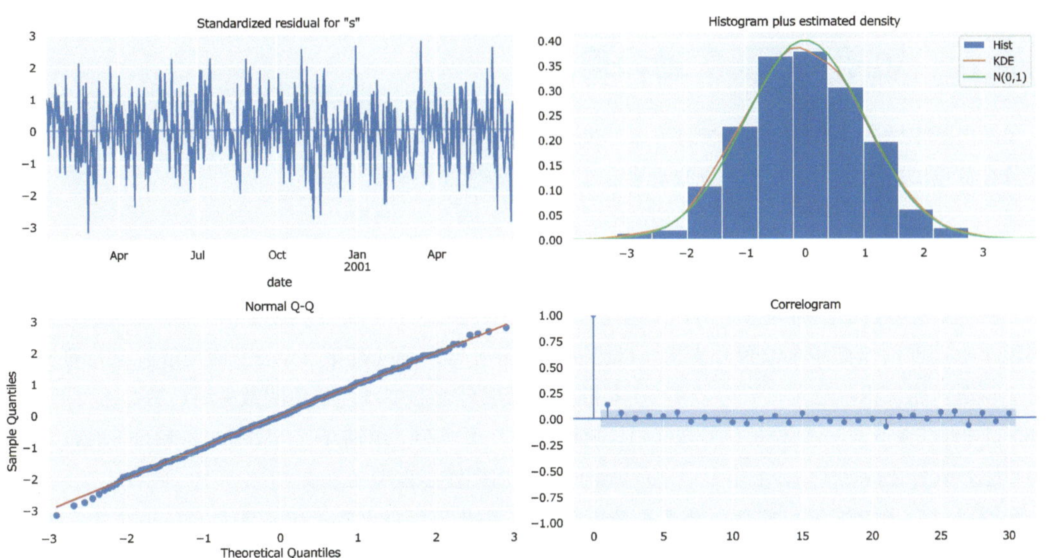

図 5.6.3　単純なモデルの残差診断

4つのグラフの右下にあるコレログラムにおいて，1時点ラグの自己相関がやや高いように見えます．実際に Ljung-Box 検定を行うと，有意な自己相関が残差に残ることが確認できます（**図 5.6.4**）.

```
# 1時点前から30時点前まで，1つずつ最大次数をずらして，30回検定を行う
res_test = res_bsts_1.test_serial_correlation(
    method='ljungbox', lags=30)

# グラフサイズの指定
fig, ax = plt.subplots(figsize=(8, 2), tight_layout=True)

# p値のグラフを描画
ax.scatter(np.arange(1,31), res_test[0][1])

# 高さ0.05の位置に赤線を引く
ax.plot(np.arange(1,31), np.tile(0.05, 30), color='red')
```

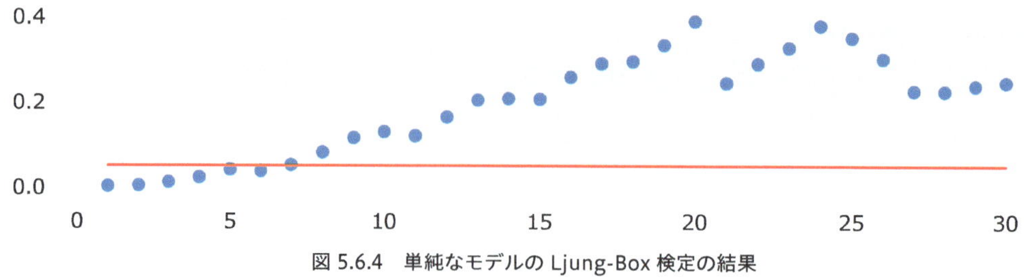

図 5.6.4　単純なモデルの Ljung-Box 検定の結果

6.6 短期・長期変動の追加

単純な基本構造時系列モデルではうまくモデル化できなかったので，短期・長期の変動を表現する成分をさらに追加して，モデルを改善することを試みます．

6.6.1 モデルの推定

今回は2次の自己回帰成分を用いて短期の変動を表現し，1年間の季節成分を用いて長期の変動を表現するようにモデルを改善します．自己回帰成分とは，第4部第2章2.2節で解説した自己回帰モデルを状態に組み込んだものです．1年間の季節成分としては，三角関数を用いることにします．365日すべてをダミー変数として扱うのは無理がありますが，単純な三角関数であればそれほど多くの状態の成分を持たずに，1年という長い期間での周期性を表現できます．

今回は，今まで解説してきたモデルや成分の集大成ともいえるモデルとなっています．とはいえ，実装そのものは非常に単純です．autoregressive=2 と指定することで自己回帰成分を，freq_seasonal=[{'period':365.25, 'harmonics':1}] と指定することで1年単位の季節成分を追加できます．

```
# 季節変動ありの平滑化トレンドモデル
mod_bsts_2 = tsa.UnobservedComponents(
    sales_day['sales'],                          # 対象データ
    level='smooth trend',                        # 平滑化トレンド
    seasonal=7,                                  # 7日間の周期
    exog=sales_day[['holiday', 'sun_holiday',    # 外生変数
                    'flyer', 'flyer_lag1', 'flyer_lag2']],
    autoregressive=2,                                     # 2次の自己回帰成分
    freq_seasonal=[{'period':365.25, 'harmonics':1}]      # 1年間の周期
)

# 最尤法によるパラメータの推定
res_bsts_2 = mod_bsts_2.fit(
    method='nm',               # Nelder-Mead 法を使う
    maxiter=5000               # 最大繰り返し数
)
```

推定されたパラメータを確認します．

```
print(res_bsts_2.params)
```

```
sigma2.irregular                   628.853579
sigma2.trend                         0.000633
sigma2.seasonal                      0.000005
sigma2.freq_seasonal_365.25(1)       0.000006
sigma2.ar                          523.596375
ar.L1                                0.290063
ar.L2                               -0.081567
beta.holiday                        42.675247
beta.sun_holiday                   -39.576923
beta.flyer                          -4.782874
beta.flyer_lag1                     45.615929
beta.flyer_lag2                     22.599088
dtype: float64
```

もともとの単純なモデルとはやや値が変わりました．beta.sun_holiday の絶対値は小さくなりました．そのため，日曜日かつ祝日の場合は＋ 42 万円－ 39 万円で差し引き＋ 3 万円程度となっています．日曜には祝日の影響がほぼなくなるという直感通りの結果となりました．また，チラシの効果はやや減少しているようです．

6.6.2　残差診断

残差診断を行います．**図 5.6.5** を見る限り，大きな問題はなさそうです．

```
# 残差のチェック
_ = res_bsts_2.plot_diagnostics(lags=30,
        fig=plt.figure(tight_layout=True, figsize=(15, 8)))
```

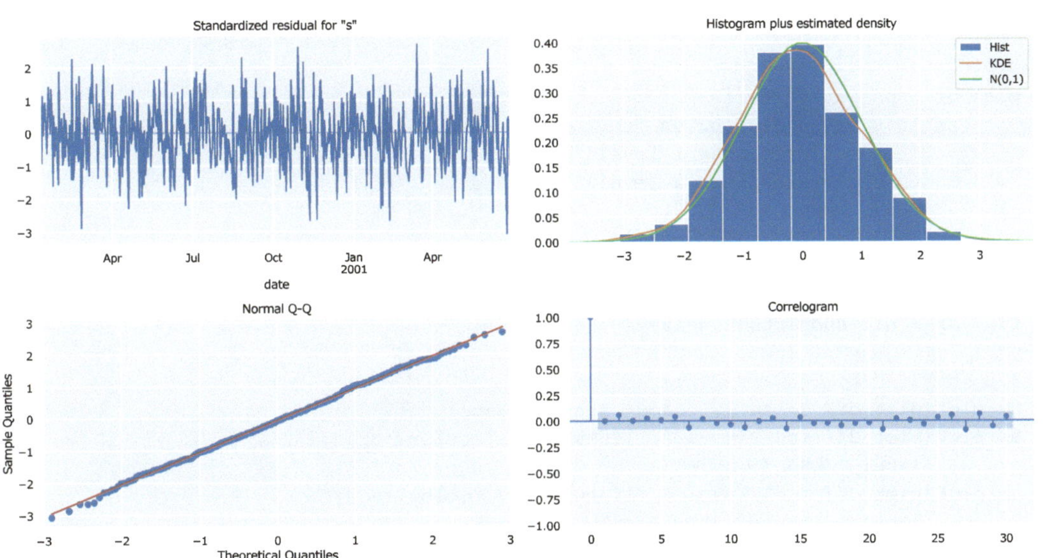

図 5.6.5　複雑なモデルの残差診断

Ljung-Box 検定の結果も問題ありません（**図 5.6.6**）.

```
# 1時点前から30時点前まで，1つずつ最大次数をずらして，30回検定を行う
res_test = res_bsts_2.test_serial_correlation(
    method='ljungbox', lags=30)

# グラフサイズの指定
fig, ax = plt.subplots(figsize=(8, 2), tight_layout=True)

# p値のグラフを描画
ax.scatter(np.arange(1,31), res_test[0][1])

# 高さ0.05の位置に赤線を引く
ax.plot(np.arange(1,31), np.tile(0.05, 30), color='red')
```

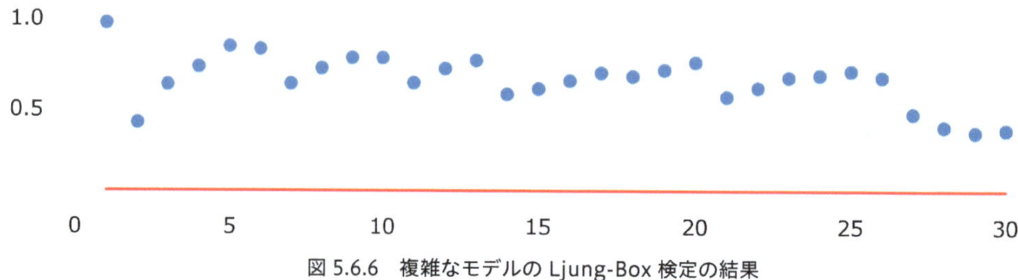

図 5.6.6　複雑なモデルの Ljung-Box 検定の結果

6.6.3　2つのモデルの比較

2つのモデルでは，水準成分やドリフト成分などの推定値が大きく変わります．まずは水準成分を比較します（**図 5.6.7**）.

```
# DataFrameにまとめる
plot_df = pd.DataFrame({
    'sales': sales_day['sales'],
    'mod1_level': res_bsts_1.level['smoothed'],
    'mod2_level': res_bsts_2.level['smoothed']
})

# 可視化
# グラフサイズの指定
fig, ax = plt.subplots(figsize=(8, 4))

# 折れ線グラフを描く
ax.plot(plot_df['sales'], color='black', label='原系列')
ax.plot(plot_df['mod1_level'], linewidth=3, color='orange',
        label='単純なモデル')
ax.plot(plot_df['mod2_level'], linewidth=3, color='red',
        label='複雑な周期を持つモデル')
```

```
# 軸ラベルとタイトル・凡例
ax.set_xlabel('年月', size=14)
ax.set_ylabel('売り上げ', size=14)
ax.legend()

# 軸の指定
# 半年ごとに軸を載せる
ax.xaxis.set_major_locator(mdates.MonthLocator([1,6]))

# 軸ラベルのフォーマット
ax.xaxis.set_major_formatter(mdates.DateFormatter('%Y年%m月'))
```

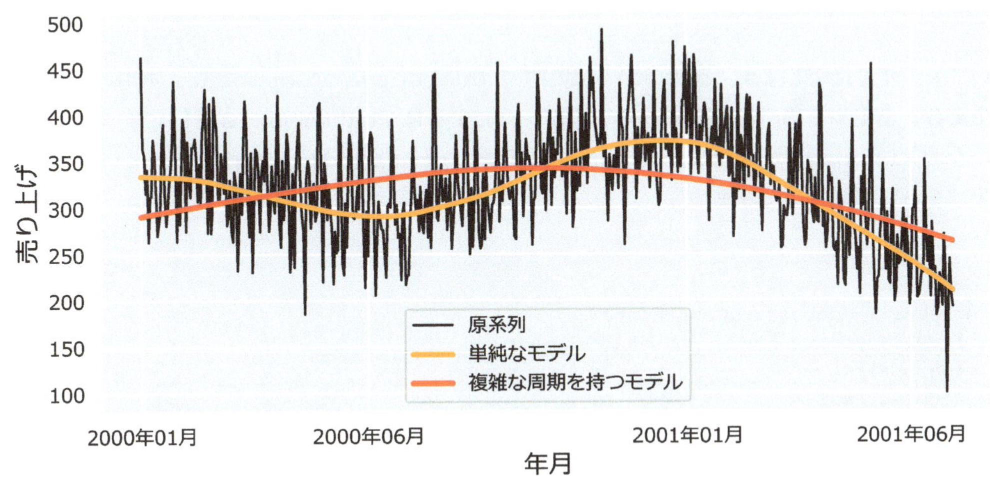

図 5.6.7　水準成分の比較

単純なモデルでは，1年単位の周期性に追随するような形で水準成分が推定されています．一方で複雑な周期を持つモデルでは，正しく全体の傾向をつかむことができているようです．状態空間モデルは複数の周期を持つことができます．積極的にこの利点を活かすことをおすすめします．

周期を水準の変化だとみなしてしまうと，ドリフト成分の推定結果も誤ったものとなってしまいます．最新時点のドリフト成分を比較すると違いがよくわかります．

```
# ドリフト成分の比較
print('単純なモデルのドリフト成分', res_bsts_1.trend['smoothed'][-1])
print('複雑なモデルのドリフト成分', res_bsts_2.trend['smoothed'][-1])
```

```
単純なモデルのドリフト成分 -1.1887986211828108
複雑なモデルのドリフト成分 -0.5139149096822668
```

6.7 sktimeの利用

モデルの比較を行うときに，残差診断だけでなく予測精度の比較を行うこともしばしばあります．sktimeを用いることで交差検証法の実施などが容易になります．ここでは本章と同じ分析をsktimeで行う方法を解説します．

まずは日付のインデックスをPeriodIndexに変更したsales_day_skを作成します．

```
# 日付インデックスを PeriodIndex に修正する
sales_day_sk = sales_day.copy()
sales_day_sk = sales_day_sk.to_period()
```

続いてモデルを推定します．sktimeが提供するUnobservedComponentsを用います．

外生変数を指定する箇所などが異なりますが，おおよそはstatsmodelsと同じように推定できます．なお，UnobservedComponentsの内部ではstatsmodelsが利用されているので，推定結果はまったく同じになります．

```
# 予測器
forecaster = UnobservedComponents(
    level='smooth trend',        # 平滑化トレンド
    seasonal=7,                  # 7日間の周期
    autoregressive=2,                                    # 2次の自己回帰成分
    freq_seasonal=[{'period':365.25, 'harmonics':1}],    # 1年間の周期
    method='nm',                 # Nelder-Mead 法を使う
    maxiter=5000                 # 最大繰り返し数
)

# データへの当てはめ
forecaster.fit(
    sales_day_sk['sales'],
    sales_day_sk[['holiday', 'sun_holiday',
                  'flyer', 'flyer_lag1', 'flyer_lag2']]
)
```

パラメータの値などを確認したければprint(forecaster.summary())とすれば，推定結果の一覧表を得ることができます．

機械学習法

第 6 部では近年注目されている LightGBM とニューラルネットワークという 2 つの機械学習法を対象とします．LightGBM などは時系列分析の教科書ではあまり目にしなかったですが，非常に予測精度の高い優れた手法です．しかし，素朴な使い方では思ったような予測精度が出ないこともあります．予測精度を改善するための工夫についても紹介します．

機械学習法による時系列予測

第1章

LightGBM

本書は『実践 Data Science シリーズ』の1冊ですので，当然ですが実践的な技術を中心に解説しています．だからこそ持続予測や指数平滑化法など古典的な手法の解説に多くのページ数を割きました．

本章では，比較的新しい，実践的な話題として機械学習法について解説します．機械学習法として特に人気のある勾配ブースティング木と呼ばれるモデルと，その実装であるLightGBMが本章のテーマです．

かつては時系列予測に機械学習法が用いられることは少なかったです．「複雑な機械学習法よりも，単純な線形モデルの方が精度よく予測できる」と主張されていた時代もあります．しかし，純粋な予測精度だけを求めるならば，機械学習法は極めて優秀で実践的な手法です．

一方で解釈のしづらさや，多くのデータを要する点，前処理の重要性が古典的な手法より増してくる点など，機械学習法特有の課題もあります．本章では前処理の方法なども含めて，効率的な実装の仕方を解説します．

時系列分析における機械学習法の利用 → 回帰木 → 勾配ブースティング木
→ LightGBM → LightGBM によるオオヤマネコ個体数予測 → `sktime` を用いた効率的な実装
→ ハイパーパラメータのチューニング → LightGBM による飛行機乗客数予測
→ 前処理による予測精度の改善 → 周期性を表現する特徴量の利用

1.1 時系列分析における機械学習法の利用

時系列分析における機械学習法の立ち位置について，著者の意見を述べます．コンセンサスが得られている内容というよりかは著者個人の主張といえるものです．

1.1.1 機械学習法の立ち位置についての所感

タイトルに「時系列分析」が含まれる書籍に，機械学習法についての解説が載っていることはそれほど多くないかもしれません．完全に無視されることはさすがに少ないですが，名前の紹介にとどまることが多い印象です．特にやや古い書籍ではARIMAモデルや状態空間モデルを中心に解説することが多いです．

一方で，実務者向けの「時系列予測」と銘打った書籍では，機械学習法はもはや標準的な手法と呼べるくらいのウエイトを占めています．また，近年は深層学習を用いた時系列予測も利用されつつあります．

1.1.2　機械学習法の躍進

Makridakis et al (2022) では M5 と呼ばれる，時系列予測の精度を競い合うコンペティションの結果が紹介されています．M と名のつくコンペティションは過去 6 回行われてきました．コンペティションの詳細は以下の Web ページや Hyndman(2020) も参照してください．

URL　https://www.unic.ac.cy/iff/research/forecasting/m-competitions/

記念すべき最初の M1 コンペティションは 1980 年初頭に行われました．かつては，利用できるデータの量の制限やコンピュータ資源の制約などがあり，高度に洗練された手法は，単純な手法と同程度の予測精度にとどまっていたようです．しかし，2018 年に行われた第 4 回の M4 コンペティションでは，部分的に機械学習法が利用されました．そして 2020 年に行われた M5 コンペティションでは，予測精度の上位 5 つに入ったチームはすべて機械学習法を利用していました．Makridakis et al (2022) において，少なくとも小売業の売り上げ予測の分野では，機械学習法は主流に入ったとコメントされています．

1.1.3　単純な手法・複雑な手法

M5 コンペティションでは，複数の時系列データを対象として予測が行われました．M5 コンペティションで躍進を遂げた機械学習法ですが，データ系列によっては単純な手法と大差ない予測精度になることもあったようです．

また，ベンチマークとして用意された単純な手法を上回ることができなかったコンペティション参加チームも多数（集計の仕方によって変わりますが，90% 前後の割合）いたことから，古典的な手法の有用性が失われたというわけでもないようです．やはり，利用できるデータの量と計算資源や，分析におけるコストパフォーマンスを考慮して，分析手法を選ぶ必要があるのでしょう．

1.1.4　機械学習法とハイパーパラメータ

機械学習法では，ハイパーパラメータが頻繁に登場します．これはモデルを推定する前に，事前に設定しておく必要があるパラメータのことです．

ARIMA モデルなどでは，パラメータの値を最尤法によってコンピュータ任せにして推定できました．例えば 1 次の AR モデル $y_t = c + \phi_1 y_{t-1} + \varepsilon_t$ におけるパラメータ c, ϕ_1 はハイパーパラメータと呼びません．一方で ARIMA モデルの次数については，モデルの推定の前に定める必要があります．これはハイパーパラメータとイメージ的には近いといえます．

ハイパーパラメータは，交差検証法を用いて，予測精度が高くなるものを採用することが多いです．ハイパーパラメータのチューニングの作業は，大きな計算負荷や時間的なコストがかかることがしばしばあり，こういった点は機械学習を利用するときの実務的な課題となります．

1.2 回帰木

本章では勾配ブースティング木と呼ばれる手法について解説します．その前準備として，まずは回帰木について解説します．回帰木については下川ほか (2013)，毛利 (2023) を参考にしました．

回帰木は**図 6.1.1** の (a) 回帰木のイメージ図のように，条件分岐を行って予測値を得ます．(b) 回帰木の例では，変数 x を使って変数 y を予測するという問題に取り組んでいます．条件分岐として $x < 50$ を指定しました．この条件を満たす場合の予測値は 18，満たさない場合の予測値は 45 となっています．予測値のグラフを描くと階段状になるのが特徴です．

条件と予測値は，例えば以下の 2 乗誤差などの損失を最小にできる値などが設定されます．

$$2\text{ 乗誤差} = \frac{1}{2}\left(y_i - \widehat{y}_i\right)^2 \tag{6.1}$$

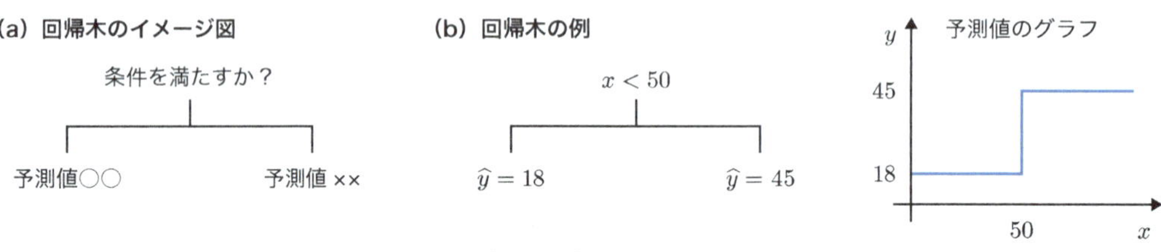

図 6.1.1　単純な回帰木のイメージ図

OnePoint

2 乗誤差の和を最小にすることを目指す場合，予測値は単なる条件を満たす y_i の平均値と等しくなります．まずは N 個のデータがあるときの 2 乗誤差の和を計算します．ただし y_i は実際の観測値で $\widehat{y}$ は予測値です．

$$\sum_{i=1}^{N}\frac{1}{2}(y_i - \widehat{y})^2 = \sum_{i=1}^{N}\left(\frac{1}{2}y_i^2 + \frac{1}{2}\widehat{y}^2 - y_i \cdot \widehat{y}\right) \tag{6.2}$$

2 乗誤差を予測値 $\widehat{y}$ で微分して 0 になる点を探すと，$\widehat{y}$ は y_i の平均値となります．

$$\begin{aligned}
0 &= \sum_{i=1}^{N}(\widehat{y} - y_i) \\
0 &= \sum_{i=1}^{N}(\widehat{y}) - \sum_{i=1}^{N}(y_i) \\
0 &= N \cdot \widehat{y} - \sum_{i=1}^{N}(y_i) \\
\widehat{y} &= \frac{1}{N}\sum_{i=1}^{N}(y_i)
\end{aligned} \tag{6.3}$$

図 6.1.2 は条件を増やした，やや複雑な回帰木のイメージ図となっています．最初の条件は $x < 50$ です．その条件を満たしたデータに対して，さらに 2 つ目の条件 $x < 20$ を評価します．$x < 50$ かつ $x < 20$ のデータの予測値は 25 です．$x < 50$ かつ x が 20 以上のデータの予測値は 11 です．以下同様です．

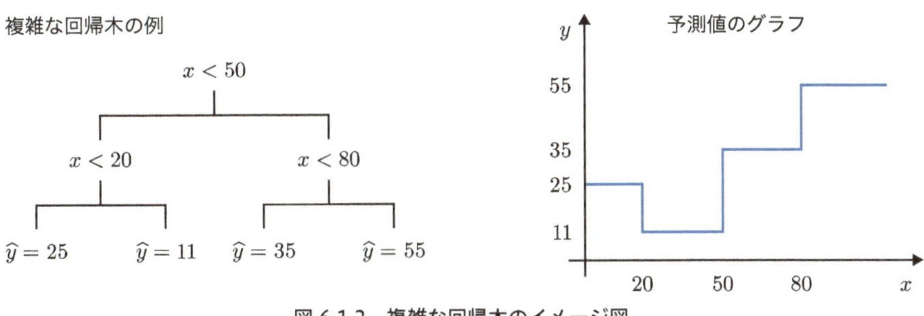

図 6.1.2　複雑な回帰木のイメージ図

条件分岐を増やすことで，より複雑な予測値を得ることができます．条件分岐がたくさんある図は，木をさかさまにしたように見えるので，回帰木と呼ばれるようです．

なお，回帰木の条件分岐の数を木の**深さ**と呼び，最終的な予測値の数は**葉の数**と呼びます．図 6.1.2 における深さは 2 であり，葉の数は 4 となります．

今回は変数 x だけを使って y を予測するという問題でしたが，予測に使う変数を $x_1, x_2, x_3 \ldots$ と増やしたり，深さや葉の数を増やしたりすることで，さらに複雑なモデルを作ることができます．

回帰木そのものも優れた機械学習法ですが，訓練データに対して**過学習**しやすいという欠点があります．例えていうならば，学校の試験の過去問を丸暗記することはできるものの，翌年の新しいテスト問題にはまったく対応できないという状況になりがちです．そのため，回帰木をそのまま使うのではなく，回帰木を部品として用いた，より洗練された方法を使うことが多いです．その代表が次節で紹介する勾配ブースティング木です．

1.3　勾配ブースティング木

ここでは回帰木を発展させた勾配ブースティング木を，次節ではその実装の 1 つである LightGBM について解説します．なお，本章では数量データを予測する回帰問題だけを扱います．また，予測誤差の指標を損失関数と呼びますが，損失関数としては 2 乗誤差を対象とします．

勾配ブースティング木にはさまざまな実装がありますが，ここでは Friedman(2001)，下川ほか (2013)，毛利 (2023) および `sklearn` が提供する `GradientBoostingRegressor` の実装を参考にしています．

1.3.1　勾配ブースティング木

勾配ブースティング木は Gradient Boosting Decision Tree を略して **GBDT** と表記することもあります．あるいは木を略して勾配ブースティングと呼ぶことも多いです．

勾配ブースティング木について解説されている文献を参照すると，たくさんの回帰木が並んだ図が載っているかもしれません．勾配ブースティング木は，回帰木を複数組み合わせることで予測値を得る手法です．では，どのようにして複数の回帰木を組み合わせるのでしょうか．

ここで予測対象の実際のデータを y_i と，予測値を $\widehat{y_i}$ と，予測残差を e_i とします．$e_i = y_i - \widehat{y_i}$ です．ここで，$y_i = \widehat{y_i} + e_i$ という当たり前の関係に目を向けます．予測値に残差を加えると，正しい値を再現できますね．

勾配ブースティング木では，1 本目の回帰木の予測残差を，2 本目の回帰木が予測します．そして，2 本目の回帰木の予測残差をさらに 3 本目の回帰木が予測します．これを繰り返し，最終的に複数の回帰木の予測値を合計することで，y_i の予測値を得ます．残差の予測値を $\widehat{e_i}$ としたとき，$\widehat{y_i} + \widehat{e_i}$ という計算を行って予測値を補正し，精度を高めようとしているイメージです．

OnePoint

予測残差を予測するための回帰木をつなげていくという処理は，損失関数に 2 乗誤差を指定している前提であることに注意してください．損失関数が変わると，計算処理も変わってきます．

ここで一般的な損失関数を $l\left(y_i, \widehat{y_i}\right)$ とします．ただし $l(\ )$ は損失を計算する関数です．本来は以下で計算される損失の勾配を回帰木で予測するという処理になります．

$$\widetilde{y_i} = -\frac{\partial l\left(y_i, \widehat{y_i}\right)}{\partial \widehat{y_i}} \tag{6.4}$$

「予測値を少しだけ大きくすると，損失関数が少し増える」という場合に，微分係数はプラスの値をとりますね．この場合は予測値を小さく修正することで，損失を減らせそうです．そのため微分係数にマイナスをつけた上記の $\widetilde{y_i}$ が明らかになれば，もともとの予測値に $\widetilde{y_i}$ を加えることで，予測が改善されるはずです．

損失関数が 2 乗誤差である場合は，上記の微分係数は単なる残差となります．確認してみます．まずは 2 乗誤差を損失関数に代入します．

$$l\left(y_i, \widehat{y_i}\right) = \frac{1}{2}\left(y_i - \widehat{y_i}\right)^2 = \frac{1}{2}y_i^2 + \frac{1}{2}\widehat{y_i}^2 - y_i \cdot \widehat{y_i} \tag{6.5}$$

上記の結果を，$\widehat{y_i}$ で微分した結果に -1 をかけて $\widetilde{y_i}$ を求めます．

$$\begin{aligned} \widetilde{y_i} &= -\left(\widehat{y_i} - y_i\right) \\ &= y_i - \widehat{y_i} \end{aligned} \tag{6.6}$$

単なる残差になりました．そのため，2 乗誤差を損失関数とする場合は，単純に予測残差を求めて，それを予測する回帰木を新たに作成するという流れで勾配ブースティング木が作成されます．

1.3.2　勾配ブースティング木による予測

勾配ブースティング木を用いて予測値を計算する流れを説明します．

勾配ブースティング木では，複数の予測値を結合させるため，予測値の右上に添え字をつけた$\widehat{y}_i^{(b)}$という表記をします．これはb番目の回帰木における，i番目のデータの予測値です．残差についても$e_i^{(b)}$と，残差の予測値を$\widehat{e}_i^{(b)}$と表記します．

回帰木を作る前に，0 番目の予測値ともいえるy_iの平均値を計算します．便宜上$\widehat{y}_i^{(0)}$と表記することにします．ただし訓練データのサンプルサイズをNとします．

$$\widehat{y}_i^{(0)} = \frac{1}{N}\sum_{i=1}^{N}(y_i) \tag{6.7}$$

予測残差を求めます．

$$e_i^{(1)} = y_i - \widehat{y}_i^{(0)} \tag{6.8}$$

予測残差を対象に回帰木を適用します．これが 1 つ目の回帰木になるため，残差の予測値は$\widehat{e}_i^{(1)}$と表記します．

回帰木の結果を使って，予測値を更新します．

$$\widehat{y}_i^{(1)} = \widehat{y}_i^{(0)} + \widehat{e}_i^{(1)} \tag{6.9}$$

更新された予測値を用いて新たに残差を計算します．

$$e_i^{(2)} = y_i - \widehat{y}_i^{(1)} \tag{6.10}$$

残差$e_i^{(2)}$を対象にさらに回帰木を作成して，新たに残差の予測値$\widehat{e}_i^{(2)}$を計算します．そして予測値を更新……という作業を続けていきます．

B個の回帰木によって得られた重みを用いて順番に予測値を更新していき，最終的な予測値は以下のように計算します．

$$\widehat{y}_i^{(B)} = \widehat{y}_i^{(B-1)} + \widehat{e}_i^{(B)} \tag{6.11}$$

1.3.3　学習率

勾配ブースティング木における過学習を防ぐための工夫の 1 つが学習率の設定です（第 6 部第 2 章でも学習率という言葉が登場しますが，意味合いが違うため，第 2 章とは異なる記号を使っています）．先ほどの事例では単に残差の予測値$\widehat{e}_i^{(b)}$を加算することで$\widehat{y}_i^{(b)} = \widehat{y}_i^{(b-1)} + \widehat{e}_i^{(b)}$と更新していました．ここで$0 < \nu \leq 1$である学習率$\nu$を導入することで，以下のように予測値を更新するように改善できます．

$$\widehat{y}_i^{(b)} = \widehat{y}_i^{(b-1)} + \nu \cdot \widehat{e}_i^{(b)} \tag{6.12}$$

学習率を小さな値にすることで，過学習を防ぎやすくなります．LightGBM における学習率の標準設定は 0.1 となっています．この値もハイパーパラメータとして調整することがしばしばあります．

1.4 LightGBM

LightGBM は勾配ブースティング木の実装の 1 つであり，Kaggle などの予測精度を競うコンペティションでも頻繁に目にする手法です．Kaggle について解説された門脇ほか (2019) や石原・村田 (2020) では，LightGBM の分析事例が紹介されています．以下の URL から参照できる LightGBM のドキュメントを参考にして，その特徴をいくつか紹介します．詳細は Ke et al(2017) なども参照してください．

URL https://lightgbm.readthedocs.io/en/latest/Features.html

LightGBM の有名な特徴の 1 つが，ヒストグラムを用いた数量データの分割です．数量データをそのまま扱うのではなく，0 以上 10 未満，10 以上 20 未満などに分割することで，計算負荷を減らす工夫がされています．

また，**Leaf-wise** と呼ばれる回帰木の伸ばし方も有名です（**図 6.1.3**）．既存の勾配ブースティング木では Level-wise と呼ばれる方法で木を伸ばしていました．この方法は，木の深さを増やすほど，回帰木が複雑になります．LightGBM で採用されている Leaf-wise と呼ばれる方法では，木の深さを一律に深くするのではなく，特定の葉だけをどんどん深く伸ばすこともできます．そのため LightGBM では木の深さをハイパーパラメータとして指定することは稀です．代わりに葉の数の最大数をハイパーパラメータとして指定します．

そのほかにも高速化や予測精度の改善のためのさまざまな工夫が実装されています．これらの工夫の積み重ねが LightGBM を最も人気がある勾配ブースティング木実装の 1 つにしたのかもしれません．

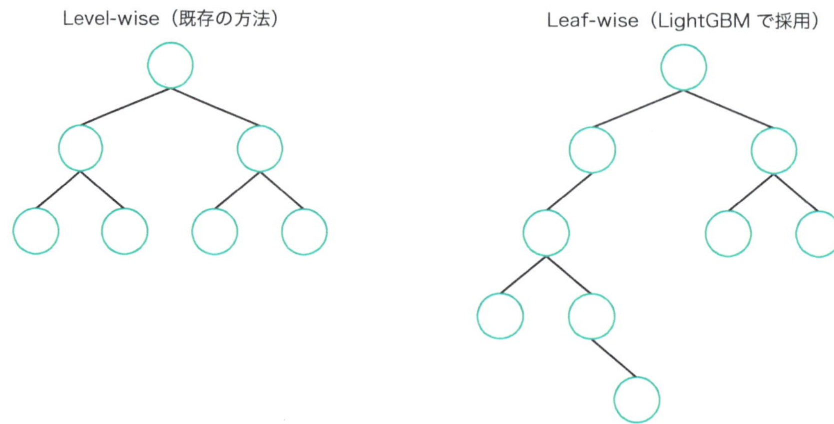

図 6.1.3　Level-wise と Leaf-wise

1.5 LightGBM によるオオヤマネコ個体数予測

LightGBM を用いた時系列予測を試みます．なお，ライブラリの読み込みのコードは長いので省略しています．コードは Web からダウンロードできますので，そちらを利用してください．

1.5.1 オオヤマネコデータの読み込み

今回はオオヤマネコの個体数データを予測します．lynx という名前で知られている有名なデータですので，本書でもしばしば lynx と表記します．まずはデータを読み込みます．

```
# オオヤマネコデータの読み込み
lynx = sm.datasets.get_rdataset('lynx').data

# 日付インデックスの作成（PeriodIndex）
date_index = pd.period_range(
    start='1821-01', periods=len(lynx), freq='Y')
lynx.index = date_index

# 不要な時間ラベルの削除
lynx = lynx.drop(lynx.columns[0], axis=1)

# 結果の確認
print(lynx.head(10))
```

```
      value
1821    269
1822    321
1823    585
1824    871
1825   1475
1826   2821
1827   3928
1828   5943
1829   4950
1830   2577
```

このデータは 1 年単位のデータとなっており，114 年間のオオヤマネコ個体数が記録されています．

最後の 10 年間をテストデータとして分割したうえで，結果を図示します（**図 6.1.4**）．

```
# 訓練データとテストデータに分割する
train_lynx, test_lynx = temporal_train_test_split(lynx, test_size=10)

# 折れ線グラフを描く
fig, ax = plot_series(train_lynx, test_lynx,
                      labels=['train', 'test'], markers=np.tile('', 2))
```

```
# グラフサイズの指定
fig.set_size_inches(8, 4)
```

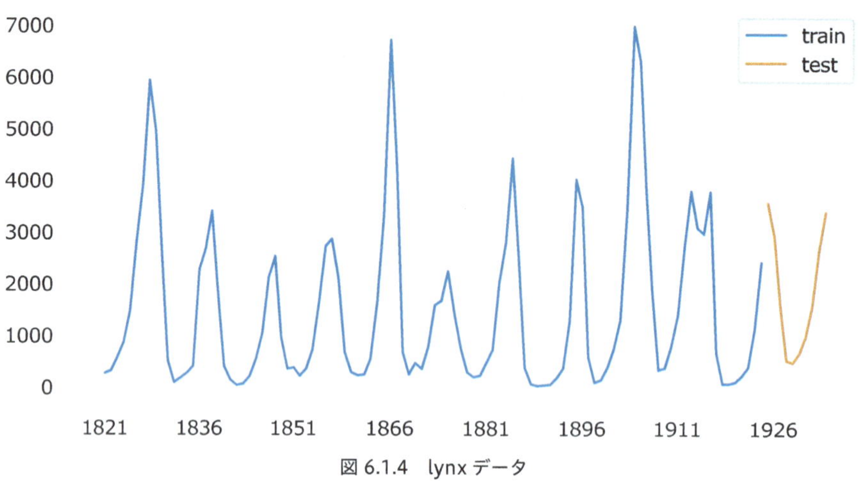

図 6.1.4　lynx データ

lynx データは 10 年程度の周期で増減を繰り返しているようです．テストデータが 10 年間ですので，予測期間を以下のように 10 年間と設定します．

```
# 予測期間
fh_lynx = np.arange(1, len(test_lynx) + 1)
fh_lynx
```

```
array([ 1,  2,  3,  4,  5,  6,  7,  8,  9, 10])
```

1.5.2　ラグ特徴量の作成

今回は，過去 10 年間のオオヤマネコ個体数から，将来のオオヤマネコ個体数を予測することを目指します．LightGBM はもともと時系列予測のためのライブラリではありません．そのため，第 4 部第 2 章で自己回帰モデルを推定したときと同じように，データのラグを用意してあげる必要があります．これをラグ特徴量と呼びます．

statsmodels が提供する tsa.lagmat 関数を利用すればラグ特徴量を簡単に作成できます．今回は maxlag に 10 を指定したので，過去 10 年間のラグ特徴量を生成します．original='ex' とすることで，予測対象となるデータを含まないようにしました．trim='both' とすることで，欠測値を事前に排除しています．ラグ特徴量はその性質上，例えば 10 時点のラグをとる場合は，最初の 10 個のデータは（10 時点前のデータが存在しないため）欠測となります．これを事前に排除しました．use_pandas=True とすることで DataFrame として結果を出力できます．

```
# ラグデータの作成
lag = 10

lynx_lag = tsa.lagmat(
    train_lynx, maxlag=lag, original='ex', trim='both', use_pandas=True)

# 結果の確認
print(lynx_lag.head(3))
```

```
      value.L.1  value.L.2  value.L.3  value.L.4  value.L.5  value.L.6  ¥
1831     2577.0     4950.0     5943.0     3928.0     2821.0     1475.0
1832      523.0     2577.0     4950.0     5943.0     3928.0     2821.0
1833       98.0      523.0     2577.0     4950.0     5943.0     3928.0

      value.L.7  value.L.8  value.L.9  value.L.10
1831      871.0      585.0      321.0       269.0
1832     1475.0      871.0      585.0       321.0
1833     2821.0     1475.0      871.0       585.0
```

1831 年における過去 10 年間のラグ特徴量（上記の出力における，1831 の行の value.L.1 から value.L.10 の値）が，1.5.1 節における print(lynx.head(10)) の結果と一致していることを確認してください．

1.5.3　モデルの推定

ラグ特徴量を用いて，オオヤマネコ個体数を予測するモデルを推定します．まずはモデルのハイパーパラメータを設定します．内容はコード内のコメントも参照してください．なお，num_leaves を増やし（葉の数を増やす），min_data_in_leaf を減らす（データが少なくても葉を生やせるようにする）ことでモデルは複雑になります．訓練データのサンプルサイズが小さいため min_data_in_leaf は標準の 20 よりもかなり小さい値としています．verbose の指定は必須ではありませんが，実行時に大量のワーニングメッセージが画面上に出力されるのを防ぐために -1 を指定しました．

learning_rate の標準は 0.1 ですが，今回は小さめの 0.05 にしました．n_estimators は標準値と同じですので，指定しなくても構いません．n_estimators を増やすほど計算に時間がかかります．

```
# LightGBM のハイパーパラメータを設定
params = {
    'objective': 'regression',      # 回帰を目的とする
    'seed': 1,                      # 乱数の種
    'num_leaves': 20,               # 葉の数の最大値
    'learning_rate': 0.05,          # 学習率
    'n_estimators': 100,            # ブースティングの回数
    'min_data_in_leaf': 1,          # 1 つの葉における最小データ数
    'verbose': -1                   # ワーニングなどの非表示
}
```

モデルを訓練データに当てはめます．LightGBM には，2 つの推定の関数が用意されていますが，ここでは sklearn と親和性のある方法を採用しています．この方が，後ほど sktime を利用するときに楽になります．

import lightgbm as lgb として読み込んだ lightgbm ライブラリにおける LGBMRegressor クラスを用います．

```
# モデル化
gbm = lgb.LGBMRegressor(**params)

# モデルの当てはめ
gbm.fit(lynx_lag, train_lynx.loc['1831':])
```

1.5.4　予測

予測を行います．テストデータの最初の 1 年目を予測することを試みます．

```
# テストデータの最初の値
print(test_lynx.head(1))
```

```
      value
1925   3574
```

1925 年におけるラグ特徴量（すなわち，1915 年から 10 年間のオオヤマネコ個体数）を用意します．

```
# ラグデータの作成
lynx_lag_all = tsa.lagmat(
    lynx, maxlag=lag, original='ex', trim='both', use_pandas=True)

# 結果の確認
print(lynx_lag_all.loc['1925':'1925'])
```

```
      value.L.1  value.L.2  value.L.3  value.L.4  value.L.5  value.L.6  ¥
1925     2432.0     1132.0      399.0      229.0      108.0       80.0

      value.L.7  value.L.8  value.L.9  value.L.10
1925       81.0      674.0     3790.0      2985.0
```

予測します．正しい値は 3500 程度なのでやや過小評価してしまったようです．

```
# test データの最初の 1 年目を予測
gbm.predict(lynx_lag_all.loc['1925':'1925'])
```

```
array([2281.66646241])
```

1.5.5　長期予測

次は 2 時点先を予測しましょう．すなわち 1926 年を予測します．このとき，以下のようにして 1925 年の予測値をラグ特徴量に加えます．

```
# 2時点先予測に使う説明変数
x_target = lynx_lag_all.loc['1925':'1925'].copy()
x_target.iloc[:, 1:] = x_target.iloc[:, 0:9]
x_target.iloc[:, 0] = gbm.predict(lynx_lag_all.loc['1925':'1925'])[0]
print(x_target)
```

```
        value.L.1  value.L.2  value.L.3  value.L.4  value.L.5  value.L.6  ¥
1925  2281.666462     2432.0     1132.0      399.0      229.0      108.0

      value.L.7  value.L.8  value.L.9  value.L.10
1925       80.0       81.0      674.0      3790.0
```

これで 2 時点先を予測できます．

```
# 2時点先の予測
gbm.predict(x_target)
```

```
array([861.15379196])
```

このように，過去の予測結果を使って次の予測値を計算するという方法を，再帰的な予測と呼びます．第 4 部第 2 章で解説した自己回帰モデルなどは典型的な再帰的な予測を行う方法です．

1.6　sktime を用いた効率的な実装

通常の実装方法だと，長期予測を行うのが少し大変です．そこで sktime を利用して，効率的に予測を行う方法を解説します．

1.6.1　モデル化と予測

まずは LightGBM の予測器を指定します．

```
# 予測器（LightGBM）
gbm_regressor = lgb.LGBMRegressor(**params)
```

通常の実装方法だと，lynx データのラグをとるなどのやや面倒な処理が必要です．そこで sktime の出番です．第 4 部第 2 章 2.4 節において紹介した make_reduction を利用します．

第 4 部第 2 章 2.4 節では，以下のようにして 1 次の自己回帰モデルを推定しました（下記のコードは動作しません）．

```
# 予測器（線形回帰モデル）
regressor = LinearRegression()

# 再帰的に回帰分析を実行
forecaster = make_reduction(regressor, window_length=1, strategy="recursive")
forecaster.fit(訓練データ)
```

ここで予測器として gbm_regressor を使うだけで，簡単に LightGBM を用いた自己回帰モデルを実装できます．すなわち make_reduction(gbm_regressor, strategy="recursive") とすることで，実装が完了します．

やってみましょう．window_length は予測に用いる過去のラグ特徴量の期間 (今回は 10) です．pooling='global' は本来設定不要ですが，単純な LightGBM の結果を再現するために指定しました．strategy="recursive" とすることで再帰的な予測となります．

```
# 再帰的に LightGBM を実行
gbm_forecaster = make_reduction(
    gbm_regressor, window_length=lag, pooling='global',strategy="recursive")

# モデルの当てはめ
gbm_forecaster.fit(train_lynx)
```

2 時点先までを予測します．

```
# 予測の実施
print(gbm_forecaster.predict([1, 2]))
```

```
            value
1925  2281.666462
1926   861.153792
```

1.6.2　モデルの取得

make_reduction を介して推定された LightGBM は，以下のようにして取得できます．

```
mod = gbm_forecaster.get_fitted_params()['estimator']
```

実用性はそれほどありませんが，この結果を用いて，ラグ特徴量をそのまま指定して予測値を計算することもできます．

```
mod.predict(lynx_lag_all.loc['1925':'1925'])
```

```
array([2281.66646241])
```

1.6.3　長期予測結果における予測精度

10 年先までをまとめて予測して，予測精度を評価します．

```
# 長期予測の結果
pred_lynx = gbm_forecaster.predict(fh_lynx)

# 予測精度
mae = mean_absolute_error(test_lynx, pred_lynx)
mase = mean_absolute_scaled_error(
    test_lynx, pred_lynx, y_train=train_lynx)

print('MAE :', mae)
print('MASE:', mase)
```

```
MAE : 1060.9801981784228
MASE: 1.2597954972894985
```

今まで lynx データを使わなかったので，MAE を見ても予測精度が高いのか低いのかわかりかねます．一方で MASE は第 3 部第 1 章で解説したように，データ系列が異なっても比較できます．1 を上回っているので，そこまで精度がよいとはいいがたいです．

1.7　ハイパーパラメータのチューニング

今まで，ラグの長さや LightGBM のハイパーパラメータを決め打ちで利用してきました．ここではハイパーパラメータをチューニングすることで予測精度を改善することを試みます．

まずはモデルの設定を行います．意図的に `learning_rate` をコメントアウトしてパラメータからとり除きました．この値をチューニングします．

```
# LightGBM のハイパーパラメータを設定
# 意図的に learning_rate をコメントアウトした
params_2 = {
    'objective': 'regression',      # 回帰を目的とする
    'seed': 1,                      # 乱数の種
    'num_leaves': 20,               # 葉の数の最大値
#     'learning_rate': 0.05,         # 学習率
    'n_estimators': 100,            # ブースティングの回数
    'min_data_in_leaf': 1,          # 1 つの葉における最小データ数
    'verbose': -1                   # ワーニングなどの非表示
}

# モデル化
gbm_sk = lgb.LGBMRegressor(**params_2)
```

第 1 部
第 2 部
第 3 部
第 4 部
第 5 部
第 6 部
第 7 部

```
# 再帰的に LightGBM を実行
gbm_forecaster = make_reduction(
    gbm_sk, pooling='global', strategy="recursive")
```

ハイパーパラメータのチューニングは，第 3 部第 3 章と同様の手順で行うことができます．交差検証法を用いて，検証データに対する予測精度が最も高くなるハイパーパラメータを採用します．なお，make_reduction の内部で利用されている予測モデル（今回は LightGBM）のハイパーパラメータを指定する場合は，estimator__ をパラメータの頭につけます（アンダースコアは 2 個必要です）．

```
# ハイパーパラメータの候補
param_grid = {'window_length': np.arange(1, 20),
              'estimator__learning_rate': [0.01, 0.03, 0.05, 0.07, 0.09, 0.1]}

# CV の設定
cv = ExpandingWindowSplitter(fh=fh_lynx, initial_window=20,
                             step_length=10)

# 予測器の作成
best_gbm_forecaster_lynx = ForecastingGridSearchCV(
    gbm_forecaster, strategy='refit', cv=cv, param_grid=param_grid,
    scoring=MeanAbsoluteError()
)

# モデルの当てはめ
best_gbm_forecaster_lynx.fit(train_lynx)

# 選ばれたパラメータ
best_gbm_forecaster_lynx.best_params_
```

```
{'estimator__learning_rate': 0.07, 'window_length': 8}
```

learning_rate は 0.07，ラグは 8 時点前までを利用するのがよさそうです．

テストデータに対する 10 年間分の予測精度を確認すると，かなり改善していることがわかります．

```
# 予測の実施
best_gbm_pred_lynx = best_gbm_forecaster_lynx.predict(fh_lynx)

# 予測精度
mae = mean_absolute_error(test_lynx, best_gbm_pred_lynx)
mase = mean_absolute_scaled_error(
    test_lynx, best_gbm_pred_lynx, y_train=train_lynx)

print('MAE :', mae)
print('MASE:', mase)
```

```
MAE : 523.2653145686329
MASE: 0.6213191238753725
```

予測結果を可視化します．機械学習法は稀にデータをまったく学習できず，かなり外れた予測値を提案することがあります．そのため，一度は予測値のグラフを描くことをおすすめします．ハイパーパラメータをチューニングした LightGBM は，かなり実際のデータに近い値になっていることがわかります（**図 6.1.5**）．

```
# 予測結果の可視化
fig, ax = plot_series(train_lynx, test_lynx, pred_lynx, best_gbm_pred_lynx,
                      labels=['train', 'test', 'LightGBM', 'LightGBM Best'],
                      markers=np.tile('', 4))
fig.set_size_inches(8, 4)
```

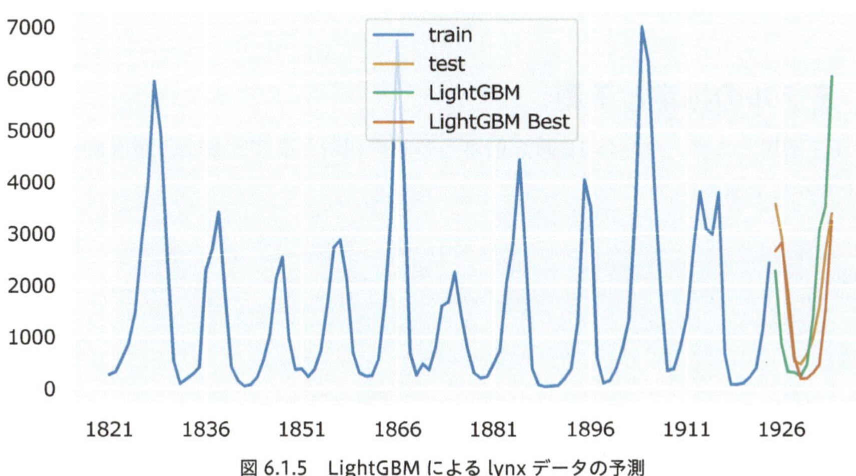

図 6.1.5　LightGBM による lynx データの予測

1.8　LightGBM による飛行機乗客数予測

続いて，トレンドと季節性を有する飛行機乗客数データの予測に取り組みます．そして機械学習法を時系列データに適用するときの注意点について説明します．

1.8.1　飛行機乗客数データの読み込み

飛行機乗客数データを読み込みます．1 か月単位のデータです．

```
# 飛行機乗客数データの読み込み
air_passengers = sm.datasets.get_rdataset('AirPassengers').data
```

```
# 日付インデックスの作成（PeriodIndex）
date_index = pd.period_range(
    start='1949-01', periods=len(air_passengers), freq='M')
air_passengers.index = date_index

# 不要な時間ラベルの削除
air_passengers = air_passengers.drop(air_passengers.columns[0], axis=1)
```

訓練データとテストデータに分割し，予測期間を設定します．今回は 36 か月先（3 年先）までを予測します．

```
# 訓練データとテストデータに分割する
train_air, test_air = temporal_train_test_split(air_passengers, test_size=36)

# 予測期間
fh_air = np.arange(1, len(test_air) + 1)
```

1.8.2　モデルの推定と予測

LightGBM を適用します．今回は 12 時点前までの値を利用します．また，意図的に前処理を一切行わないでモデル化しました．

```
# LightGBM のハイパーパラメータを設定
params_3 = {
    'objective': 'regression',      # 回帰を目的とする
    'seed': 1,                      # 乱数の種
    'num_leaves': 60,               # 葉の数の最大値
    'learning_rate': 0.07,          # 学習率
    'n_estimators': 100,            # ブースティングの回数
    'min_data_in_leaf': 4,          # 1 つの葉における最小データ数
    'verbose': -1                   # ワーニングなどの非表示
}

# モデル化
gbm_sk_air = lgb.LGBMRegressor(**params_3)

# 再帰的に LightGBM を実行
gbm_forecaster_air = make_reduction(
    gbm_sk_air, window_length=12, pooling='global', strategy="recursive")

# モデルの当てはめ
gbm_forecaster_air.fit(train_air)
```

予測を行い，その精度を確認します．

```
# 予測の実施
gbm_pred_air = gbm_forecaster_air.predict(fh_air)

# 予測精度
mae = mean_absolute_error(test_air, gbm_pred_air)
mase = mean_absolute_scaled_error(
    test_air, gbm_pred_air, y_train=train_air)

print('MAE :', mae)
print('MASE:', mase)
```

```
MAE : 44.46762896753749
MASE: 2.188609153416059
```

MAE は 44，MASE は 2 以上と予測精度が悪くなりました．Holt-Winters 法にも劣っています．

1.8.3　機械学習法を適用するときの注意点

今回利用した LightGBM を用いた再帰的な予測は，単純な線形の自己回帰モデルを発展したものだといえます．しかし，複雑なモデルを利用すれば，すぐに予測精度が向上するというわけでは決してありません．個人的な経験則ですが，特にトレンドがあるデータに対しては，回帰木や勾配ブースティング木をそのまま適用しても，予測精度は向上しにくいと感じます．また，機械学習法は特に前処理の影響を受けやすいとも感じます．

また，今回はハイパーパラメータを探索しませんでした．ハイパーパラメータを変えるだけでも，予測精度を大きく改善できる可能性があります．

モデルを複雑な手法に変えたのに，予測精度が向上しないということは，しばしば起こることです．このとき「予測精度が悪いから，LightGBM などの機械学習法は時系列予測に向いていない」と即断するのはもったいないことです．複雑な手法は，ハイパーパラメータのチューニングや前処理も含めて入念な準備が必要です．逆にいえば，工夫を凝らすことで精度が向上する余地がより多くあるのが機械学習法なのかもしれません．

1.9　前処理による予測精度の改善

前処理を行うことで，予測精度は大きく改善します．今回は第 3 部第 2 章で紹介した乗法型のトレンド除去を行います．

```
detrend = Detrender(
    forecaster=PolynomialTrendForecaster(degree=1),
    model='multiplicative')
```

前処理からモデル化までを 1 つのパイプラインにまとめます．

```
# 前処理からモデル化までを１つのパイプラインにまとめる
pipe_gbm = TransformedTargetForecaster(
    [
        detrend,
        ('forecast', make_reduction(
            gbm_sk_air, window_length=12, pooling='global',
            strategy="recursive")),
    ]
)

# データへの当てはめ
pipe_gbm.fit(train_air)
```

予測を行い，その精度を確認します．

```
# 予測の実施
pipe_gbm_pred = pipe_gbm.predict(fh_air)

# 予測精度
mae = mean_absolute_error(test_air, pipe_gbm_pred)
mase = mean_absolute_scaled_error(
    test_air, pipe_gbm_pred, y_train=train_air)

print('MAE :', mae)
print('MASE:', mase)
```

```
MAE : 18.329759413136898
MASE: 0.902154672127713
```

予測精度がかなり改善しましたね．

1.10 周期性を表現する特徴量の利用

今回は，自己回帰モデルの拡張として LightGBM を使うのではなく，外生変数だけを利用して飛行機乗客数予測を行います．

1.10.1 特徴量の生成

トレンドや周期性を表現するための外生変数を作成します．さまざまな実装方法がありますが，ここでは statsmodels の DeterministicProcess クラスを利用します．これを使うと日付のインデックスを指定することでトレンドや三角関数を用いた周期性を表現する特徴量を簡単に用意できます．

日付インデックスとして train_air.index を指定しました．分析に利用しない結果を出力させないために constant=False と指定しました．トレンドは１次のトレンドのみとして order=1 としています．order=2 にすると，トレンドの 2 乗を含めることができます．period=12 として周期を 12 と，fourier=6 として 12 周期において sin 波と cos 波を各々 6 つ用意しました．in_sample メソッドを適用することで，引数に指定した日付インデックスと同じ日付インデックスを持つ特徴量を作成できます．

```
dp = DeterministicProcess(
    train_air.index, constant=False, order=1, period=12, fourier=6)

# 訓練データ
x_train = dp.in_sample()

# 結果の確認
print(x_train.head(3))
```

```
         trend  sin(1,12)  cos(1,12)  sin(2,12)  cos(2,12)     sin(3,12)  ¥
1949-01    1.0   0.000000   1.000000   0.000000        1.0  0.000000e+00
1949-02    2.0   0.500000   0.866025   0.866025        0.5  1.000000e+00
1949-03    3.0   0.866025   0.500000   0.866025       -0.5  1.224647e-16

            cos(3,12)  sin(4,12)  cos(4,12)  sin(5,12)  cos(5,12)  ¥
1949-01  1.000000e+00   0.000000        1.0   0.000000   1.000000
1949-02  6.123234e-17   0.866025       -0.5   0.500000  -0.866025
1949-03 -1.000000e+00  -0.866025       -0.5  -0.866025   0.500000

            sin(6,12)  cos(6,12)
1949-01  0.000000e+00        1.0
1949-02  1.224647e-16       -1.0
1949-03 -2.449294e-16        1.0
```

列名に丸かっこがあるとエラーになることがあるので，列名を修正します．また，out_of_sample メソッドを使い，テスト期間中における特徴量も x_test という名前で用意しました．

```
# 訓練データの列名の変更
x_train.columns = ["trend_1"] + ["seasonal_" + str(x) for x in range(6 * 2)]

# テストデータ
x_test = dp.out_of_sample(len(test_air))

# テストデータの列名の変更
x_test.columns = ["trend_1"] + ["seasonal_" + str(x) for x in range(6 * 2)]

# 結果の確認
print(x_test.head(3))
```

```
         trend_1    seasonal_0  seasonal_1    seasonal_2  seasonal_3  ¥
1958-01    109.0 -2.204364e-15    1.000000 -4.408728e-15         1.0
1958-02    110.0  5.000000e-01    0.866025  8.660254e-01         0.5
1958-03    111.0  8.660254e-01    0.500000  8.660254e-01        -0.5
```

```
           seasonal_4    seasonal_5    seasonal_6  seasonal_7    seasonal_8  ¥
1958-01 -1.371852e-14  1.000000e+00 -8.817457e-15         1.0 -3.916394e-15
1958-02  1.000000e+00 -9.312886e-15  8.660254e-01        -0.5  5.000000e-01
1958-03  2.449913e-14 -1.000000e+00 -8.660254e-01        -0.5 -8.660254e-01

         seasonal_9   seasonal_10  seasonal_11
1958-01    1.000000 -2.743704e-14          1.0
1958-02   -0.866025 -1.862577e-14         -1.0
1958-03    0.500000 -4.899825e-14          1.0
```

1.10.2 モデルの推定と予測

前処理として，乗法型のトレンド除去のみを行います．実際の変換は fit_transform メソッドを適用することで行います．transed はトレンドが除去された後の訓練データです．

```
# 前処理
transed = detrend.fit_transform(train_air)

# モデル化
gbm_reg = lgb.LGBMRegressor(**params_3)

# モデルの当てはめ
gbm_reg.fit(x_train, transed)
```

テストデータに対する予測を行ったうえで，除去したトレンドをもとに戻します．

```
# 予測の実施
pred_gbm_reg = pd.DataFrame(
    {'value':gbm_reg.predict(x_test)}, index=test_air.index)

# 変換をもとに戻す
pred_gbm_reg = detrend.inverse_transform(pred_gbm_reg)
```

予測精度を確認します．それなりにうまく予測できているようです．

```
# 予測精度
mae = mean_absolute_error(test_air, pred_gbm_reg)
mase = mean_absolute_scaled_error(
    test_air, pred_gbm_reg, y_train=train_air)

print('MAE :', mae)
print('MASE:', mase)
```

```
MAE : 18.040878836888798
MASE: 0.887936538890111
```

予測結果を可視化します（**図 6.1.6**）．前処理をしないモデルはひどい予測結果になっていますが，前処理を施したり特徴量を複数利用したりすることで，予測精度が大きく改善しました．

```
# 予測結果の可視化
fig, ax = plot_series(train_air, test_air,
                      gbm_pred_air, pipe_gbm_pred, pred_gbm_reg,
                      labels=['train', 'test', 'gbm', 'pipe_gbm', 'gbm_reg'],
                      markers=np.tile('', 5))
fig.set_size_inches(8, 4)
```

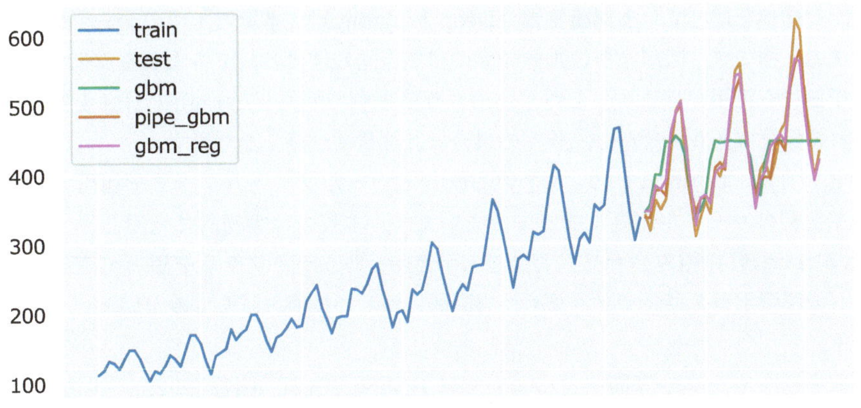

図 6.1.6　LightGBM による飛行機乗客数予測

今回は特徴量として周期性を中心に利用しましたが，例えば過去の移動平均値などを用いることもあります．ハイパーパラメータの調整と特徴量の生成・選択によってさらに予測精度が向上する可能性があります．

予測精度を向上させる工夫がしやすいのは，機械学習法を用いる利点の１つだと思います．一方で予測精度のみに拘泥して，予測を作成するコストが増加するのは避けたいところです．分析結果がもたらす経営的な価値なども考慮しながら，コストパフォーマンスのよいやり方を検討することになります．

第2章 ニューラルネットワークと深層学習

テーマ

近年飛躍的な進歩を遂げている**深層学習**（Deep Learning）が本章の1つのテーマです．深層学習も機械学習法の一種です．深層学習は画像認識や自然言語処理において多大なる貢献を果たしましたが，時系列予測にも活用できます．ただし，第6部第1章で解説したLightGBMと同様に，予測精度が改善される保証はありませんし，多くの場合は計算負荷が高くなります．

深層学習といえば，tensorflowやpytorchといったフレームワークを利用することが多いですが，やや実装のハードルが高くなってしまいます．本書では実務的に利用しやすいと思われるsktimeとsklearnの組み合わせ，およびdartsというライブラリを用いて実装します．比較的短いコードで深層学習を実装できるため，実験的に新しい技術を試してみたいという場合にも便利かと思います．

ニューラルネットワークや深層学習についてはBishop(2012)，岡谷(2022)，巣籠(2019)を，これらの手法の時系列データへの適用については渡辺(2003)，Peixeiro(2023)を参考にしました．

概要

ニューラルネットワーク → パラメータ推定における工夫 → 飛行機乗客数予測
→ 深層学習と時系列分析 → RNN → LSTM → dartsライブラリを利用する準備
→ 深層学習による飛行機乗客数予測

2.1 ニューラルネットワーク

ニューラルネットワークといってもさまざまな種類があります．ここでは**フィードフォワードニューラルネットワーク**と呼ばれる比較的単純なニューラルネットワークを最初に導入します．これは，**順伝播型ニューラルネットワーク**，あるいは**多層パーセプトロン**（Multi-Layer Perceptron: MLP）と呼ばれることもあります．本書では単純にニューラルネットワークと表記した場合はこのモデルを指すことにします．区別する必要がある場合はsklearnのクラス名にあわせて多層パーセプトロンという呼び名を使います．

2.1.1 ニューラルネットワークの構造

ニューラルネットワークは脳の模倣という導入をされることもあるようですが，本書ではシンプルに機械学習法の１つとして扱います．

ニューラルネットワークの説明のときにしばしば登場するのが**図 6.2.1** のような模式図です．複数の丸印が線でつながれたこの図を目にしたことがある方は多いかもしれません．

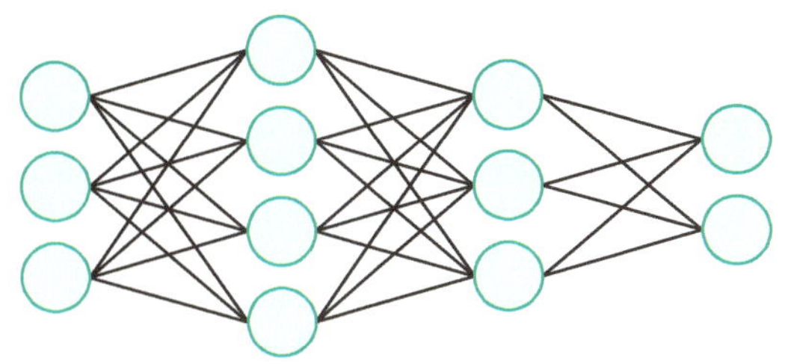

図 6.2.1　ニューラルネットワークの模式図

ニューラルネットワークのパーツが見やすくなるように分けた**図 6.2.2** を使って解説します．

まずは左側の (a) 複雑なモデルを見てください．一番左側は**入力層**と呼びます．データを丸印で表していると思うとわかりやすいと思います．なお，１つだけ黒い丸印があります．これは**バイアス**と呼ばれるもので，回帰分析における切片に対応します．

中央の層は**隠れ層**と呼びます．隠れ層の中の個別の丸印は**ユニット**，あるいは**隠れユニット**と呼びます．隠れ層は１層だけではなく，図 6.2.1 のように２層以上にすることもできます．また層ごとのユニット数も増減できます．層やユニットの数を増やすほど，より複雑なモデルとなります．

出力層は予測値をイメージされるとわかりやすいです．文献によって変わるようですが，本書では入力層を１層目，隠れ層を２層目，出力層を３層目と表現します．隠れ層が２層ある場合は，隠れ層が 2，３層目，出力層が４層目となります．

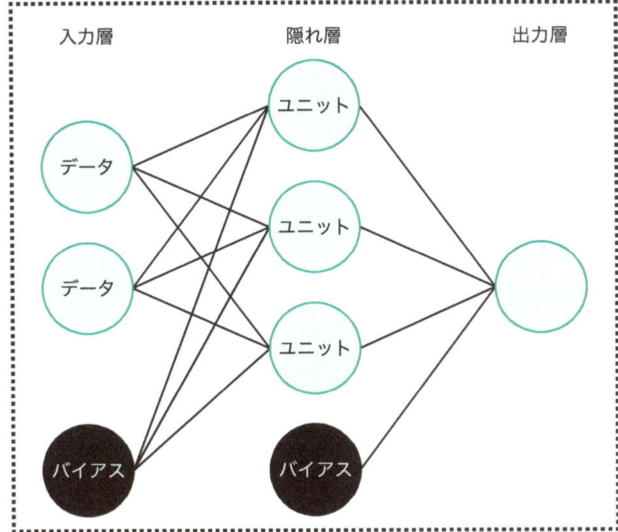

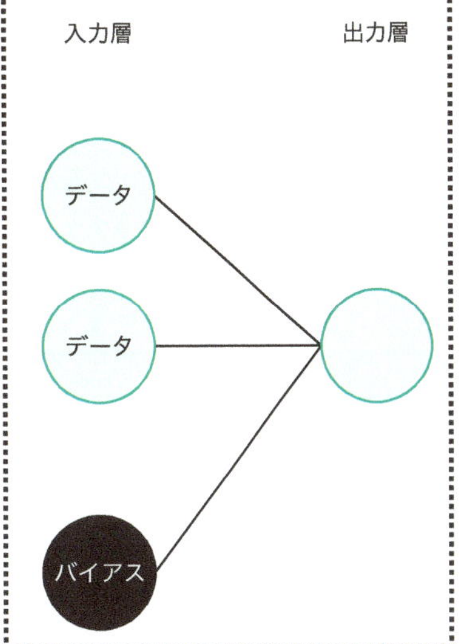

図 6.2.2　ニューラルネットワークの解説図

出力層における予測値の計算方法を (b) 単純なモデルを対象に説明します．今回はデータとして x_1, x_2 の2つがあるとします．i 番目のデータの予測値を $\widehat{y_i}$ と，i 番目の x_1 を x_{i1} と，i 番目の x_2 を x_{i2} と表記します．バイアスは常に1の値をとるため省略します．ニューラルネットワークのパラメータを**重み**と呼び，w_0, w_1, w_2 と表記することにします．予測値 $\widehat{y_i}$ は以下のように計算されます．

$$\widehat{y_i} = w_0 + w_1 \cdot x_{i1} + w_2 \cdot x_{i2} \tag{6.13}$$

バイアスにかかる重み w_0 は，切片あるいは定数項とみなすことができます．そのため，この予測値は単なる重回帰分析と同じです．

例えば t 時点の時系列データ y_t を，2時点前までの過去の値 y_{t-1}, y_{t-2} で予測する場合は，以下のようになります．

$$\widehat{y_t} = w_0 + w_1 \cdot y_{t-1} + w_2 \cdot y_{t-2} \tag{6.14}$$

こちらは実質的に，2次のARモデルとまったく同じです．単純なニューラルネットワークを用いることで，自己回帰モデルと同等のモデルを推定できます．そのため，ニューラルネットワークは，古典的な自己回帰モデルの拡張として利用できます．

ここで，ニューラルネットワークについて解説するとき，添え字があまりにも多くなってしまうのを防ぐために，今後は以下のようにデータを表す添え字 i を省略します．

$$\widehat{y} = w_0 + w_1 \cdot x_1 + w_2 \cdot x_2 \tag{6.15}$$

2.1.2　活性化関数

自己回帰モデルと同じモデルをわざわざニューラルネットワークを用いて推定するのはつまらないですね．もっと層を増やして，自己回帰モデルを拡張したいと思います．ここでモデルを複雑化するときに登場するのが**活性化関数**です．

ここで (a) 複雑なモデルにおける隠れ層のユニットに着目します．ユニットは複数存在することが多いため，j 番目のユニットを u_j と，j 番目のユニットにおける3つの重みを各々 w_{j0}, w_{j1}, w_{j2} と表記することにします．2つの入力と1つのバイアスを受けとるユニットの結果は以下のように計算されます．

$$u_j = w_{j0} + w_{j1} \cdot x_1 + w_{j2} \cdot x_2 \tag{6.16}$$

u_j を次の出力層に渡す前に，活性化関数 $h(\ )$ を適用させます．活性化関数として，以前は以下のロジスティック関数（**図 6.2.3** の左側のグラフを参照）をしばしば利用してきました．

$$\text{logistic}\,(u_j) = \frac{1}{1 + e^{-u_j}} \tag{6.17}$$

現在は，以下の**ReLU**（Rectified Linear Unit）が経験的によい結果をもたらすことが多いため頻繁に利用されています．本書でもReLUを積極的に利用します．

$$h\left(u_j\right) = \max\left(0,\ u_j\right) \tag{6.18}$$

ReLUは0以下のu_jならば0を，そうでなければ単なるu_jを出力します（図6.2.3の右側のグラフを参照）．ロジスティック関数は0以上1以下の値だけを出力するため範囲が限定されますが，ReLUを用いる場合はそのような制約がありません．

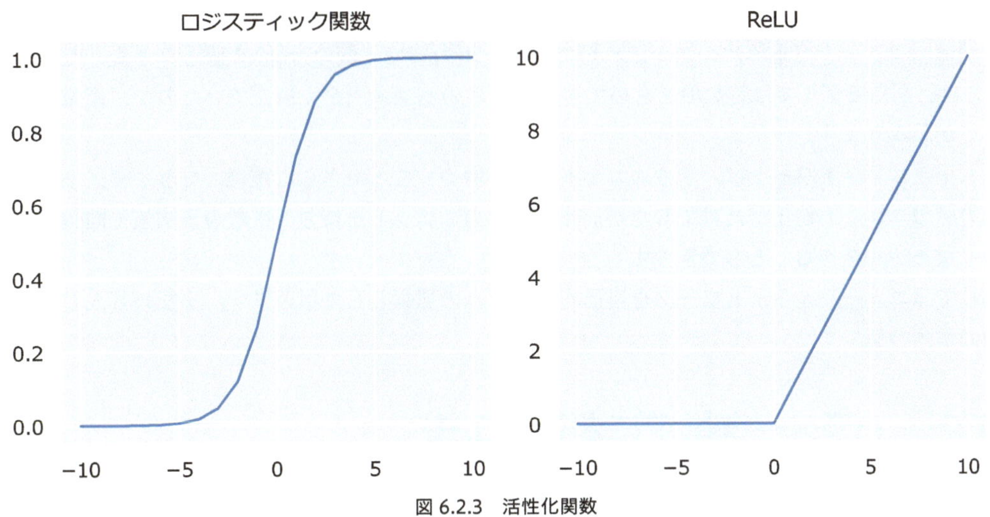

図6.2.3　活性化関数

2.1.3　複雑なモデルの予測値の計算方法

入力がx_1, x_2の2つ，隠れ層が1層でユニット数が3つ，出力が1つであるニューラルネットワークの予測値の計算式を確認します．なお隠れ層の活性化関数はReLUとし，出力層には活性化関数を適用しないことにします．

まずは3つのユニットの出力を計算します．2層目のユニットなので右肩に(2)という添え字をつけています．

$$\begin{aligned} u_1^{(2)} &= w_{10}^{(2)} + w_{11}^{(2)} \cdot x_1 + w_{12}^{(2)} \cdot x_2 \\ u_2^{(2)} &= w_{20}^{(2)} + w_{21}^{(2)} \cdot x_1 + w_{22}^{(2)} \cdot x_2 \\ u_3^{(2)} &= w_{30}^{(2)} + w_{31}^{(2)} \cdot x_1 + w_{32}^{(2)} \cdot x_2 \end{aligned} \tag{6.19}$$

続いて活性化関数を適用させます．

$$
\begin{aligned}
z_1^{(2)} &= h\left(u_1^{(2)}\right) \\
z_2^{(2)} &= h\left(u_2^{(2)}\right) \\
z_3^{(2)} &= h\left(u_3^{(2)}\right)
\end{aligned}
\tag{6.20}
$$

最後に，先ほどの結果$z_1^{(2)}, z_2^{(2)}, z_3^{(2)}$を受けとって，出力$\widehat{y}$を計算します．出力層はユニットが１つしかない想定ですので，重みにおけるユニットの番号を表す添え字jは省略しました．

$$
\widehat{y} = w_0^{(3)} + w_1^{(3)} \cdot z_1^{(2)} + w_2^{(3)} \cdot z_2^{(2)} + w_3^{(3)} \cdot z_3^{(2)} \tag{6.21}
$$

今回はパラメータ（重み）の数が隠れ層で９個，出力層で４個の合計 13 個となりました．単純な２次の自己回帰モデルでは定数項を含めても３つだけのパラメータで済んでいたので，複雑さが増したことがわかります．

ニューラルネットワークは，層やユニットの数を増やすことでさらに複雑にできます．また，今回は出力層のユニットが１つだけでしたが，複数の出力ユニットを持ち，複数の予測値を同時に出力するようなモデルを作ることもできます．

本章ではニューラルネットワークを自己回帰モデルの拡張として用います．すなわち入力層の値は過去の系列の値です．

2.2　パラメータ推定における工夫

深層学習はモデルの構造が複雑であるため，パラメータの推定には多くの工夫がなされています．ここでは実装するときの設定項目の理解を深めることを目的に，パラメータ推定における用語をいくつか紹介します．

2.2.1　正則化

パラメータ推定における工夫として代表的なものが**正則化**です．正則化は，モデルが学習用の訓練データに過剰に適合しないようにするためにしばしば利用されます．

例えばモデルにおけるパラメータを推定するときに，以下で計算される**残差平方和**（Residuals of Sum of Squared: **RSS**）を小さくすることがしばしばあります．ただしNはサンプルサイズです．

$$
\mathrm{RSS} = \sum_{i=1}^{N} (y_i - \widehat{y}_i)^2 \tag{6.22}
$$

ここで，隠れ層がなく，入力層のユニットは２つ，出力層のユニットは１つだけのニューラルネットワークを考えます．ここではt時点の時系列データy_tを，２時点前までの過去の値y_{t-1}, y_{t-2}で予測するモデルとなっています．こちらは実質的に，２次の AR モデルとまったく同じです．

$$
\widehat{y}_t = w_0 + w_1 \cdot y_{t-1} + w_2 \cdot y_{t-2} \tag{6.23}
$$

このモデルの場合，推定すべきパラメータは3つの重みw_0, w_1, w_2です．バイアスにかかる重みであるw_0は必須でしょうが，もしも1時点前との関係性が小さいならばw_1は不要となり，2時点前との関係性が小さいならw_2は不要なパラメータとなります．

ここで，正則化では，単純なRSSの代わりに，以下で計算される罰則つきのRSSを小さくすることを目指します．なお，下記のように重みの2乗和を加える方法をL_2正則化と呼びます．

$$\text{罰則つきの RSS} = \sum_{i=1}^{N} (y_i - \widehat{y}_i)^2 + \lambda \cdot (w_1^2 + w_2^2) \tag{6.24}$$

正則化ではパラメータの2乗和が大きくなりすぎないように注意しながらRSSを小さくすることを目指します．モデルが複雑になり，層が増えたりユニットの数が増えたりすると，パラメータの数も増えます．もしもモデルが過剰に複雑であるならば，いくつかのパラメータは不要かもしれません．このとき，正則化を行うことで，余計なパラメータの影響を小さくできる可能性があります．

2.2.2　誤差逆伝播法

ニューラルネットワークにおけるパラメータ推定として真っ先に登場する用語が，この**誤差逆伝播法**（back propagation）でしょう．理論的には非常に興味深い内容ですが，本書では簡単に概要を解説するにとどめます．

誤差逆伝播法は，一言でいうと微分をするための工夫です．パラメータを変えることで，損失がどのように変わるのかを知るために微分を行います．微分された結果をもとにしてパラメータを微修正して，損失が小さくなるようにします．

ニューラルネットワークと誤差逆伝播法は切っても切り離せない関係にありますが，`sklearn`や`darts`を利用するとき，誤差逆伝播法を意識することは少ないかもしれません．

2.2.3　確率的勾配降下法（SGD）とその周辺

RSSあるいは罰則つきのRSSなどを小さくできるようなパラメータを得る方法として，深層学習では**確率的勾配降下法**（Stochastic Gradient Descent: **SGD**）がしばしば用いられます．

SGDについて説明する前に，まずは単純な**勾配降下法**の仕組みについて説明します．RSSなどの損失を小さくできるパラメータを探索するために，勾配，すなわち損失をパラメータで微分した結果を利用します．以下では，説明の簡単のため，パラメータがw_0の1つだけであるモデルで，RSSを小さくする想定で勾配∇RSSを計算しています．

$$\nabla \text{RSS} = \frac{\partial \text{RSS}}{\partial w_0} \tag{6.25}$$

もしも勾配がプラスの値なら「w_0を少しだけ大きくすると，RSSが少し増える」ことになりますね．この場合はw_0を小さく修正することで，RSSを減らせそうです．この辺りの考え方は，勾配ブースティング木と同じですね．

ここで勾配降下法では，以下の更新式を用いて，パラメータw_0を修正します．ただしw_0^{old}は修正前のパラメータであり，w_0^{new}は修正後のパラメータです．また，ハイパーパラメータであるϵを**学習率**と呼びます．

$$w_0^{\mathrm{new}} = w_0^{\mathrm{old}} - \epsilon \cdot \nabla \mathrm{RSS} \tag{6.26}$$

上記の更新式でパラメータw_0を何度も何度も更新すると，RSSが小さくなるようなw_0を得ることができます．RSSが最小になることの保証は残念ながらできませんが，それでも比較的簡単な繰り返し計算でパラメータを推定できます．

通常の勾配降下法は，すべてのデータを使って勾配を計算しますが，SGDは1つのサンプルだけを抜き出してパラメータの更新に利用します．更新のたびに確率的に利用されるデータが選ばれるので確率的勾配降下法と呼ばれるようです．

なお，**ミニバッチ**と呼ばれる小さなサンプルの集合を用いて更新を行うことも頻繁にあります．ミニバッチ方式では，例えばデータを5つのサンプルの集合に分割して，5つのサンプルの集合を順番に使ってパラメータを更新します．こちらの方法もSGDと呼びます．

なお，小分けにしたサンプルの集合を一巡することを**エポック**と呼びます．通常は複数のエポックでパラメータを何度も更新します．

パラメータの更新に使うデータを小分けにするだけの工夫なのですが，SGDは単純な勾配降下法と比べていくつかのメリットがあります．

まず，用いるデータの量が減るため，計算の負荷が減ります．また，パラメータの更新に，毎回異なるデータセットを利用するため，**図6.2.4**のような局所的な極小解に飛びつきにくくなるというメリットもあります．

一方でSGDに限らず勾配降下法では，学習率ϵの設定が重要な問題となります．学習率が小さすぎるとパラメータの推定に時間がかかりすぎますし，逆に大きすぎても更新のたびにパラメータの値が大きくぶれすぎてしまい，望ましいパラメータの値に収束しにくくなります．

Adamという方法は，SGDにいくつかの工夫を施し，学習率の設定の影響を受けにくくしており，さまざまな深層学習の推定で利用されています．`sklearn`の`MLPRegressor`でも標準設定ではAdamがモデルの推定に用いられます．本書ではAdamの詳細には立ち入りませんが，SGDで登場する用語を理解しておくと，実装において設定項目の理解が深まるかと思います．

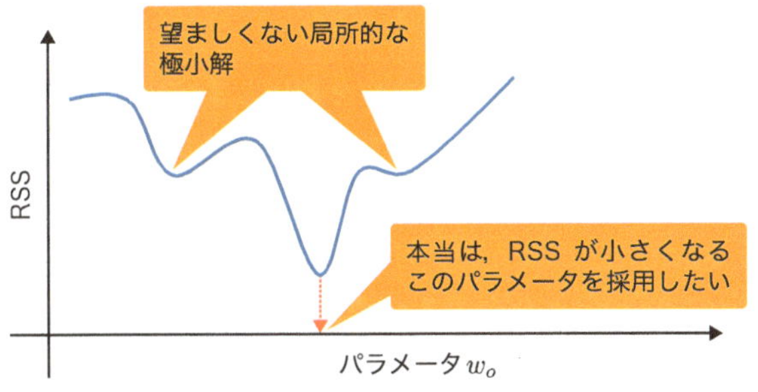

図 6.2.4　局所的な極小解のイメージ図

2.3 ニューラルネットワークによる飛行機乗客数予測

飛行機乗客数データを対象として予測を行います．

2.3.1 飛行機乗客数データの読み込み

飛行機乗客数データを読み込みます．1 か月単位のデータです．

```
# 飛行機乗客数データの読み込み
air_passengers = sm.datasets.get_rdataset('AirPassengers').data

# 日付インデックスの作成（PeriodIndex）
date_index = pd.period_range(
    start='1949-01', periods=len(air_passengers), freq='M')
air_passengers.index = date_index

# 不要な時間ラベルの削除
air_passengers = air_passengers.drop(air_passengers.columns[0], axis=1)
```

訓練データとテストデータに分割し，予測期間を設定します．今回は 36 か月先（3 年先）までを予測します．

```
# 訓練データとテストデータに分割する
train_air, test_air = temporal_train_test_split(air_passengers, test_size=36)

# 予測期間
fh_air = np.arange(1, len(test_air) + 1)
```

2.3.2　モデルの推定と予測

ニューラルネットワーク（多層パーセプトロン）を適用します．まずは前処理の準備をします．必須ではありませんが今回はトレンド除去を行います．ニューラルネットワークはデータの標準化を行うことで予測精度が向上しやすいため，標準化も同時に行います．

ここで，標準化を行う StandardScaler は sklearn の機能です．これを sktime で使う場合は TabularToSeriesAdaptor を介する必要があることに注意してください．以下のパイプライン処理で 2 つの前処理を同時に行う設定をします．

```
# 前処理の設定
pipe_transform = make_pipeline(
    Detrender(forecaster=PolynomialTrendForecaster(degree=1),
              model='multiplicative'),
    TabularToSeriesAdaptor(StandardScaler())
)
```

前処理とニューラルネットワークによるモデル化をパイプラインにまとめます．モデル化そのものは，第 6 部第 1 章の LightGBM とほぼ同様に実装できます．すなわち予測器を設定した後，それを make_reduction に渡してあげるだけです．実装における統一性は，sktime を用いる大きな利点です．sklearn が提供する MLPRegressor を用いて多層パーセプトロンを実装します．MLPRegressor は，標準設定だと Adam を用いて 2 乗誤差を最小にするようにモデルを推定します．今回は，隠れ層を 2 つ，各々のユニット数をともに 100 としました．計算の繰り返し数は 2000 回としています．また，乱数の種を指定して，再現性を担保しました．

```
# 予測器(ニューラルネットワーク)
nn_regressor = MLPRegressor(hidden_layer_sizes=(100, 100),
                            max_iter=2000, random_state=1)

# 前処理からモデル化までを 1 つのパイプラインにまとめる
pipe_nn = TransformedTargetForecaster(
    [
        pipe_transform,
        ('forecast', make_reduction(nn_regressor, window_length=12,
                                    strategy="recursive")),
    ]
)

# データへの当てはめ
pipe_nn.fit(train_air)
```

テストデータに対する予測精度を確認してみましょう．それなりに精度よく予測ができているようです．

```
# 予測の実施
pipe_nn_pred = pipe_nn.predict(fh_air)

# 予測精度
mae = mean_absolute_error(test_air, pipe_nn_pred)
mase = mean_absolute_scaled_error(
    test_air, pipe_nn_pred, y_train=train_air)

print('MAE :', mae)
print('MASE:', mase)
```

```
MAE : 19.93013422712584
MASE: 0.9809219697803427
```

今回は sklearn の MLPRegressor をほぼ標準設定で利用しました．隠れ層の数やユニットの数を増減させることで，予測精度が大きく変わる可能性があります．また，正則化の強さなどを指定することもできます．これらのハイパーパラメータをチューニングすることで，予測精度が変化する点は LightGBM と同様です．

2.4 深層学習と時系列分析

ここからは，単純な多層パーセプトロンを発展させた深層学習を扱います．

2.4.1 深層学習

多層のニューラルネットワークを**深層学習**，あるいは**ディープラーニング**，**ディープニューラルネットワーク**と呼びます．

深層学習は，多層パーセプトロンにおいて単に層を増やすだけでなく，データにあわせたさまざまな構造を持たせることでモデルの柔軟性を上げることが多いです．本書では代表的なモデルである RNN，LSTM を扱います．

2.4.2 時系列分析に深層学習は必要か？

時系列予測に深層学習を使った事例は比較的古くからありましたが，その評価はまちまちです．計算負荷が高くなるのにかかわらず飛躍的な改善ができる保証はなく，敬遠されることもあります．

また，第 6 部第 1 章で導入した勾配ブースティング木と比べて調整しなければならないハイパーパラメータが多く（層の深さやユニットの数などを決める必要があります），扱いづらいです．LightGBM の方が使いやすいという意見もあるでしょう．実践的には深層学習による時系列予測をそこまで強く推奨できるかは難しいところです．

しかし，膨大なデータがある場合，深層学習が最適な手法になる可能性も否定できません．また，現行のライブラリには開発の余地が残っているものの，数行のコードで実装できるので，比較的利用しやすい環境が整いつつあると思います．少なくとも，予測手法の候補として無視するのはもったいない存在です．

2.5 リカレントニューラルネットワーク（RNN）

深層学習における時系列予測でしばしば利用される**リカレントニューラルネットワーク**（Recurrent Neural Network: **RNN**）について解説します．

2.5.1 RNNのイメージ

RNNは多層パーセプトロンとネットワークの構造が異なります．RNNの構造を**図6.2.5**に示しました．入力層・隠れ層・出力層の構成は多層パーセプトロンと同じですが，隠れ層がまた隠れ層に戻ってきます．隠れ層から隠れ層に戻るルートを**帰還路**と呼ぶことにします．

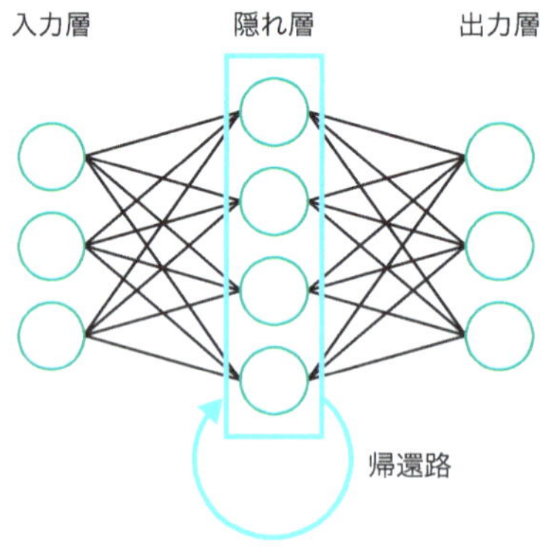

図6.2.5　RNNのイメージ図

隠れ層が循環する構造のイメージを**図6.2.6**に示しました．この図では個別のユニットは省略し，各層を長方形で示しています．RNNは時系列データなどの系列データに適用されます．なお，RNNは飛行機乗客数のような時系列データだけでなく，例えば「I have a pen.」といった言葉の系列を分析するためにもしばしば利用されます．

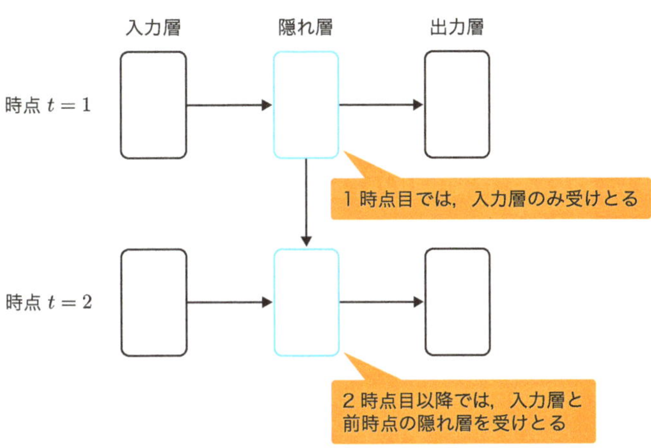

図 6.2.6　帰還路のイメージ図

最初の時点である $t=1$ では，過去の値がないため，単純な多層パーセプトロンと同じように，入力層→隠れ層→出力層と進みます．一方で 2 時点目以降では入力層に加えて 1 時点前の隠れ層の出力も受けとります．3 時点目以降も同様に 1 時点前の隠れ層の値を受けとります．これが RNN の特徴です．図 6.2.5 の RNN は，見かけのうえでは隠れ層が 1 つしか存在しませんが，過去の隠れ層の出力が次の時点の隠れ層に渡されるため，実質は多層のニューラルネットワークのように扱われます．

入力を x_t として，y_t を予測することを考えます．なお，以下のイメージ的な説明では，ユニットの番号を表す添え字 j は省略し，時点の添え字 t のみを記載します．また，添え字を見やすくするため，時点 t は (t) と表記することにします．

1 時点目は以下のような流れで出力 $\hat{y}(t)$ が得られます．単純な多層パーセプトロンと同じです．

入力層 $x(t)$ → 隠れ層 $u(t)$ → 活性化関数を適用 $z(t)$ →出力 $\hat{y}(t)$

一方，2 時点目以降では，1 時点前の $z(t-1)$ が隠れ層に渡されます．

1 時点前の $z(t-1)$
↓
入力層 $x(t)$ → 隠れ層 $u(t)$ → 活性化関数を適用 $z(t)$ →出力 $\hat{y}(t)$

なお，初回である時点 $t=1$ においては，$z(0)$ が必要ですが，これは 0 を渡すことが多いです．

ユニットの番号を表す添え字は省略し，時点の添え字 t のみを用いたイメージ的な計算式は $u(t)=w\cdot x(t)+w\cdot z(t-1)$ となります．

図 6.2.6 からわかるように，$t=1$ の入力が渡されると $t=1$ の出力が得られ，$t=2$ の入力が渡されると $t=2$ の出力が得られます．そのため，出力は複数の時点になることが普通ですが，最新の時点

の出力のみを利用し，他は無視するといった扱いをすることもしばしばあります．

活性化関数はReLUではなくtanhが使われることもしばしばあります．本書ではどのような活性化関数であってもまとめて$h(\ )$と表記します．

2.5.2 RNNにおける予測値の計算

RNNにおける予測値の計算方法を確認します．なお，説明の簡単のため，入力は2種類の$x_1(t), x_2(t)$のみと，出力のユニットは1つだけの$\widehat{y}(t)$とします．

隠れ層におけるユニットを$u_1(t), u_2(t), u_3(t)$の3つとすると，これらは以下のように計算されます．なお，見やすさのために本来は不要な丸かっこを加えています．重みは入力値にかかる重みと，帰還路を通して渡される1時点前のユニットの出力にかかる重みを見分けるために，入力値なら右肩にinと，帰還路なら右肩に$loop$と記載しています．

$$
\begin{aligned}
u_1(t) = &\left(w_{10}^{(in)} + w_{11}^{(in)} \cdot x_1(t) + w_{12}^{(in)} \cdot x_2(t)\right) \\
&+ \left(w_{11}^{(loop)} \cdot z_1(t-1) + w_{12}^{(loop)} \cdot z_2(t-1) + w_{13}^{(loop)} \cdot z_3(t-1)\right)
\end{aligned} \tag{6.27}
$$

式が長いので，シグマ記号を使って整理します．なおここでの添え字kは入力を区別するものであり$k=0,1,2$です．なお，$x_0(t)=1$でありバイアスを表します．また添え字j'は「1時点前のユニット」の添え字を表すため$j'=1,2,3$です．

$$
u_1(t) = \left(\sum_{k=0}^{2} w_{1k}^{(in)} \cdot x_k(t)\right) + \left(\sum_{j'=1}^{3} w_{1j'}^{(loop)} \cdot z_{j'}(t-1)\right) \tag{6.28}
$$

残りの$u_2(t)$と$u_3(t)$の計算式も示します．

$$
\begin{aligned}
u_2(t) &= \left(\sum_{k=0}^{2} w_{2k}^{(in)} \cdot x_k(t)\right) + \left(\sum_{j'=1}^{3} w_{2j'}^{(loop)} \cdot z_{j'}(t-1)\right) \\
u_3(t) &= \left(\sum_{k=0}^{2} w_{3k}^{(in)} \cdot x_k(t)\right) + \left(\sum_{j'=1}^{3} w_{3j'}^{(loop)} \cdot z_{j'}(t-1)\right)
\end{aligned} \tag{6.29}
$$

続いて活性化関数を適用させます．

$$
\begin{aligned}
z_1(t) &= h\left(u_1(t)\right) \\
z_2(t) &= h\left(u_2(t)\right) \\
z_3(t) &= h\left(u_3(t)\right)
\end{aligned} \tag{6.30}
$$

最後に，出力$\widehat{y}(t)$を計算します．出力層の重みの右肩には区別のためoutと記載しています．

$$
\widehat{y}(t) = w_0^{(out)} + w_1^{(out)} \cdot z_1(t) + w_2^{(out)} \cdot z_2(t) + w_3^{(out)} \cdot z_3(t) \tag{6.31}
$$

帰還路を用いて過去のユニットの値を参照する構造が追加されているため，モデルの構造はやや複雑となりました．その代わり，過去の時点の影響も考慮しながら予測を行うことができます．本章ではRNNおよび以下で解説するLSTMはすべて自己回帰モデルの拡張として用います．すなわち入力層の値は過去の系列の値です．

第1部
第2部
第3部
第4部
第5部
第6部
第7部

2.6 LSTM

RNNを拡張させたLSTMを導入します．

2.6.1 LSTMのイメージ

RNNは過去の入力を隠れ層に渡します．隠れ層の出力は次の時点の隠れ層へ渡されるため，原理的には過去の入力の履歴すべてが出力層の計算に利用されるはずです．しかし，実際のところは，特に工夫をしなければ，過去10時点程度しか出力層の計算には影響を及ぼしていないようです．

そこで登場するのが**LSTM**です．LSTMはLong Short-Term Memoryの略で，**長・短期記憶**と訳されます．LSTMのおおざっぱな構造はRNNとよく似ていますが，隠れ層における個別のユニットに工夫がなされています．今まで単一の丸印で表現されていたユニットが，「1つのユニットの中に，複数のユニットが詰め込まれている」ものに変わったようなイメージです．

隠れ層のユニットは，大きくメモリーセルs・入力ゲートIn・出力ゲートOut・忘却ゲート$Forget$からなります．まずはこれらのおおざっぱなイメージを紹介します．なお，以下のイメージ的な説明では，ユニットの番号を表す添え字は省略し，時点の添え字tのみを記載します．

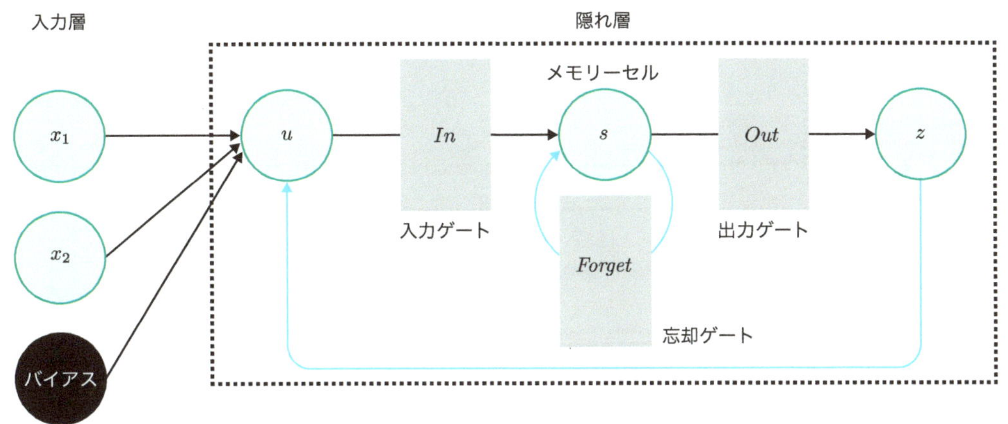

図6.2.7　LSTMの概要図

まずは**図6.2.7**に沿っておおざっぱなイメージを紹介します．なお，図6.2.7の青い矢印は帰還路を表しており，時点$t-1$の値を受けとります．また，この図では活性化関数を省略しています．

入力層から値を受けとるユニット $u(t)$ は，通常の RNN とほとんど変わりません．$x(t)$ に加えて帰還路を通して $z(t-1)$ の値を受けとります．

メモリーセルは値を保存するイメージです．例えば t 時点のメモリーセルの値を $s(t)$ とするとき，$s(t)=s(t-1)$ とすることで，過去の値を保持できます．ずっと同じ値を保持することもできるため，長期記憶を達成する重要なパーツとなります．

長期記憶ができても，入力値を無視して同じ値を保持してしまっては予測値（出力）が同じ値になり続けるため問題があります．ここで入力値を $u(t)$ と，その活性化関数を適用した結果を $h(u(t))$ として，$s(t)=Forget(t)\cdot s(t-1)+In(t)\cdot h(u(t))$ のようにすることで入力を受けつけることにします．このときの $In(t)$ を入力ゲートと呼びます．$In(t)$ が 0 なら入力値は無視され，$In(t)$ が 1 なら入力値がそのまま反映されます．$Forget(t)$ が忘却ゲートに該当し，0 をとれば完全に過去を忘却します．

最後に $s(t)$ に活性化関数を適用した結果である $h(s(t))$ に対して出力ゲート $Out(t)$ をかけあわせた $Out(t)\cdot h(s(t))$ を出力します．出力ゲートが 1 ならすべて出力されますが，出力ゲートが 0 なら，出力は無視されます．

実際のところは隠れ層に複数のユニットがあるため，**図 6.2.8** のようにほかのユニットからも帰還路から値を受けとります．

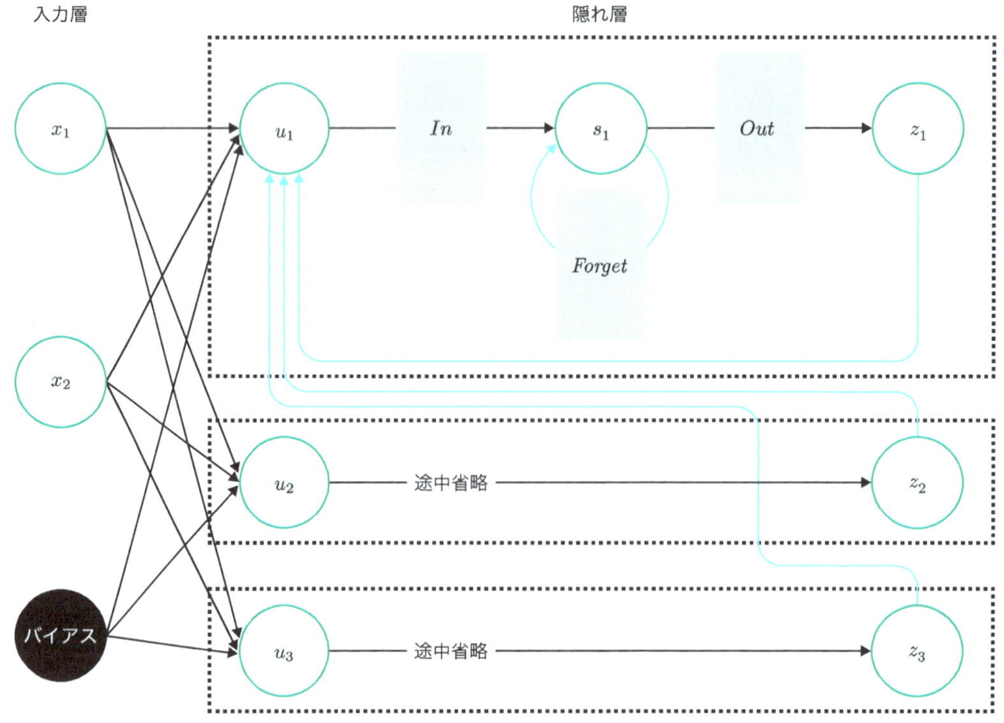

図 6.2.8　他の隠れ層からの帰還路のイメージ図

なお，入力ゲート*In*・出力ゲート*Out*・忘却ゲート*Forget*は過去のユニットの値や入力値から学習させます．これらのゲートも重み（パラメータ）を持つユニットとして学習の対象であることに注意してください．そのため，本来は3つのゲートに向かって伸びる矢印を複数追記しなければなりませんが，あまりにも複雑な図になってしまうのでここでは省略しました．

2.6.2　LSTMにおける予測値の計算

先ほどのイメージ的な説明では添え字などをだいたんに省略していたので，しっかりと添え字をつけて再度説明します．なお，説明の簡単のため，RNNの解説と同様に，入力は2種類の$x_1(t), x_2(t)$のみとし，隠れ層のユニットの数は3つであり各々を$u_1(t), u_2(t), u_3(t)$とします．

入力ゲート*In*・出力ゲート*Out*・忘却ゲート*Forget*を各々$g_j^I(t), g_j^O(t), g_j^F(t)$と表記することにします．添え字$j$はユニットを区別するための添え字です．今回は隠れ層のユニットが3つあることを想定するため$j = 1, 2, 3$です．ゲートはすべて0以上1以下の値をとります．

まずは隠れ層におけるj番目のユニット$u_j(t)$を以下のように計算します．これはRNNと同じ構造ですね．入力の値に加えて，1時点前の$z_j(t-1)$を受けとります．なおここでの添え字kは入力を区別するものであり$k = 0, 1, 2$です．なお，$x_0(t) = 1$でありバイアスを表します．また添え字j'は「1時点前のユニット」の添え字を表すため$j' = 1, 2, 3$です．

$$\begin{aligned} u_j(t) &= \left(w_{j0}^{(in)} + w_{j1}^{(in)} \cdot x_1(t) + w_{j2}^{(in)} \cdot x_2(t)\right) \\ &\quad + \left(w_{j1}^{(loop)} \cdot z_1(t-1) + w_{j2}^{(loop)} \cdot z_2(t-1) + w_{j3}^{(loop)} \cdot z_3(t-1)\right) \\ &= \left(\sum_{k=0}^{2} w_{jk}^{(in)} \cdot x_k(t)\right) + \left(\sum_{j'=1}^{3} w_{jj'}^{(loop)} \cdot z_{j'}(t-1)\right) \end{aligned} \tag{6.32}$$

続いてj番目のメモリーセルの値$s_j(t)$を以下のように計算します．入力ゲート$g_j^I(t)$・忘却ゲート$g_j^F(t)$の値によって，1時点前の$s_j(t-1)$を記憶してそのままにすることもできますし，$s_j(t-1)$をきれいに忘れてしまうこともできます．

$$s_j(t) = g_j^F(t) \cdot s_j(t-1) + g_j^I(t) \cdot h\left(u_j(t)\right) \tag{6.33}$$

最後にメモリーセルの値に活性化関数を適用しつつ，出力ゲート$g_j^O(t)$をかけあわせて出力$z_j(t)$を計算します．

$$z_j(t) = g_j^O(t) \cdot h\left(s_j(t)\right) \tag{6.34}$$

出力層の計算はRNNと同様なので略します．

3つのゲートの値は，以下のように計算します．ロジスティック関数を適用することで，ゲートの値を0以上1以下としています．

ここでも複数の重みが利用されます．ゲートごとに区別するため，右肩に添え字 I または O, F を加えています．推定すべきパラメータがかなり増えることがわかります．

$$g_j^I(t) = \text{logistic}\left[\left(\sum_{k=0}^{2} w_{jk}^{I(in)} \cdot x_k(t)\right) + \left(\sum_{j'=1}^{3} w_{jj'}^{I(loop)} \cdot z_{j'}(t-1)\right) + w_j^I \cdot s_j(t-1)\right] \quad (6.35)$$

$$g_j^O(t) = \text{logistic}\left[\left(\sum_{k=0}^{2} w_{jk}^{O(in)} \cdot x_k(t)\right) + \left(\sum_{j'=1}^{3} w_{jj'}^{O(loop)} \cdot z_{j'}(t-1)\right) + w_j^O \cdot s_j(t)\right] \quad (6.36)$$

$$g_j^F(t) = \text{logistic}\left[\left(\sum_{k=0}^{2} w_{jk}^{F(in)} \cdot x_k(t)\right) + \left(\sum_{j'=1}^{3} w_{jj'}^{F(loop)} \cdot z_{j'}(t-1)\right) + w_j^F \cdot s_j(t-1)\right] \quad (6.37)$$

なお，同じ LSTM でもモデルの構造が変わることがあります．本章の計算式はその一例です．

2.7　darts ライブラリを利用する準備

深層学習を実装するときは tensorflow や pytorch といったフレームワークを利用することが多いですが，これらを利用すると実装するコードが長くなってしまいます．今回は時系列分析に特化した darts というライブラリを利用して，簡単に深層学習を利用することを試みます．darts では pytorch をバックエンドで利用して，モデルを推定しています．本書執筆時点で利用した darts0.30.0 は，numpy2.0.0 以降に対応していません．darts が import できない場合は，適宜 numpy のバージョンを 1.26.4 などに下げてください．

darts ライブラリでは，用いるデータの型が特殊ですので注意が必要です．まずは以下のようにデータを変換します．変換したうえで，time という日付の列を用意します．日付列は PeriodIndex ではなく DateTimeIndex になっていることが必要です．

```
# 前処理
transed = pipe_transform.fit_transform(train_air)

# darts のために日付列を追加
transed['time'] = transed.index.to_timestamp()

# 結果の確認
print(transed.head(3))
```

```
            value       time
1949-01  1.005337 1949-01-01
1949-02  1.227182 1949-02-01
1949-03  1.990141 1949-03-01
```

pandas の DataFrame を以下のように TimeSeries 型に変換します（**図 6.2.9**）．

```
# dartsのためのデータ
TimeSeries.from_dataframe(
    transed, time_col='time', value_cols='value').head(3)
```

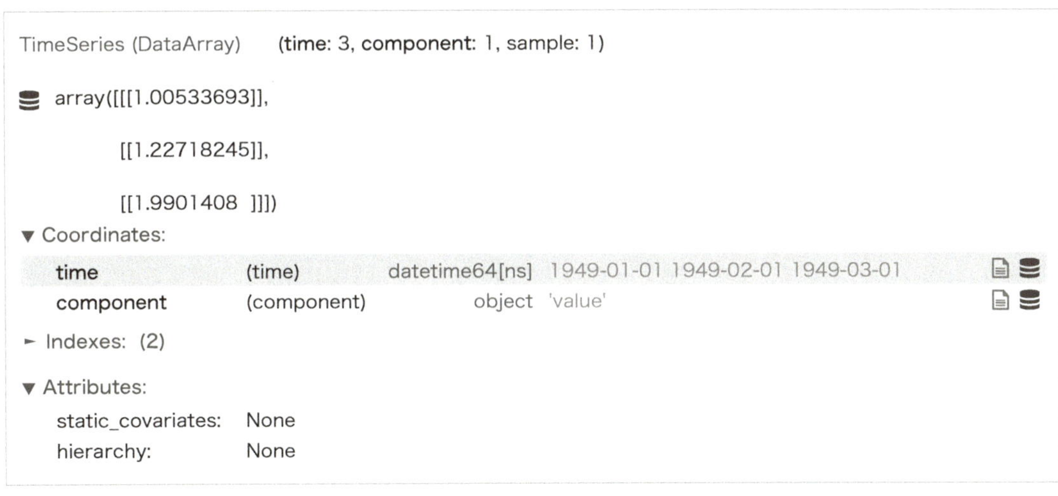

```
TimeSeries (DataArray)    (time: 3, component: 1, sample: 1)
array([[[1.00533693]],

       [[1.22718245]],

       [[1.9901408 ]]])
▼ Coordinates:
  time          (time)          datetime64[ns] 1949-01-01 1949-02-01 1949-03-01
  component     (component)     object 'value'
► Indexes: (2)
▼ Attributes:
  static_covariates:  None
  hierarchy:          None
```

図 6.2.9　TimeSeries 型のデータ

darts ライブラリは，データの前処理などさまざまな機能を有します．しかし，用いるデータの型が特殊なので，darts 専用の実装方法を覚える必要があります．本書では基本的に pandas の DataFrame を用い，深層学習を利用するときには TimeSeries 型に変換して darts を利用する方針とします．

2.8　深層学習による飛行機乗客数予測

それでは，深層学習を用いて飛行機乗客数データを予測します．

2.8.1　RNN

まずは RNN を用いて予測します．なお今回実装する RNN では 1 時点先の予測値をさらに入力値として用いて将来を予測するという再帰的な予測の方法を採用しています．詳細は以下のリファレンスマニュアルも参照してください．

URL https://unit8co.github.io/darts/generated_api/darts.models.forecasting.rnn_model.html

まずはモデルのハイパーパラメータを設定します．今回は必要最低限の設定のみとしました．設定項目についてはコメントを参照してください．なお，標準設定では Adam を用いて MSE を最小化することでモデルを推定します．なお，training_length は確実に input_chunk_length よりも大きな数字を指定してください．例えば training_length を1にすると，周期などを学習できなくなります．

```
params = {
    'hidden_dim':100,          # 隠れ層のユニットの数
    'n_epochs':300,            # エポックの数
    'random_state':1,          # 乱数の種
    'input_chunk_length':12,  # 予測時に渡される過去の時間ステップの数
    'training_length': 24     # 学習時に用いられる訓練データの長さ
}
```

mod_rnn という名前で，モデルをデータに当てはめます．今回は RNN を利用するので model="RNN" としました．LSTM も同様に推定できます．

```
# モデルの設定
mod_rnn = RNNModel(
    model="RNN",
    **params
)

# 当てはめ
mod_rnn.fit(
    TimeSeries.from_dataframe(transed, time_col='time', value_cols='value'),
    verbose=True
)
```

予測します．predict メソッドを実行するだけですが，変換をもとに戻す必要があります．予測結果を一度 pd_dataframe メソッドで DataFrame になおした後，pipe_transform.inverse_transform メソッドを使って変換をもとに戻しました．

```
# 予測
rnn_pred = mod_rnn.predict(n=36)

# 整形
rnn_pred = rnn_pred.pd_dataframe()
rnn_pred.index = rnn_pred.index.to_period()

# 変換をもとに戻す
rnn_pred = pipe_transform.inverse_transform(rnn_pred)

# 結果の確認
print(rnn_pred.head(3))
```

```
component         value
time
1958-01     334.855600
1958-02     350.351550
1958-03     396.321065
```

予測精度を評価します．

```
# 予測精度
mae = mean_absolute_error(test_air, rnn_pred)
mase = mean_absolute_scaled_error(
    test_air, rnn_pred, y_train=train_air)

print('MAE :', mae)
print('MASE:', mase)
```

```
MAE : 32.70777984239437
MASE: 1.6098125313413973
```

今回は，それほど高い精度とはいいがたい結果となりました．

2.8.2 LSTM

LSTMを用いて飛行機乗客数を予測します．model="LSTM"と設定するだけで簡単にモデルの構造を変更できます．

```
# モデルの設定
mod_lstm = RNNModel(
    model="LSTM",
    **params
)

# 当てはめ
mod_lstm.fit(
    TimeSeries.from_dataframe(transed, time_col='time', value_cols='value'),
    verbose=True,
)
```

予測します．

```
# 予測
lstm_pred = mod_lstm.predict(n=36)

# 整形
lstm_pred = lstm_pred.pd_dataframe()
lstm_pred.index = lstm_pred.index.to_period()

# 変換をもとに戻す
lstm_pred = pipe_transform.inverse_transform(lstm_pred)

# 結果の確認
print(lstm_pred.head(3))
```

```
component        value
time
1958-01     344.912153
1958-02     341.386061
1958-03     382.821830
```

予測精度を評価します．

```
# 予測精度
mae = mean_absolute_error(test_air, lstm_pred)
mase = mean_absolute_scaled_error(
    test_air, lstm_pred, y_train=train_air)

print('MAE :', mae)
print('MASE:', mase)
```

```
MAE : 16.25049583636185
MASE: 0.7998174123692355
```

LSTM ではかなり精度よく予測できました．

2.8.3　予測結果の比較

単純な多層パーセプトロンから，RNN，LSTM まで，さまざまな手法で予測を行いました．これらの結果を可視化します（**図 6.2.10**）．

```
# 予測結果の可視化
fig, ax = plot_series(test_air, pipe_nn_pred, rnn_pred, lstm_pred,
                      labels=['test', 'mlp', 'rnn', 'lstm'],
                      markers=np.tile('', 4))
fig.set_size_inches(8, 4)
```

今回はLSTMの予測精度が最もよくなりましたが，常にLSTMが最善になる保証はありません．また，ハイパーパラメータの設定によって予測精度は大きく変化します．darts ライブラリもまだ開発の余地があるでしょうし，statsmodels などと比べるとドキュメントが少なく，ややブラックボックス的な利用となるため，扱いづらい印象があります．そのため，本章はやや実験的な内容が含まれることをご理解ください．もしかすると，数年後には推奨される実装の方法が大きく変わるかもしれません．新しい手法を使うときには常について回る問題ですが，先の課題について認識したうえで，これらの手法をお使いください．

ただし，実装の方法が変わっても，理論そのものが大きく変わるわけではありません．RNNやLSTMの理論，そしてこれらのモデルを推定するための理論について学ぶことは，今後も無駄にはならないと思います．

実験・研究のために用いる新しい手法と，現場で活躍する古くからある手法，どちらが優れているというものではありません．両者の特徴を知ったうえで，使い分けていただければと思います．

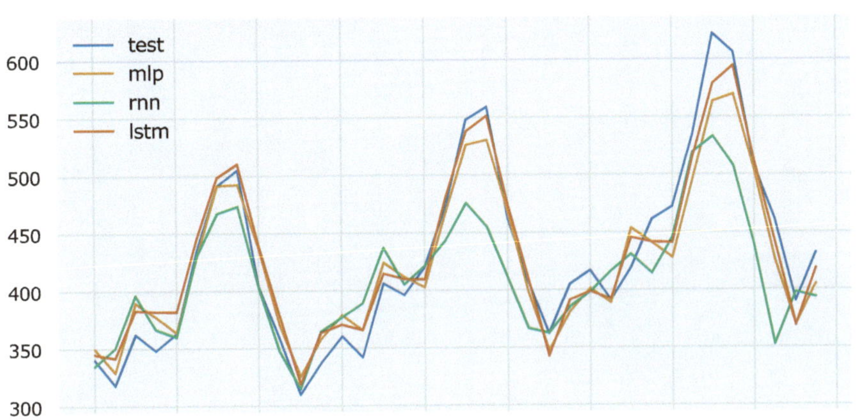

図 6.2.10　ニューラルネットワークを用いた予測結果

時系列予測の実践的技術

本書最後の第７部では，時系列予測における Tips を紹介します．モデルの保存と読み込みは実務的には有用な技術です．また，欠測値の補間や補間を行うときの落とし穴など，時系列分析を行うときにしばしば引っかかってしまう注意点なども紹介します．

時系列予測の実践的技術

第 1 章 モデルの保存と読み込み

テーマ

本章では，実務的に重要となるモデルの保存と読み込みの技術を解説します．毎回データが得られるたびにモデルのパラメータを推定すると，多くの時間がかかってしまいます．そのため，推定されたパラメータを保存する技術は，時間の節約のためにとても有益です．

状態空間モデルは解釈が容易であるというメリットがありますが，パラメータを読み込んで将来を予測する手続きがやや複雑です．通常の回帰分析などとの違いについて言及しつつ，モデルを推定し，保存し，新しいデータを読み込み，将来を予測するという，時系列予測アプリの開発に必須の技術をここで解説します．

概要

状態空間モデルの保存と読み込みに関する注意点 → 状態空間モデルの推定と予測
→ 状態空間モデルの保存と読み込み → 新しいデータを用いたフィルタリングと予測
→ append メソッドを用いたデータの追加 → 複数の系列への分析事例

1.1 状態空間モデルの保存と読み込みに関する注意点

時系列分析に関する技術を学ぶことと，実際にアプリ開発を行うための技術を学ぶことには，それなりに大きな開きがあります．おそらくはデータ分析者とアプリ開発者は役割分担をするはずですが，ある程度は相手の立場に寄り添って，必要な技術を共有することも必要です．

ここでは，予測アプリに組み込むことを想定して，予測モデルを保存し，必要となったときに読み込む技術を解説します．

例えば線形回帰モデルの場合，モデルのパラメータを保存し，新しいデータに対して予測値を計算するという作業は難しくありません．例えば以下のような変数 x_i を用いて予測値 $\widehat{y_i}$ を求める予測モデルを想定します．

$$\widehat{y_i} = \beta_0 + \beta_1 \cdot x_i \tag{7.1}$$

パラメータβ_0, β_1を保存しておくことで，新しいx_{new}が得られたときに$\beta_0 + \beta_1 \cdot x_{\mathrm{new}}$という計算を行うことで予測値を得ることができます．線形回帰モデルの場合は，パラメータの保存と新しいデータに対する予測はほぼワンセットとなっています．

一方の状態空間モデルは目に見えない状態という存在を仮定しています．そのため，最新時点のデータy_tが得られたとしても，すぐに次の時点の予測値$\widehat{y}_{t+1}$を予測できません．その前に一度，状態の予測値α_{t+1}を計算する必要があります．さらにいうと過去の状態α_tも推定する必要があります．

具体例を挙げます．$t = 1, \ldots, 100$までの時点のデータを使って状態空間モデルを推定したとします．パラメータの保存も無事に終わりました．その後$t = 101, \ldots, 107$まで追加で7つの観測値が得られたとします．新しいデータを用いて108時点以降を予測しようと思います．このときは$t = 101, \ldots, 107$における状態$\alpha_{101}, \ldots \alpha_{107}$を推定してから，$\alpha_{108}$を予測します．そしてようやくお目当ての$\widehat{y}_{108}$が得られるという流れになります．

カルマンフィルタは，パラメータの推定と状態の推定（フィルタリング）を分けることができるのが大きなメリットです．パラメータの推定には時間がかかりますが，フィルタリングにはそれほど時間がかかりません．

実用性のある予測アプリを開発しようと思うと，モデルの仕組みについての理解も必要です．本章では単なるライブラリの使い方にとどまらず，状態空間モデルの仕組みについて理解していただいたうえで，実践的な技術を身につけてほしいと思います．

1.2 状態空間モデルの推定と予測

ライブラリの読み込みのコードは省略します．まずは対象となるデータを読み込みます．100時点ある日単位のデータとなっています．

```
# データの読み込み
train_sample = pd.read_csv('7-1-1-train-sample-1.csv',
                           index_col='date',
                           parse_dates=True,
                           dtype='float')

# 日データであることの指定
train_sample.index.freq = 'D'

# 結果の確認
print(train_sample.head(2))
print(train_sample.tail(2))
```

```
                     y
date
2000-05-01  182.079325
2000-05-02  141.334794
```

```
                y
date
2000-08-07  264.246774
2000-08-08  214.887515
```

状態空間モデルを推定します．今回はトレンドの構造としてローカル線形トレンドモデルを想定し，周期が 7 である確率的季節成分を加えた基本構造時系列モデルを利用します．詳細は第 5 部第 5 章を参照してください．

```
# 季節変動ありのローカル線形トレンドモデル
mod_sample = tsa.UnobservedComponents(
    train_sample['y'],               # 対象データ
    level='local linear trend',      # ローカル線形トレンド
    seasonal=7                       # 周期
).fit()

# 推定されたパラメータ
mod_sample.params
```

```
sigma2.irregular      0.106428
sigma2.level         23.394582
sigma2.trend          0.175057
sigma2.seasonal       0.092431
dtype: float64
```

1 週間先までを予測します．

```
# 予測
forecast_sample = mod_sample.forecast(7)

# 予測結果の確認
forecast_sample
```

```
2000-08-09    246.809538
2000-08-10    277.555325
2000-08-11    296.190844
2000-08-12    325.586665
2000-08-13    317.303417
2000-08-14    269.801246
2000-08-15    221.203045
Freq: D, Name: predicted_mean, dtype: float64
```

時系列予測をするだけであれば，これで完了です．しかし，本章のテーマはこの後です．推定されたモデルを，いつでも使えるように保存します．そして学習済みのモデルを読み込んだうえで，新しいデータに適用させます．

1.3 状態空間モデルの保存と読み込み

まずは推定結果を保存し，その結果を読み込む方法を解説します．

複数の推定結果のファイルが出力されるとやや不便ですので，推定結果については実装コードを配置しているフォルダとは異なるフォルダに格納することをおすすめします．例えばあなたが第 2 部第 1 章で作成した「py_tsa」というフォルダでプログラミングを実施しているとします．このときは「py_tsa」フォルダの中に「mod」というフォルダを作っておいてください．

1.3.1 pickle 化とその読み込み

先ほど作成した mod_sample をファイルに出力します．最も単純な方法は pickle という形式で保存することです．pickle という形式を利用することで，どんなオブジェクトでも保存，復元できます．pickle 形式で保存することを pickle 化と呼びます．ほとんどのライブラリでは pickle 化して推定結果を保存する方法が用意されています．ここでは save メソッドを実行することで，推定結果を bsts_sample.pickle というファイルに保存しました．

```
# モデルの保存
# 事前に mod フォルダを作っておくこと
mod_sample.save('./mod/bsts_sample.pickle')
```

続いて，保存された bsts_sample.pickle を読み込みます．パラメータの値が一致していることが確認できます．

```
# モデルの読み込み
mod_loaded = tsa.statespace.MLEResults.load('./mod/bsts_sample.pickle')

# パラメータが一致していることの確認
mod_loaded.params == mod_sample.params
```

```
sigma2.irregular    True
sigma2.level        True
sigma2.trend        True
sigma2.seasonal     True
dtype: bool
```

1.3.2 CSV ファイルへのパラメータの保存と読み込み

pickle 化は簡単ですが，ファイルのサイズが重くなることがあります．そこで今回はパラメータの値だけを CSV ファイルに出力することにします．パラメータは pandas の Series 型ですので，pandas の機能を使うことで簡単に出力できます．params_sample.csv というファイルに保存しました．

```
# パラメータの出力
mod_sample.params.to_csv('./mod/params_sample.csv', header=False)
```

続いてパラメータを読み込みます．このとき，通常の読み込み方法だと数値がわずかに変わってしまうことがあります．そのため，以下のように dtype=object と指定してファイルを読み込み，その後で astype('float64') メソッドを適用して数値になおす方法をとりました．なお squeeze メソッドは読み込んだ結果を Series 形式にするために実行しています．

```
# パラメータの読み込み
imported_params = pd.read_csv(
    './mod/params_sample.csv', header=None,
    index_col=0, dtype=object
).squeeze(1).astype('float64')

# パラメータが一致していることの確認
imported_params == mod_sample.params
```

```
0
sigma2.irregular    True
sigma2.level        True
sigma2.trend        True
sigma2.seasonal     True
dtype: bool
```

imported_params を使って状態を再推定します．そして７時点先までを予測し，mod_sample と同じ結果が再現できていることを確認します．

まずは mod_sample_useparams という名前でモデルの設定を行います．fit メソッドを実行しない点を除けば，通常のモデル化と変わりません．

続いて filter メソッドを使って，フィルタリングを行います．これが重要なポイントです．こうすることでデータが取得できている期間における，状態の推定が完了します．最後に forecast メソッドを実行して１週間先まで予測します．結果は mod_sample の予測結果と完全に一致します．

```
# パラメータを設定
mod_sample_useparams = tsa.UnobservedComponents(
    train_sample['y'],              # 対象データ
    level='local linear trend',     # ローカル線形トレンド
    seasonal=7                      # 周期
)

# パラメータを指定してフィルタリング
mod_sample_useparams = mod_sample_useparams.filter(
    params = imported_params)

# 予測結果が一致していることの確認
all(mod_sample_useparams.forecast(7) == forecast_sample)
```

```
True
```

パラメータを読み込んだ後にフィルタリングを行うというひと手間をかける必要があることに注意してください．なお pickle 化したものを読み込んだ mod_loaded は，フィルタリングしなくても，状態の値などが保持されています．ただし，フィルタリングは一般に非常に高速ですので，ファイルの容量を削減するために，本章ではパラメータのみを保存する方法を採用します．

1.4 新しいデータを用いたフィルタリングと予測

続いて，新しいデータを読み込みます．train_sample_2 は元の train_sample に 1 週間分のデータが追加されています．

```
# データの読み込み
train_sample_2 = pd.read_csv('7-1-2-train-sample-2.csv',
                             index_col='date',
                             parse_dates=True,
                             dtype='float')

# 日データであることの指定
train_sample_2.index.freq = 'D'

# 結果の確認
print(train_sample_2.head(2))
print(train_sample_2.tail(2))
```

```
                     y
date
2000-05-01  182.079325
2000-05-02  141.334794
                     y
date
2000-08-14  294.948285
2000-08-15  243.335236
```

新しいデータに対して状態空間モデルを適用します．ただし，パラメータは mod_sample と同じ値とします．

```
# パラメータを設定
mod_newdata = tsa.UnobservedComponents(
    train_sample_2['y'],            # 対象データ（新しいデータに変更）
    level='local linear trend',     # ローカル線形トレンド
    seasonal=7                      # 周期
)

# パラメータを指定してフィルタリング
mod_newdata = mod_newdata.filter(params = imported_params)
```

```
# パラメータが一致していることの確認
mod_newdata.params == mod_sample.params
```

```
sigma2.irregular    True
sigma2.level        True
sigma2.trend        True
sigma2.seasonal     True
dtype: bool
```

学習データに共通している最初の 100 時点において，フィルタ化推定量は 2 つのモデルで一致します．

```
# フィルタ化推定量の比較
all(mod_newdata.level["filtered"][0:100] == mod_sample.level["filtered"])
```

```
True
```

新しく 7 日間のデータが追加されているため，予測結果は 2 つのモデルで変わります．mod_sample における 2 週間先までの予測結果と，mod_newdata における 1 週間先までの予測結果を比較します（**図 7.1.1**）．

```
# 古いデータを使ったモデルで 2 週間先まで予測
old_forecast = mod_sample.forecast(14)

# 新しいデータを使ったモデルで 1 週間先まで予測
new_forecast = mod_newdata.forecast(7)

# グラフサイズの指定
fig, ax = plt.subplots(figsize=(8, 4))

# 折れ線グラフを描く
ax.plot(train_sample_2, label='実際の売り上げ')
ax.plot(old_forecast, label='古いデータを用いた予測値')
ax.plot(new_forecast, label='新しいデータを用いた予測値')

# 凡例
ax.legend()

# 軸の指定
ax.xaxis.set_major_locator(mdates.MonthLocator(interval=1))

# 軸ラベルのフォーマット
ax.xaxis.set_major_formatter(mdates.DateFormatter('%m月%d日'))
```

古いデータを使ったモデルでは 1 週目に売り上げを過小評価してしまっています．新しいデータを使ったモデルでは，2 週目の予測値を上方修正していることがわかります．一般的に長期予測の精度は低いものです．このように，最近のデータを使うことで予測が改善される可能性があります．

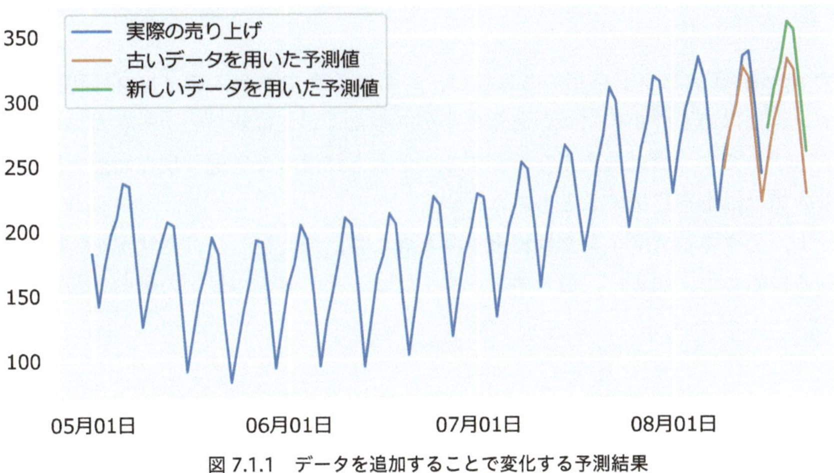

図 7.1.1　データを追加することで変化する予測結果

1.5　append メソッドを用いたデータの追加

先ほどとほぼ同じ結果を，append メソッドを用いることで達成できます．この方法では，新しい 1 週間分のデータだけを train_update として取り出して利用します．train_update を引数に append メソッドを用いることで，簡単にデータの追加ができます．なお，この方法を使うと，フィルタリングだけではなくスムージングも行われるようです．

```
# 追加データ
train_update = train_sample_2.loc['2000-08-09':'2000-08-15']

# データを追加したモデル
mod_update = mod_sample.append(train_update)
```

デフォルトでは，パラメータの更新は行われません．フィルタ化推定量は，filter メソッドを使った結果と一致します．

```
# フィルタ化推定量が一致する
all(mod_newdata.level["filtered"] == mod_update.level["filtered"])
```

```
True
```

予測値についても完全に一致します．どちらの方法を利用してもよいでしょう．

```
# 予測値も一致する
all(new_forecast == mod_update.forecast(7))
```

```
True
```

なお，この append メソッドを用いる方法は，いわゆる**ナウキャスティング**に利用できます．ナウキャスティングにはいくつかの定義がありますが，平たくいえば新しいデータが得られるたびに予測値を更新する手法です．直近の未来を予測することもあれば，文字通り現在時点の推定を，あるいは直近の過去の値の推定を目指すこともあります．

どちらにせよ，ナウキャスティングは将来予測と異なり，今現在おかれた状況を正確に把握するために利用される技術です．例えば，最新のデータを反映させて直近の景気の動向を調べるといったことができます．

1.6　複数の系列への分析事例

パラメータを推定するよりも，一般的にフィルタリングだけを行う方が高速です．ここでは複数の系列に対してパラメータも推定する場合と，フィルタリングと予測だけを行う場合で速度を比較します．

1.6.1　データの読み込み

データを読み込みます．

```
# データの読み込み
large_data_1 = pd.read_csv('7-1-3-large-train-1.csv',
                           index_col='date',
                           parse_dates=True,
                           dtype='float')

# 日データであることの指定
large_data_1.index.freq = 'D'

# 最初と最後の日付
print(large_data_1.index[[0, -1]])
```

```
DatetimeIndex(['2000-05-01', '2000-08-08'],
dtype='datetime64[ns]', name='date', freq=None)
```

large_data_1 は 5 月 1 日から 8 月 8 日までの 100 日間のデータです．

今回は予測系列が 50 系列あります．

```
large_data_1.shape
```

```
(100, 50)
```

予測系列は，以下のような列名となっています．

```
large_data_1.columns
```

```
Index(['y_0', 'y_1', 'y_2', 'y_3', 'y_4', 'y_5', 'y_6', 'y_7', 'y_8', 'y_9',
       'y_10', 'y_11', 'y_12', 'y_13', 'y_14', 'y_15', 'y_16', 'y_17', 'y_18',
       'y_19', 'y_20', 'y_21', 'y_22', 'y_23', 'y_24', 'y_25', 'y_26', 'y_27',
       'y_28', 'y_29', 'y_30', 'y_31', 'y_32', 'y_33', 'y_34', 'y_35', 'y_36',
       'y_37', 'y_38', 'y_39', 'y_40', 'y_41', 'y_42', 'y_43', 'y_44', 'y_45',
       'y_46', 'y_47', 'y_48', 'y_49'],
      dtype='object')
```

1.6.2 パラメータの推定と予測

50系列を対象として状態空間モデルのパラメータを推定し，2週間先まで予測を行います．パラメータは params に，予測結果は forecasts_1 に格納しました．なお %%time と頭につけることで，当該セルの実行時間を出力できます．

```
%%time
for i in range(0, large_data_1.shape[1]):
    # 季節変動ありのローカル線形トレンドモデル
    mod_loop = tsa.UnobservedComponents(
        large_data_1.iloc[:, i],          # 対象データ
        level='local linear trend',       # ローカル線形トレンド
        seasonal=7                        # 周期
    ).fit()

    # パラメータの保存
    if (i == 0):
        params = mod_loop.params

        # パラメータを見分けるための名前の設定
        params.name = large_data_1.columns[i]
    else:
        param_temp = mod_loop.params

        # パラメータを見分けるための名前の設定
        param_temp.name = large_data_1.columns[i]

        # 推定されたパラメータを 1 つの DataFrame にまとめる
        params = pd.concat([params,param_temp], axis=1)

    # 予測
    if (i == 0):
```

第1部 第2部 第3部 第4部 第5部 第6部 第7部

```
        forecasts_1 = mod_loop.forecast(14)

        # パラメータを見分けるための名前の設定
        forecasts_1.name = large_data_1.columns[i]
    else:
        fore_temp = mod_loop.forecast(14)

        # パラメータを見分けるための名前の設定
        fore_temp.name = large_data_1.columns[i]

        # 推定されたパラメータを 1 つの DataFrame にまとめる
        forecasts_1 = pd.concat([forecasts_1, fore_temp], axis=1)
```

```
CPU times: total: 1.05 s
Wall time: 2.83 s
```

およそ 3 秒程度で終わりました．50 系列でこの時間ですので，1 万系列などを予測する場合は，それなりに時間を要します．また，モデルが複雑になったり，訓練データが増えたりすると，さらに推定に時間がかかる可能性があります．

1.6.3　新しいデータを用いたフィルタリングと予測

続いて，新しいデータを読み込みます．large_data_2 は元の large_data_1 に 1 週間分のデータが追加されています．

```
# データの読み込み
large_data_2 = pd.read_csv('7-1-4-large-train-2.csv',
                    index_col='date',
                    parse_dates=True,
                    dtype='float')

# 日データであることの指定
large_data_2.index.freq = 'D'

# 最初と最後の日付
print(large_data_2.index[[0, -1]])
```

```
DatetimeIndex(['2000-05-01', '2000-08-15'], dtype='datetime64[ns]', name='date',
freq=None)
```

50 系列を対象としてフィルタリングを行い，2 週間先まで予測を行います．パラメータは推定しません．

```
%%time
for i in range(0, large_data_2.shape[1]):
    # 季節変動ありのローカル線形トレンドモデル
    mod_loop = tsa.UnobservedComponents(
```

```
        large_data_2.iloc[:, i],          # 対象データ
        level='local linear trend',       # ローカル線形トレンド
        seasonal=7                        # 周期
    )

    # パラメータを指定してフィルタリング
    mod_loop = mod_loop.filter(params = params[large_data_2.columns[i]])

    # 予測
    if (i == 0):
        forecasts_2 = mod_loop.forecast(14)

        # パラメータを見分けるための名前の設定
        forecasts_2.name = large_data_2.columns[i]
    else:
        fore_temp = mod_loop.forecast(14)

        # パラメータを見分けるための名前の設定
        fore_temp.name = large_data_2.columns[i]

        # 推定されたパラメータを 1 つの DataFrame にまとめる
        forecasts_2 = pd.concat([forecasts_2, fore_temp], axis=1)
```

```
CPU times: total: 93.8 ms
Wall time: 207 ms
```

今回は 207 ミリ秒であり，パラメータの推定を行った場合と比べて非常に短い時間で済みました．

1.6.4　予測結果の確認

予測結果を可視化します．ここでは，予測結果を簡単に可視化するための plot_result という関数を作りました．target_data_name を指定するだけで，2 つのモデルにおける当該データの予測値の折れ線グラフを描くことができます．

```
# 予測結果を可視化するための関数
def plot_result(target_data_name):
    # グラフサイズの指定
    fig, ax = plt.subplots(figsize=(8, 4))

    # 折れ線グラフを描く
    ax.plot(large_data_2.loc['2000-07-15':][target_data_name],
            label='実際の売り上げ')
    ax.plot(forecasts_1[target_data_name],
            label='古いデータを用いた予測値')
    ax.plot(forecasts_2[target_data_name],
            label='新しいデータを用いた予測値')

    # 凡例
    ax.legend()
```

```
    # 軸の指定（週ごと）
    ax.xaxis.set_major_locator(mdates.WeekdayLocator(interval=1))

    # 軸ラベルのフォーマット
    ax.xaxis.set_major_formatter(mdates.DateFormatter('%m月%d日'))
```

系列 y_0 を対象として予測結果を確認します（**図 7.1.2**）.

```
# 予測結果の可視化
plot_result('y_0')
```

今回も，8 月 8 日の週を過小に予測しすぎていたため，データを追加したモデルではやや高めの予測値に修正されていることがわかります.

膨大な系列がある場合にすべての系列を可視化するのは難しいことがありますが，重要な系列に関してだけでもよいので，できるだけグラフで予測結果を確認しておきましょう.

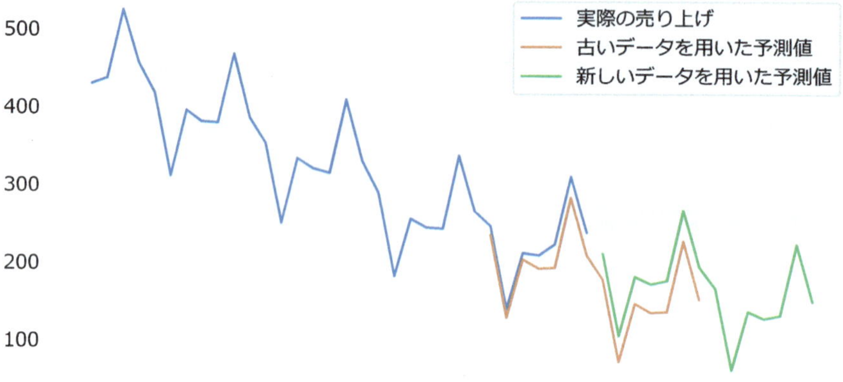

図 7.1.2　y_0 系列における予測結果の確認

第2章 時系列分析の実践における Tips と注意点

テーマ

本章では，時系列分析を行うときにしばしば陥る失敗などに言及しつつ，実践における Tips をいくつか紹介します．

概要

時系列データの補間 → 状態空間モデルによる補間 → 日付の抜け漏れ
→ 単純な補間が問題をもたらす事例
→ データのリークに注意 → 予測精度の評価におけるナイーブ予測の利用
→ 利用するデータの期間

2.1 時系列データの補間

欠測値を補間する方法を解説します．ライブラリの読み込みのコードは省略します．

2.1.1 ランダムウォーク系列の生成

補間の対象となる時系列データを生成します．今回は 2000 年 1 月 1 日から 2000 年 4 月 9 日までのランダムウォーク系列とします．サンプルサイズは 100 です．

```
# 乱数の種
np.random.seed(1)

# 正規分布に従う乱数の累積和を作成し，ランダムウォーク系列を作る
sim_size = 100
rw = pd.DataFrame(
    {'rw':np.cumsum(stats.norm.rvs(loc=0, scale=1, size=sim_size))},
    index=pd.date_range(start='2000-01-01', periods=sim_size, freq='D')
)
```

1 月 3 日時点を欠測とします．

```
# 欠測入りの系列
rw_missing = rw.copy()

# 1 時点を欠測とする
rw_missing.loc['2000-01-03'] = None

# 結果の確認
print(rw_missing.head())
```

```
                  rw
2000-01-01  1.624345
2000-01-02  1.012589
2000-01-03       NaN
2000-01-04 -0.588551
2000-01-05  0.276856
```

2.1.2　1 時点の線形補間

補間の方法としては**線形補間**が頻繁に用いられます．pandas の DataFrame が持つ interpolate メソッドを用いることで簡単に実行できます．

```
# 欠測値の補間
print(rw_missing.interpolate().head())
```

```
                  rw
2000-01-01  1.624345
2000-01-02  1.012589
2000-01-03  0.212019
2000-01-04 -0.588551
2000-01-05  0.276856
```

1 時点の欠測値であれば，線形補間は前後のデータの平均値と等しくなります．すなわち，以下の計算で，まったく同じ補間を行うことができます．

```
# interpolate メソッドを使わない実装
(rw_missing.loc['2000-01-02'] + rw_missing.loc['2000-01-04']) / 2
```

```
rw    0.212019
dtype: float64
```

2.1.3　長期間の線形補間

線形補間は名前の通り欠測が存在する期間を，その前後のデータで直線状につなぐことで補間を行います．長期にわたる欠測があるデータを生成して，線形補間を実施すると，線形補間の特徴がわかりやすいです．**図 7.2.1** は 1 月 10 日から 1 月 30 日まで，21 日間にわたって欠測とし，それを線形補間した結果です．

```
# 21時点連続で欠測
rw_missing.loc['2000-01-10':'2000-01-30'] = None

# グラフサイズの指定
fig, ax = plt.subplots(figsize=(8, 4))

# 折れ線グラフを描く
ax.plot(rw_missing.interpolate(), label='補間済み系列', color='red')
ax.plot(rw, label='元の系列', color='black')

# 凡例
ax.legend()

# 軸ラベルのフォーマット
ax.xaxis.set_major_formatter(mdates.DateFormatter('%m月%d日'))
```

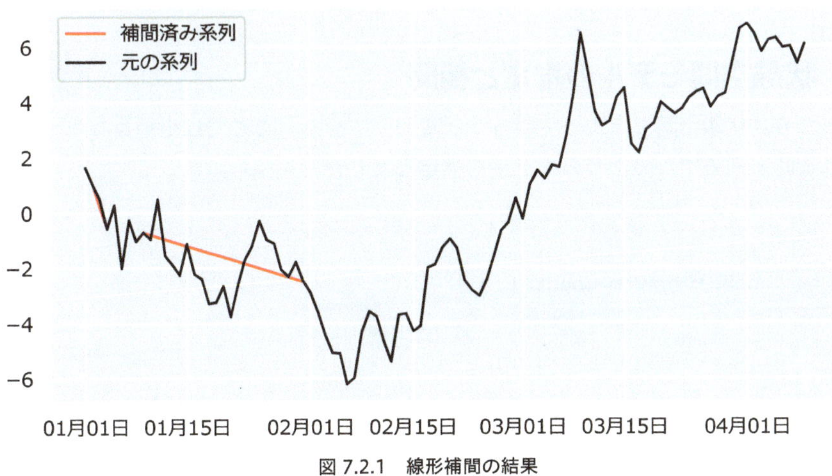

図 7.2.1　線形補間の結果

時系列データが直近のデータとよく似ているはずだという想定に基づけば，このように線形補間を行うのは自然であるかもしれません．

2.2　状態空間モデルによる補間

状態空間モデルは欠測値があってもそのまま推定できます．状態空間モデルを用いて欠測値を補間することを試みます．

2.2.1　飛行機乗客数データの読み込み

飛行機乗客数データを読み込みます．今回は statsmodels のみを利用するため，日付のインデックスは（PeriodIndex ではなく）DatetimeIndex としました．

```
# 飛行機乗客数データの読み込み
air_passengers = sm.datasets.get_rdataset('AirPassengers').data

# 日付インデックスの作成（DatetimeIndex）
date_index = pd.date_range(
    start='1949-01', periods=len(air_passengers), freq='MS')
air_passengers.index = date_index

# 不要な時間ラベルの削除
air_passengers = air_passengers.drop(air_passengers.columns[0], axis=1)
```

1955 年と 1956 年の 2 年間を欠測とします．

```
# データの 2 年間を欠測にする
air_passengers.loc['1955':'1956'] = None
```

2.2.2　状態空間モデルの推定と補間

欠測があっても，状態空間モデルの実装方法は変わりません．ここでは単純なローカルレベルモデルと，基本構造時系列モデルの 2 つのモデルを推定しました．

```
# ローカルレベルモデル
mod_ll = tsa.UnobservedComponents(
    air_passengers,           # 対象データ
    level='local level'       # ローカルレベル
).fit()

# 季節変動ありのローカル線形トレンドモデル
mod_bsts = tsa.UnobservedComponents(
    air_passengers,                   # 対象データ
    level='local linear trend',       # ローカル線形トレンド
    seasonal=12                       # 周期
).fit()
```

推定された平滑化状態を，元のデータとあわせて可視化します（**図 7.2.2**）．

```
# DataFrame にまとめる
plot_df = pd.DataFrame({
    'local_level': mod_ll.level['smoothed'],
    'bsts': mod_bsts.level['smoothed'] + mod_bsts.seasonal['smoothed'],
    'data': air_passengers['value']
})

# 可視化
plot_df.plot()
```

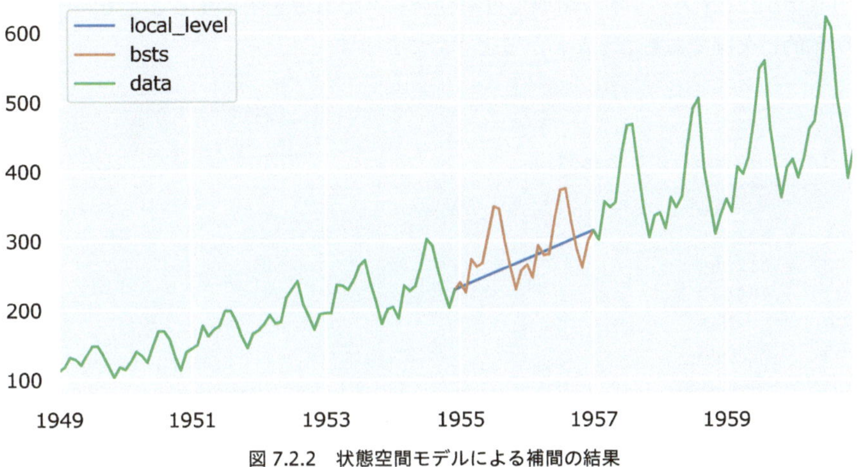

図 7.2.2　状態空間モデルによる補間の結果

たまに誤解される方がいるのですが，状態空間モデルを用いるだけで精度よく補間ができるという認識は誤りです．状態空間モデルは，データに関する私たちの知識をデータ分析に反映できるのが大きな利点です．そのため，ローカルレベルモデルのような単純なモデルでは，線形補間と大差ない結果が得られます．

一方で季節性やトレンドがあるというデータに関する知識があれば，その知識に基づいて補間を行うことができます．

2.3　日付の抜け漏れ

ここでは少しイレギュラーな欠測について説明します．

日付に抜け漏れがあり，一見すると欠測がないように見えるデータがしばしばあります．以下では，2000 年 1 月 4 日から 20 日間にわたり日付そのものが存在していません．そのため，1 月 3 日の翌日が 1 月 24 日となっています．

```
# 日付の欠測があるデータ
rw_lack = rw.copy()
rw_lack = rw_lack.drop(
    pd.date_range(start='2000-01-04', periods=20, freq='D'))

# 結果の確認
print(rw_lack.head())
```

```
                  rw
2000-01-01  1.624345
2000-01-02  1.012589
2000-01-03  0.484417
2000-01-24 -1.219103
2000-01-25 -0.318247
```

以下のようにasfreqメソッドを用いて日単位データであると明示することで，日付の抜け漏れをなくし，明示的に欠測であることがわかるようにできます．

```
# 日付の抜け漏れを欠測扱いにする
print(rw_lack.asfreq('D').head())
```

```
                  rw
2000-01-01  1.624345
2000-01-02  1.012589
2000-01-03  0.484417
2000-01-04       NaN
2000-01-05       NaN
```

なお，月単位データであればasfreq('MS')にするなど，データにあわせて頻度は変更してください．

2.4　単純な補間が問題をもたらす事例

ライブラリを使えば補間は一瞬で終わりますが，単純な補間を実施することが適切でない場合もあります．本書に補間そのものをバッシングする意図はありません．しかし，単純な計算処理で済むような補間だけではうまくいかない事例もありますので，いくつか紹介します．

よくあるのが，「0」のデータが送られてこないことです．例えばある小さな店舗においてある商品が1つも売れなかった日は，そもそも販売記録が送られてこないという仕様です．0が送られてこないという事例は比較的頻繁にあるため，欠測が生じる原因についてデータ取得元に問いあわせる必要があります．このようなときに補間を行うのは当然ながら推奨されません．取得したデータに0が含まれていない場合は，少し怪しんだ方がよいでしょう．

また，何日か分の売り上げをまとめて計上した日には，その前の日が欠測になるということもあります．例えば1月1日が10個，2日が12個，3日が8個でしたが，1日と2日を欠測として3日にのみ30個と記録されるようなデータです．

IT化された現場ではあまり発生しませんが，忙しくて記録ができず，数日まとめて記録を行うというオペレーションが実施される可能性もあります．

欠測ではありませんが，過去の入力値を補正するために，翌日あえて異なる数値を入力して辻褄をあわせることもありえます．本来は1日が10個，2日が12個なのですが，間違って1日に8個と入力してしまったので辻褄をあわせるために2日を14個と記録するようなやり方です．

このようなデータに対しては，あえてデータの取得頻度を少なくするといった方法が適切になる可能性があります．すなわち，日単位データとして扱うのではなく，週単位データとして再集計して分析に利用します．

データの取得頻度は細かい方が好ましいと思われる方もいますが，データの品質にあわせるのが現実的かと思います．予測を利用するときのオペレーションなども確認しながら，無難な方法を探ることになります．

このとき，当然ですが「補間を行った後で，週単位に集計」するのと「単に週単位で集計（欠測値は0と同じ扱い）」するのとでは結果が変わりますので，注意してください．補間を行うべきでないこともしばしばあります．手癖で補間を行うのは危険かもしれませんね．

2.5 データのリークに注意

ここでは，時系列分析でしばしば発生する**データのリーク**の問題について述べます．リークとは，平たくいえば「(本来手に入らないはずの) 将来のデータを使ってしまう」という問題です．

2.5.1 1次のARモデルによる誤った長期予測

ここでは1次のARモデルを対象としてデータのリークの例を紹介します．まずは飛行機乗客数データを読み込みます．最後の3年間（36か月間）をテストデータとします．

```
# 飛行機乗客数データの読み込み
air_passengers = sm.datasets.get_rdataset('AirPassengers').data

# 日付インデックスの作成（PeriodIndex）
date_index = pd.period_range(
    start='1949-01', periods=len(air_passengers), freq='M')
air_passengers.index = date_index

# 不要な時間ラベルの削除
air_passengers = air_passengers.drop(air_passengers.columns[0], axis=1)

# 訓練データとテストデータに分割する
train_air, test_air = temporal_train_test_split(air_passengers, test_size=36)

# 予測期間
fh_air = np.arange(1, len(test_air) + 1)
```

第4部第2章2.4節と同様の方法で1次のARモデルを推定し，定数項と係数を得ます．

```
# 予測器（線形回帰モデル）
regressor_ar = LinearRegression()

# 再帰的に回帰分析を実行
forecaster_ar = make_reduction(
    regressor_ar, window_length=1, strategy="recursive")
forecaster_ar.fit(train_air)
```

```
# 推定されたパラメータ
params = forecaster_ar.get_fitted_params()

intercept = params['estimator__intercept']
coef = params['estimator__coef'][0]

# 結果の確認
print('intercept:', intercept)
print('coef:     ', coef)
```

```
intercept: 13.118081409372223
coef:      0.952049318694247
```

1 次の AR モデルの構造は以下の通りです．

$$y_t = c + \phi_1 y_{t-1} + \varepsilon_t, \qquad \varepsilon_t \sim \mathcal{N}\left(0, \sigma^2\right) \tag{7.2}$$

ここで，先ほどの結果から定数項cはおよそ 13，係数ϕ_1はおよそ 0.95 となりました．

1 時点前の値y_{t-1}は shift メソッドを実行することで得られます．そのため，以下のようにしてテストデータの予測値を計算できます．

```
# 2 時点目以降の予測
ar_pred = intercept + coef * air_passengers.shift(1).loc[test_air.index]

# 予測結果
print(ar_pred.head(3))
```

```
             value
1958-01  333.006652
1958-02  336.814850
1958-03  315.869765
```

予測精度を確認します．

```
# 予測精度
mae = mean_absolute_error(test_air, ar_pred)
mase = mean_absolute_scaled_error(
    test_air, ar_pred, y_train=train_air)

print('MAE :', mae)
print('MASE:', mase)
```

```
MAE : 42.54651676508815
MASE: 2.094055792945921
```

上記のような方法で予測値を計算し，その評価を行うことはしばしばあります．しかし，この方法はテスト期間中のデータを用いて予測値を計算しています．すなわち，テスト期間は 1958 年 1 月以降ですが，1958 年 1 月の実測値を用いて，1958 年 2 月の予測値を計算しているのです．

1 時点先の予測値しか利用しないという場合には，上記の方法で差し支えありません．ただし，この方法は 2 時点以降先の長期予測ができていないことに注意が必要です．

2.5.2 正しい長期予測

テスト期間中のデータを一切使わずにテスト期間を予測するためには，再帰的に予測値を計算する必要があります．すなわち訓練データの最終月である 1957 年 12 月を使って 1958 年 1 月の予測値を求めます．そして 1958 年 1 月の予測値を用いて 1958 年 2 月を予測します．実装コードは以下のようになります．

```
# 正しい長期予測の作り方
# 予測値を格納する入れ物
ar_pred_2 = pd.DataFrame({'value': np.zeros(len(test_air))},
                         index=test_air.index)

# 1 時点目の予測は，訓練データの最後の時点の実測値を使う
ar_pred_2.loc['1958-01'] = intercept + coef * train_air.loc['1957-12'].iloc[0]

# 2 時点目以降の予測は，1 時点前の予測値を使う
for i in range(1, len(ar_pred_2)):
    ar_pred_2.iloc[i] = intercept + coef * ar_pred_2.iloc[i - 1]

# 予測結果
print(ar_pred_2.head(3))
```

```
              value
1958-01  333.006652
1958-02  330.156838
1958-03  327.443674
```

なお sktime の predict メソッドは，上記と同じ方法で，再帰的に予測値を計算します．

```
# sktime による予測結果と一致する
all(forecaster_ar.predict(fh=fh_air) == ar_pred_2)
```

```
True
```

この方法を用いると，予測精度はかなり悪化します．

```
# 予測精度
mae = mean_absolute_error(test_air, ar_pred_2)
mase = mean_absolute_scaled_error(
    test_air, ar_pred_2, y_train=train_air)

print('MAE :', mae)
print('MASE:', mase)
```

```
MAE : 127.04227618648179
MASE: 6.252770723069711
```

予測値のグラフを描くと，両者の違いは一目瞭然です（**図 7.2.3**）.

```
# 予測結果の可視化
fig, ax = plot_series(train_air, test_air,
                      ar_pred, ar_pred_2,
                      labels=['train', 'test', '誤った長期予測',
                              '正しい長期予測'],
                      markers=np.tile('', 4))
fig.set_size_inches(8, 4)
```

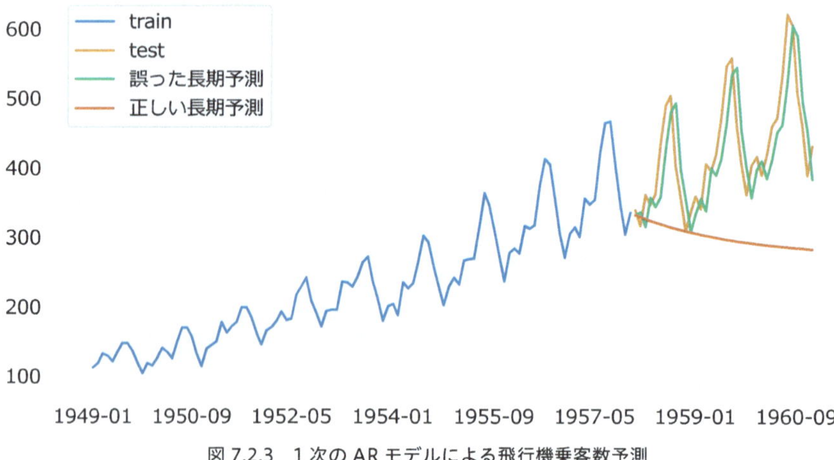

図 7.2.3　1 次の AR モデルによる飛行機乗客数予測

一般的に予測値は正確な実測値と異なります．1 時点先程度であれば予測誤差は小さいかもしれませんが，再帰的に予測を行うと予測誤差が積み重なり，長期的にはかなり大きな誤差となります．

実際に予測を活用する現場では再帰的な予測を行うのにかかわらず，モデルを評価するときに誤った長期予測（短期予測の連続的な実行）を行ってしまうと大きな混乱を招くので注意してください．Web や書籍で紹介されている予測のためのコードが，長期予測ができるものなのかそうでないのか，しっかりと確認しましょう．

2.5.3　その他のデータのリークの例

機械学習法を用いて予測を行う場合，特徴量を利用することが多いです．第 6 部第 1 章 1.10 節の LightGBM の事例では，三角関数を特徴量として利用しました．このような特徴量や，いわゆるカレンダー情報と呼ばれる年・月・日・曜日といった特徴量は将来の値がわかっているため問題ありません．しかし，例えば将来の気温を用いて売り上げを予測する場合，将来の気温の値がわかっていないことに注意が必要です．

また，移動平均値を特徴量として使う場合，将来の値を移動平均値の計算に利用してはいけません．そのため中心化移動平均は，予測モデルの特徴量としては利用しない方が賢明です．

データの標準化を行うときにも，「訓練データ」の平均を 0 に，分散を 1 にするような修正を行う必要があります．訓練データの平均値が 10 で，テストデータの平均値が 20 である場合，訓練データに適合した標準化をテストデータに適用しても，テストデータの平均値は 0 になりません．訓練データから 10 を差し引いて標準化を行ったならば，テストデータに対しても 10 を差し引くことで標準化を行う必要があります．将来の値がリークしないよう，細心の注意を払って分析を実施しましょう．

2.6　予測精度の評価におけるナイーブ予測の利用

予測精度の良し悪しを絶対的な基準で評価することは意外と難しいです．例えば「MAE が 10 未満ならばその予測モデルを採用する」や「MASE が 1 未満なら採用する」といった基準も明確な理由に欠けます．データを分析し，定量的な予測値を得たのにかかわらず「予測結果を利用するか否かの判断は，直感で定性的に行う」というのには相当な違和感があります．

理想的には予測がもたらす経済的価値を定量化し，予測が価値を生み出すことを確認することが好ましいです．予測がもたらす経済的価値の算出方法については馬場 (2021) を参照してください．

比較的簡単に予測の良し悪しを評価できるのが，ナイーブ予測を用いる方法です．持続予測や季節ナイーブ予測などと比較して予測精度が向上することを確認します．

複雑な予測モデルを用いても予測精度が向上しないならば，それらの手法は用いない方が無難です．季節性やトレンドがあるデータの場合は，指数平滑化法とその拡張モデルなども試してみましょう．古典的かつ単純な予測で十分であることは，頻繁にあります．

2.7　利用するデータの期間

時系列分析について頻繁に受ける質問の 1 つが，利用するデータの期間です．サンプルサイズはいくつ以上あればよいのでしょうか．30 個以上でしょうか，それとも 100 個以上でしょうか．

当方の回答はいつも同じで「わかりません」です．突き放したような回答ですが，正直なところ，これ以外の回答が思いつきません．

時系列分析の場合は，サンプルサイズが長いことがすべてよいことになるとは限りません．例えば利用しているセンサが変わるなどしてデータの取得方法がここ 10 年で変わったという場合には，10 年以上前のデータは使わない方が賢明かもしれません．

しかし，外生変数などを組み込むことでセンサが変わったことをモデルに反映できるかもしれません．センサの違いがもたらす影響を知りたいということもあるでしょう．この場合は，長期間のデータを使う必要があります．目的にあわせて，データの期間を検討するよりほかにはないようです．

おわりに

本書は実践的な知識や技術を伝えることを目的とした書籍です．実践的な知識とは何なのかを考えたとき，きっと実装コードが載っているだけでは不足しているのだろうなと思いました．そのうち，プログラミングの大部分を生成 AI が担うようになるはずだからです．

そこで，本書では実際にデータを分析しているあなたが，納得感を伴って分析できるような知識を身につけてもらうことを目指しました．

自分自身が自分なりに納得し，そのうえで例えばチームのメンバーや上司，あるいはステークホルダーの方に納得してもらえるように説明する．これが実務では大切ですよね．そのため，少し遠回りに見えますが，理論を学び自らが納得することは，実践的に見て有益だと思います．

納得感を得るというのは，実際のところ難しいものです．あくまでも「感じ」であるため，個人の感情に左右されます．全員に納得感を強制的に与えるためには，もはや洗脳するしかありません．それでも納得感が得られやすくなるような工夫を凝らしたつもりです．

1 つ目の工夫は，同じ内容を複数の方法で説明したことです．町の地理を知りたいとき，地図を見ることと，実際に町を歩いて建物などを見て回ることの両方をすると，納得感が増すと思います．地図を見るのはモデルの数式を読むことに，実際に町を歩くのはコードを書いてデータ分析を実施することに該当します．やみくもに歩き回るだけでなく，ぜひ地図を片手に歩いてほしいと思います．

2 つ目の工夫は，解像度が低い文章を減らしたことです．例えば「状態空間モデルは，時系列データを効率的に分析できるフレームワークです」という記載を間違いとはいえませんが，Box-Jenkins 法とも重なる内容ですので「状態空間モデルのことを知りたい」という読者の要望に応える内容ではないと思います．

解像度を高めるという行為は，間違える余地を増やすという行為と同じです．Box-Jenkins 法と重ならない内容，すなわち「Box-Jenkins 法の説明でこの内容だと，間違っていると指摘されてしまうような内容」で状態空間モデルの解説をするのが，解像度の高い解説なのだと思います．できる限りやさしい言葉づかいで，この目標を達成できるように努力したつもりですが，最終的な判断は読者の方にお任せします．

個人的には，生成 AI がデータを分析するようになっても，特段の感慨はありません．けれども，実務的な問題は残ります．生成 AI が出力した結果を，受け入れるかどうかを人間が判断しなければならないのです．そのときには，納得感を伴って受け入れたいものですね．

本書ではできる限り暗黙知を言葉にすることに努めました．入門書なので数式はかなり減らしましたが，理論的な話が多いので，読み切るのはそれなりに大変かもしれません．それでも，こういった理論こそが，現在では最も実践的な知識なのだと信じています．

参考文献

1 B. Lubanovic（斎藤康毅 監訳，長尾高弘 訳）(2015). 入門 Python3. オライリー・ジャパン.

2 B. Lubanovic（鈴木駿 監訳，長尾高弘 訳）(2021). 入門 Python3　第 2 版. オライリー・ジャパン.

3 C. Althoff（清水川貴之・新木雅也 訳）(2018). 独学プログラマー. 日経 BP.

4 C. M. Bishop（元田浩・栗田多喜夫・樋口知之・松本裕治・村田昇 監訳）(2012). パターン認識と機械学習　上・下. 丸善出版.

5 C. W. J. Granger, P. Newbold(1974). Spurious regressions in econometrics. Journal of Econometrics. 2, 111-120.

6 C. W. J. Granger（宜名真勇，馬場善久 訳）(1994). 経営・経済予測入門. 有斐閣.

7 D. Kwiatkowski, P. C. B. Phillips, P. Schmidt, Y. Shin(1992). Testing the null hypothesis of stationarity against the alternative of a unit root. Journal of Econometrics. 54, 159–178.

8 E. Ghysels, D. R. Osborn(2001). The Econometric Analysis of Seasonal Time Series. Cambridge University Press.

9 G. Ke, et al(2017). LightGBM: A highly efficient gradient boosting decision tree. Advances in Neural Information Processing Systems. 30, 3146–3154.

10 G. Upton, I. Cook（白旗慎吾 監訳）(2010). 統計学辞典. 共立出版.

11 J. Durbin, S. J. Koopman（和合肇・松田安昌 訳）(2004). 状態空間モデリングによる時系列分析入門. シーエーピー出版.

12 J. H. Friedman(2001). Greedy function approximation: A gradient boosting machine. Annals of Statistics. 29, 1189-1232.

13 J. J. F. Commandeur, S. J Koopman（和合肇 訳）(2008). 状態空間時系列分析入門. シーエーピー出版.

14 M. Löning, A. Bagnall, S. Ganesh, V. Kazakov, J. Lines, F. J. Király(2019). sktime: A unified interface for machine learning with time series. arXiv:1909.07872.

15 M. Peixeiro（株式会社クイープ 訳）(2023). Python による時系列予測. マイナビ出版.

16 R. J. Hyndman, G. Athanasopoulos(2021). Forecasting: principles and practice, 3rd edition. OTexts: Melbourne, Australia. OTexts.com/fpp3. Accessed on 2024-07-28.

17 R. J. Hyndman, Y. Khandakar(2008). Automatic time series forecasting: The forecast package for R. Journal of Statistical Software. 27, 1-22.

18 R. J. Hyndman(2020). A brief history of forecasting competitions. International Journal of Forecasting. 36, 7-14.

19 S. Makridakis, E. Spiliotis, V. Assimakopoulos(2022). M5 accuracy competition: Results, findings, and conclusions. International Journal of Forecasting, 38, 1346-1364.

20 W. Enders（新谷元嗣・藪友良 訳）(2019). 実証のための計量時系列分析. 有斐閣.

21 有田帝馬 (2012). 入門 季節調整. 東洋経済新報社.

22 石原祥太郎・村田秀樹 (2020). Python ではじめる Kaggle スタートブック. 講談社.

23 岡谷貴之 (2022). 深層学習　改訂第 2 版. 講談社.

24 沖本竜義 (2010). 経済・ファイナンスデータの計量時系列分析. 朝倉書店.

25 門脇大輔・阪田隆司・保坂桂佑・平松雄司 (2019). Kaggle で勝つデータ分析の技術. 技術評論社.

26 北川源四郎 (2005). 時系列解析入門. 岩波書店.

27 北川源四郎 (2020). R による 時系列モデリング入門. 岩波書店.

28 下川敏雄・杉本知之・後藤昌司（金明哲 編）. (2013). 樹木構造接近法. 共立出版.

29 巣籠悠輔 (2019). 詳解ディープラーニング [第 2 版]. マイナビ出版.

30 陶山嶺 (2020). Python 実践入門. 技術評論社.

31 田中勝人 (2006). 現代時系列分析. 岩波書店.

32 田中孝文 (2008). R による時系列分析入門. シーエーピー出版.
33 谷崎久志 (1993). 状態空間モデルの経済学への応用（神戸学院大学経済学研究叢書）. 日本評論社.
34 野村俊一 (2016). カルマンフィルタ. 共立出版.
35 萩原淳一郎・瓜生真也・牧山幸史（石田基広 編）(2018). 基礎からわかる時系列分析. 技術評論社.
36 馬場真哉 (2018). 時系列分析と状態空間モデルの基礎. プレアデス出版.
37 馬場真哉 (2021). 意思決定分析と予測の活用. 講談社.
38 馬場真哉 (2022). Python で学ぶあたらしい統計学の教科書 第 2 版. 翔泳社.
39 樋口知之 (2022). 予測にいかす統計モデリングの基本 改訂第 2 版. 講談社.
40 福地純一郎・伊藤有希 (2011). R による計量経済分析. 朝倉書店.
41 本多正久 (2000). 経営のための需要の分析と予測. 産能大学出版部.
42 松原望・縄田和満・中井検裕（東京大学教養学部統計学教室 編）(1991). 統計学入門. 東京大学出版会.
43 毛利拓也 (2023). LightGBM 予測モデル実装ハンドブック. 秀和システム.
44 森賀新・木田悠歩・須山敦志 (2022). Python ではじめるベイズ機械学習入門. 講談社.
45 森平爽一郎 (2019). 経済・ファイナンスのための カルマンフィルター入門. 朝倉書店.
46 山本拓 (1995). 計量経済学. 新世社.
47 山本拓 (2022). 計量経済学 第 2 版. 新世社.
48 渡辺則生 (2003). ソフトコンピューティングと時系列解析. シーエーピー出版.

Index 索引

英字

あ行

か行

さ行

た行

Index プログラム関連用語索引

和字

著者紹介

馬場真哉（ばばしんや）

2014年　北海道大学大学院水産科学院修了

Logics of Blue（https://logics-of-blue.com/）というWebサイトの管理人

2020年11月より東京医科歯科大学（現 東京科学大学）非常勤講師，2021年2月から2023年3月まで岩手大学客員准教授，2022年4月より帝京大学特任講師

著　書『平均・分散から始める一般化線形モデル入門』（プレアデス出版，2015年）

『時系列分析と状態空間モデルの基礎：RとStanで学ぶ理論と実装』（プレアデス出版，2018年）

『RとStanではじめる　ベイズ統計モデリングによるデータ分析入門』（講談社，2019年）

『R言語ではじめるプログラミングとデータ分析』（ソシム，2020年）

『意思決定分析と予測の活用：基礎理論からPython実装まで』（講談社，2021年）

『Pythonで学ぶあたらしい統計学の教科書　第2版』（翔泳社，2022年）

NDC007　　446p　　24cm

実践（じっせん）Data（データ）Science（サイエンス）シリーズ

Python（パイソン）ではじめる時系列分析入門（じけいれつぶんせきにゅうもん）

2024年9月18日　第1刷発行

2025年5月19日　第2刷発行

著　者　馬場真哉（ばばしんや）

発行者　篠木和久

発行所　株式会社　講談社

〒112-8001　東京都文京区音羽2-12-21

販　売　(03) 5395-5817

業　務　(03) 5395-3615

KODANSHA

編　集　株式会社　講談社サイエンティフィク

代表　堀越俊一

〒162-0825　東京都新宿区神楽坂2-14　ノービィビル

編　集　(03) 3235-3701

本文データ制作　株式会社トップスタジオ

印刷・製本　株式会社ＫＰＳプロダクツ

落丁本・乱丁本は，購入書店名を明記のうえ，講談社業務宛にお送り下さい．送料小社負担にてお取替えします．

なお，この本の内容についてのお問い合わせは講談社サイエンティフィク宛にお願いいたします．定価はカバーに表示してあります．

ISBN 978-4-06-536982-1